信息技术经典译丛

电子电路原理

（原书第9版）

艾伯特·马尔维诺（Albert Malvino）

[美]　戴维·J. 贝茨（David J. Bates）　　著

帕特里克·E. 霍普（Patrick E. Hoppe）

李冬梅　译

下　册

机械工业出版社

CHINA MACHINE PRESS

图书在版编目（CIP）数据

电子电路原理：原书第 9 版．下册 /（美）艾伯特·马尔维诺（Albert Malvino)，（美）戴维·J. 贝茨（David J. Bates)，（美）帕特里克·E. 霍普（Patrick E. Hoppe）著 ；李冬梅译．-- 北京 ：机械工业出版社，2024. 11. --（信息技术经典译丛).

ISBN 978-7-111-76676-6

Ⅰ．TN710. 01

中国国家版本馆 CIP 数据核字第 202402HA79 号

机械工业出版社（北京市百万庄大街 22 号　邮政编码 100037）
策划编辑：王　颖　　　　　　　　责任编辑：王　颖
责任校对：甘慧彤　张慧敏　景　飞　责任印制：单爱军
保定市中画美凯印刷有限公司印刷
2025 年 1 月第 1 版第 1 次印刷
185mm×260mm・22 印张・599 千字
标准书号：ISBN 978-7-111-76676-6
定价：119.00 元

电话服务　　　　　　　　　网络服务
客服电话：010-88361066　　机　工　官　网：www.cmpbook.com
　　　　　010-88379833　　机　工　官　博：weibo.com/cmp1952
　　　　　010-68326294　　金　书　网：www.golden-book.com
封底无防伪标均为盗版　　　机工教育服务网：www.cmpedu.com

译者序

电子电路作为信息技术的重要基础，是相关领域的研究人员与技术人员的必修内容。随着电路技术的飞速发展，其应用日益广泛，读者对能够反映现代电路技术的图书的需求也越来越迫切。本书的英文版 *Electronic Principles（Ninth Edition）* 是经多次修订的经典图书，既注重基础知识，又兼顾工业界的应用及仿真技术；既可供相关领域的技术人员学习参考，也可供工科院校相关专业的学生阅读。

本书的英文版从半导体器件的基础知识入手，系统地介绍了电子电路的基本概念、构成原理、分析方法、实际器件和应用电路，结构严谨、叙述清晰、内容丰富。本书具有鲜明的特色：每一章的开始部分都有概要、目标和关键术语，章后有总结和习题，便于学生自学；注重与实践相结合，配有大量 MultiSim 仿真实例，并以对实际电路的故障诊断方法和练习贯穿全书；适当给出了相关概念的拓展知识，同时针对常用器件数据手册中的实际特性进行分析，并附有工作面试题目，颇具实用性。

本书的英文版的内容全面，但篇幅较大，我们将中文翻译版分为上册和下册，本书是下册，包括第 14～23 章。

第 14 章分析了频率特性，介绍了放大电路频率特性的基本概念和分析方法，包括伯德图、电压增益及功率增益的分贝表示方法与意义、阻抗匹配、密勒效应、时域与频域特性的关系、双极型和场效应晶体管电路的频率特性分析等。

第 15、16 章分别介绍差分放大器和运算放大器。第 15 章的差分放大电路是构成集成运算放大器的基本单元，对其结构和特性的分析和理解是非常重要的。对差分放大器的分析包括直流分析、交流分析、输入特性及共模增益。同时对集成电路和电流源的基本概念进行了简要介绍。第 16 章以集成运放 741 为例介绍了运算放大器的组成、特性分析、指标参数的意义等。还介绍了同相和反相负反馈放大器的特性及分析方法、分析了运放在加法器和电压跟随器电路中的典型应用。最后给出了几种常见集成运放的参数比较及应用，包括音视频放大器和射频放大器等。

第 17 章介绍了负反馈的基本概念、负反馈放大电路的四种类型及特性分析。负反馈是提高放大电路特性的重要形式，是运算放大器线性应用的前提条件。负反馈的电路形式、分析方法及对电路特性的影响都需要读者很好地掌握。

第 18～20 章是运算放大器的三种主要应用，即线性运算放大器电路、有源滤波器和非线性运算放大器电路。第 18 章给出了运算放大器在实际中较常用的典型线性应用电路，包括同相/反相放大、仪表放大、差分放大、加法、减法、电流放大、压控电流源、自动增益控制等。第 19 章介绍五种基本滤波器（低通、高通、带通、带阻、全通）的概念及滤波器特性的五种逼近方式（巴特沃思、切比雪夫、反切比雪夫、椭圆和贝塞尔）和特点分析，并介绍了一阶、二阶和高阶滤波器的典型电路和特性。第 20 章非线性运算放大器电路主要包括比较器、积分器/微分器、波形变换器、波形发生器和 D 类放大器。这三章内容非常丰富，在使用时可根据学时情况有所侧重，具有较大的选择空间。

第 21、22 章分别介绍振荡器和稳压电源，这两部分都是电子电路中的重要功能电路。第 21 章介绍了正弦波振荡器和锁相环的基本概念，给出几种基本振荡器电路（文氏电桥、RC 振荡器、考毕兹振荡器、LC 振荡器及晶体振荡器），并介绍了 555 定时器及其电路的应用。第 22 章介绍了稳压电源的基本类型（并联式、串联式、开关式），并给出 DC-DC 转换器的原理和实例。

第 23 章介绍了工业 4.0 背景下的智能传感器，包括智能传感器的组成、数据转移和数据交换等；并列举了许多实例和之前章节所述半导体器件和电路的实际应用。

机械工业出版社的编辑团队对本书的翻译出版给予了大力支持，在此表示感谢。

鉴于译者水平有限，译文中的错误与疏漏之处在所难免，敬请读者批评指正。

第 9 版前言

Electronic Principles 的第 9 版保留了之前版本的主要内容，对半导体器件和电子电路进行了清晰的解释和深入的介绍，预备知识为直流电路、交流电路、代数和部分三角函数的内容，既适合电子工程师学习使用，也适合作为第一次学习线性电路课程的学生的参考书。*Electronic Principles* 的第 9 版涵盖的内容比较广泛，推荐将其作为固体电子学课程的参考书。

Electronic Principles 的第 9 版旨在使读者对半导体器件特性、测试及其应用电路有基本的理解。本书对概念的解释清晰，并采用易懂的对话式的写作风格，方便读者理解电子系统的工作原理和故障诊断。电路实例、应用和故障诊断练习贯穿于各个章节。本书的部分例子可用 Multisim 进行电路仿真，从而使电路贴近实际应用，有助于读者提高故障排除技能。

Electronic Principles 的第 9 版在第 8 版（共 22 章）的基础上，新增了第 23 章。我们已经进入了第四次工业革命（工业 4.0）的时代。第 23 章介绍了工业 4.0 背景下的智能传感器、无源传感器、有源传感器、数据转换和数据交换。第 23 章使用的实例结合了书中的相关概念，给出了半导体器件和电路的实际应用。

Electronic Principles 的第 9 版的更新如下：

- 新增的"电子领域的创新者"可让读者了解电子领域的发展和重要创新者。
- 扩充的"知识拓展"条目介绍了有关半导体器件和应用的其他内容及趣事。
- 增加了电子器件的照片。
- 每章后面列出相关的实验。
- 新增的 1.7 节"交流电路故障诊断"提出了示波器信号跟踪技术和半分故障诊断方法，与相关实验手册中新的故障诊断流程相对应。
- 激光雷达系统（LiDAR）作为第 5 章光电部分的应用实例。
- 介绍了碳化硅（SiC）和氮化镓（GaN）宽禁带半导体。
- 将信号跟踪和半分故障诊断方法用于多级放大器的故障诊断。
- 扩充了 AB 类功率放大器的故障诊断。
- 新增的 12.12 节"宽禁带 MOS 场效应晶体管"包括 GaN 和 SiC 高电子迁移率晶体管（hemt）的材料特性、结构和工作原理。
- 新增的第 23 章介绍了第四次工业革命（工业 4.0）背景下的智能传感器等相关技术。该章所举实例与半导体器件和电路密切相关，它作为一个结合点，将全书内容联系在一起。

第 8 版前言

本书第 8 版保留了之前版本的主要内容，对半导体器件和电子电路进行了清晰且深入的讲解。本书适合初次学习线性电路课程的学生使用，预备知识为直流电路、交流电路、代数和部分三角函数的内容。

本书详细介绍了半导体器件的特性、测试及其应用电路，为学生理解电子系统的工作原理和故障诊断打下了良好的基础。其中，电路实例、应用和故障诊断练习将贯穿全书。

第 8 版的更新

基于当前电子电路领域的教师、专业人士和认证机构的调查意见反馈以及广泛的课程研究，本书对部分内容进行了增加和调整，具体如下：

内容方面

- 增加了对 LED 特性的介绍。
- 新增了介绍高亮度 LED 的部分，以及该器件高效发光的控制原理。
- 在较前面的章节中将三端稳压器作为供电系统模块的一部分加以介绍。
- 删除了电路参量增减分析法的有关内容。
- 重新组织关于双极型晶体管的章节，从原来的 6 章压缩为 4 章。
- 对电子系统加以介绍。
- 增加了多级放大器中的部分内容，因其与构成系统的电路模块关系密切。
- "功率 MOS 场效应晶体管"部分增加了以下内容：功率 MOS 管的结构和特性、高侧和低侧 MOS 管的驱动与接口要求、低侧和高侧负载开关、半桥与全 H 桥电路、用于电动机转速控制的脉冲宽度调制（PWM）。
- 增加了 D 类放大器中的部分内容，包括单片 D 类放大器的应用。
- 更新了开关电源的相关内容。

特色方面⊖

- 增加并突出了"应用实例"。
- 各章节内容相对独立，便于读者挑选所需内容进行学习。
- 在所有章节中，对于原有的 Multisim 电路增加了新的 Multisim 故障诊断题。
- 在很多章节中新增加了关于数字/模拟训练器的习题。
- 根据采用系统方法进行的新实验，对实验手册进行了更新。
- 更新并充实了配套的教师资源。
- Multisim 电路文件位于教师资源的 "Connect for Electronic Principles" 中。

⊖ 以下更新中，Multisim 故障诊断、数字/模拟训练器、实验手册、Multisim 电路文件为教师资源。此外，教师资源还包括教师手册和 PPT 幻灯片。只有使用本书作为教材的教师才可以申请教师资源，需要的教师可向麦格劳-希尔教育出版公司北京代表处申请，电话 010-57997618/7600，传真 010-59575582，电子邮件 instructorchina@mheducation.com。——编辑注

目 录

第14章
频率特性

前面章节讨论了放大器在正常频率范围内的工作情况。本章将讨论当输入频率超出正常范围时，放大器的响应情况。当输入频率过高或过低时，交流放大器的电压增益会下降。直流放大器的电压增益在频率降至直流时仍能保持，只是在高频时电压增益才会下降。可以用分贝值来描述电压增益的下降情况，并用伯德图[⊖]来描述放大器的响应。

目标

在学习完本章后，你应该能够：

- 计算功率增益和电压增益的分贝值，并描述阻抗匹配的含义；
- 画出幅度和相位的伯德图；
- 利用密勒定理计算电路的等效输入电容和输出电容；
- 描述上升时间与带宽的关系；
- 描述双极电路中耦合电容和发射极旁路电容对下限截止频率的影响；
- 描述双极和场效应晶体管电路中集电极或漏极的旁路电容和输入密勒电容对上限截止频率的影响。

关键术语

伯德图（Bode plot）	内部电容（internal capacitances）
截止频率（cutoff frequencies）	反相放大器（inverting amplifier）
直流放大器（dc amplifier）	延时电路（lag circuit）
功率增益的分贝值（decibel power gain）	对数坐标（logarithmic scale）
分贝（decibels）	放大器的中频区（midband of an amplifer）
电压增益的分贝值（decibel voltage gain）	密勒效应（Miller effect）
主电容（dominant capacitor）	上升时间 T_R（risetime T_R）
反馈电容（feedback capacitor）	连线分布电容（stray-wiring capacitance）
频率响应（frequency response）	单位增益频率（unity-gain frequency）
半功率频点（half-power frequencies）	

14.1 放大器的频率响应

放大器的**频率响应**是增益相对频率的变化曲线。本节将讨论交流和直流放大器的频率响应。前文讨论过含有耦合电容和旁路电容的 CE 放大器，这是一个交流放大器，用来放大交流信号。也可以设计直流放大器，用来放大直流信号和交流信号。

14.1.1 交流放大器的频率响应

图 14-1a 所示是交流放大器的频率响应。在中频区的电压增益最大，该区域是放大器正常工作的频率范围。在低频区，耦合电容和旁路电容不能视为短路且容抗很大，使得交流信号的电压变小，导致电压增益下降。因此，在频率趋近零频（0 Hz）时，电压增益将下降至零。

⊖ 又称为波特图。——译者注

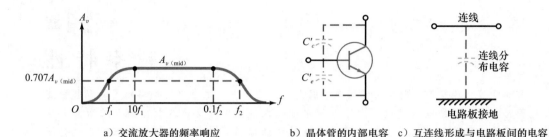

a）交流放大器的频率响应　　b）晶体管的内部电容　c）互连线形成与电路板间的电容

图 14-1　交流放大器的频率响应

在高频区，导致电压增益下降的是其他原因。首先，晶体管的 pn 结上存在**内部电容**（见图 14-1b），为交流信号提供旁路路径。当频率增加时，这些容抗值很低，使得晶体管无法正常工作，导致电压增益损失。

连线分布电容是另一个导致高频增益损失的原因。如图 14-1c 所示，晶体管电路中的任何连线都相当于电容的一个极板，接地的电路板则相当于另一个极板。连线和地之间的分布电容是设计中所不希望出现的。在高频区，这些电容的容抗值很低，会阻止电流流向负载电阻，导致电压增益的下降。

　　知识拓展　放大器的频率响应特性可以由实验确定：通过输入方波信号，观察其输出响应。在以前的课程中学习过，方波信号中包含了基波频率和无限多的奇次谐波分量。输出信号的形状可以反映出其中的高频分量和低频分量是否得到恰当的放大。方波频率应大约为放大器上限截止频率的十分之一。如果输出方波是输入方波的精确复制，则该放大器的频率响应特性可以满足应用频率的需求。

14.1.2　截止频率

当电压增益为最大值的 0.707 倍时，所对应的频率称为**截止频率**。在图 14-1a 中，f_1 是下限截止频率，f_2 是上限截止频率。截止频率也称为**半功率频点**，因为在这些频点上，负载得到的功率是最大功率值的一半。

当电压增益为最大值的 0.707 倍时，输出电压为最大值的 0.707 倍。由于功率等于电压的平方除以电阻，将 0.707 取平方得到 0.5。因此，负载功率在截止频率点为最大功率值的一半。

14.1.3　中频区

在 $10f_1$ 和 $0.1f_2$ 之间的频带定义为放大器的**中频区**。在中频区，放大器的电压增益近似为最大值，表示为 $A_{v(\text{mid})}$。交流放大器的三个重要特征为 $A_{v(\text{mid})}$、f_1 和 f_2。当这些参数已知时，就可以得到中频区的电压增益和增益降为 $0.707A_{v(\text{mid})}$ 时的频率点。

14.1.4　中频区以外的特性

虽然放大器通常情况下工作在中频区，但有时也需要知道中频区外的电压增益。以下是近似计算交流放大器电压增益的公式：

$$A_v = \frac{A_{v(\text{mid})}}{\sqrt{1+(f_1/f)^2}\,\sqrt{1+(f/f_2)^2}}\tag{14-1}$$

已知 $A_{v(\text{mid})}$、f_1 和 f_2，可以计算任意频率 f 下的电压增益。该公式假设一个主电容决定下限截止频率，另一个主电容决定上限截止频率。**主电容**是指对截止频率影响最大的那个电容。

式（14-1）其实并不复杂。只需分析三个频段：中频区、低频区和高频区。在中频区，$f_1/f \approx 0$，$f/f_2 \approx 0$。因此，式（14-1）中的两个根式都约等于 1，从而简化为：

$$中频区 \quad A_v = A_{v(\text{mid})} \tag{14-2}$$

在低频区，$f/f_2 \approx 0$，则第二个根式约等于 1，式（14-1）简化为：

$$低频区 \quad A_v = \frac{A_{v(\text{mid})}}{\sqrt{1+(f_1/f)^2}} \tag{14-3}$$

在高频区，$f_1/f \approx 0$，则第一个根式约等于 1，式（14-1）简化为：

$$高频区 \quad A_v = \frac{A_{v(\text{mid})}}{\sqrt{1+(f/f_2)^2}} \tag{14-4}$$

14.1.5 直流放大器的频率响应

放大器各级之间可以采用直接耦合，所能放大的信号频率可以低至直流（0 Hz）。这种类型的放大器称为**直流放大器**。

图 14-2a 所示是直流放大器的频率响应。由于没有下限截止频率，直流放大器的两个重要的参数是 $A_{v(\text{mid})}$ 和 f_2。数据手册中给出了这两个值，即可得到放大器的中频增益和上限截止频率。

知识拓展　图 14-2 所示的带宽是 0 Hz～f_2，即带宽为 f_2。

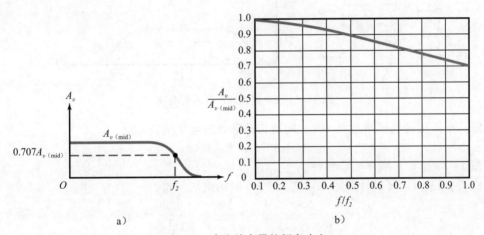

图 14-2　直流放大器的频率响应

由于现在大多数放大器是采用运算放大器，而不是分立的晶体管，因此直流放大器的应用比交流放大器更广泛。运算放大器是直流放大器，具有高电压增益、高输入阻抗和低输出阻抗。商用的集成运算放大器有很多种类。

大多数直流放大器的截止频率 f_2 是由一个主电容决定的。因此，可以采用下面的公式来计算典型直流放大器的增益：

$$A_v = \frac{A_{v(\text{mid})}}{\sqrt{1+(f/f_2)^2}} \tag{14-5}$$

例如，当 $f = 0.1f_2$ 时：

$$A_v = \frac{A_{v(\text{mid})}}{\sqrt{1+(0.1)^2}} = 0.995 A_{v(\text{mid})}$$

说明当输入信号频率为上限截止频率的 1/10 时，电压增益与最大值的偏差不超过 0.5%。即电压增益约等于最大值。

14.1.6　中频区与截止频率之间区域的特性

利用式（14-5）可以计算中频区与上限截止频率之间区域的电压增益。表 14-1 给出了频率和电压增益的归一化值。当 $f/f_2=0.1$ 时，$A_v/A_{v(\mathrm{mid})}=0.995$。当 f/f_2 增大时，归一化电压增益减小，在截止频率点增益降为 0.707。当 $f/f_2=0.1$ 时，可以近似地认为电压增益为最大值的 100%。随后，增益下降到 98%、96%，直至截止频率时约为 70%。图 14-2b 所示是 $A_v/A_{v(\mathrm{mid})}$ 随 f/f_2 的变化曲线。

表 14-1　中频区与截止频率之间区域的特性

f/f_2	$A_v/A_{v(\mathrm{mid})}$	百分比（近似值）
0.1	0.995	100
0.2	0.981	98
0.3	0.958	96
0.4	0.928	93
0.5	0.894	89
0.6	0.857	86
0.7	0.819	82
0.8	0.781	78
0.9	0.743	74
1.0	0.707	70

例 14-1　图 14-3a 所示交流放大器的中频电压增益为 200。若截止频率 $f_1=20$ Hz，$f_2=20$ kHz，求频率响应。当输入频率为 5 Hz 和 200 kHz 时，其电压增益分别是多少？

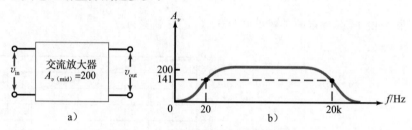

图 14-3　交流放大器及其频率响应

解：中频区的电压增益是 200，则截止频率处的电压增益：
$$A_v=0.707\times200=141$$

图 14-3b 给出了频率响应特性。

由式（14-3），可以计算输入频率为 5 Hz 时的电压增益：
$$A_v=\frac{200}{\sqrt{1+(20/5)^2}}=\frac{200}{\sqrt{1+4^2}}=\frac{200}{\sqrt{17}}=48.5$$

同样，由式（14-4）计算输入频率为 200 kHz 时的电压增益：
$$A_v=\frac{200}{\sqrt{1+(200/20)^2}}=19.9$$

自测题 14-1　将交流放大器的中频增益改为 100，重新计算例 14-1。

例 14-2　图 14-4a 是 741C 集成运放，它的中频电压增益为 100 000。如果 $f_2=10$ Hz，求频率响应。

解：在截止频率 10 Hz 处的电压增益为最大值的 0.707 倍：
$$A_v=0.707\times100\,000=70\,700$$

图 14-4b 显示了电路的频率响应特性。其电压增益在零频附近为 100 000，当输入频率接近 10 Hz 时，电压增益下降至最大值的约 70%。◀

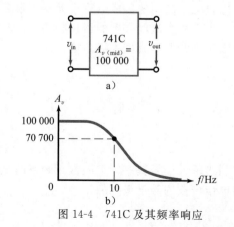

图 14-4　741C 及其频率响应

自测题 14-2 若 $A_{v(mid)}=200\,000$，重新计算例 14-2。

例 14-3 在例 14-2 中，如果输入频率为：100 Hz、1 kHz、10 kHz、100 kHz 和 1 MHz，则电压增益分别为多少？

解： 因为截止频率为 10 Hz，对于输入频率：

$$f=100\text{ Hz},\ 1\text{ kHz},\ 10\text{ kHz},\ \cdots$$

比值 f/f_2 为：

$$f/f_2=10,\ 100,\ 1000,\ \cdots$$

因此，可以用式（14-5）计算电压增益，如下：

$$f=100\text{ Hz}\quad A_v=\frac{100\,000}{\sqrt{1+10^2}}\approx 10\,000$$

$$f=1\text{ kHz}\quad A_v=\frac{100\,000}{\sqrt{1+100^2}}\approx 1000$$

$$f=10\text{ kHz}\quad A_v=\frac{100\,000}{\sqrt{1+1000^2}}\approx 100$$

$$f=100\text{ kHz}\quad A_v=\frac{100\,000}{\sqrt{1+10\,000^2}}\approx 10$$

$$f=1\text{ MHz}\quad A_v=\frac{100\,000}{\sqrt{1+100\,000^2}}\approx 1$$

每当频率增大为原来的 10 倍（因子为 10），电压增益下降为原来的 1/10。◄

自测题 14-3 若 $A_{v(mid)}=200\,000$，重新计算例 14-3。

14.2 功率增益的分贝值

本节讨论分贝，分贝是描述频率响应的一种有效方式。首先需要复习一些相关的基本数学知识。

14.2.1 指数复习

假设已知方程：

$$x=10^y \tag{14-6}$$

该方程可以求出用 x 表示的 y，为：

$$y=\log_{10}x$$

即 y 是以 10 为底的 x 的对数。10 通常被省略，方程写为：

$$y=\lg x \tag{14-7}$$

用一个可计算对数函数的计算器，可以快速地得到 x 所对应的 y 值。例如，当 $x=$ 10、100 和 1000 时，通过计算可得到 y 为：

$$y=\lg 10=1$$
$$y=\lg 100=2$$
$$y=\lg 1000=3$$

可见，x 每增大 10 倍，y 增加 1。

对于给定的小数 x，也可以计算 y。例如，当 $x=0.1$、0.01 和 0.001 时，得到 y 值为：

$$y=\lg 0.1=-1$$
$$y=\lg 0.01=-2$$
$$y=\lg 0.001=-3$$

x 每减小为原来的 $1/10$，y 减小 1。

14.2.2　$A_{p(\mathrm{dB})}$ 的定义

在之前的章节中，功率增益 A_p 被定义为输出功率除以输入功率：

$$A_p = \frac{p_{\mathrm{out}}}{p_{\mathrm{in}}}$$

功率增益的分贝值定义为：

$$A_{p(\mathrm{dB})} = 10\lg A_p \tag{14-8}$$

因为 A_p 是输出功率与输入功率之比，所以 A_p 没有单位或量纲。当对 A_p 取对数时，得到的量也没有单位或量纲。一定不要把 $A_{p(\mathrm{dB})}$ 和 A_p 混淆，要将单位分贝（简写为 dB）加在所有的 $A_{p(\mathrm{dB})}$ 数值后面。

例如，当放大器的功率增益为 100 时，它的功率增益分贝值为：

$$A_{p(\mathrm{dB})} = 10\lg 100 = 20 \text{ dB}$$

又如，当 $A_p = 100\,000\,000$，则：

$$A_{p(\mathrm{dB})} = 10\lg 100\,000\,000 = 80 \text{ dB}$$

在这两个例子中，对数值等于 0 的个数：100 有 2 个 0，100 000 000 有 8 个 0。当数字是 10 的倍数时，可以通过数零的个数求得对数值，然后再乘以 10 便得到分贝值。例如，功率增益 1000 有 3 个 0，乘以 10 得到 30 dB；功率增益 100 000 有 5 个 0，乘以 10 得到 50 dB。这个简便方法在求等效分贝值和检查结果时很有用。

功率增益的分贝值通常在数据手册中给出，表示器件的功率增益。使用分贝表示功率增益的原因之一是：对数将数字压缩了。例如，放大器的功率增益在 $100 \sim 100\,000\,000$ 之间变化，那么它的分贝值在 $20 \sim 80$ dB 之间变化。可见，功率增益的分贝值与通常的功率增益相比，在表述上进行了压缩。

14.2.3　两个有用的特性

功率增益的分贝值有两个有用的特性：

1. 每当功率增益以因子 2 增大（减小）时，其分贝值增大（减小）3 dB。

2. 每当功率增益以因子 10 增大（减小）时，其分贝值增大（减小）10 dB。

表 14-2 给出了这些特性的压缩表述形式。后面的例题将会说明这些特性。

表 14-2　功率增益的特性

因子	分贝/dB
$\times 2$	$+3$
$\times 0.5$	-3
$\times 10$	$+10$
$\times 0.1$	-10

例 14-4　计算下列功率增益的分贝值：$A_p = 1$、2、4 和 8。

解： 利用计算器，得到如下结果：

$$A_{p(\mathrm{dB})} = 10\lg 1 = 0 \text{ dB}$$
$$A_{p(\mathrm{dB})} = 10\lg 2 = 3 \text{ dB}$$
$$A_{p(\mathrm{dB})} = 10\lg 4 = 6 \text{ dB}$$
$$A_{p(\mathrm{dB})} = 10\lg 8 = 9 \text{ dB}$$

每当 A_p 以因子 2 增大时，其分贝值增加 3 dB。这个特性总是正确的，只要将功率增益加倍，其分贝值就会增加 3 dB。　◀

自测题 14-4　功率增益为 10、20 和 40，求 $A_{p(\mathrm{dB})}$。

例 14-5　求下列功率增益的分贝值：$A_p = 1$、0.5、0.25 和 0.125。

解： 　$A_{p(\mathrm{dB})} = 10\lg 1 = 0 \text{ dB}$

$A_{p(\mathrm{dB})} = 10\lg 0.5 = -3 \text{ dB}$

$$A_{p(\mathrm{dB})}=10\lg 0.25=-6\ \mathrm{dB}$$
$$A_{p(\mathrm{dB})}=10\lg 0.125=-9\ \mathrm{dB}$$

每当 A_p 以因子 2 减小时，其分贝值降低 3 dB。　◀

自测题 14-5 若功率增益为 4、2、1 和 0.5，重新计算例 14-5。

例 14-6 求下列功率增益的分贝值：$A_p=1$、10、100 和 1000。

解：
$$A_{p(\mathrm{dB})}=10\lg 1=0\ \mathrm{dB}$$
$$A_{p(\mathrm{dB})}=10\lg 10=10\ \mathrm{dB}$$
$$A_{p(\mathrm{dB})}=10\lg 100=20\ \mathrm{dB}$$
$$A_{p(\mathrm{dB})}=10\lg 1000=30\ \mathrm{dB}$$

每当 A_p 以因子 10 增大时，其分贝值增加 10 dB。　◀

自测题 14-6 若功率增益为 5、5、500 和 5000，求 $A_{p(\mathrm{dB})}$。

例 14-7 求下列功率增益的分贝值：$A_p=1$、0.1、0.01 和 0.001。

解：
$$A_{p(\mathrm{dB})}=10\lg 1=0\ \mathrm{dB}$$
$$A_{p(\mathrm{dB})}=10\lg 0.1=-10\ \mathrm{dB}$$
$$A_{p(\mathrm{dB})}=10\lg 0.01=-20\ \mathrm{dB}$$
$$A_{p(\mathrm{dB})}=10\lg 0.001=-30\ \mathrm{dB}$$

每当 A_p 以因子 10 减小时，其分贝值降低 10 dB。　◀

自测题 14-7 若功率增益为 20、2、0.2 和 0.02，求 $A_{p(\mathrm{dB})}$。

14.3 电压增益的分贝值

对电压的测量要比对功率的测量更普遍。因此，分贝值对于电压增益更有用。

14.3.1 定义

如前面章节中的定义，电压增益是输出电压与输入电压之比：
$$A_v=\frac{v_{\mathrm{out}}}{v_{\mathrm{in}}}$$

电压增益的分贝值则定义为：
$$A_{v(\mathrm{dB})}=20\lg A_v \tag{14-9}$$

这里用 20 代替 10，是因为功率正比于电压的平方。在下一节阻抗匹配系统的讨论中，将由这个定义导出一个重要的推论。

如果一个放大器的电压增益为 100 000，则其电压增益的分贝值为：
$$A_{v(\mathrm{dB})}=20\lg 100\,000=100\ \mathrm{dB}$$

当数字为 10 的倍数时，可以使用简便方法：用零的个数乘以 20 便得到其分贝值。对于前面的例子，用 5 个零乘以 20，得到其分贝值为 100 dB。

再如，放大器的电压增益在 $100\sim100\,000\,000$ 之间变化，则其分贝值在 $40\sim160$ dB 之间变化。

14.3.2 电压增益的基本规则

电压增益的分贝值有两个有用的特性：

1. 每当电压增益以因子 2 增加（减小）时，其分贝值增大（减小）6 dB。

2. 每当电压增益以因子 10 增加（减小）时，其分贝值增大（减小）20 dB。

表 14-3 是对这些特性的总结。

表 14-3 电压增益的特性

因子	分贝/dB
×2	+6
×0.5	−6
×10	+20
×0.1	−20

14.3.3　级联

图 14-5 所示的两级放大器的总增益是每一级增益的乘积，即：

$$A_v = A_{v1} \times A_{v2} \qquad (14\text{-}10)$$

例如，第一级电压增益为 100，第二级电压增益为 50，则总电压增益为：

$$A_v = 100 \times 50 = 5000$$

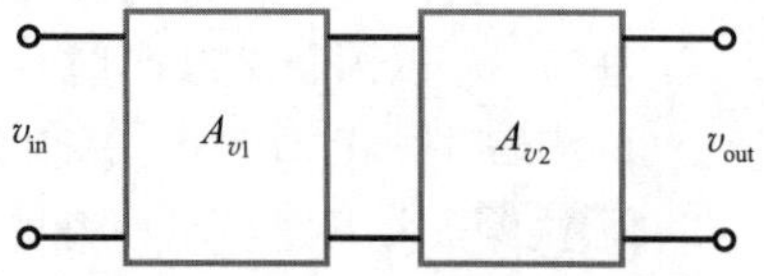

图 14-5　两级放大器的电压增益

当用分贝值表示电压增益时，式（14-10）发生了变化：

$$A_{v(dB)} = 20\lg A_v = 20\lg(A_{v1} \times A_{v2}) = 20\lg A_{v1} + 20\lg A_{v2}$$

可以写成：

$$A_{v(dB)} = A_{v1(dB)} + A_{v2(dB)} \qquad (14\text{-}11)$$

这个公式说明，两级放大器总电压增益的分贝值等于这两级电压增益分贝值的和。该结论适用于任意级数的放大器。这也是增益分贝值使用广泛的原因之一。

例 14-8　图 14-6a 电路的总电压增益是多少？求该增益的分贝值。用式（14-11）计算每一级电压增益和总电压增益的分贝值。

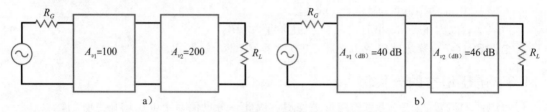

图 14-6　电压增益及其分贝值

解：由式（14-10），得总电压增益为：

$$A_v = 100 \times 200 = 20\,000$$

对应的分贝值为：

$$A_{v(dB)} = 20\lg 20\,000 = 86 \text{ dB}$$

可以用计算器得到 86 dB，或者用下面的捷径计算：20 000 是 10 000 的 2 倍，10 000 有 4 个零，则意味着 80 dB，考虑到因子 2，其最终的结果还要高出 6 dB，即为 86 dB。

下面，计算每级电压增益的分贝值：

$$A_{v1(dB)} = 20\lg 100 = 40 \text{ dB}$$
$$A_{v2(dB)} = 20\lg 200 = 46 \text{ dB}$$

图 14-6b 给出了这些电压增益的分贝值。由式（14-11），总电压增益的分贝值为：

$$A_v = 40 \text{ dB} + 46 \text{ dB} = 86 \text{ dB}$$

可见，将各级的电压增益分贝值相加，和前面计算的结果是一样的。◀

自测题 14-8　若单级电压增益分别为 50 和 200，重新计算例 14-8。

14.4　阻抗匹配

图 14-7a 所示的放大器电路中，信号源内阻为 R_G，输入阻抗为 R_{in}，输出阻抗为 R_{out}，负载电阻为 R_L。在前面的讨论中，大部分情况下阻抗是不同的。

在很多通信系统中（微波系统、电视系统和电话系统），所有的阻抗都是匹配的，即 $R_G = R_{in} = R_{out} = R_L$，如图 14-7b 所示，其中所有阻抗都等于 R。在微波系统中，$R = 50 \ \Omega$；在电视系统中，$R = 75 \ \Omega$（同轴电缆）或者 $300 \ \Omega$（双线馈线）；在电话系统中，$R = 600 \ \Omega$。这些系统中采用阻抗匹配是为了获得最大功率传输。

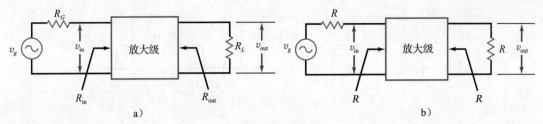

图 14-7　阻抗匹配

在图 14-7b 中，输入功率为：

$$p_{in} = \frac{v_{in}^2}{R}$$

输出功率为：

$$p_{out} = \frac{v_{out}^2}{R}$$

功率增益为：

$$A_p = \frac{p_{out}}{p_{in}} = \frac{v_{out}^2/R}{v_{in}^2/R} = \frac{v_{out}^2}{v_{in}^2} = \left(\frac{v_{out}}{v_{in}}\right)^2$$

或者

$$A_p = A_v^2 \tag{14-12}$$

这说明，在阻抗匹配的系统中，功率增益是电压增益的平方。

用分贝表示为：

$$A_{p(dB)} = 10\lg A_p = 10\lg A_v^2 = 20\lg A_v$$

或者

$$A_{p(dB)} = A_{v(dB)} \tag{14-13}$$

这说明功率增益的分贝值等于电压增益的分贝值。式（14-13）适用于任意阻抗匹配的系统。如果数据手册中给出系统增益为 40 dB，则其功率增益和电压增益的分贝值均等于 40 dB。

知识拓展　当一个放大器的阻抗不匹配时，功率增益的分贝值可以用下面公式计算：

$$A_{p(dB)} = 20\lg A_v + 10\lg R_{in}/R_{out}$$

式中，A_v 是放大器的电压增益，R_{in} 和 R_{out} 分别为输入阻抗和输出阻抗。

将分贝值转换为增益普通值

当数据手册中将功率增益或电压增益表示为分贝值时，可以用以下公式将其转化为增益普通值：

$$A_p = \text{antilg}\,\frac{A_{p(dB)}}{10} \tag{14-14}$$

$$A_v = \text{antilg}\,\frac{A_{v(dB)}}{20} \tag{14-15}$$

式中，antilog 是对数 log 的逆函数，对于有 log 功能和逆函数功能键的计算器来说，上述转换很容易完成。

例 14-9　图 14-8 是一个阻抗匹配系统，其中 $R = 50\ \Omega$。求总增益的分贝值、总功率增益和总电压增益。

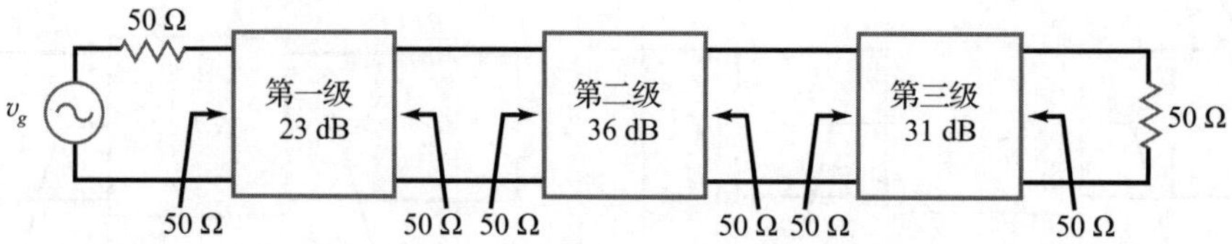

图 14-8 50 Ω 系统的阻抗匹配

解： 总电压增益的分贝值为：

$$A_{v(dB)} = 23\ dB + 36\ dB + 31\ dB = 90\ dB$$

因为电路是阻抗匹配的，所以总功率增益的分贝值也是 90 dB。

由式（14-14），得总功率增益为：

$$A_p = antilg\ \frac{90\ dB}{10} = 1\ 000\ 000\ 000$$

总电压增益为：

$$A_v = antilg\ \frac{90\ dB}{20} = 31\ 623$$

◀

自测题 14-9 当各级增益为 10 dB、−6 dB 和 26 dB 时，重新计算例 14-9。

例 14-10 在例 14-9 中，各级的电压增益普通值是多少？

解： 第一级电压增益为：

$$A_{v1} = antilg\ \frac{23\ dB}{20} = 14.1$$

第二级电压增益为：

$$A_{v2} = antilg\ \frac{36\ dB}{20} = 63.1$$

第三级电压增益为：

$$A_{v3} = antilg\ \frac{31\ dB}{20} = 35.5$$

◀

自测题 14-10 当各级增益为 10 dB、−6 dB 和 26 dB 时，重新计算例 14-10。

14.5 基准分贝值

本节讨论分贝值的另外两种表示方法。除了将分贝值应用于电压增益和功率增益外，还可以使用基准分贝值，这里采用的单位基准是毫瓦（mW）和伏（V）。

14.5.1 以毫瓦（mW）为基准

分贝值有时用于表示大于 1 mW 的功率。此时，用符号"dBm"替代 dB。dBm 末尾的字母 m 表示所采用的基准是 mW。dBm 的公式是：

$$P_{dBm} = 10lg\ \frac{P}{1\ mW} \qquad (14-16)$$

式中，P_{dBm} 是以 dBm 表示的功率。例如，当功率为 2 W 时，则：

$$P_{dBm} = 10lg\ \frac{2\ W}{1\ mW} = 10lg2000 = 33\ dBm$$

dBm 是将功率与 1 mW 做比较的一种方法，如果数据手册中给出一个功率放大器的输出功率是 33 dBm，则说明其输出功率是 2 W。表 14-4 列出了一些以

表 14-4 以 dBm 值表示的功率值

功率	P_{dBm}
1 μW	−30
10 μW	−20
100 μW	−10
1 mW	0
10 mW	10
100 mW	20
1 W	30

dBm 值表示的功率值。

可以用下面公式将 dBm 值转换为相应的功率值:

$$P = \text{antilg}\, \frac{P_{dBm}}{10} \qquad\qquad (14\text{-}17)$$

式中，P 是以毫瓦（mW）为单位的功率。

> **知识拓展**　音频通信系统的输入阻抗和输出阻抗均为 $600\,\Omega$，并采用 dBm 为单位来描述放大器、衰减器或整个系统的实际输出功率。

14.5.2 以伏（V）为基准

分贝值也可以用来表示大于 1 V 的电压。此时，用"dBV"作为标记。dBV 的公式是:

$$V_{dBV} = 20\lg \frac{V}{1\,V}$$

因为分母为 1 V，可以简化公式:

$$V_{dBV} = 20\lg V \qquad\qquad (14\text{-}18)$$

式中的 V 是没有量纲的。例如，当电压为 25 V 时，则:

$$V_{dBV} = 20\lg 25 = 28\ \text{dBV}$$

dBV 是将电压与 1 V 作比较的一种方法。如果数据手册中给出一个电压放大器的输出是 28 dBV，则说明其输出电压是 25 V。如果一个传声器的输出电平或者灵敏度为 -40 dBV，则它的输出电压为 10 mV。表 14-5 列出了一些以 dBV 值表示的电压值。

可以使用下面公式将 dBV 值转换为相应的电压值,

$$V = \text{antilg}\, \frac{V_{dBV}}{20} \qquad (14\text{-}19)$$

式中，V 是以伏（V）为单位的电压。

表 14-5　以 dBV 值表示的电压值

电压	V_{dBV}
$10\ \mu V$	-100
$100\ \mu V$	-80
$1\ mV$	-60
$10\ mV$	-40
$100\ mV$	-20
$1\ V$	0
$10\ V$	$+20$
$100\ V$	$+40$

> **知识拓展**　单位 dBmV 常用来表示有线电视系统的信号强度。在该系统中，以 $75\,\Omega$ 上的 $1\,mV$ 信号作为参考基准（即 $0\,dBmV$），以 dBmV 为单位来表示放大器、衰减器或整个系统的实际输出电压。

例 14-11　数据手册中给出放大器的输出是 24 dBm，则它的输出功率是多少?

解:利用计数器和式（14-17），求得:

$$P = \text{antilg}\, \frac{24\ \text{dBm}}{10} = 251\ \text{mW} \qquad\qquad \blacktriangleleft$$

自测题 14-11　额定功率为 50 dBm 的放大器，其输出功率是多少?

例 14-12　数据手册中给出放大器的输出是 -34 dBV，则它的输出电压是多少?

解:由式（14-19），得:

$$V = \text{antilg}\, \frac{-34\ \text{dBV}}{20} = 20\ \text{mV} \qquad\qquad \blacktriangleleft$$

自测题 14-12　已知传声器的额定电压为 -54.5 dBV，则其输出电压是多少?

14.6 伯德图

图 14-9 所示是一个交流放大器的频率响应特性。虽然它包含了一些信息，如中频电压增益和截止频率，但它对放大器行为的描述并不完整。因此需要引入**伯德图**。伯德图使

用分贝值，可以提供放大器在中频区以外区域的更多频率响应信息。

14.6.1　倍频程

钢琴的中央 C 音的频率是 256 Hz。下一个高音阶 C 是高八度音，其频率为 512 Hz，再下一个高音阶 C 是 1024 Hz，以此类推。在音乐中，八度音表示倍频，即每上升一个八度，其声音的频率增加一倍。

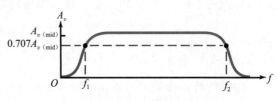

图 14-9　交流放大器的频率响应

在电子学里，倍频有着类似的含义。例如，当 $f_1 = 100$ Hz，$f = 50$ Hz 时，其比值 f_1/f 为：

$$\frac{f_1}{f} = \frac{100 \text{ Hz}}{50 \text{ Hz}} = 2$$

可以说 f 比 f_1 低一个倍频程。又如，设 $f = 400$ Hz，$f_2 = 200$ Hz，则：

$$\frac{f}{f_2} = \frac{400 \text{ Hz}}{200 \text{ Hz}} = 2$$

即 f 比 f_2 高一个倍频程。

14.6.2　十倍频程

十倍频程对于 f_1/f 和 f/f_2 有着类似的含义，只是用因子 10 代替了因子 2。例如，$f_1 = 500$ Hz，$f = 50$ Hz，则比值 f_1/f 为：

$$\frac{f_1}{f} = \frac{500 \text{ Hz}}{50 \text{ Hz}} = 10$$

可以说 f 比 f_1 低一个十倍频程。又如，设 $f = 2$ MHz，$f_2 = 200$ kHz，则：

$$\frac{f}{f_2} = \frac{2 \text{ MHz}}{200 \text{ kHz}} = 10$$

即 f 比 f_2 高一个十倍频程。

14.6.3　线性坐标和对数坐标

普通图中两个坐标轴都使用线性坐标。即对于所有的数来说，两数之间的间隔是相等的，如图 14-10a 所示。在线性坐标中，从 0 开始，数值以均匀步长增加。到目前为止所讨论的图采用的都是线性坐标。

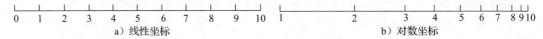

图 14-10　线性坐标与对数坐标

有时候更倾向于使用对数坐标。对数坐标将很大的数值压缩了，因此可以看到更多的十倍频程。图 14-10b 显示的是对数坐标，计数是从 1 开始的，1 和 2 的间隔远大于 9 和 10 的间隔。将坐标进行对数压缩，可以得到对数运算和分贝值的某些特性。

使用普通坐标纸和半对数坐标纸均可。半对数坐标纸的纵轴是线性刻度，横轴是对数坐标。当绘制频率范围包含多个十倍频程的电压增益时，通常使用半对数坐标纸。

14.6.4　用分贝表示的电压增益图

图 14-11a 是一个典型交流放大器的频率响应。与图 14-9 类似，但这里是用半对数坐标研究用分贝表示的电压增益随频率的变化。这样的图称为伯德图，纵轴采用线性坐标，横轴采用对数坐标。

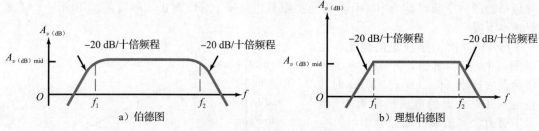

图 14-11 频率响应的伯德图

如图 14-11a 所示，电压增益的分贝值在中频区取最大值，在每个截止频率点处比最大值略有下降。当频率低于 f_1 时，电压增益的分贝值每减小十倍频则下降 20 dB。当频率高于 f_2 时，电压增益的分贝值每增加十倍频则下降 20 dB。下降 20 dB/十倍频出现在放大器的一个主电容产生的下限截止频率点，和一个主旁路电容产生的上限截止频率点，如 14.1 节所述。

知识拓展 使用对数坐标的主要优点是，在不损失小数值精度的情况下，可以显示较大数值范围。

在截止频率 f_1 和 f_2 频点的电压增益是中频区增益的 0.707 倍，用分贝表示为：

$$A_{v(dB)} = 20\lg 0.707 = -3 \text{ dB}$$

图 14-11a 所示的频率响应可以描述为：中频区的电压增益最大，中频区与截止频率之间，电压增益逐渐下降，直至截止频率点，恰好下降 3 dB。随后，电压增益以 20 dB/十倍频程的速度迅速下降。

14.6.5 理想伯德图

图 14-11b 所示是频率响应的理想形式。理想伯德图的使用较多，因为它能通过简单的绘图表现出近似的信息。由理想伯德图可知，截止频率点的电压增益下降了 3 dB。理想伯德图包含了所有的原始信息，只是在读图时需要将截止频率点的特性进行 3 dB 的修正。

理想伯德图可以近似而简捷地绘制出放大器的频率响应，以便将精力集中于主要问题的分析，而不必陷于精确的计算。例如，图 14-12 的理想伯德图简捷、直观地显示了放大器的频率响应特性。可以看到其中频电压增益（40 dB）、截止频率（1 kHz 和 100 kHz）和下降速度（20 dB/十倍频程）。在频率点 10 Hz 和 10 MHz 处的电压增益为 0 dB（单位增益或 1）。这样的伯德图在工业界被广泛使用。

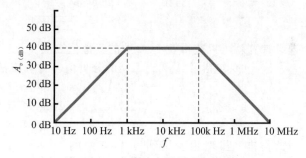

图 14-12 交流放大器的理想伯德图

有时，工程师们用拐角频率代替截止频率。因为在理想伯德图中，截止频率处有一个锋利的拐角。另一个常用词是转折频率，因为在截止频率处直线发生转折，然后以 20 dB/十倍频程的速度下降。

例 14-13 运放 741C 的数据手册中给出其中频增益为 100 000，截止频率为 10 Hz，下降速度为 20 dB/十倍频程。画出理想伯德图。求 10 MHz 处的电压增益值。

解：如 14.1 节所述，运算放大器是直流放大器，只有一个上限截止频率。对于 741C，$f_2 = 10$ Hz。中频电压增益为：

$$A_{v(dB)} = 20\lg 100\,000 = 100 \text{ dB}$$

理想伯德图的中频增益为 100 dB，直至上限截止频率 10 Hz 为止。然后，以 20 dB/十倍频程速率下降。

图 14-13 所示是理想伯德图。在 10 Hz 频点开始转折，并以 20 dB/十倍频程的速率下降，直至 1 MHz 时增益为 0 dB，此时的电压增益为 1。数据手册通常列出**单位增益频率**（符号为 f_{unity})，该参数可以直观地表明运放的应用频率范围。器件在单位频率以内具有电压增益，但不允许超出这个频率。◄

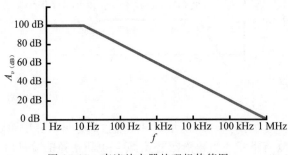

图 14-13　直流放大器的理想伯德图

14.7　伯德图相关问题

理想伯德图通常用于电路的初步分析。但有时需要更准确的信息，如运放在中频区与截止频率之间的电压增益。下面对该过渡带作较详细的分析。

14.7.1　中频区与截止频率之间区域的情况

在 14.1 节中介绍了高于中频区频段的电压增益计算公式为：

$$A_v = \frac{A_{v(mid)}}{\sqrt{1+(f/f_2)^2}} \qquad (14\text{-}20)$$

利用该式能够计算过渡带的电压增益。例如，当 $f/f_2 = 0.1$、0.2 和 0.3 时，可得：

$$A_v = \frac{A_{v(mid)}}{\sqrt{1+0.1^2}} = 0.995A_{v(mid)}$$

$$A_v = \frac{A_{v(mid)}}{\sqrt{1+0.2^2}} = 0.981A_{v(mid)}$$

$$A_v = \frac{A_{v(mid)}}{\sqrt{1+0.3^2}} = 0.958A_{v(mid)}$$

连续计算就可以获得表 14-6 中的其他值。

表 14-6 包括了 $A_v/A_{v(mid)}$ 的分贝值，计算方法如下：

$$A_v/A_{v(mid)} = 20\lg 0.995 = -0.04 \text{ dB}$$

$$A_v/A_{v(mid)} = 20\lg 0.981 = -0.17 \text{ dB}$$

$$A_v/A_{v(mid)} = 20\lg 0.958 = -0.37 \text{ dB}$$

以此类推。虽然很少用到表 14-6 中的值，但有时，也会将这些过渡带内的准确值作为参考。

14.7.2　延时电路

多数运算放大器都含有一个 RC 延时电路，使得电压增益以 20 dB/十倍频程的速度下降。这是为了防止振荡，即在某种条件下会出现的不希望存在的信号。后续章节会介绍振荡及运放内部延时电路防止振荡产生的原理。

图 14-14 所示是含有旁路电容的电

表 14-6　中频区与截止频率之间区域的增益

f/f_2	$A_v/A_{v(mid)}$	$A_v/A_{v(mid)dB}$ (**dB** 值)
0.1	0.995	-0.04
0.2	0.981	-0.17
0.3	0.958	-0.37
0.4	0.928	-0.65
0.5	0.894	-0.97
0.6	0.857	-1.3
0.7	0.819	-1.7
0.8	0.781	-2.2
0.9	0.743	-2.6
1.0	0.707	-3

路。R 是电容端口处的戴维南等效电阻，该电路常称为**延时电路**，因为在高频时输出电压滞后于输入电压。或者说，如果输入电压的相位为 $0°$，那么输出电压的相位在 $0° \sim -90°$ 之间。

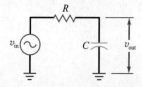

在低频区，电容的阻抗值趋近于无穷大，输出电压等于输入电压。随着频率的增加，容抗减小，从而使输出电压减小。由电路基础课程的知识，可得该电路的输出电压为：

图 14-14 RC 旁路电路（延时电路）

$$v_{out} = \frac{X_C}{\sqrt{R^2 + X_C^2}} v_{in}$$

整理上式，得到图 14-14 所示电路的电压增益：

$$A_v = \frac{X_C}{\sqrt{R^2 + X_C^2}} \tag{14-21}$$

因为该电路只有无源器件，故其电压增益总是小于或等于 1。

该延时电路的截止频率点的电压增益为 0.707。截止频率表示为：

$$f_2 = \frac{1}{2\pi RC} \tag{14-22}$$

在该频点，$X_C = R$，且电压增益为 0.707。

14.7.3 电压增益的伯德图

将 $X_C = 1/2\pi fC$ 代入式（14-21），整理后得到下式：

$$A_v = \frac{1}{\sqrt{1 + (f/f_2)^2}} \tag{14-23}$$

该公式与式（14-20）类似，其中 $A_{v(mid)} = 1$。例如，当 $f/f_2 = 0.1$、0.2 和 0.3 时，得：

$$A_v = \frac{1}{\sqrt{1 + 0.1^2}} = 0.995$$

$$A_v = \frac{1}{\sqrt{1 + 0.2^2}} = 0.981$$

$$A_v = \frac{1}{\sqrt{1 + 0.3^2}} = 0.958$$

继续计算并转换为分贝值，得到的数值见表 14-7。

图 14-15 所示是延时电路的理想伯德图。在中频区，电压增益为 0 dB，响应特性在 f_2 处转折，并以 20 dB/十倍频程的速度下降。

表 14-7 延时电路的响应

f/f_2	A_v	$A_{v(dB)}$, dB
0.1	0.995	−0.04
1	0.707	−3
10	0.1	−20
100	0.01	−40
1000	0.001	−60

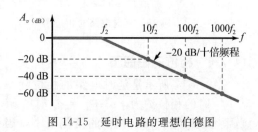

图 14-15 延时电路的理想伯德图

14.7.4 6 dB/倍频程

高于截止频率时，延时电路的电压增益以 20 dB/十倍频程下降，相当于 6 dB/倍频程。容易证明，当 $f/f_2 = 10$、20 和 40 时，电压增益为：

$$A_v = \frac{1}{\sqrt{1+10^2}} = 0.1$$

$$A_v = \frac{1}{\sqrt{1+20^2}} = 0.05$$

$$A_v = \frac{1}{\sqrt{1+40^2}} = 0.025$$

相应的分贝值为：

$$A_{v(\mathrm{dB})} = 20\lg 0.1 = -20\ \mathrm{dB}$$

$$A_{v(\mathrm{dB})} = 20\lg 0.05 = -26\ \mathrm{dB}$$

$$A_{v(\mathrm{dB})} = 20\lg 0.025 = -32\ \mathrm{dB}$$

因此，对于延时电路高于截止频率的区域，其频率响应可以用两种方法之一来描述：电压增益以 20 dB/十倍频程下降，或者以 6 dB/倍频程下降。

14.7.5 相位

RC 旁路电路中的电容充放电使得输出电压滞后，即输出电压比输入电压滞后一个相位 φ。图 14-16 所示是 φ 随频率变化的情况。零频（0 Hz）时的相位是 0°。随着频率的增加，输出电压的相位从 0° 逐渐增加到 $-90°$。在频率很高的情况下，$\varphi = -90°$。

如果需要，可以用在基础课程中学过的公式计算相位：

$$\varphi = -\arctan\frac{R}{X_C} \tag{14-24}$$

将 $X_C = 1/2\pi fC$ 代入式（14-24），可推导出下式：

$$\varphi = -\arctan\frac{f}{f_2} \tag{14-25}$$

使用具有正切函数键和逆函数键的计算器，便可以很容易求出任意 f/f_2 的相位。表 14-8 列出一些 φ 值，例如，$f/f_2 = 0.1$、1 和 10 时的相位分别为：

$$\varphi = -\arctan 0.1 = -5.71°$$

$$\varphi = -\arctan 1 = -45°$$

$$\varphi = -\arctan 10 = -84.3°$$

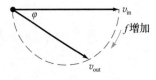

图 14-16　延时电路的相位图

表 14-8　延时电路的频率响应

f/f_2	φ
0.1	$-5.71°$
1	$-45°$
10	$-84.3°$
100	$-89.4°$
1000	$-89.9°$

14.7.6 相位的伯德图

图 14-17 所示是延时电路的相位随频率变化的情况。频率很低时的相位为 0°；$f = 0.1f_2$ 时的相位约为 $-6°$；$f = f_2$ 时的相位等于 $-45°$；$f = 10f_2$ 时的相位约等于 $-84°$。当频率继续增大时，相位的变化很小，因为相位的极限值是 $-90°$。可见，延时电路的相位范围是 $0° \sim -90°$。

图 14-17a 所示是相位的伯德图。不同频率对应的相位值可以表示相位与极限值的接近程度，但并没有太多其他意义。图 14-17b 所示理想伯德图对于初步分析来说更有用。该图强调了以下三个重点：

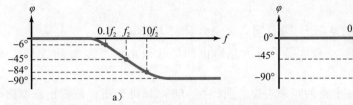

图 14-17 相位的伯德图

1. 当 $f = 0.1f_2$ 时，相位约等于 $0°$。

2. 当 $f = f_2$ 时，相位等于 $-45°$。

3. 当 $f = 10f_2$ 时，相位约等于 $-90°$。

另一个总结相位伯德图的方法是：截止频率点的相位等于 $-45°$，截止频率的 1/10 处的相位约等于 $0°$，截止频率十倍频处的相位约等于 $-90°$。

例 14-14 画出图 14-18a 所示延时电路的理想伯德图。 |||| **Multisim**

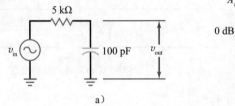

图 14-18 延时电路及其伯德图

解： 由式（14-22），可以计算截止频率：

$$f_2 = \frac{1}{2\pi \times 5 \text{ k}\Omega \times 100 \text{ pF}} = 318 \text{ kHz}$$

图 14-18b 所示是理想伯德图。低频电压增益是 0 dB，频率响应在 318 kHz 处转折，并以 20 dB/十倍频程的速度下降。◀

自测题 14-14 将图 14-18 中的 R 改为 10 kΩ，计算截止频率。

例 14-15 图 14-19a 电路中直流放大级的中频电压增益是 100，如果旁路电容端口处的戴维南等效电阻是 2 kΩ，其理想伯德图是怎样的？忽略放大级的所有内部电容。

解： 戴维南电阻和旁路电容构成延时电路，它的截止频率为：

$$f_2 = \frac{1}{2\pi \times 2 \text{ k}\Omega \times 500 \text{ pF}} = 159 \text{ kHz}$$

放大器中频增益为 100，等效为 40 dB。

图 14-19b 所示是其理想伯德图。频率为 0~159 kHz 时，电压增益为 40 dB，然后，响应特性以 20 dB/十倍频程的速度下降，直至单位增益频

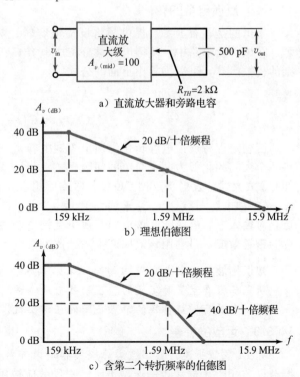

a）直流放大器和旁路电容

b）理想伯德图

c）含第二个转折频率的伯德图

图 14-19 举例

率（f_{unity}）15.9 MHz。◀

✎ **自测题 14-15** 当戴维南电阻为 1 kΩ 时，重新计算例 14-15。

例 14-16 假设图 14-19a 中放大器内部含延时电路，其截止频率为 1.59 MHz，该电路对理想伯德图有什么影响？

解：图 14-19c 所示是该电路的频率响应。曲线在 159 kHz 处转折，该截止频率由外部 500 pF 的电容产生。然后，电压增益以 20 dB/十倍频程下降直至 1.59 MHz，在该频点再次转折，此处是内部延时电路的截止频率，最后以 40 dB/十倍频程的速度下降。◀

14.8　密勒效应

图 14-20a 所示是一个电压增益为 A_v 的**反相放大器**。反相放大器的输出电压与输入电压的相位差为 180°。

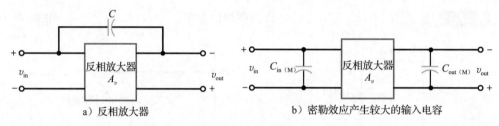

a）反相放大器　　　　　　　b）密勒效应产生较大的输入电容

图 14-20　密勒效应

14.8.1　反馈电容

图 14-20a 电路中，在输入端和输出端之间的电容称为**反馈电容**，它将放大器的输出信号反馈回输入端。由于反馈电容同时影响输入和输出，因此对该电路的分析比较困难。

14.8.2　反馈电容的转化

幸运的是，密勒定理提供了将反馈电容转化为两个独立电容的捷径，如图 14-20b 所示。在该等效电路中，反馈电容被分离成电容 $C_{\text{in(M)}}$ 和 $C_{\text{out(M)}}$，因此较易于分析。利用复杂的代数运算，可以推导出下面的公式：

$$C_{\text{in(M)}} = C(A_v + 1) \tag{14-26}$$

$$C_{\text{out(M)}} = C\left(\frac{A_v + 1}{A_v}\right) \tag{14-27}$$

密勒定理将反馈电容转化为两个等效电容，一个在输入端，另一个在输出端。这样便将一个大问题化解为两个简单的问题。式（14-26）和式（14-27）适用于任意反相放大器，如 CE 放大器、发射极反馈 CE 放大器或反相运算放大器。式（14-26）和式（14-27）中的 A_v 是中频电压增益。A_v 通常远大于 1，$C_{\text{out(M)}}$ 近似等于反馈电容。密勒定理最重要的一点是对输入电容的影响，该电容等效于反馈电容放大（$A_v + 1$）倍后的新电容。这种现象称为**密勒效应**，可利用该效应产生一个比反馈电容大很多的虚拟电容。

> **知识拓展**　密勒电容是由约翰·米尔顿·密勒（John Milton Miller）在 1920 年研究三极真空管时定义的。密勒效应通常适用于电容，但也适用于连接在输入和另一个具有增益特性的节点之间的任何阻抗。

14.8.3　运放的补偿

如 14.7 节所述，大多数运算放大器是内部补偿的，即包含一个主旁路电容使得电压增益以 20 dB/十倍频程的速度下降。密勒效应被用来产生这个主旁路电容。

运算放大器内部的一个放大级有一个反馈电容，如图 14-21a 所示，利用密勒定理，将该反馈电容转化为两个等效电容，如图 14-21b 所示，得到两个延时电路，一个在输入端，一个在输出端。由于密勒效应，使得输入端的旁路电容比输出端的旁路电容大很多。所以输入电路的影响是主要的，它决定了该级电路的截止频率。输出旁路电容的作用通常不大，除非输入频率高于截止频率几个十倍频程。

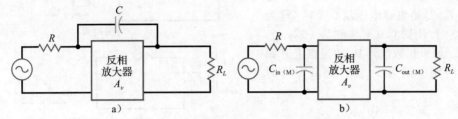

图 14-21 密勒效应产生输入延时电路

在典型的运放中，图 14-21 所示的延时电路产生一个主截止频率，电压增益在该截止频率处转折，以 20 dB/十倍频程的速率下降，直至单位增益频率。

例 14-17 图 14-22a 中放大器的电压增益为 100 000，画出电路的理想伯德图。

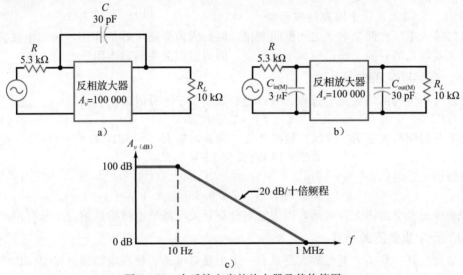

图 14-22 含反馈电容的放大器及其伯德图

解：首先将反馈电容转换为密勒电容。由于电压增益远大于 1，故：

$$C_{in(M)} = 100\,000 \times 30 \text{ pF} = 3 \text{ }\mu\text{F}$$
$$C_{out(M)} = 30 \text{ pF}$$

图 14-22b 显示了输入和输出密勒电容，输入端的主延时电路的截止频率为：

$$f_2 = \frac{1}{2\pi RC} = \frac{1}{2\pi \times 5.3 \text{ k}\Omega \times 3 \text{ }\mu\text{F}} = 10 \text{ Hz}$$

由于电压增益 100 000 等效于 100 dB，可以画出如图 14-22c 所示的理想伯德图。 ◀

自测题 14-17 如果图 14-22a 电路中电压增益是 10 000，确定 $C_{in(M)}$ 和 $C_{out(M)}$。

14.9 上升时间与带宽的关系

放大器的正弦波测试是用一个正弦电压作为输入，并测量输出电压的正弦波。为确定上限截止频率，需要改变输入频率直至电压增益相对其中频增益下降 3 dB。除了用正弦波测试外，还可以使用方波信号对放大器进行更加快速简单的测试。

14.9.1 上升时间

图 14-23a 电路中的电容初始状态是未充电的。如果闭合开关，电容两端电压将以指数级上升直至电源电压 V。**上升时间 T_R** 是指电容电压从 $0.1V$（称为 10% 点）上升到 $0.9V$（称为 90% 点）的时间。如果指数波形从 10% 点上升到 90% 点所用时间为 $10\ \mu s$，则其上升时间为：

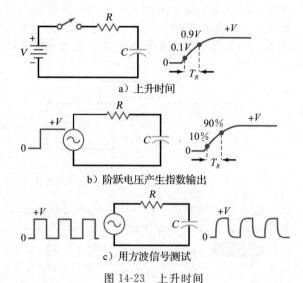

a）上升时间

b）阶跃电压产生指数输出

c）用方波信号测试

图 14-23   上升时间

$$T_R = 10\ \mu s$$

可以用方波发生器来代替开关，产生阶跃电压。例如，图 14-23b 所示的方波上升沿驱动与前文相同的 RC 电路，上升时间仍然是波形从 10% 点上升到 90% 点的时间。

图 14-23c 显示了几个周期的波形情况。虽然输入电压在两个电平之间瞬间变化，但是因为旁路电容的作用，输出电压完成电平转换需要较长的时间。输出电压不能突变，因为电容需要通过电阻进行充放电。

14.9.2 T_R 与 RC 的关系

通过分析电容的指数充电过程，可以得到如下关于上升时间的公式：

$$T_R = 2.2RC \tag{14-28}$$

这说明上升时间略大于 RC 时间常数的 2 倍。例如，当 $R = 10\ \text{k}\Omega$，$C = 50\ \text{pF}$ 时，得到：

$$RC = 10\ \text{k}\Omega \times 50\ \text{pF} = 0.5\ \mu s$$

输出波形的上升时间：

$$T_R = 2.2RC = 2.2 \times 0.5\ \mu s = 1.1\ \mu s$$

数据手册中通常会给出上升时间，因为这对分析开关电路的电压阶跃响应十分有用。

14.9.3 一个重要的关系式

如前文所述，典型的直流放大器只有一个主延时电路，使得电压增益以 20 dB/十倍频程的速度下降至单位增益频率 f_{unity}，延时电路的截止频率由下式给出：

$$f_2 = \frac{1}{2\pi RC}$$

解得 RC 为：

$$RC = \frac{1}{2\pi f_2}$$

带入式（14-28）并化简，便得到一个广泛应用的公式：

$$f_2 = \frac{0.35}{T_R} \tag{14-29}$$

这是一个重要结论，因为它将上升时间转化为截止频率，意味着可以用方波测试得到放大器的截止频率。因为方波测试比正弦波测试快得多，因此很多工程师采用式（14-29）来确定放大器的上限截止频率。

式（14-29）称为上升时间和带宽的关系式。对于直流放大器，带宽指的是从零频到截止频率的所有频率。带宽通常是截止频率的同义词。如果数据手册给出一个直流放大器的带宽为 $100\ \text{kHz}$，则它的上限截止频率为 $100\ \text{kHz}$。

例 14-18 图 14-24a 所示电路的上限截止频率是多少?

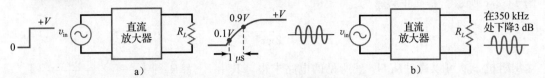

图 14-24 上升时间与截止频率的关系

解: 图 14-24a 所示的上升时间为 1 μs,由式(14-29)得:

$$f_2 = \frac{0.35}{1\ \mu s} = 350\ \text{kHz}$$

因此,该电路的上限截止频率为 350 kHz,相当于电路的带宽为 350 kHz。

图 14-24b 显示了正弦波测试方法。如果将方波输入信号改为正弦波,将得到一个正弦输出。通过增加输入频率,最终可确定截止频率为 350 kHz。虽然得到与方波测试相同的结果,但比方波测试要慢。◀

自测题 14-18 一个 RC 电路的 $R = 2\ \text{k}\Omega$,$C = 100\ \text{pF}$。确定其输出波形的上升时间和上限截止频率。

14.10 双极型晶体管级电路的频率特性分析

目前的商用运算放大器品种很多,其单位增益频率从 1 Hz~200 MHz 以上不等。因此,多数放大器由运放构成。由于运放已成为模拟系统的核心,所以对分立器件构成的放大级的研究已不如以前那么重要了。下面将简要讨论分压器偏置的 CE 放大级的上限和下限截止频率,研究每个元件对电路频率响应的影响。首先研究下限截止频率。

14.10.1 输入耦合电容

当交流信号通过耦合输入到放大级,其等效电路如图 14-25a 所示。电容端口处所见的是信号发生器的内阻和输入电阻。该耦合电路的截止频率为:

$$f_1 = \frac{1}{2\pi RC} \tag{14-30}$$

式中,R 是 R_G 和 R_{in} 之和。图 14-25b 所示是其频率响应。

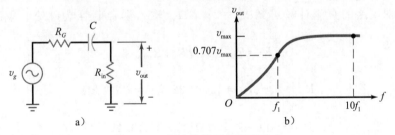

图 14-25 耦合电路及其频率响应

14.10.2 输出耦合电容

图 14-26a 所示是双极型放大级的输出端。应用戴维南定理,得到等效电路如图 14-26b 所示。式(14-30)可以用来计算截止频率,此时的 R 是 R_C 和 R_L 之和。

14.10.3 发射极旁路电容

图 14-27a 所示是一个 CE 放大器。图 14-27b

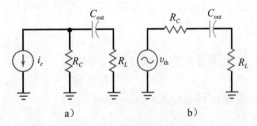

图 14-26 输出耦合电容

显示了发射极旁路电容对输出电压的影响。发射极旁路电容端口处的戴维南等效电路如图 14-27c 所示。其截止频率为：

$$f_1 = \frac{1}{2\pi z_{out} C_E} \tag{14-31}$$

输出阻抗 z_{out} 可以通过从 C_E 处所见的电路求得，其中 $z_{out} = R_E \| \left(r'_e + \frac{R_G \| R_1 \| R_2}{\beta} \right)$。

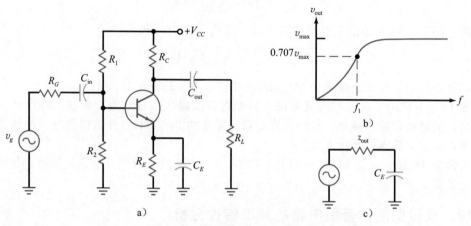

图 14-27　发射极旁路电容的影响

输入耦合电容、输出耦合电容和发射极旁路电容分别产生截止频率。通常，其中的一个电容起主要作用。当频率下降时，增益曲线在该主截止频率处转折，然后以 20 dB/十倍频程的速度下降至另一个截止频率处再次转折，并以 40 dB/十倍频程的速度下降，直至第三个截止频率处出现第三次转折。此后随着频率的继续下降，电压增益以 60 dB/十倍频程的速度下降。

应用实例 14-19 使用图 14-28a 电路中的参数值，计算每一个耦合电容和旁路电容的下限截止频率。利用伯德图对测试结果进行比较。（交流和直流 β 均为 150。）

解： 对图 14-28a 电路中的耦合电容和旁路电容分别进行分析。分析其中一个电容时，将另外两个电容交流短路。

由之前对电路的直流计算可知 $r'_e = 22.7\ \Omega$。输入耦合电容端口处的戴维南等效电阻为：

$$R = R_G + R_1 \| R_2 \| R_{in(base)}$$

其中：

$$R_{in(base)} = \beta r'_e = 150 \times 22.7\ \Omega = 3.41\ k\Omega$$

因此：

$$R = 600\ \Omega + (10\ k\Omega \| 2.2\ k\Omega \| 3.41\ k\Omega)$$
$$= 600\ \Omega + 1.18\ k\Omega = 1.78\ k\Omega$$

由式（14-30），求得输入耦合电路的截止频率为：

$$f_1 = \frac{1}{2\pi RC} = \frac{1}{2\pi \times 1.78\ k\Omega \times 0.47\ \mu F} = 190\ Hz$$

输出耦合电容端口处的戴维南等效电阻为：

$$R = R_C + R_L = 3.6\ k\Omega + 10\ k\Omega = 13.6\ k\Omega$$

则输出耦合电路的截止频率为：

$$f_1 = \frac{1}{2\pi RC} = \frac{1}{2\pi \times 13.6\ k\Omega \times 2.2\ \mu F} = 5.32\ Hz$$

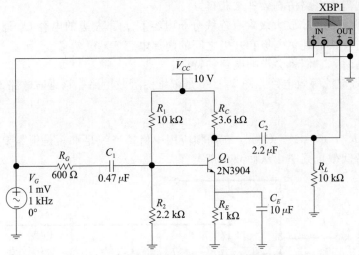

a) CE放大器的Multisim仿真电路图

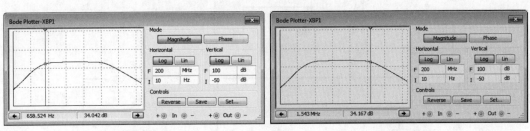

b) 低频响应   c) 高频响应

图 14-28　CE 放大器 Multisim 仿真电路图与频率响应

下面求解发射极旁路电容端口处的戴维南等效阻抗：

$$Z_{out} = 1\ k\Omega \parallel \left(22.7\ \Omega + \frac{10\ k\Omega \parallel 2.2\ k\Omega \parallel 600\ \Omega}{150}\right)$$

$$= 1\ k\Omega \parallel (22.7\ \Omega + 3.0\ \Omega)$$

$$= 1\ k\Omega \parallel 25.7\ \Omega = 25.1\ \Omega$$

因此，旁路电路的截止频率为：

$$f_1 = \frac{1}{2\pi Z_{out} C_E} = \frac{1}{2\pi \times 25.1\ \Omega \times 10\ \mu F} = 635\ Hz$$

结果归纳为：

$$f_1 = 190\ Hz \quad 输入耦合电容$$

$$f_1 = 5.32\ Hz \quad 输出耦合电容$$

$$f_1 = 635\ Hz \quad 发射极旁路电容$$

从上述结果可以看到，发射极旁路电路产生的是主下限截止频率。

测量图 14-28b 伯德图的中频电压增益为 $A_{v(mid)} = 37.1\ dB$。该伯德图显示增益在 673 Hz 处的衰减约为 3 dB，与计算结果很接近。◀

自测题 14-19　将图 14-28a 电路中的输入电容改为 10 μF，发射极旁路电容改为 100 μF，求主截止频率。

14.10.4　集电极旁路电路

为了得到准确的放大器高频响应，需要大量细致的数值。这里讨论一些细节问题，但更准确的结果则需用电路仿真软件来获得。

图 14-29a 所示的 CE 放大级含有连线分布电容 C_{stray}。左边的电容 C_c' 通常由晶体管数据手册给出，它反映的是集电极和基极之间的内部电容[一]。虽然 C_{stray} 和 C_c' 都很小，但当输入频率足够高时，它们将会影响电路的特性。

图 14-29b 是交流等效电路，图 14-29c 是戴维南等效电路。该延时电路的截止频率为：

$$f_2 = \frac{1}{2\pi RC} \tag{14-32}$$

式中，$R = R_C \| R_L$，$C = C_c' + C_{\text{stray}}$。在高频应用中保持连线足够短是很重要的，因为连线的分布电容会降低截止频率，从而减小带宽。

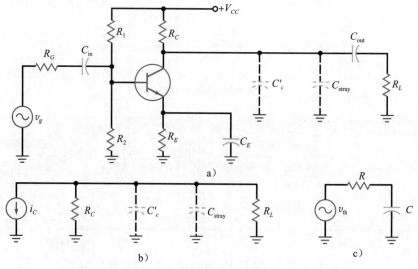

图 14-29 晶体管内部电容和连线分布电容产生上限截止频率

14.10.5 基极旁路电路

晶体管有两个内部电容 C_c' 和 C_e'，如图 14-30 所示。因为 C_c' 是一个反馈电容，所以可以转化为两个元件，其在输入端的密勒电容与 C_e' 并联。基极旁路电路的截止频率由式（14-32）确定，其中 R 是输入电容端口处的戴维南等效电阻，电容则为 C_e' 和输入密勒电容之和。

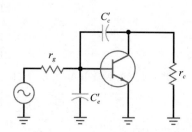

图 14-30 含晶体管内部电容的
高频特性分析

集电极旁路电容和输入密勒电容各自产生一个截止频率。通常，只有一个截止频率是主要的。当频率升高时，增益在这个主截止频率处转折，然后以 20 dB/十倍频的速度下降，直至第二个截止频率处再次转折。随着频率进一步升高，电压增益以 40 dB/十倍频的速度下降。

在数据手册中，C_c' 可能被列为 C_{bc}、C_{ob} 或 C_{obo}，这些值对应晶体管的特定工作条件。例如，2N3904 在 $V_{CB} = 5.0\,\text{V}$、$I_E = 0$、频率为 1 MHz 时，其 C_{obo} 为 4.0 pF。C_e' 在数据手册中通常被列为 C_{be}、C_{ib} 或 C_{ibo}。例如，2N3904 在 $V_{EB} = 0.5\,\text{V}$、$I_C = 0$、频率为 1 MHz 时，其 C_{ibo} 为 8 pF。上述参数值在图 14-31a 的小信号特性中列出。

晶体管内部电容值会随电路工作条件的不同而发生变化。图 14-31b 显示了 C_{obo} 随反偏电压 V_{CB} 的变化曲线。同样，C_{be} 依赖于晶体管的工作点。如果数据手册中没有给出

[一] 这里的 C_c' 代表的是集电极-基极的极间电容转化为输出端的密勒电容。参见式（14-27）。——译者注

C_{be}，其值大约为：

$$C_{be} \approx \frac{1}{2\pi f_T r_e'} \tag{14-33}$$

式中，f_T 是电流增益带宽积，通常会在数据手册中给出。图 14-30 中的 r_g 等于：

$$r_g = R_G \| R_1 \| R_2 \tag{14-34}$$

可求得 r_c 为：

$$r_c = R_C \| R_L \tag{14-35}$$

小信号特性				
f_T	电流增益带宽积	I_C=10 mA,V_{CE}=20 V, f=100 MHz	300	MHz
C_{obo}	输出电容	V_{CB}=5.0 V,I_E=0, f=1.0 MHz	4.0	pF
C_{ibo}	输入电容	V_{EB}=0.5 V,I_C=0, f=1.0 MHz	8.0	pF
NF	噪声系数	I_C=100 μA,V_{CE}=5.0 V, R_S=1.0 kΩ,f=10 Hz~15.7 kHz	5.0	dB

a）内部电容

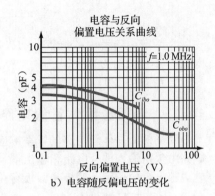

b）电容随反偏电压的变化

图 14-31 2N3904 的数据手册

应用实例 14-20 使用图 14-28a 中的电路参数，计算基极旁路电路和集电极旁路电路的上限截止频率。其中，β 为 150，输出端的连线分布电容为 10 pF。将结果与仿真得到的伯德图进行比较。

▮▮▮Multisim

解： 首先确定晶体管的输入电容和输出电容。

在之前的直流计算中，得到 V_B=1.8 V，V_C=6.04 V，则集电极-基极反偏电压约为 4.2 V。使用图 14-31b 中的曲线，在该电压下，C_{obo} 或者 $C_c'^{\ominus}$ 等于 2.1 pF。C_e' 可以用式（14-33）求得：

$$C_e' = \frac{1}{2\pi \times 300 \text{ MHz} \times 22.7 \text{ }\Omega} = 23.4 \text{ pF}$$

因为放大电路的电压增益为：

$$A_v = \frac{r_c}{r_e'} = \frac{2.65 \text{ k}\Omega}{22.7 \text{ }\Omega} = 117$$

输入密勒电容为：

$$C_{\text{in(M)}} = C_c'(A_v + 1) = 2.1 \text{ pF}(117 + 1) = 248 \text{ pF}$$

所以，基极旁路电容等于：

$$C = C_e' + C_{\text{in(M)}} = 23.4 \text{ pF} + 248 \text{ pF} = 271 \text{ pF}$$

该电容端口处的等效电阻为：

$$R = r_g \| R_{\text{in(base)}} = 450 \text{ }\Omega \| (150 \times 22.7 \text{ }\Omega) = 397 \text{ }\Omega$$

由式（14-32），求得基极旁路电路的截止频率为：

$$f_2 = \frac{1}{2\pi \times 397 \text{ }\Omega \times 271 \text{ pF}} = 1.48 \text{ MHz}$$

集电极旁路电路的截止频率可由输出总旁路电容确定：

$$C = C_c' + C_{\text{stray}}$$

$\ominus$ 原文为 "C_e'"，有误。——译者注

由式（14-27），可得输出密勒电容为：

$$C_{\text{out(M)}} = C_c \left(\frac{A_v + 1}{A_v} \right) = 2.1 \text{ pF} \left(\frac{117 + 1}{117} \right) \approx 2.1 \text{ pF}$$

则输出总旁路电容为：

$$C = 2.1 \text{ pF} + 10 \text{ pF} = 12.1 \text{ pF}$$

该电容端口处的等效电阻为：

$$R = R_C \| R_L = 3.6 \text{ k}\Omega \| 10 \text{ k}\Omega = 2.65 \text{ k}\Omega$$

因此，集电极旁路电路的截止频率为：

$$f_2 = \frac{1}{2\pi \times 2.65 \text{ k}\Omega \times 12.1 \text{ pF}} = 4.96 \text{ MHz}$$

主截止频率由二者中数值较低的决定。图 14-28a 中 Multisim 仿真得到的伯德图显示其上限截止频率大约为 1.5 MHz。　◀

✎ **自测题 14-20**　如果例 14-20 中的分布电容为 40 pF，求集电极旁路电路的截止频率。

14.11　场效应晶体管级电路的频率特性分析

对场效应晶体管电路的频率响应分析与双极型电路很类似。多数情况下，场效应晶体管电路中包括输入耦合电路和输出耦合电路，其中之一将决定下限截止频率。由于场效应晶体管内部电容的作用，栅极和漏极存在旁路电路，与连线分布电容共同决定上限截止频率。

14.11.1　低频特性分析

图 14-32 所示是分压器偏置的 EMOS 共源放大电路。因为 MOS 管的输入阻抗很大，输入耦合电容端口处的等效电阻 R 为：

$$R = R_G + R_1 \| R_2 \tag{14-36}$$

则输入耦合电路的截止频率为：

$$f_1 = \frac{1}{2\pi RC}$$

输出耦合电容端口处的等效电阻 R 为：

$$R = R_D + R_L$$

则输出耦合电路的截止频率为：

$$f_1 = \frac{1}{2\pi RC}$$

可见，场效应晶体管电路的低频分析与双极型电路很相似。由于场效应晶体管的输入阻抗很大，可以使用较大的分压电阻，因而输入耦合电容的取值可以比较小。

应用实例 14-21　求图 14-32 所示电路的输入耦合电路和输出耦合电路的下限截止频率。将计算结果与 Multisim 仿真得到的伯德图进行比较。　‖‖ **Multisim**

解：输入耦合电容端口处的戴维南等效电阻为：

$$R = 600 \text{ }\Omega + 2 \text{ M}\Omega \| 1 \text{ M}\Omega = 667 \text{ k}\Omega$$

则输入耦合电路的截止频率为：

$$f_1 = \frac{1}{2\pi \times 667 \text{ k}\Omega \times 0.1 \text{ }\mu\text{F}} = 2.39 \text{ Hz}$$

输出耦合电容端口处的戴维南等效电阻为：

$$R = 150 \text{ }\Omega + 1 \text{ k}\Omega = 1.15 \text{ k}\Omega$$

则输出耦合电路的截止频率为：

$$f_1 = \frac{1}{2\pi \times 1.15 \text{ k}\Omega \times 10 \text{ }\mu\text{F}} = 13.8 \text{ Hz}$$

因此，电路的下限主截止频率为 13.8 Hz，中频电压增益为 22.2 dB。图 14-32b 的伯德图在 14 Hz 处增益下降约 3 dB，与计算结果很接近。

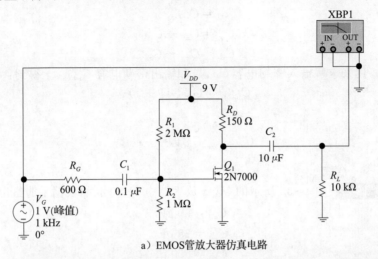

a）EMOS管放大器仿真电路

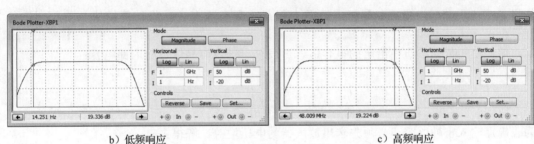

b）低频响应   c）高频响应

图 14-32   场效应晶体管电路的频率特性分析

14.11.2 高频特性分析

与双极型电路的高频分析一样，计算场效应晶体管电路的上限截止频率需要大量细致准确的数值。场效应晶体管的内部电容有 C_{gs}、C_{gd} 和 C_{ds}，如图 14-33a 所示。这些电容在低频时不太重要，但在高频时则影响显著。

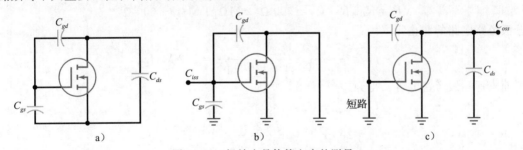

图 14-33   场效应晶体管电容的测量

因为测量较困难，制造厂家给出了这些电容在短路状态下的测量值。比如，C_{iss} 是输出交流短路时测得的输入电容。此时，C_{gd} 和 C_{gs} 并联（见图 14-33b），所以得到：

$$C_{iss} = C_{ds} + C_{gd}$$

数据手册中通常会给出 C_{oss}，这是输入短路时在输出端口的等效电容：

$$C_{oss} = C_{ds} + C_{gd}$$

数据手册中还会给出反馈电容 C_{rss}，等于：

$$C_{rss} = C_{gd}$$

利用这些公式, 可以求得:

$$C_{gd} = C_{rss} \tag{14-37}$$

$$C_{gs} = C_{iss} - C_{rss} \tag{14-38}$$

$$C_{ds} = C_{oss} - C_{rss} \tag{14-39}$$

栅-漏电容 C_{gd} 用来求解输入密勒电容 $C_{\text{in(M)}}$ 和输出密勒电容 $C_{\text{out(M)}}$。得到:

$$C_{\text{in(M)}} = C_{gd}(A_v + 1) \tag{14-40}$$

和

$$C_{\text{out(M)}} = C_{gd}\left(\frac{A_v + 1}{A_v}\right) \tag{14-41}$$

对于共源放大器, $A_v = g_m r_d$。

应用实例 14-22 图 14-32 所示的 MOS 放大器中 2N7000 的数据手册给出以下电容值:

$$C_{iss} = 60 \text{ pF}$$

$$C_{oss} = 25 \text{ pF}$$

$$C_{rss} = 5.0 \text{ pF}$$

如果 $g_m = 93 \text{ mS}^{\ominus}$, 栅极和漏极电路的上限截止频率是多少? 将计算结果与伯德图进行比较。 |||| Multisim

解: 使用数据手册中给定的电容值, 可以求出场效应晶体管的内部电容:

$$C_{gd} = C_{rss} = 5.0 \text{ pF}$$

$$C_{gs} = C_{iss} - C_{rss} = 60 \text{ pF} - 5 \text{ pF} = 55 \text{ pF}$$

$$C_{ds} = C_{oss} - C_{rss} = 25 \text{ pF} - 5 \text{ pF} = 20 \text{ pF}$$

为了确定输入密勒电容, 必须先求出放大器的电压增益。解得:

$$A_v = g_m r_d = 93 \text{ mS}(150 \ \Omega \| 1 \text{ k}\Omega) = 12.1$$

则 $C_{\text{in(M)}}$ 为:

$$C_{\text{in(M)}} = C_{gd}(A_v + 1) = 5 \text{ pF}(12.1 + 1) = 65.5 \text{ pF}$$

栅极旁路电容为:

$$C = C_{gs} + C_{\text{in(M)}} = 55 \text{ pF} + 65.5 \text{ pF} = 120.5 \text{ pF}$$

该电容端口处的等效电阻为:

$$R = R_G \| R_1 \| R_2 = 600 \ \Omega \| 2 \text{ M}\Omega \| 1 \text{ M}\Omega \approx 600 \ \Omega$$

栅极旁路电路的截止频率为:

$$f_2 = \frac{1}{2\pi \times 600 \ \Omega \times 120.5 \text{ pF}} = 2.2 \text{ MHz}$$

下面求解漏极旁路电容, 得到:

$$C = C_{ds} + C_{\text{out(M)}}$$

$$= 20 \text{ pF} + 5 \text{ pF}\left(\frac{12.1 + 1}{12.1}\right) = 25.4 \text{ pF}$$

该电容端口处的等效电阻 r_d 为:

$$r_d = R_D \| R_L = 150 \ \Omega \| 1 \text{ k}\Omega = 130 \ \Omega$$

则漏极旁路电路的截止频率为:

$$f_2 = \frac{1}{2\pi \times 130 \ \Omega \times 25.4 \text{ pF}} = 48 \text{ MHz}$$

$\ominus$ 原文为 "97 mS", 与后文计算中代入的 93 mS 不一致, 这里改为 93 mS。——译者注

如图 14-32c 所示，Multisim 仿真得到的上限截止频率大约为 638 kHz。可见，测量值与估算结果有明显差异，这个结果说明：正确选择内部电容值是很困难的，而这些数值对计算是很关键的。

自测题 14-22 已知 $C_{iss} = 25$ pF，$C_{oss} = 10$ pF，$C_{rss} = 5$ pF，求 C_{gs}，C_{gd}，C_{ds}。

表 14-9 列出了一些用于对双极型 CE 放大器和场效应晶体管共源放大器进行频率分析的公式。

表 14-9　放大器频率特性分析

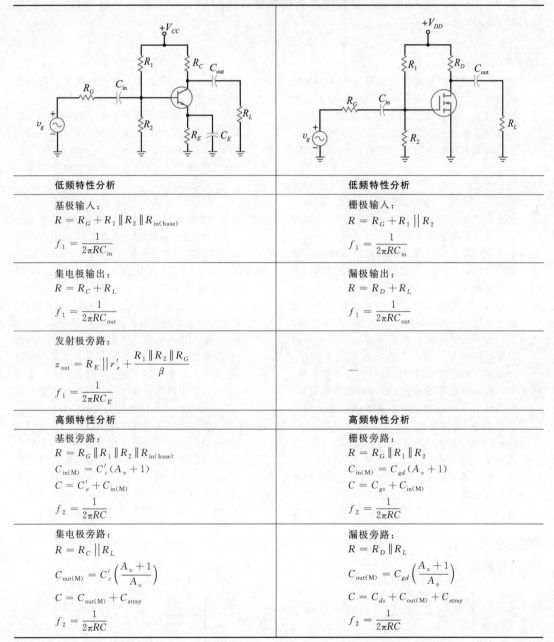

低频特性分析	低频特性分析
基极输入：$R = R_G + R_1 \| R_2 \| R_{in(base)}$　$f_1 = \dfrac{1}{2\pi R C_{in}}$	栅极输入：$R = R_G + R_1 \| R_2$　$f_1 = \dfrac{1}{2\pi R C_{in}}$
集电极输出：$R = R_C + R_L$　$f_1 = \dfrac{1}{2\pi R C_{out}}$	漏极输出：$R = R_D + R_L$　$f_1 = \dfrac{1}{2\pi R C_{out}}$
发射极旁路：$z_{out} = R_E \| r'_e + \dfrac{R_1 \| R_2 \| R_G}{\beta}$　$f_1 = \dfrac{1}{2\pi R C_E}$	—
高频特性分析	高频特性分析
基极旁路：$R = R_G \| R_1 \| R_2 \| R_{in(base)}$　$C_{in(M)} = C'_c (A_v + 1)$　$C = C'_e + C_{in(M)}$　$f_2 = \dfrac{1}{2\pi R C}$	栅极旁路：$R = R_G \| R_1 \| R_2$　$C_{in(M)} = C_{gd} (A_v + 1)$　$C = C_{gs} + C_{in(M)}$　$f_2 = \dfrac{1}{2\pi R C}$
集电极旁路：$R = R_C \| R_L$　$C_{out(M)} = C'_c \left(\dfrac{A_v + 1}{A_v} \right)$　$C = C_{out(M)} + C_{stray}$　$f_2 = \dfrac{1}{2\pi R C}$	漏极旁路：$R = R_D \| R_L$　$C_{out(M)} = C_{gd} \left(\dfrac{A_v + 1}{A_v} \right)$　$C = C_{ds} + C_{out(M)} + C_{stray}$　$f_2 = \dfrac{1}{2\pi R C}$

14.11.3 结论

本节研究了关于分立双极和场效应晶体管放大电路的频率响应问题。如果用手工计算，则这种分析会很烦琐而且耗时。由于目前主要采用计算机来对分立器件放大器的频率响应进行分析，因此这里只作简要讨论，帮助大家理解独立元件对频率响应的影响。

对分立器件放大器的分析需要使用 Multisim 或其他电路仿真器。Multisim 装载了双极和场效应晶体管的所有参数，如 C_c'、C_e'、C_{rss} 和 C_{oss}，还有中频参量 β、r_e' 和 g_m。或者说，Multisim 包含器件的内建数据手册。例如，当选择 2N3904 时，Multisim 会调用 2N3904 的所有参数（包括高频参数），这样可以节省大量的时间。

可以利用 Multisim 绘制的伯德图来观察频率响应，从伯德图中测量中频电压增益和截止频率。总之，用 Multisim 或其他电路仿真软件可以更快更准确地对分立器件放大器进行频率响应特性分析。

总结

14.1 节　频率响应是指电压增益随输入频率变化的特性。交流放大器有下限截止频率和上限截止频率。直流放大器只有上限截止频率。耦合电容和旁路电容产生下限截止频率，晶体管内部电容和连线分布电容产生上限截止频率。

14.2 节　功率增益的分贝值定义为功率增益对数值的 10 倍。当功率增益以因子 2 增加时，其分贝值增加 3 dB。当功率增益以因子 10 增加时，其分贝值增加 10 dB。

14.3 节　电压增益的分贝值定义为电压增益对数值的 20 倍。当电压增益以因子 2 增加时，其分贝值增加 6 dB。当电压增益以因子 10 增加时，其分贝值增加 20 dB。级联电路的电压增益分贝值等于各级电路电压增益分贝值之和。

14.4 节　很多系统的阻抗都是匹配的，以便获得最大传输功率。在一个阻抗匹配的系统中，功率增益的分贝值与电压增益的分贝值相等。

14.5 节　分贝值除了用于电压增益和功率增益外，还可以用来表示高于某个基准值的量。两个常见的基准是毫瓦（mW）和伏（V）。用 1 mW 作为基准的分贝值记为 dBm，用 1 V 作为基准的分贝值记为 dBV。

14.6 节　倍频表示频率变化因子为 2，十倍频表示频率变化因子为 10。表示电压增益分贝值随频率变化的特性曲线称为伯德图。理想伯德图是一种近似表示，这种频率响应图的绘制快速而简便。

14.7 节　延时电路的电压增益在上限截止频率处转折，然后以 20 dB/十倍频程的速度下降，等效于以 6 dB/倍频程的速率下降。也可以绘制相位与频率的伯德图。延时电路的相位在 $0 \sim -90°$ 之间。

14.8 节　反相放大器输入和输出之间的反馈电容等效为两个电容。一个电容跨接在输入端，另一个电容跨接在输出端。密勒效应是指等效到输入端的电容值是反馈电容的 $(A_v + 1)$ 倍。

14.9 节　当直流放大器的输入是阶跃电压时，其输出波形从 10% ~ 90% 所用的时间称为上升时间。上限截止频率等于 0.35 除以上升时间，这是一种测量直流放大器带宽的便捷方式。

14.10 节　输入耦合电容、输出耦合电容和发射极旁路电容产生下限截止频率。集电极旁路电容和输入密勒电容产生上限截止频率。双极型和场效应晶体管级电路的频率分析通常采用 Multisim 或其他电路仿真器完成。

14.11 节　场效应晶体管级电路的输入耦合电容和输出耦合电容产生下限截止频率（与双极型晶体管电路相同）。漏极旁路电容、栅极电容以及输入密勒电容产生上限截止频率。双极型和场效应晶体管级电路的频率分析通常采用 Multisim 或其他电路仿真器完成。

重要公式

1. 低于中频区

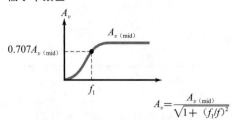

$$A_v = \frac{A_{v\,(mid)}}{\sqrt{1 + (f_1/f)^2}}$$

2. 高于中频区

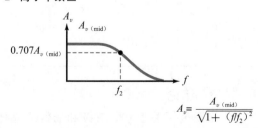

$$A_v = \frac{A_{v\,(mid)}}{\sqrt{1 + (f/f_2)^2}}$$

3. 功率增益的分贝值

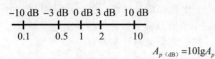

$$A_{p\,(\mathrm{dB})}=10\lg A_p$$

4. 电压增益的分贝值

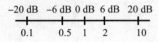

$$A_{v\,(\mathrm{dB})}=20\lg A_v$$

5. 总电压增益

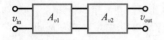

$$A_v=A_{v1}A_{v2}$$

6. 总电压增益的分贝值

$$A_{v\,(\mathrm{dB})}=A_{v1\,(\mathrm{dB})}+A_{v2\,(\mathrm{dB})}$$

7. 阻抗匹配系统

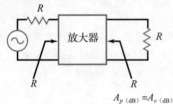

$$A_{p\,(\mathrm{dB})}=A_{v\,(\mathrm{dB})}$$

8. 以 1 mW 为基准的分贝表示

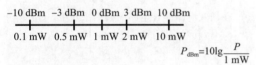

$$P_{\mathrm{dBm}}=10\lg\frac{P}{1\ \mathrm{mW}}$$

9. 以 1 V 为基准的分贝表示

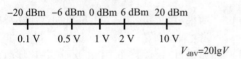

$$V_{\mathrm{dBV}}=20\lg V$$

10. 截止频率

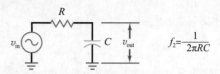

$$f_2=\frac{1}{2\pi RC}$$

11. 密勒效应　$C_{\mathrm{in}\,(\mathrm{M})}=C\,(A_v+1)$

12. $C_{\mathrm{out}\,(\mathrm{M})}=C\left(\dfrac{A_v+1}{A_v}\right)$

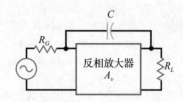

13. 上升时间与带宽

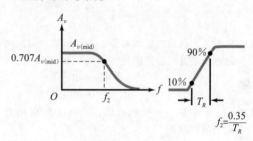

$$f_2=\frac{0.35}{T_R}$$

14. 双极管基极-发射极的极间电容

$$C_{be}\approx\frac{1}{2\pi f_T r'_e}$$

15. 场效应晶体管的内部电容

$$C_{gd}=C_{rss}$$

16. 场效应晶体管的内部电容

$$C_{gs}=C_{iss}-C_{rss}$$

17. 场效应晶体管的内部电容

$$C_{ds}=C_{oss}-C_{rss}$$

相关实验

实验 37
频率特性

系统应用 4
耦合和旁路电容的频率响应

选择题

1. 频率响应是电压增益与下列哪个量的关系
曲线？
   a. 频率　　　　　　　　b. 功率增益
   c. 输入电压　　　　　　d. 输出电压

2. 在低频区，耦合电容使下列哪个量下降？
   a. 输入阻抗　　　　　　b. 电压增益
   c. 信号源内阻　　　　　d. 信号源电压

3. 连线分布电容会影响
   a. 下限截止频率　　　　b. 中频电压增益
   c. 上限截止频率　　　　d. 输入阻抗

4. 在上限或下限截止频率处的电压增益是
   a. $0.35A_{v(\mathrm{mid})}$ 　　　　　b. $0.5A_{v(\mathrm{mid})}$
   c. $0.707A_{v(\mathrm{mid})}$ 　　　d. $0.995A_{v(\mathrm{mid})}$

5. 如果功率增益加倍，其分贝值增加

　　a. 2 倍　　　　　　　　b. 3 dB

　　c. 6 dB　　　　　　　　d. 10 dB

6. 如果电压增益加倍，其分贝值增加

　　a. 2 倍　　　　　　　　b. 3 dB

　　c. 6 dB　　　　　　　　d. 10 dB

7. 如果电压增益为 10，则其分贝值为

　　a. 6 dB　　　　　　　　b. 20 dB

　　c. 40 dB　　　　　　　d. 60 dB

8. 如果电压增益为 100，则其分贝值为

　　a. 6 dB　　　　　　　　b. 20 dB

　　c. 40 dB　　　　　　　d. 60 dB

9. 如果电压增益为 2000，则其分贝值为

　　a. 40 dB　　　　　　　b. 46 dB

　　c. 66 dB　　　　　　　d. 86 dB

10. 两级放大器的电压增益分贝值分别为 20 dB 和 40 dB，其总电压增益是

　　a. 1　　　　　　　　　b. 10

　　c. 100　　　　　　　　d. 1000

11. 两级放大器的电压增益分别为 100 和 200，其总电压增益的分贝值是

　　a. 46 dB　　　　　　　b. 66 dB

　　c. 86 dB　　　　　　　d. 106 dB

12. 一个频率是另一个的 8 倍，这两个频率相差几个倍频程？

　　a. 1　　　　　　　　　b. 2

　　c. 3　　　　　　　　　d. 4

13. 如果 $f = 1\ \mathrm{MHz}$，$f_2 = 10\ \mathrm{Hz}$，f/f_2 表示几个十倍频程？

　　a. 2　　　　　　　　　b. 3

　　c. 4　　　　　　　　　d. 5

14. 半对数坐标的意思是

　　a. 一个坐标轴是线性，另一个是对数

　　b. 一个坐标轴是线性，另一个是半对数

　　c. 两个坐标轴都是半对数

　　d. 两个坐标轴都不是线性的

15. 如果想要改善放大电路的高频响应，可以尝试下列哪种方法？

　　a. 减小耦合电容

　　b. 增大发射极旁路电容

　　c. 引脚引线越短越好

　　d. 增大信号源内阻

16. 放大器的电压增益在高于 20 kHz 后，以 20 dB/十倍频程下降，如果中频增益为 86 dB，20 MHz 时的增益是

　　a. 20　　　　　　　　　b. 200

　　c. 2000　　　　　　　　d. 20 000

17. 在双极型放大电路中，C_e' 就是

　　a. C_{be}　　　　　　　b. C_{ib}

　　c. C_{ibo}　　　　　　　d. 以上都不对

18. 在双极型放大电路中，增大 C_{in} 和 C_{out} 将

　　a. 降低低频 A_v　　　　b. 提高低频 A_v

　　c. 降低高频 A_v　　　　d. 提高高频 A_v

19. 场效应晶体管电路的输入耦合电容

　　a. 通常比双极型电路的大

　　b. 决定了上限截止频率

　　c. 通常比双极型电路的小

　　d. 可视为交流开路

20. 在场效应晶体管电路的数据手册中，C_{oss} 等于

　　a. $C_{ds} + C_{gd}$　　　　b. $C_{gs} - C_{rss}$

　　c. C_{gd}　　　　　　　d. $C_{iss} - C_{rss}$

习题

14.1 节

14-1　放大器的中频增益为 1000，其截止频率为 $f_1 = 100\ \mathrm{Hz}$ 和 $f_2 = 100\ \mathrm{kHz}$。它的频率响应是怎样的？如果输入频率为 20 Hz 和 300 kHz，其电压增益分别是多少？

14-2　假设运算放大器的中频增益是 500 000，上限截止频率为 15 Hz，其频率响应是怎样的？

14-3　一个直流放大器的中频增益是 200，上限截止频率为 10 kHz，当输入频率为 100 kHz、200 kHz、500 kHz 和 1 MHz 时，对应电压增益分别是多少？

14.2 节

14-4　如果 $A_p = 5$、10、20 和 40，计算功率增益的分贝值。

14-5　如果 $A_p = 0.4$、0.2、0.1 和 0.05，计算功率增益的分贝值。

14-6　如果 $A_p = 2$、20、200 和 2000，计算功率增益的分贝值。

14-7　如果 $A_p = 0.4$、0.04 和 0.004，计算功率增益的分贝值。

14.3 节

14-8　求图 14-34a 电路的总电压增益并转换为分贝值。

14-9　将图 14-34a 中的每一级增益转换为分贝值。

14-10　求图 14-34b 电路的总电压增益的分贝值。并转换为普通电压增益。

14-11　图 14-34b 电路的每一级电压增益是多少？

14-12　如果一个放大器的电压增益是 100 000，其分贝值是多少？

14-13　音频功率放大器 LM380 的数据手册中给出电压增益为 34 dB，将其转换为普通电压增益。

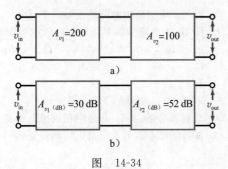

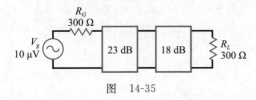

图 14-34

14-14 一个两级放大器的级增益是 $A_{v1} = 25.8$，$A_{v2} = 117$，每一级电压增益的分贝值是多少？总电压增益的分贝值是多少？

14.4 节

14-15 如果图 14-35 是一个阻抗匹配系统，其总电压增益的分贝值是多少？每一级电压增益的分贝值是多少？

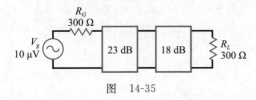

图 14-35

14-16 如果图 14-35 是一个阻抗匹配系统，其负载电压是多少？负载功率是多少？

14.5 节

14-17 如果一个前置放大器的输出功率是 20 dBm，则其功率是多少 mW？

14-18 一个传声器的输出为 −45 dBV，它的输出电压是多少？

14-19 将下列功率用 dBm 表示：25 mW、93.5 mW 和 4.87 W。

14-20 将下列电压用 dBV 表示：1 μV、34.8 mV、12.9 V 和 345 V。

14.6 节

14-21 运算放大器的数据手册给出中频增益是 200 000，截止频率为 10 Hz，下降速度为 20 dB/十倍频程。画出该运放的理想伯德图。1 MHz 时的电压增益是多少？

14-22 运放 LF351 的电压增益为 316 000，截止频率为 40 Hz，下降速度是 20 dB/十倍频程。画出该运放的理想伯德图。

14.7 节

14-23 ▓Multisim画出图 14-36a 所示延时电路的理想伯德图。

14-24 ▓Multisim画出图 14-36b 所示延时电路的理想伯德图。

14-25 画出图 14-37 所示电路的理想伯德图。

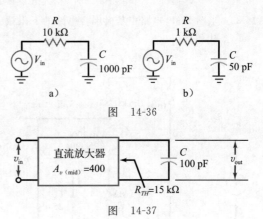

图 14-36

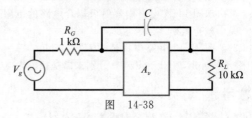

图 14-37

14.8 节

14-26 如果图 14-38 电路中的 $C = 5$ pF，$A_v = 200\,000$，求输入密勒电容。

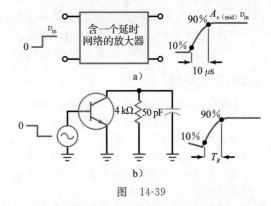

图 14-38

14-27 画出图 14-38 中输入延时电路的理想伯德图。其中 $C = 15$ pF，$A_v = 250\,000$。

14-28 如果图 14-38 电路中的反馈电容是 50 pF，当 $A_v = 200\,000$ 时，输入密勒电容是多少？

14-29 画出图 14-38 电路的理想伯德图。其中反馈电容是 100 pF，电压增益是 150 000。

14.9 节

14-30 图 14-39a 所示是一个放大器及其阶跃响应，求上限截止频率。

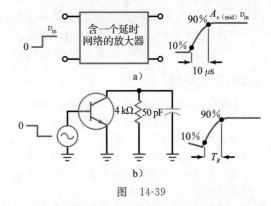

图 14-39

14-31 如果一个放大器的上升时间是 0.25 μS，则其带宽是多少？

14-32 一个放大器的上限截止频率是 100 kHz，如果用方波测试，其输出电压的上升时间是多少？

14-33 求图 14-40 电路中基极耦合电路的下限截止频率。

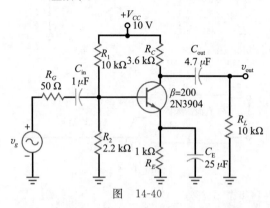

图　14-40

14-34 求图 14-40 电路中集电极耦合电路的下限截止频率。

14-35 求图 14-40 电路中发射极耦合电路的下限截止频率。

14-36 图 14-40 电路中，已知 $C'_c = 2$ pF，$C'_e = 10$ pF，$C_{stray} = 5$ pF。分别求出基极输入电路和集电极输出电路的上限截止频率。

14-37 图 14-41 电路中的 EMOS 晶体管的参数为，$g_m = 16.5$ mS，$C_{iss} = 30$ pF，$C_{oss} = 20$ pF，$C_{rss} = 5$ pF。求晶体管内部电容 C_{gd}，C_{gs} 和 C_{ds}。

14-38 求图 14-41 电路的下限主截止频率。

14-39 分别求出图 14-41 电路中栅极输入电路和漏极输出电路的上限截止频率。

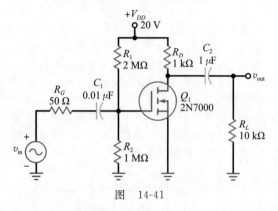

图　14-41

思考题

14-40 当图 14-42a 电路的频率 $f = 20$ kHz 和 $f = 44.4$ kHz 时，其电压增益的分贝值分别是多少？

14-41 当图 14-42b 电路的频率 $f = 100$ kHz 时，其电压增益的分贝值是多少？

14-42 图 14-39a 所示放大器的中频电压增益是 100，如果输入电压是一个 20 mV 的阶跃信号，求输出在 10% 和 90% 点的电压。

14-43 图 14-39b 是一个等效电路，求输出电压的上升时间。

14-44 两个放大器的数据手册中显示：第一个放大器的截止频率为 1 MHz，第二个放大器的上升时间为 1 μS，则哪一个放大器的带宽更宽？

求职面试问题

1. 如果用很多导线在面包板上搭建一个放大电路。测试时发现上限截止频率比预计值低很多，你有哪些改进的建议？

2. 实验室里有直流放大器、示波器和可以产生正弦波、方波和三角波的函数发生器。可以采用什么方法测量放大器的带宽？

3. 在不使用计算器的情况下，将电压增益 250 转换为分贝值。

4. 画一个反相放大器，带有 50 pF 反馈电容，且电压增益为 10 000。同时画出该放大器输入延时电路的理想伯德图。

5. 假设示波器前面板标注了垂直放大器的上升时

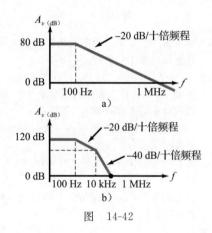

图　14-42

间是 7 ns，说明该仪器的带宽是多少？

6. 如何测试直流放大器的带宽？

7. 为什么电压增益的分贝值因子是 20，而功率增益的分贝值因子是 10？

8. 为什么阻抗匹配对于有些系统很重要？

9. dB 和 dBm 的区别是什么？

10. 直流放大器为什么被称为直流放大器？

11. 广播电台的工程师要测量多个十倍频程范围的电压增益，使用哪种坐标纸最合适？

12. 是否知道 Multisim（EWB）？如果知道，请做介绍。

选择题答案

1. a　2. b　3. c　4. c　5. b　6. c　7. b　8. c　9. c　10. d　11. c　12. c　13. d　14. a　15. c
16. a　17. d　18. b　19. c　20. a

自测题答案

14-1　$A_{v(\mathrm{mid})}=70.7$，$A_v=24.3$（5 Hz 时），$A_v=9.95$（200 kHz 时）

14-2　$A_v=141$（10 Hz 时）

14-3　20 000（100 Hz 时）；2000（1 kHz 时）；200（10 kHz 时）；20（100 kHz 时）；2.0（1 MHz 时）

14-4　10 dB，13 dB，16 dB

14-5　6 dB，3 dB，0 dB，−3 dB

14-6　7 dB，17 dB，27 dB，37 dB

14-7　13 dB，3 dB，−7 dB，−17 dB

14-8　34 dB，46 dB，$A_{vT}=10\,000$，$A_{v(\mathrm{dB})}=80$ dB

14-9　$A_{v(\mathrm{dB})}=30$ dB，$A_p=1000$，$A_v=31.6$

14-10　$A_{v1}=3.16$，$A_{v2}=0.5$，$A_{v3}=20$

14-11　$P=1000$ W

14-12　$V_{\mathrm{out}}=1.88$ mV

14-14　$f_2=159$ kHz

14-15　$f_2=318$ kHz，$f_{\mathrm{unity}}=31.8$ MHz

14-17　$C_{\mathrm{in(M)}}=0.3\ \mu\mathrm{F}$，$C_{\mathrm{out(M)}}=30$ pF

14-18　$T_R=440$ ns，$f_2=795$ kHz

14-19　$f_1=63$ Hz

14-20　$f_2=1.43$ MHz

14-22　$C_{gd}=5$ pF，$C_{gs}=20$ pF，$C_{ds}=5$ pF

第15章

差分放大器

运算放大器（运放）是指能够实现数学运算功能的放大器。历史上的第一个运算放大器出现在模拟计算机中，用来实现加、减、乘等运算。运算放大器曾经采用分立器件搭建，而现在的运放几乎都是集成电路。

典型的运算放大器是直流放大器，它具有很高的电压增益、很高的输入阻抗以及很低的输出阻抗。由于类型不同，运放的单位增益带宽可以从 1 Hz 变化到 20 MHz 以上。集成运放是一个包含外接引脚的完整功能模块，将引脚接到电源上，并配合少量元件，就可以很快构建出所有类型的实用电路。

大多数运放的输入级都采用差分放大器，这种结构决定了集成运放的很多输入特性。差分放大器也可由分立器件构成，可用于通信、仪表和工业控制电路。本章重点关注用于集成电路的差分放大器。

目标

在学习完本章后，你应该能够：

- 对差分放大器进行直流分析；
- 对差分放大器进行交流分析；
- 理解输入偏置电流、输入失调电流、输入失调电压的定义；
- 理解共模增益和共模抑制比；
- 了解集成电路的制造过程；
- 将戴维南定理应用于有载的差分放大器。

关键术语

有源负载电阻（active load resistor）

共模抑制比（common-mode rejection ratio，CMRR）

共模信号（common-mode signal）

补偿二极管（compensation diode）

电流镜（current mirror）

差分放大器（differential amplifier，diff amp）

差分输入（differential input）

差分输出（differential output）

混合集成电路（hybrid IC）

输入偏置电流（input bias current）

输入失调电流（input offset current）

输入失调电压（input offset voltage）

集成电路（integrated circuit，IC）

反相输入端（inverting input）

单片集成电路（monolithic IC）

同相输入端（noninverting input）

运算放大器（operational amplifier，op amp）

单端（single-ended）

尾电流（tail current）

15.1 差分放大器概述

晶体管、二极管和电阻是典型集成电路中仅有的实际元件。有时也会用到电容，通常电容值小于 50 pF。因此，在集成电路设计中不会像在分立电路设计中那样使用耦合电容和旁路电容，而是在各级之间采用直接耦合的方式，同时在电压增益损失不太大的情况下去掉发射极旁路电容。

差分放大器（差放）是集成运算放大器中的关键电路。该电路的设计很巧妙，不需要使用发射极旁路电容。此外，还有一些其他因素使得差分放大器成为几乎所有集成运放的输入级。

知识拓展 第一个差分放大器使用的是真空管。

15.1.1 差分输入和差分输出

图 15-1 所示是一个差分放大器，由两个 CE 级并联构成，且共用一个发射极电阻。虽然有两个输入电压（v_1 和 v_2）和两个集电极输出电压（v_{c1} 和 v_{c2}），但将整个电路作为一级来考虑。因为没有耦合电容和旁路电容，所以该电路没有下限截止频率。

交流输出电压 v_{out} 被定义为两个集电极之间的电压差，其极性如图 15-1 所示：

$$v_{out} = v_{c2} - v_{c1} \tag{15-1}$$

该电压称为**差分输出**，它将两个集电极输出电压相结合并取二者间的电压差。要注意的是：v_{out}、v_{c1} 和 v_{c2} 应采用小写，因为它们是交流电压，0 Hz 作为特例也包含在其中。

理想情况下，电路中的晶体管及其集电极电阻都相同。由于理想对称，当两个输入电压相等时，输出 v_{out} 为零。当 v_1 大于 v_2 时，输出电压的极性如图 15-1 所示。当 v_2 大于 v_1 时，输出电压具有相反的极性。

图 15-1 所示的差放有两个独立的输入端，其中 v_1 为**同相输入端**，v_{out} 与 v_1 同相位；v_2 为**反相输入端**，v_{out} 与 v_2 相差 180°。在有些应用中，仅使用同相输入端，将反相输入端接地。而在另一些应用中，只有反相输入端有效，将同相输入端接地。

同时使用同相端和反相端作输入时，则将总输入称为**差分输入**，因为输出电压等于电压增益与两个输入端电压差的乘积，所以输出电压为：

$$v_{out} = A_v(v_1 - v_2) \tag{15-2}$$

其中 A_v 为电压增益，电压增益的公式推导将在 15.3 节介绍。

15.1.2 单端输出

图 15-1 所示的差分输出需要一个浮地的负载，即负载的任何一端都不能接地。这在许多应用中很不方便，因为负载大多是**单端**的，即负载一端是接地的。

图 15-2a 所示是实际应用广泛使用的差分放大器。它可以驱动单端负载，如 CE 级、射极跟随器和其他电路，因此应用广泛。由图 15-2a 可见，交流输出信号来自右边电路的集电极。左边电路中集电极的负载电阻不起作用，因此可以去掉。

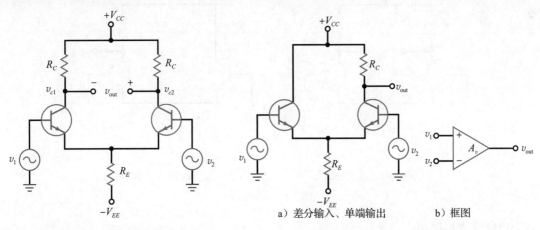

图 15-1 差分输入、差分输出　　　　图 15-2 差分输入、单端输出
a）差分输入、单端输出　　b）框图

因为输入是差分的，因此交流输出电压仍然为 $A_v(v_1 - v_2)$。然而对于单端输出，电压增益只有差分输出的一半。因为输出仅仅取出了一个集电极的电压值。

图 15-2b 所示是差分输入、单端输出的差分放大器的框图，运算放大器也使用相同的符号。符号"＋"代表同相输入，"－"代表反相输入。

15.1.3　同相输入结构

差分放大器中通常只有一个输入端有效，而另一端接地，如图 15-3a 所示。该结构采用同相输入、差分输出。由于 $v_2 = 0$，由式（15-2）得：

$$v_{out} = A_v v_1 \tag{15-3}$$

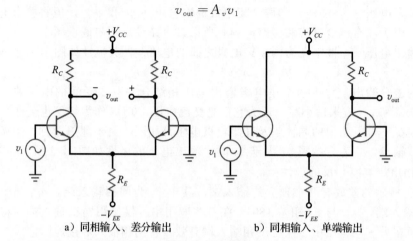

a）同相输入、差分输出　　　　b）同相输入、单端输出

图 15-3　同相输入

图 15-3b 所示是差分放大器的另一种结构：同相输入，单端输出。由于 v_{out} 是交流输出电压，式（15-3）依然适用。由于输出仅取自差放的一端，因此其电压增益 A_v 是双端输出的一半。

15.1.4　反相输入结构

在有些应用中，v_2 是有效输入，v_1 接地，如图 15-4a 所示。此时，式（15-2）可以简化为：

$$v_{out} = -A_v v_2 \tag{15-4}$$

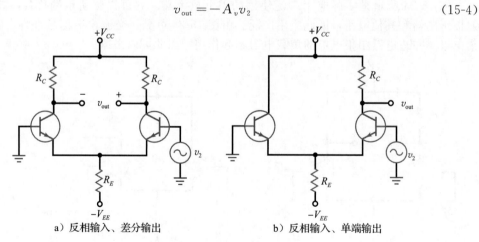

a）反相输入、差分输出　　　　b）反相输入、单端输出

图 15-4　反相输入

式中的负号表示反相。

图 15-4b 所示是后文将要讨论的结构，这里采用的是反相输入，单端输出。此时，交流输出电压依然可由式（15-4）得到。

15.1.5　结论

表 15-1 总结了差分放大器的四种基本结构，通用情况是差分输入、差分输出，其余

情况则是通用情况的特例。例如，为了获得单端输入运算，只使用一个输入端，将另一端接地。使用单端输入时，可以采用同相输入端 v_1，也可以采用反相输入端 v_2。

表 15-1　差分放大器结构

输入	输出	v_{in}	v_{out}	输入	输出	v_{in}	v_{out}
差分	差分	$v_1 - v_2$	$v_{c2} - v_{c1}$	单端	差分	v_1 或 v_2	$v_{c2} - v_{c1}$
差分	单端	$v_1 - v_2$	v_{c2}	单端	单端	v_1 或 v_2	v_{c2}

15.2　差分放大器的直流分析

图 15-5a 所示是差分放大器的直流等效电路。在本章的讨论中，假设晶体管的集电极电阻相同。在初步分析中，两个基极是接地的。

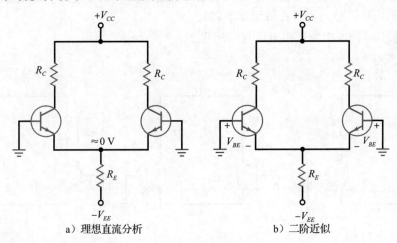

a）理想直流分析　　　　　　b）二阶近似

图 15-5　直流分析

这里采用的偏置电路与之前章节讨论过的双电源发射极偏置结构几乎相同。发射极偏置电路中负电源电压大多是加在发射极电阻上，产生一个固定的发射极电流。

15.2.1　理想分析

差分放大器有时也称为长尾对，因为两个晶体管共用一个电阻 R_E，流过该共用电阻的电流称为**尾电流**。如果忽略图 15-5a 中发射结压降 V_{BE}，那么发射极电阻的上端就是理想的直流地。这样 V_{EE} 完全加在电阻 R_E 上，则尾电流为：

$$I_T = \frac{V_{EE}}{R_E} \tag{15-5}$$

该式可用于故障诊断和初步分析，它直观地反映了问题的本质，即发射极电源电压几乎全部加到发射极电阻上。

当 15-5a 中的两个半边电路完全对称时，尾电流被等分。则每个晶体管的发射极电流为：

$$I_E = \frac{I_T}{2} \tag{15-6}$$

集电极电压由下式给出：

$$V_C = V_{CC} - I_C R_C \tag{15-7}$$

15.2.2　二阶近似

考虑发射结上的压降 V_{BE} 可以使直流分析更准确。图 15-5b 电路中发射极电阻上端的电压比地电位低 V_{BE}，故尾电流为：

$$I_T = \frac{V_{EE} - V_{BE}}{R_E} \qquad\qquad (15\text{-}8)$$

硅晶体管的 $V_{BE} = 0.7\ \text{V}$。

15.2.3 基极电阻对尾电流的影响

图 15-5b 电路中，两个晶体管的基极均采用接地方式。若考虑基极电阻，在设计良好的差分放大器中，其对尾电流的影响可以忽略。原因是当考虑基极电阻，尾电流的等式变为：

$$I_T = \frac{V_{EE} - V_{BE}}{R_E + R_B / 2\beta_{\text{dc}}}$$

在实际设计中，$R_B / 2\beta_{\text{dc}}$ 小于 R_E 的 1%，因此对尾电流的计算最好用式（15-5）或式（15-8）。

虽然基极电阻对于尾电流的影响可以忽略，但是当两个半边电路不是理想对称时，会产生输入失调电压。该内容将在后续章节讨论。

例 15-1 图 15-6a 中的理想电流与电压是多少？

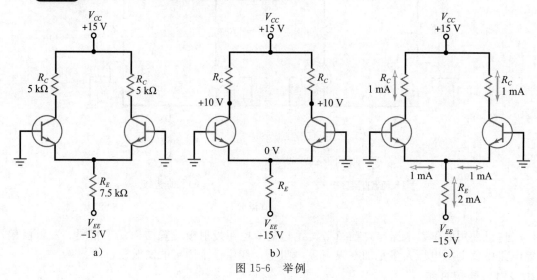

图 15-6 举例

解： 由式（15-5）可得到尾电流为：

$$I_T = \frac{15\ \text{V}}{7.5\ \text{k}\Omega} = 2\ \text{mA}$$

而每一路发射极电流是尾电流的一半：

$$I_E = \frac{2\ \text{mA}}{2} = 1\ \text{mA}$$

每个集电极的静态电压大约为：

$$V_C = 15\ \text{V} - 1\ \text{mA} \times 5\ \text{k}\Omega = 10\ \text{V}$$

图 15-6b 显示了直流电压，图 15-6c 显示了直流电流。（注意：标准箭头方向代表电流流向，三角箭头代表电子流动方向。）◀

自测题 15-1 将图 15-6a 中的电阻 R_E 改为 5 kΩ，求理想电压与电流值。

例 15-2 采用二阶近似，重新计算 15-6a 中的电压与电流。

解： 尾电流为：

$$I_T = \frac{15\ \text{V} - 0.7\ \text{V}}{7.5\ \text{k}\Omega} = 1.91\ \text{mA}$$

每个发射极电流为尾电流的一半：

$$I_E = \frac{1.91 \text{ mA}}{2} = 0.955 \text{ mA}$$

每路集电极的静态电压为：

$$V_C = 15 \text{ V} - 0.955 \text{ mA} \times 5 \text{ k}\Omega = 10.2 \text{ V}$$

可见，采用二阶近似后，其结果相差很小，实际上，如果用 Multisim（EWB）来测试相同的电路，则得到 2N3904 晶体管的测量结果如下：

$$I_T = 1.912 \text{ mA}$$

$$I_E = 0.956 \text{ mA}$$

$$I_C = 0.950 \text{ mA}$$

$$V_C = 10.25 \text{ V}$$

结果与二阶近似几乎一致，且与理想化分析结果的差异不大。因此在很多应用中，用理想分析就足够了。如果需要更加精确的计算，可以用二阶近似或 Multisim 分析。 ◀

✎ **自测题 15-2**　当发射极电阻为 5 kΩ 时，重新计算例 15-2。

例 15-3　图 15-7a 所示单端输出电路的电流和电压是多少？

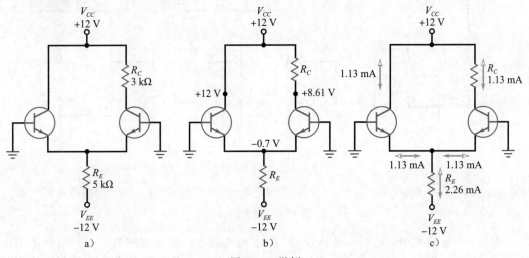

图 15-7　举例

解：理想情况下，尾电流为：

$$I_T = \frac{12 \text{ V}}{5 \text{ k}\Omega} = 2.4 \text{ mA}$$

每一条支路的发射极电流是尾电流的一半：

$$I_E = \frac{2.4 \text{ mA}}{2} = 1.2 \text{ mA}$$

右边集电极的静态电压约为：

$$V_C = 12 \text{ V} - 1.2 \text{ mA} \times 3 \text{ k}\Omega = 8.4 \text{ V}$$

而左边集电极电压为 12 V。

采用二阶近似，得到：

$$I_T = \frac{12 \text{ V} - 0.7 \text{ V}}{5 \text{ k}\Omega} = 2.26 \text{ mA}$$

$$I_E = \frac{2.26 \text{ mA}}{2} = 1.13 \text{ mA}$$

$$V_C = 12\text{ V} - 1.13\text{ mA} \times 3\text{ k}\Omega = 8.61\text{ V}$$

图 15-7b 显示了直流电压，图 15-7c 显示了二阶近似的电流。　◀

✎ **自测题 15-3** 将 15-7a 电路中的电阻 R_E 改为 3 kΩ，采用二阶近似计算其电流和电压。

15.3 差分放大器的交流分析

本节将推导差分放大器电压增益的表达式。首先分析最简单的电路结构：同相输入、单端输出的差分电路。然后将推导出的电压增益公式扩展到其他结构。

15.3.1 工作原理

图 15-8a 所示是同相输入、单端输出结构。由于 R_E 很大，当输入端交流信号很小时，尾电流几乎不变。因此，差分放大器的两个半边电路对同相输入信号的响应特性是互补的。即 Q_1 发射极的电流增加时，Q_2 发射极的电流将减小；相反地，Q_1 发射极的电流减小时，Q_2 发射极的电流将增加。

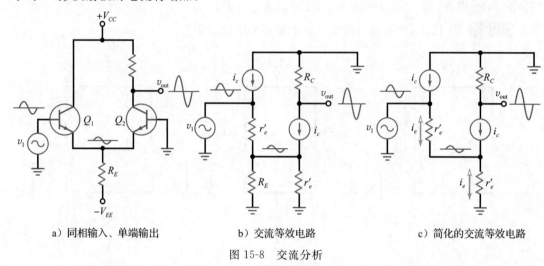

a）同相输入、单端输出　　　　b）交流等效电路　　　　c）简化的交流等效电路

图 15-8 交流分析

在图 15-8a 电路中，左边的晶体管 Q_1 的作用类似一个射极跟随器，在发射极电阻上产生一个交流电压，电压值是输入电压 v_1 的一半。在输入电压的正半周，Q_1 发射极电流增加，Q_2 发射极电流减小，且 Q_2 集电极电压增加。类似地，在输入电压的负半周，Q_1 发射极电流减小，Q_2 发射极电流增加，且 Q_2 集电极电压减小。因此，放大器输出的正弦波形与同相输入端的相位相同。

15.3.2 单端输出的增益

图 15-8b 所示是交流等效电路。图中每个晶体管都有电阻 r_e'，且偏置电阻 R_E 与右边晶体管的 r_e' 并联。在实际设计中，R_E 的阻值远大于 r_e'，因此在初步分析时可以忽略 R_E。

图 15-8c 所示是简化等效电路。输入电压 v_1 加在两个串联的 r_e' 上。由于这两个电阻是相等的，所以每个 r_e' 上的压降为输入电压的一半。因此图 15-8a 中尾电阻上的交流电压是输入电压的一半。

在图 15-8c 中，交流输出电压为：

$$v_{\text{out}} = i_c R_c$$

交流输入电压为：

$$v_{\text{in}} = i_e r_e' + i_e r_e' = 2i_e r_e'$$

电压增益为 v_{out} 除以 v_{in}：

$$单端输出 \quad A_v = \frac{R_C}{2r'_e} \tag{15-9}$$

图 15-8a 电路的输出端中包含静态直流电压 V_C，该电压不属于交流信号，交流电压 v_{out} 是在静态电压基础上变化的部分。运算放大器的最后一级会将静态直流电压去掉。

15.3.3 差分输出的增益

图 15-9 是同相输入、差分输出电路的交流等效电路。分析方法与前文例题基本相同，不同的是由于输出来自两个集电极电阻，故输出电压是原来的两倍：

$$v_{\text{out}} = v_{c2} - v_{c1} = i_c R_C - (-i_c R_C) = 2i_c R_C$$

（注意：第二个负号的出现是由于 v_{c1} 与 v_{c2} 有 180°相位差，如图 15-9 所示。）

交流输入电压仍等于：

$$v_{\text{in}} = 2i_e r'_e$$

输出电压除以输入电压，得到电压增益：

$$差分输出 \quad A_v = \frac{R_C}{r'_e} \tag{15-10}$$

这个公式与 CE 放大器电压增益的表达式一样，很容易记忆。

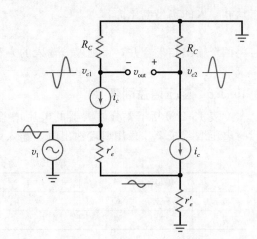

图 15-9 同相输入、差分输出

15.3.4 反相输入结构

图 15-10a 所示是反相输入、单端输出的差放结构，其交流分析与同相输入电路几乎一样。该电路中，反相输入 v_2 在输出端产生一个放大了的反相交流电压。每个晶体管的电阻 r'_e 在交流等效电路中仍然是分压电路的一部分，因此 R_E 上的电压是反相输入信号的一半。如果电路是差分输出，则电压增益是单端输出的两倍。

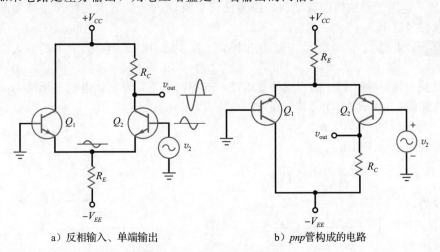

a）反相输入、单端输出 b）pnp 管构成的电路

图 15-10 反相输入、单端输出

图 15-10b 所示的差分放大器是 15-10a 所示电路用 pnp 管实现的形式，其电路结构上下颠倒了。pnp 管常用于正电源供电的晶体管电路中，并以颠倒的结构画出。与 npn 管电路一样，其输入和输出可以采用差分或者单端形式。

15.3.5 差分输入结构

在差分输入结构中，两个输入端同时有效。可以用叠加定理将交流分析简化：由于已知差分电路在同相和反相输入时的特性，则可以将这两个结果合并起来，得到差分输入结构的公式。

同相输入的输出电压为：

$$v_{\text{out}} = A_v v_1$$

反相输入的输出电压为：

$$v_{\text{out}} = -A_v v_2$$

将两个输出结果合并，得到差分输入的方程式：

$$v_{\text{out}} = A_v(v_1 - v_2)$$

15.3.6 电压增益列表

表 15-2 概括了差分放大器的电压增益。可见，差分输出的电压增益最大；单端输出时电压增益减半。采用单端输出时，输入可采用同相输入或者反相输入。

表 15-2 差分放大器的电压增益

输入	输出	A_v	v_{out}	输入	输出	A_v	v_{out}
差分	差分	R_c/r'_e	$A_v(v_1 - v_2)$	单端	差分	R_c/r'_e	$A_v v_1$ 或 $-A_v v_2$
差分	单端	$R_c/2r'_e$	$A_v(v_1 - v_2)$	单端	单端	$R_c/2r'_e$	$A_v v_1$ 或 $-A_v v_2$

15.3.7 输入阻抗

在 CE 电路中，基极的输入阻抗是：

$$z_{\text{in}} = \beta r'_e$$

在差放电路中，两个基极的输入阻抗是前者的两倍：

$$z_{\text{in}} = 2\beta r'_e \tag{15-11}$$

因为差分放大器的交流等效电路中有两个发射极电阻 r'_e，所以输入阻抗变为两倍。式（15-11）适用于差放的所有结构，因为任何交流输入端口处所见的都是基极与地之间的两个发射极电阻。

例 15-4 求图 15-11 电路的交流输出电压。若 $\beta = 300$，求差分放大器的输入电阻。

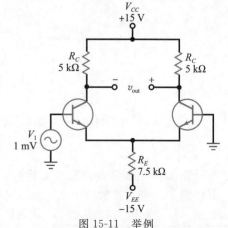

IIII Multisim

解：前面分析过例 15-1 的直流等效电路，理想情况下，发射极电阻上压降为 15 V，产生的尾电流为 2 mA，则每个晶体管发射极电流为：

$$I_E = 1 \text{ mA}$$

可以得到发射极交流电阻：

$$r'_e = \frac{25 \text{ mV}}{1 \text{ mA}} = 25 \text{ } \Omega$$

电压增益为：

$$A'_v = \frac{5 \text{ k}\Omega}{25 \text{ }\Omega} = 200$$

则交流输出电压为：

$$v_{\text{out}} = 200 \times 1 \text{ mV} = 200 \text{ mV}$$

差分放大器的输入阻抗为：

$$z_{\text{in(base)}} = 2 \times 300 \times 25 \text{ }\Omega = 15 \text{ k}\Omega \quad ◀$$

✎ **自测题 15-4** 将 R_E 改为 5 kΩ，重新计算例 15-4。

图 15-11 举例

例 15-5　重新计算例 15-4 题。采用二阶近似计算发射极静态电流。　|||| **Multisim**

解： 在例 15-2 中，已经得到直流发射极电流为：

$$I_E = 0.955 \text{ mA}$$

发射极交流电阻为：

$$r'_e = \frac{25 \text{ mV}}{0.955 \text{ mA}} = 26.2 \text{ Ω}$$

由于是差分输出，其电压增益为：

$$A_v = \frac{5 \text{ kΩ}}{26.2 \text{ Ω}} = 191$$

交流输出电压为：

$$v_{\text{out}} = 191 \times 1 \text{ mV} = 191 \text{ mV}$$

差分放大器的输入阻抗为：

$$z_{\text{in(base)}} = 2 \times 300 \times 26.2 \text{ Ω} = 15.7 \text{ kΩ}$$

如果用 Multisim 来仿真，对于晶体管 2N3904，有如下结果：

$$v_{\text{out}} = 172 \text{ mV}$$

$$z_{\text{in(base)}} = 13.4 \text{ kΩ}$$

　　Multisim 得到的输出电压和输入阻抗都比估算值略小。采用某个特定型号的晶体管时，Multisim 会装载该晶体管的所有高阶参数，以得到近乎精确的结果。所以当精度要求高时，就需要借助计算机仿真。精度要求不高时，可以采用近似方法进行分析。　◀

例 15-6　当 $v_2 = 1$ mV，$v_1 = 0$ 时，重新计算例 15-4。

解： 此时信号驱动的不是同相输入端，而是反相输入端。理想情况下，输出电压的幅度相同，为 200 mV，只是反相。输入阻抗约为 15 kΩ。　◀

例 15-7　求图 15-12 电路的交流输出电压。若 $\beta = 300$，求差分放大器的输入阻抗。

解： 理想情况下，15 V 加在发射极电阻上，所以尾电流为：

$$I_T = \frac{15 \text{ V}}{1 \text{ MΩ}} = 15 \text{ } \mu\text{A}$$

由于每个晶体管发射极电流为尾电流的一半，则有：

$$r'_e = \frac{25 \text{ mV}}{7.5 \text{ } \mu\text{A}} = 3.33 \text{ kΩ}$$

单端输出的电压增益为：

$$A_v = \frac{1 \text{ MΩ}}{2 \times 3.33 \text{ kΩ}} = 150$$

交流输出电压为：

$$v_{\text{out}} = 150 \times 7 \text{ mV} = 1.05 \text{ V}$$

基极的输入阻抗为：

$$z_{\text{in}} = 2 \times 300 \times 3.33 \text{ kΩ} = 2 \text{ MΩ}$$　◀

自测题 15-7　将 R_E 改为 500 kΩ，重新计算例 15-7。

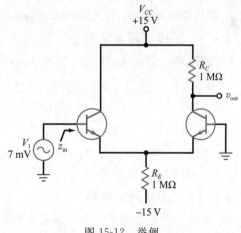

图 15-12　举例

15.4　运算放大器的输入特性

　　在很多应用中都假设差分放大器是理想对称的。但在有精度要求的应用中，便不能再把差放的两个半边电路视为完全相等的。在数据手册中，有三个特征参量供设计者在精确设计时使用。这三个参数是：输入偏置电流、输入失调电流和输入失调电压。

　　知识拓展　如果运放的输入差分放大器采用 JFET，后级采用双极型晶体管，则称为"bi-FET 运算放大器"。

15.4.1　输入偏置电流

　　在集成运算放大器中，若第一级差放的两个晶体管的 β_{dc} 有微小差别，则意味着图 15-13 电路中的基极电流有微小的差别。将基极直流电流的平均值定义为**输入偏置电流**：

$$I_{in(bias)} = \frac{I_{B1} + I_{B2}}{2} \qquad (15\text{-}12)$$

例如，当 I_{B1} 为 90 nA，I_{B2} 为 70 nA 时，输入偏置电流为：

$$I_{in(bias)} = \frac{90\ nA + 70\ nA}{2} = 80\ nA$$

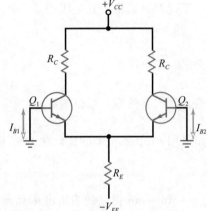

图 15-13　基极电流的偏差

　　对于双极型运放，其输入偏置电流的典型值是 nA 量级。若输入级运放采用 JFET，那么输入偏置电流则在 pA 量级。

　　输入偏置电流经过基极与地之间的电阻，这些电阻可能是分立元件，也可能是输入信号源的戴维南等效电阻。

15.4.2　输入失调电流

　　将两个基极直流电流之间的差定义为**输入失调电流**：

$$I_{in(off)} = I_{B1} - I_{B2} \qquad (15\text{-}13)$$

基极电流的差反映了晶体管的匹配程度。如果晶体管是完全相同的，其基极电流相等，则输入失调电流为零。但是几乎所有情况下，两个晶体管之间会存在细微的差别，两个基极电流也不相等。

　　例如，当 I_{B1} 为 90 nA，I_{B2} 为 70 nA 时，则：

$$I_{in(off)} = 90\ nA - 70\ nA = 20\ nA$$

Q_1 管基极电流比 Q_2 管大 20 nA。如果基极电阻很大，就会带来问题。

15.4.3　基极电流与失调

　　整理式（15-12）和（15-13），可以得到基极电流的两个方程：

$$I_{B1} = I_{in(bias)} + \frac{I_{in(off)}}{2} \qquad (15\text{-}13a)$$

$$I_{B2} = I_{in(bias)} - \frac{I_{in(off)}}{2} \qquad (15\text{-}13b)$$

数据手册通常列出 $I_{in(bias)}$ 和 $I_{in(off)}$，而不是 I_{B1} 和 I_{B2}。可以利用式（15-13a）和式（15-13b）计算 I_{B1} 和 I_{B2}。式中假设 I_{B1} 大于 I_{B2}，如果 I_{B2} 大于 I_{B1}，可将两个等式互换。

15.4.4　基极电流的影响

　　有些差分放大器中只有一端接有基极电阻，如图 15-14a 所示。根据基极电流的方向，电流通过 R_B 产生同相的直流输入电压：

$$V_1 = -I_{B1}R_B$$

　　（注意：这里采用大写字母表示直流误差，如 V_1。简单起见，将 V_1 看成是绝对值。这个电压与真实的输入电压作用相同。当这个错误的信号被放大后，就会在输出端产生不期望得到的电压 V_{error}，如图 15-14a 所示。）

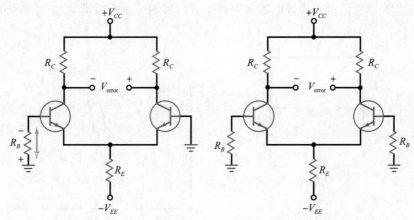

a) 基极电阻产生不期望的输入电压　　　　b) 相同的基极电阻减小误差电压

图 15-14　基极电阻与失调

例如，如果数据手册给定 $I_{in(bias)} = 80$ nA，$I_{in(off)} = 20$ nA，由式（15-13a）和式（15-13b），可以得到：

$$I_{B1} = 80 \text{ nA} + \frac{20 \text{ nA}}{2} = 90 \text{ nA}$$

$$I_{B2} = 80 \text{ nA} - \frac{20 \text{ nA}}{2} = 70 \text{ nA}$$

如果 $R_B = 1$ kΩ，则会在同相输入端产生一个误差电压：

$$V_1 = 90 \text{ nA} \times 1 \text{ k}\Omega = 90 \text{ }\mu\text{V}$$

15.4.5　输入失调电流的影响

一种减小输出失调电压的方法是：在另一边电路使用相同的基极电阻，如图 15-14b 所示。此时，得到差分输入电压：

$$V_{in} = I_{B1}R_B - I_{B2}R_B = (I_{B1} - I_{B2})R_B$$

或者

$$V_{in} = I_{in(off)}R_B \tag{15-14}$$

通常情况下，$I_{in(off)}$ 小于 $I_{in(bias)}$ 的四分之一，因此当采用相同的基极电阻时，输入误差电压会小很多。正是由于这个原因，设计时经常在差分放大器的两个基极使用相同的电阻，如图 15-14b 所示。

例如，当 $I_{in(bias)} = 80$ nA，$I_{in(off)} = 20$ nA 时，1 kΩ 基极电阻产生的输入误差电压为：

$$V_{in} = 20 \text{ nA} \times 1 \text{ k}\Omega = 20 \text{ }\mu\text{V}$$

15.4.6　输入失调电压

当差分放大器作为集成运放的输入级时，两个半边电路几乎相同，但并非完全相同。首先，两个集电极电阻可能有差异，如图 15-15a 所示。因此便会在输出端产生误差电压。

另外一个误差的来源是晶体管的 V_{BE} 曲线的差异。例如，假设两个晶体管的基极-发射极曲线具有相同的电流，如图 15-15b 所示。因为曲线有微小的差别，使得两个 V_{BE} 不同，这个差异会使输出失调电压增加。除了 R_C 和 V_{BE} 以外，晶体管其他参数的微小差异也可能使差放的两个半边电路存在微小的不同。

差分放大器的**输入失调电压**的定义为：当输出电压与输出失调电压相等时所对应的输入电压。公式表达为：

$$V_{in(off)} = \frac{V_{error}}{A_v} \tag{15-15}$$

该式中，V_{error} 并不包括输入偏置电流和失调电流的影响，因为测量 V_{error} 时基极是接地的。

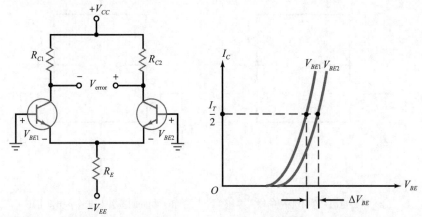

a）基极接地时，集电极电阻的差异带来的误差　　b）基极–发射极特性的差异使误差增加

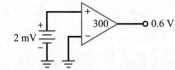

c）输入失调电压等效为一个不期望的输入电压

图 15-15　输入失调电压

例如，当差分放大器的输出失调电压为 0.6 V，且电压增益为 300 时，则输入失调电压为：

$$V_{in(off)} = \frac{0.6 \text{ V}}{300} = 2 \text{ mV}$$

图 15-15c 显示了失调的含义。2 mV 的输入失调电压通过电压增益为 300 的放大器，产生 0.6 V 的误差电压。

15.4.7　总体影响

在图 15-16 中，输出电压是各种输入作用的叠加。首先，理想的交流输入信号是：

$$v_{in} = v_1 - v_2$$

这是有用信号。该电压来自两个输入源，它被放大并产生所需要的交流输出：

$$v_{out} = A_v(v_1 - v_2)$$

还有三个不需要的直流误差输入。由式（15-13a）和式（15-13b），得到如下公式：

$$V_{1err} = (R_{B1} - R_{B2}) I_{in(bias)} \quad (15\text{-}16)$$

$$V_{2err} = (R_{B1} + R_{B2}) \frac{I_{in(off)}}{2} \quad (15\text{-}17)$$

$$V_{3err} = V_{in(off)} \quad (15\text{-}18)$$

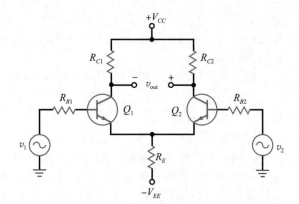

图 15-16　差分放大器的输出包含有用信号与误差电压

这些公式的优点是采用了 $I_{in(bias)}$ 和 $I_{in(off)}$，这两个值可以从数据手册中得到。这三个直流误差被放大后产生输出失调电压：

$$V_{error} = A_v(V_{1err} + V_{2err} + V_{3err}) \quad (15\text{-}19)$$

在多数情况下，V_{error} 是可以忽略的，这取决于具体应用。例如，在实现交流放大器时，V_{error} 不是很重要。在实现一些高精度的直流放大器时，需要考虑 V_{error} 的影响。

15.4.8 相同的基极电阻

当偏置误差和失调误差不能忽略时，可以采用一些补偿措施。如前文所述，首先可以采用相同的基极电阻：$R_{B1} = R_{B2} = R_B$，这使得差放的两个半边电路变得近似相等，式（15-16）~式（15-19）变为

$$V_{1err} = 0$$
$$V_{2err} = R_B I_{in(off)}$$
$$V_{3err} = V_{in(off)}$$

如果需要进一步的补偿，最好的办法就是采用数据手册中建议的调零电路。生产厂家对调零电路进行了优化，如果需要解决输出失调问题，可以使用调零电路。该电路将在后续章节讨论。

15.4.9 结论

表 15-3 总结了输出失调电压的来源。在很多应用中，输出失调电压要么因为很小而被忽略，要么并不重要。在高精度的应用中，直流输出非常重要，采用某种形式的调零电路可消除输入偏置和失调的影响。设计者通常会采用生产厂家在数据手册上建议的方法实现对输出的调零。

表 15-3 输出失调电压的来源

类型	原因	解决方法
输入偏置电流	一边电路中 R_B 上的电压	在另一边电路使用相同的 R_B
输入失调电流	电流增益不相等	数据手册中的调零措施
输入失调电压	R_C 和 V_{BE} 不相等	数据手册中的调零措施

例 15-8 图 15-17 所示差分放大器的 $A_v = 200$，$I_{in(bias)} = 3\ \mu A$，$I_{in(off)} = 0.5\ \mu A$，$v_{in(off)} = 1\ mV$。其输出失调电压是多少？如果使用匹配的基极电阻，输出失调电压是多少？

解： 由式（15-16）~式（15-18），得到

$$V_{1err} = (R_{B1} - R_{B2}) I_{in(bias)}$$
$$= 1\ k\Omega \times 3\ \mu A = 3\ mV$$
$$V_{2err} = (R_{B1} + R_{B2}) \frac{I_{in(off)}}{2}$$
$$= 1\ k\Omega \times 0.25\ \mu A = 0.25\ mV$$
$$V_{3err} = V_{in(off)} = 1\ mV$$

输出失调电压为：
$$V_{error} = 200(3\ mV + 0.25\ mV + 1\ mV)$$
$$= 850\ mV$$

在反相输入端接入匹配的 $1\ k\Omega$ 基极电阻时：
$$V_{1err} = 0$$
$$V_{2err} = R_B I_{in(off)} = 1\ k\Omega \times 0.5\ \mu A = 0.5\ mV$$
$$V_{3err} = V_{in(off)} = 1\ mV$$

输出失调电压为：

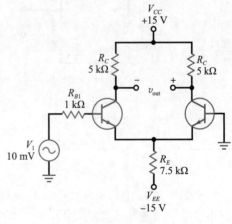

图 15-17 举例

$$V_{error} = 200(0.5 \text{ mV} + 1 \text{ mV}) = 300 \text{ mV}$$

◀

✎ **自测题 15-8**　若图 15-17 所示差分放大器的电压增益为 150，求输出失调电压。

例 15-9　图 15-18 所示差分放大器的

$A_v = 300$，$I_{in(bias)} = 80 \text{ nA}$，$I_{in(off)} = 20 \text{ nA}$，

$V_{in(off)} = 5 \text{ mV}$。求输出失调电压。

解：电路采用了相同的基极电阻，由相关公式得到：

$V_{1err} = 0$

$V_{2err} = 10 \text{ k}\Omega \times 20 \text{ nA} = 0.2 \text{ mV}$

$V_{3err} = 5 \text{ mV}$

则总的输出失调电压为：

$V_{error} = 300(0.2 \text{ mV} + 5 \text{ mV})$

$= 1.56 \text{ V}$

◀

✎ **自测题 15-9**　当 $I_{in(off)} = 10 \text{ nA}$ 时，重新计算例 15-9。

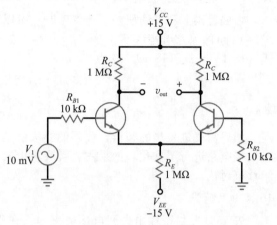

图 15-18　举例

15.5　共模增益

图 15-19a 所示是差分输入、单端输出结构的差放。两个基极上的输入电压同为 $v_{in(CM)}$，该电压称为**共模信号**。如果差分放大器理想对称，由于共模信号的 $v_1 = v_2$，所以没有交流输出电压。如果电路不是理想对称的，则会有一个小的交流输出电压。

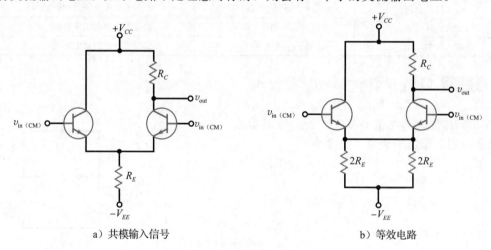

　　　a）共模输入信号　　　　　　　　　b）等效电路

图 15-19　共模电路分析

在图 15-19a 中，相同的电压加在同相输入端和反相输入端。正常情况下，差分放大器不会采用这种输入方式，因为此时的理想输出电压为零。之所以讨论这种类型的输入，是因为许多静态信号、干扰信号以及其他不期望接收的信号都是共模信号。

共模信号产生的原理是：输入基极上连接线的作用就像小天线，如果差放工作在有很多电磁干扰的环境中，则每个基极都像小天线那样接收到不想要的信号电压。差分放大器被广泛使用的原因之一就是它能够抑制共模信号，即差分放大器不放大共模信号。

这里是一种计算共模增益的简单方法：将电路重画如图 15-19b，由于相同的电压 $v_{in(CM)}$ 同时驱动两个输入端，在两个发射极之间的连线上几乎没有电流。因此可以将这条线去掉，如图 15-20 所示。

对于共模输入信号来说，右半边电路可以等效为发射极深度负反馈放大器。由于 R_E 通常比 r_e' 大得多，负反馈电压增益为：

$$A_{v(CM)} = \frac{R_C}{2R_E} \qquad (15-20)$$

对于典型的 R_E 和 R_C 来说，共模电压增益通常小于1。

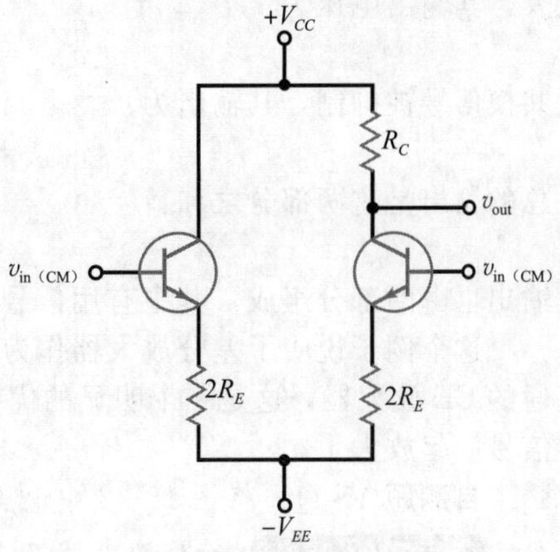

共模抑制比

共模抑制比（CMRR）的定义是电压增益[⊖]与共模电压增益的比值，表示为：

$$CMRR = \frac{A_v}{A_{v(CM)}} \qquad (15-21)$$

例如，当 $A_v = 200$，$A_{v(CM)} = 0.5$ 时，CMRR = 400。

共模抑制比越高越好。共模抑制比高意味着差分放大器能够有效放大有用信号并抑制共模信号。

数据手册通常用分贝值来表示 CMRR，可用以下公式实现分贝值的转换：

$$CMRR_{dB} = 20lgCMRR \qquad (15-22)$$

例如，如果 CMRR = 400，则：

$$CMRR_{dB} = 20lg400 = 52 \text{ dB}$$

图 15-20 右半边电路犹如一个具有共模输入的发射极反馈放大器

例 15-10 求图 15-21 电路的共模电压增益和输出电压。 ▐▐▐ **Multisim**

解： 由式（15-20），得：

$$A_{v(CM)} = \frac{1 \text{ M}\Omega}{2 \text{ M}\Omega} = 0.5$$

输出电压为：

$$v_{out} = 0.5 \times 1 \text{ mV} = 0.5 \text{ mV}$$

可见，差分放大器对共模信号的作用不是放大，而是抑制。 ◀

✎ **自测题 15-10** 将 R_E 改为 2 MΩ，重新计算例 15-10。

例 15-11 图 15-22 电路的 $A_v = 150$，$A_{v(CM)} = 0.5$，且 $v_{in} = 1 \text{ mV}$。如果基极引脚接收到的共模电压信号为 1 mV，求输出电压。

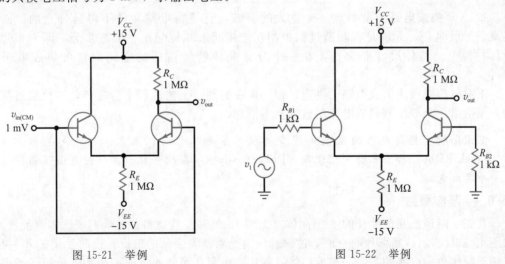

图 15-21 举例　　　　　　　　图 15-22 举例

⊖ 为了与共模参数相区分，实际应用中通常将非共模参数称为差模参数，如差模电压增益。——译者注

解：输入信号由两部分组成，即有用信号和共模信号，且幅度相同。有用信号被放大，其输出电压为：

$$v_{out1} = 150 \times 1 \text{ mV} = 150 \text{ mV}$$

共模信号被抑制，其输出为：

$$v_{out2} = 0.5 \times 1 \text{ mV} = 0.5 \text{ mV}$$

总的输出是这两部分之和：

$$v_{out} = v_{out1} + v_{out2}$$

输出也由两部分组成，其中有用信号成分是无用信号成分的 300 倍。

这个例子说明了差分放大器作为运放输入级的作用，它可以抑制共模信号。相对于普通的 CE 放大器，这是一个明显的优势。因为普通 CE 放大器将有用信号和接收到的其他信号一起放大了。 ◀

自测题 15-11 将图 15-22 中电压增益改变为 200，求输出电压。

应用实例 15-12 运算放大器 741 的 $A_v = 200\ 000$，$\text{CMRR}_{dB} = 90 \text{ dB}$。求共模电压增益。如果共模信号和差模信号都为 $1\ \mu\text{V}$，输出电压是多少？

解：

$$\text{CMRR} = \text{antilg}\ \frac{90 \text{ dB}}{20} = 31\ 600$$

由式（15-21），得：

$$A_{v(CM)} = \frac{A_v}{\text{CMRR}} = \frac{200\ 000}{31\ 600} = 6.32$$

有用的输出分量为：

$$v_{out1} = 200\ 000 \times 1\ \mu\text{V} = 0.2 \text{ V}$$

共模输出电压为：

$$v_{out2} = 6.32 \times 1\ \mu\text{V} = 6.32\ \mu\text{V}$$

可见，有用信号输出电压远大于共模输出电压。 ◀

自测题 15-12 当电压增益为 100 000 时，重新计算例 15-12。

15.6 集成电路

1959 年**集成电路**的发明是一个重大的突破，它使得电路元件不再是分立的，而是集成的。就是说，元件是在制造过程中相互连接起来并装配在一个芯片上，即一小片半导体材料上。器件尺寸非常小，在一个分立晶体管所占用的空间内就可集成数千个器件。

下面将简要描述集成电路的制造过程。现在的制造工艺流程十分复杂，这里通过简单的介绍给出一个双极型集成电路制造的基本概念。

知识拓展 集成电路的发明是许多物理学家和工程师的成果。杰克·基尔比（Jack Kilby）和罗伯特·诺伊斯（Robert Noyce）在德州仪器工作时创造了第一个集成电路。

15.6.1 基本概念

首先，制造出几英寸长的 p 型晶体（见图 15-23a）。然后将晶体切割成许多薄晶圆片，如图 15-23b 所示。晶圆片的一面通过研磨和抛光来消除表面的瑕疵。该圆片是 p 型衬底，将用于制作集成电路的基底。然后，将晶圆片放进氧化炉，通入硅原子和五价原子的混合气体，使其在被加热的衬底表面形成一薄层 n 型半导体，该层称为外延层，如图 15-23c

所示。外延层厚度约为 $0.1 \sim 1 \, \text{mil}^{\ominus}$。

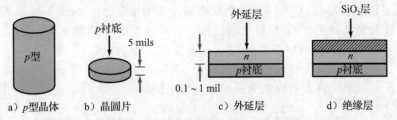

图 15-23 晶圆片的制备

为了防止外延层受到污染，须在外延层表面吹纯氧，使氧原子与硅原子在表面形成二氧化硅膜，如图 15-23d 所示。这个二氧化硅玻璃层将外延层隔离起来，防止发生进一步的化学反应。这种将表面隔离的措施叫作钝化。

晶圆片会被划切成很多方块，如图 15-24 所示。每一块都将是一个单独的芯片。但在划切之前，要在晶圆片上制作几百个电路，每个电路占用图 15-24 所示的一个方块的面积。这种同时且大批量的生产降低了集成电路的制造成本。

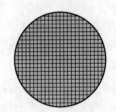

图 15-24 将晶圆片划切成芯片

下面介绍集成晶体管的制造过程：首先将一部分 SiO_2 腐蚀掉，裸露出外延层（见图 15-25a），然后将圆片放进氧化炉，将三价原子扩散到外延层中。三价原子的深度足以使外延层表面从 n 型转变成 p 型，这样，便在 SiO_2 层下面得到一个 n 型岛（见图 15-25b）。然后向炉中吹氧气，使表面形成完整的 SiO_2 层，如图 15-25c 所示。

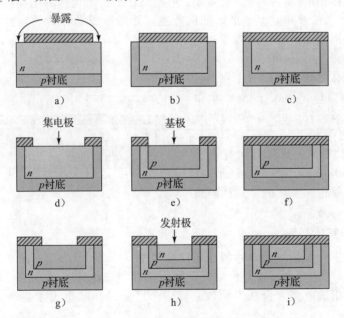

图 15-25 晶体管的制造流程

在 SiO_2 层的中间刻蚀一个洞，露出 n 型外延层（见图 15-25d）。这个在 SiO_2 层上刻蚀的洞叫作窗。这里所开的窗口部分将成为晶体管的集电极。

$\ominus$ 密耳。1 密耳为千分之一英寸，即 25.4 μm。——译者注

为了得到基极，需要将三价原子注入这个窗口，使这些杂质扩散到外延层中，形成一个 p 型岛（见图 15-25e）。然后，通入氧气在圆片表面重新形成 SiO_2（见图 15-25f）。

为了形成发射极，要在 SiO_2 层上刻蚀出一个窗口，露出 p 型岛（见图 15-25g）。将五价原子注入 p 型岛，从而形成小的 n 型岛，如图 15-25h 所示。

然后向圆片表面吹氧气形成钝化层（见图 15-25i）。在 SiO_2 层上刻蚀接触孔，淀积金属形成与基极、集电极和发射极的电接触。这样便得到了如图 15-26a 所示的集成晶体管。

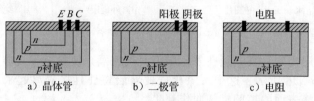

图 15-26　集成元件

为了得到二极管，按照相同的流程，当形成 p 型岛后，将窗口封闭（见图 15-25f）。在 p 型和 n 型岛上刻蚀接触孔，然后沉积金属形成集成二极管阳极和阴极的电接触（见图 15-26b）。如果在图 15-25f 所示的 p 型岛上刻蚀两个接触孔，就可以用金属连接形成集成电阻（见图 15-26c）。

晶体管、二极管以及电阻很容易在芯片上制作。因此，几乎所有集成电路都使用这些元件。在芯片表面集成电感和大电容还不太实用。

15.6.2　简单实例

为了让读者对电路制作过程有一个概念，图 15-27a 给出了一个由三个简单元件构成的电路。为了制作该电路，将在一个圆片上同时制作上百个这样的电路，每个芯片面积与图 15-27b 类似。二极管和电阻的形成如前所述，然后形成晶体管的发射极，接着刻蚀接触孔并淀积金属形成二极管、晶体管和电阻间的连接，如图 15-27b 所示。

无论电路多么复杂，制造的主要工艺流程都是：刻蚀窗口，形成 p 型和 n 型岛，然后形成集成元件的互联。p 型衬底使各集成器件之间相互隔离。图 15-27b 中，p 型衬底与三个 n 型岛之间有耗尽层。因为耗尽层中基本上没有载流子，所以集成元件之间是相互隔离的。这种隔离方式叫作耗尽层隔离。

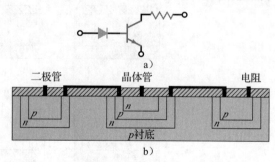

图 15-27　简单集成电路

15.6.3　集成电路的类型

前文所述的集成电路称为**单片集成电路**。单片（monolithic）一词来自希腊语，本意是"一块石头"。用这个词表述是恰当的，因为单片集成电路是芯片的一部分。单片集成电路是最常见的集成电路，自从发明以来，生产厂家已经制造出了各种功能的单片集成电路。

商用类型的单片集成电路有放大器、稳压电路、短路器、AM 接收机、电视机电路和计算机电路。但是单片集成电路的功率有限。由于多数单片集成电路的尺寸与分立小信号晶体管相仿，所以应用于低功率场合。

当需要较大功率时，可以使用薄膜和厚膜晶体管。这些器件比单片集成电路大，但比分立电路小。薄膜或厚膜集成电路中可以集成无源器件，如电阻和电容，但晶体管和二极管只能以分立器件的形式连接，最终构成一个完整的电路。因此，商用薄膜或厚膜电路是集成元件和分立元件的组合。

另外一种用于大功率的集成电路是**混合集成电路**。混合集成电路是将两个或多个单片集成电路封装在一起，或由单片集成电路和薄膜或厚膜集成电路组成。混合集成电路广泛应用于 5~50 W 以及一些高于 50 W 的大功率音频放大器中。

15.6.4 集成度

图 15-27b 所示的例子是小规模集成电路（SSI），即将很少的元件集成在完整的电路中。SSI 指少于 12 个元件的集成电路。多数 SSL 芯片采用集成电阻、二极管和双极型晶体管。

中等规模集成电路（MSI）一般指在一个芯片上集成 12~100 个元件的集成电路。双极型晶体管或者 MOS 晶体管（增强型 MOS 管）都可以被集成到电路中。但是大多数 MSI 是双极型器件。

大规模集成电路（LSI）指的是集成元件数超过 100 个的集成电路。由于 MOS 管比双极型晶体管的制作步骤少，所以相对于双极型晶体管来说，MOS 管更易于大规模集成在一个芯片上。

超大规模集成电路（VLSI）是指将几千（或几十万）个元件集成在一个芯片上。现在几乎所有的芯片都是 VLSI。

最后，甚大规模集成电路（ULSI）指单片集成度大于 100 万个元件。英特尔的奔腾 P4 处理器采用 ULSI 技术。很多版本的微处理器现已包含超过 10 亿个内部元件。集成度的指数增长规律（摩尔定律）可能会受到挑战，但纳米技术等新技术将会使集成度继续增长。

15.7 电流镜

在集成电路中，有一种方法可以用来提高差分放大器的电压增益和共模抑制比（CMRR）。图 15-28a 所示电路中，一个**补偿二极管**与晶体管的发射结并联。流过电阻的电流是：

$$I_R = \frac{V_{CC} - V_{BE}}{R} \tag{15-23}$$

如果补偿二极管和发射结的电流-电压曲线完全相同，则晶体管的集电极电流将与流过电阻的电流相等，即：

$$I_C = I_R \tag{15-24}$$

图 15-28a 所示的电路叫作**电流镜**，其中集电极电流是电阻电流的镜像。对于集成电路而言，因为两个器件制作在同一个芯片上，比较容易实现补偿二极管和发射结的匹配。电流镜在集成运放的设计中常用作电流源和有源负载。

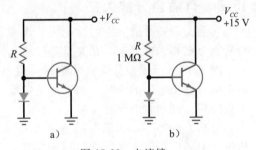

图 15-28 电流镜

> **知识拓展** 电流镜概念在 B 类推挽放大器中已经用到，其中推挽晶体管基极端的补偿二极管与发射结相匹配。

15.7.1 电流镜用作尾电流源

对于单端输出的差分放大器，其电压增益为 $R_C/2r'_e$，共模电压增益为 $R_C/2R_E$，两个增益的比值为：

$$\mathrm{CMRR} = \frac{R_E}{r'_e}$$

所以 R_E 越大，CMRR 就越大。

获得较大等效电阻 R_E 的方法之一是用电流镜来产生尾电流，如图 15-29 所示。流过补偿二极管的电流为：

$$I_R = \frac{V_{CC} + V_{EE} - V_{BE}}{R} \tag{15-25}$$

由于是电流镜，所以尾电流的电流值与之相同。Q_4 的作用是电流源，它的输出阻抗很高。因此，差分放大器的等效电阻 R_E 有百兆欧姆，使 CMRR 得到显著改善。

15.7.2 有源负载

单端输出差分放大器的电压增益为 $R_C/2r'_e$。R_C 越大，电压增益越大。图 15-30 所示电路中的电流镜作为**有源负载电阻**。由于 Q_6 是 pnp 管电流源，它在 Q_2 端口处的等效电阻 R_C 为几百兆欧姆。所以，采用有源负载比采用普通电阻的电压增益要高很多[注]。大多数运算放大器都采用这样的有源负载。

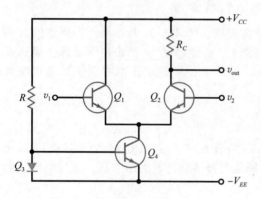

图 15-29 电流镜作尾电流源

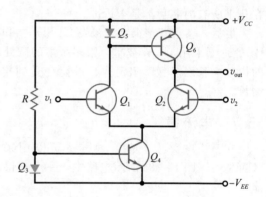

图 15-30 电流镜作有源负载

15.8 有载差分放大器

在前文对差分放大器的讨论中，没有使用电阻负载。当加上电阻作为放大器负载时，分析就会变得非常复杂，尤其是差分输出的情况。

图 15-31a 所示差分输出电路的负载电阻连接在两个集电极之间。有几种方法来计算该电阻对输出电压的影响。如果用基尔霍夫回路方程来处理，则会非常困难。但如果用戴维南定理，问题就会容易得多。

分析方法如下：如果将图 15-31a 中的负载电阻断开，则戴维南电压与前面讨论的电压 v_{out} 相同。然后，令所有信号源为零，观察到开路后 AB 端口处的戴维南等效电阻为 $2R_C$。（注意：由于晶体管是电流源，所以当信号源为零时它们可视为开路。）

图 15-31b 所示是戴维南等效电路，交流输出电压 v_{out} 与前文讨论的相同。在计算出 v_{out} 后，利用欧姆定律可以容易地求得负载电压。如果差分放大器是单端输出的，则戴维南等效电路可简化为图 15-31c。

○ 本例中使电压增益提高的另一个原因是：采用电流镜作有源负载，可使单端输出的电压增益与差分输出的电压增益相同，即 $A_v = R_C/r'_e$。因此电流镜有源负载常用于差放的单双端转换。——译者注

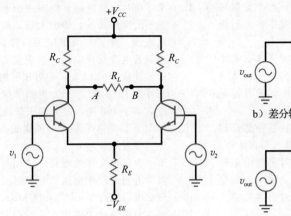

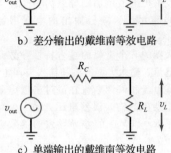

b) 差分输出的戴维南等效电路

c) 单端输出的戴维南等效电路

a) 有负载电阻的差分放大器

图 15-31　有载差分放大器

例 15-13 当图 15-32a 电路中的 $R_L = 15$ kΩ 时，求负载电压。

解： 理想情况下，尾电流为 2 mA。发射极电流为 1 mA，$r_e' = 25$ Ω，开路（无负载）电压增益为：

$$A_v = \frac{R_C}{r_e'} = \frac{7.5 \text{ kΩ}}{25 \text{ Ω}} = 300$$

戴维南电压或开路输出电压为：

$$v_{\text{out}} = A_v v_1 = 300 \times 10 \text{ mV} = 3 \text{ V}$$

戴维南电阻为：

$$R_{TH} = 2R_C = 2 \times 7.5 \text{ kΩ} = 15 \text{ kΩ}$$

戴维南等效电路如图 15-32b 所示，当负载电阻为 15 kΩ 时，输出电压为：

$$v_L = 0.5 \times 3 \text{ V} = 1.5 \text{ V} \quad \blacktriangleleft$$

自测题 15-13 当图 15-23a 电路中 $R_L = 10$ kΩ 时，求负载电压。

例 15-14 将图 15-32a 中的输出电阻置换为电流表，求流过电流表的电流。

解： 在图 15-32b 中，负载电阻在理想情况下为零，故负载电流为：

$$i_L = \frac{3 \text{ V}}{15 \text{ kΩ}} = 0.2 \text{ mA}$$

如果不采用戴维南定理，则解决这个问题就会非常困难。 ◀

自测题 15-14 如果输入电压为 20 mV，重新计算例 15-14。

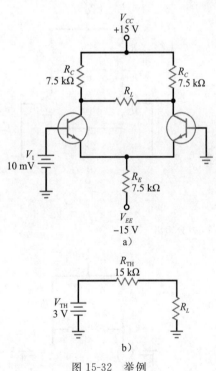

图 15-32　举例

总结

15.1 节 差分放大器是运算放大器典型的输入级，它没有耦合电容或旁路电容，因此没有下限截止频率。差分放大器可以采用差分输入、同相输入或反相输入，也可以是单端输出或差分输出。

15.2 节 差分放大器采用双电源的发射极偏置产

生尾电流。当差放完全对称时，每个发射极电流是尾电流的一半。理想情况下，发射极电阻上的电压等于负电源电压。

15.3 节 如果尾电流源是理想恒流源，那么一个晶体管发射极电流增加则导致另一个晶体管发射极电流减小。差分输出的电压增益是 R_C/r'_e。单端输出的电压增益减半。

15.4 节 放大器的三个重要的输入特性参数是输入偏置电流、输入失调电流和输入失调电压。输入偏置电流和失调电流在流过基极电阻时会带来不期望的输入误差电压。输入失调电压是由于 R_C 和 V_{BE} 的差异导致的等效输入误差电压。

15.5 节 许多静态信号、干扰信号和接收到的其他类型的电磁信号都是共模信号。差分放大器可以抑制共模信号，共模抑制比 CMRR 是电压增益与共模电压增益的比值。CMRR 越大越好。

15.6 节 单片集成电路是指在一个芯片上集成了完整的电路功能，如放大器、稳压器和计算机电路。对于大功率应用，可以采用薄膜、厚膜及混合集成电路。小规模集成电路的集成元件数少于 12 个；中等规模集成电路集成元件为 12～100 个；大规模集成电路集成元件数多于 100 个，超大规模集成电路集成元件大于 1000 个；甚大规模集成电路的集成元件数超过 100 万个。

15.7 节 电流镜在集成电路中应用广泛，因为它可以方便地用作电流源和有源负载。使用电流镜可以提高电压增益和 CMRR。

15.8 节 当差分放大器接入负载电阻时，最好的分析方法是采用戴维南定理。先用前面章节中的方法计算出 v_{out}，该电压作为戴维南电压。差分输出时的戴维南电阻是 $2R_C$；单端输出时则为 R_C。

重要公式

1. 差分输出

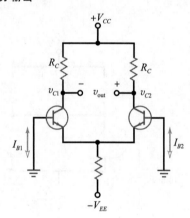

$$v_{out} = v_{c2} - v_{c1}$$

2. 差分输出

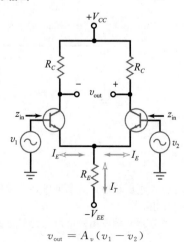

$$v_{out} = A_v(v_1 - v_2)$$

3. 尾电流

$$I_T = \frac{V_{EE}}{R_E}$$

4. 发射极电流

$$I_E = \frac{I_T}{2}$$

5. 单端输出

$$A_v = \frac{R_C}{2r'_e}$$

6. 差分输出

$$A_v = \frac{R_C}{r'_e}$$

7. 输入阻抗

$$z_{in} = 2\beta r'_e$$

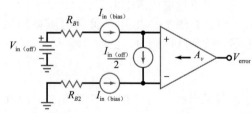

8. 输入偏置电流

$$I_{in(bias)} = \frac{I_{B1} + I_{B2}}{2}$$

9. 输入失调电流

$$I_{in(off)} = I_{B1} - I_{B2}$$

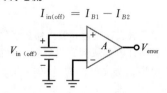

10. 输入失调电压

$$V_{in(off)} = \frac{V_{error}}{A_v}$$

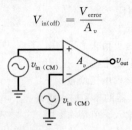

11. 第一种误差电压

$$V_{1err} = (R_{B1} - R_{B2})I_{in(bias)}$$

12. 第二种误差电压

$$V_{2err} = (R_{B1} + R_{B2})\frac{I_{in(off)}}{2}$$

13. 第三种误差电压

$$V_{3err} = V_{in(off)}$$

14. 总输出失调电压

$$V_{error} = A_v(V_{1err} + V_{2err} + V_{3err})$$

15. 共模电压增益

$$A_{v(CM)} = \frac{R_C}{2R_E}$$

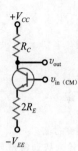

16. 共模抑制比

$$CMRR = \frac{A_v}{A_{v(CM)}}$$

17. CMRR 的分贝值

$$CMRR_{dB} = 20\lg CMRR$$

相关实验

实验 38
差分放大器

实验 39
差分放大器补充

选择题

1. 单片集成电路
   a. 由分立电路组成
   b. 在一个芯片上
   c. 由薄膜和厚膜电路组合而成
   d. 也叫作混合集成电路

2. 运算放大器可以放大的信号
   a. 仅为交流信号
   b. 仅为直流信号
   c. 交流信号和直流信号
   d. 既不是交流信号也不是直流信号

3. 器件通过焊接相连接的是
   a. 分立电路　　　　b. 集成电路
   c. SSI　　　　　　d. 单片集成电路

4. 差分放大器的尾电流是
   a. 集电极电流的一半
   b. 等于集电极电流
   c. 集电极电流的两倍
   d. 等于基极电流之差

5. 尾电阻上端的节点电压值最接近于
   a. 集电极电源电压
   b. 零
   c. 发射极电源电压
   d. 尾电流乘以基极电阻

6. 输入失调电流等于
   a. 两个基极电流之差

   b. 两个基极电流的平均值
   c. 集电极电流除以电流增益
   d. 两个基极-发射极电压之差

7. 尾电流等于
   a. 两个发射极电流之差
   b. 两个发射极电流之和
   c. 集电极电流除以电流增益
   d. 集电极电压除以集电极电阻

8. 输出端开路（没有负载）的差分放大器的电压
   增益等于 R_C 除以
   a. r_e'　　　　　　b. $r_e'/2$
   c. $2r_e'$　　　　　d. R_E

9. 差分放大器的输入阻抗等于 r_e' 乘以
   a. 0　　　　　　　b. R_C
   c. R_E　　　　　d. 2β

10. 直流信号的频率是
    a. 0 Hz　　　　　b. 60 Hz
    c. 0~1 MHz 及以上　d. 1 MHz

11. 当差分放大器两个输入端接地时
    a. 基极电流相等
    b. 集电极电流相等
    c. 一般存在输出失调电压
    d. 交流输出电压为零

12. 输出失调电压的来源之一是
    a. 输入偏置电流

b. 集电极电阻的差异

c. 尾电流

d. 共模电压增益

13. 共模信号是加在
   a. 同相输入端　　　　b. 反相输入端
   c. 两个输入端　　　　d. 尾电阻的上端

14. 共模电压增益
   a. 比电压增益小
   b. 等于电压增益
   c. 比电压增益大
   d. 以上都不对

15. 运算放大器的输入级通常是
   a. 差分放大器
   b. B 类推挽放大器
   c. CE 放大器
   d. 发射极负反馈放大器

16. 差分放大器"尾"的性能如同
   a. 电池　　　　　　　b. 电流源
   c. 晶体管　　　　　　d. 二极管

17. 差分放大器的共模电压增益等于 R_C 除以
   a. r'_e　　　　　　　b. $r'_e/2$
   c. $2r'_e$　　　　　　d. R_E

18. 当差分放大器的两个基极接地时，两个发射结上的压降
   a. 为零　　　　　　　b. 等于 0.7 V

c. 相同　　　　　　d. 很高

19. 共模抑制比
   a. 非常低
   b. 常用分贝值来表示
   c. 等于电压增益
   d. 等于共模电压增益

20. 运算放大器的典型输入级是
   a. 单端输入、单端输出
   b. 单端输入、差分输出
   c. 差分输入、单端输出
   d. 差分输入、差分输出

21. 输入失调电流通常
   a. 小于输入偏置电流
   b. 等于零
   c. 小于输入失调电压
   d. 当接入基极电阻时就不太重要了

22. 当两个基极都接地时，导致输出电压失调的因素仅有
   a. 输入失调电流　　　b. 输入偏置电流
   c. 输入失调电压　　　d. β

23. 有负载的差分放大器的电压增益
   a. 大于无负载时的电压增益
   b. 等于 R_C/r'_e
   c. 小于无负载时的电压增益
   d. 无法确定

习题

15.2 节

15-1　图 15-33 电路中的理想电压和电流分别是多少？

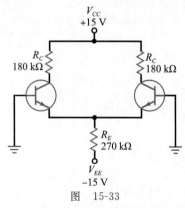

图　15-33

15-2　▮▮▮Multisim 采用二阶近似，重新计算题 15-1。

15-3　图 15-34 电路中的理想电流和电压分别是多少？

15-4　▮▮▮Multisim 采用二阶近似，重新计算题 15-3。

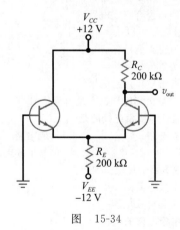

图　15-34

15.3 节

15-5　图 15-35 电路的交流输出电压是多少？如果 $\beta=275$，差分放大器的输入阻抗是多少？用理想化近似方法求解尾电流。

15-6　采用二阶近似，重新计算题 15-5。

15-7　当同相输入端接地，反相输入 $v_2=1$ mV 时，重新计算题 15-5。

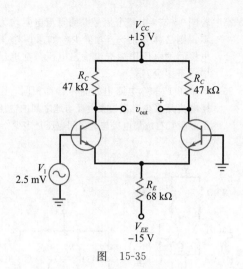

图 15-35

15.4 节

15-8 图 15-36 所示差分放大器的 $A_v = 360$，$I_{in(bias)} = 600\ nA$，$I_{in(off)} = 100\ nA$，$V_{in(off)} = 1\ mV$，输出失调电压是多少？如果基极电阻匹配，输出失调电压是多少？

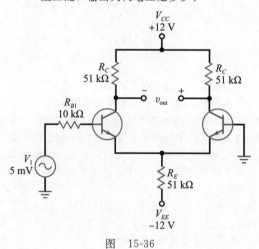

图 15-36

15-9 图 15-36 所示差分放大器的 $A_v = 250$，

故障诊断

15-17 如果图 15-35 所示的差分放大器的反相输入端未接地，其输出电压是多少？基于这个答案，说说差分放大器的正常工作条件。

15-18 如果图 15-34 电路上方的 200 kΩ 电阻被误用为 20 kΩ，则输出电压等于什么？

15-19 图 15-34 电路的 v_{out} 几乎为零，输入偏置

思考题

15-20 图 15-34 电路中的晶体管参数相等，且 $\beta_{dc} = 200$，其输出电压是多少？

$I_{in(bias)} = 1\ \mu A$，$I_{in(off)} = 200\ nA$，$V_{in(off)} = 5\ mV$，输出失调电压是多少？如果基极电阻匹配，则输出失调电压是多少？

15.5 节

15-10 图 15-37 电路的共模电压增益是多少？如果两个基极上的共模电压为 $20\ \mu V$，那么共模输出电压是多少？

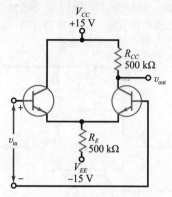

图 15-37

15-11 如果图 15-37 电路的 $v_{in} = 2\ mV$，$v_{in(CM)} = 5\ mV$，其交流输出电压是多少？

15-12 741C 是一种运算放大器，它的 $A_v = 100\ 000$，最小 $CMRR_{dB} = 70\ dB$。其共模电压增益是多少？如果有用信号和共模信号都是 $5\ \mu V$，其输出电压是多少？

15-13 如果将电源电压减小为 +10 V 和 −10 V，图 15-37 电路的共模抑制比是多少？用分贝值表示。

15-14 某个运放的数据手册中给出 $A_v = 150\ 000$，$CMRR_{dB} = 85\ dB$，其共模电压增益是多少？

15.8 节

15-15 将 27 kΩ 负载电阻连接到图 15-36 电路的两个输出端，其负载电压是多少？

15-16 如果将电流表接在图 15-36 电路的输出端，其负载电流是多少？

电流为 80 nA，这可能是下列哪个故障引起的？
a. 上方 200 kΩ 电阻短路
b. 下方 200 kΩ 电阻开路
c. 左侧基极开路
d. 两个输入端短路

15-21 如果图 15-34 电路中每个晶体管的 $\beta_{dc} = 300$，其基极电压是多少？

15-22 图 15-38 电路中的晶体管 Q_3 和 Q_5 是晶体管 Q_4 和 Q_6 的补偿二极管，求尾电流。流过有源负载的电流是多少？

15-23 改变图 15-38 电路中的 15 kΩ 电阻，使尾电流为 15 μA，求新的电阻值。

15-24 在室温下，图 15-34 电路的输出电压是 6.0 V。当温度升高时，每个发射结的 V_{BE} 会减小，如果左边晶体管的 V_{BE} 每度减小 2 mV，右边晶体管的 V_{BE} 每度减小 2.1 mV。在 75 ℃ 时，输出电压是多少？

15-25 若图 15-39a 中每个信号源的直流电阻均为零。则晶体管的 r'_e 为多少？如果两个集电极间的电压作为交流输出电压，则电压增益是多少？

15-26 如果图 15-39b 电路中的晶体管都相同，则尾电流是多少？左边集电极与地之间的电压是多少？右边集电极与地之间电压是多少？

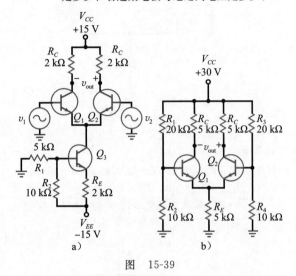

a)　　　　　b)

图　15-39

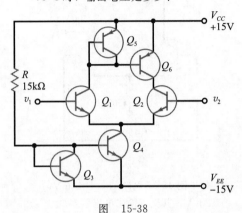

图　15-38

求职面试问题

1. 请画出差分放大器的六种结构，并标明输入和输出的同相、反相、单端或差分情况。

2. 画一个差分输入、单端输出的差分放大器。说明如何计算尾电流、发射极电流和集电极电压。

3. 画一个电压增益为 R_C/r'_e 的差分放大器。再画一个电压增益为 $R_C/2r'_e$ 的差分放大器。

4. 解释什么是共模信号？当输入端出现共模信号时，差分放大器有什么好处？

5. 将电流表接在差分放大器的两个输出端之间，如何计算流过电流表的电流？

6. 如果一个采用尾电阻的差分放大器的 CMRR 不

符合要求，如何提高 CMRR？

7. 什么是电流镜？为什么要使用电流镜？

8. CMRR 的值应该是大还是小？为什么？

9. 差分放大器中的两个晶体管的发射极连在一起，其电流来自一个共同的电阻，如果要用其他器件替代该电阻，选用什么器件可以改善电路的性能？

10. 为什么差分放大器比 CE 放大器输入阻抗高？

11. 电流镜有什么用途？

12. 使用电流镜有什么好处？

13. 如何用欧姆表测试 741 运算放大器？

选择题答案

1. b　2. c　3. a　4. c　5. b　6. a　7. b　8. a　9. d　10. a　11. c　12. b　13. c　14. a　15. a

16. b　17. d　18. c　19. b　20. c　21. a　22. c　23. a

自测题答案

15-1 $I_T=3$ mA；$I_E=1.5$ mA；$V_C=7.5$ V
　　　$V_E=0$ V；

15-2 $I_T=2.86$ mA；$I_E=1.42$ mA；$V_C=7.85$ V
　　　$V_E=-0.7$ V；

15-3 $I_T=3.77$ mA；$I_E=1.88$ mA；$V_E=6.35$ V

15-4 $I_E=1.5$ mA；$r'e=1.67$ Ω；$A_v=300$；
　　　$V_{out}=300$ mV；$z_{in(base)}=10$ kΩ

15-7 $I_T=30$ μA；$r'_e=1.67$ kΩ；$A_v=300$；

　　　$V_{out}=2.1$ V；$z_{in}=1$ MΩ

15-9 $V_{error}=638$ mV

15-10 $A_{v(CM)}=0.25$；$V_{out}=0.25$ V

15-11 $V_{out1}=200$ mV；$V_{out2}=0.5$ mV；
　　　$V_{out}=200$ mV+0.5 mV

15-12 $A_{v(CM)}=3.16$；$V_{out1}=0.1$ V；$V_{out2}=3.16$ μV

15-13 $V_L=1.2$ V

15-14 $I_L=0.4$ mA

第16章

运算放大器

虽然有些运算放大器是大功率的，但多数运放功率较低，其最大额定功率不超过 1 W。有些运放具有优化带宽特性，有些具有优化输入失调特性，还有些具有优化噪声特性。商用运放的种类繁多，可应用于几乎所有模拟电路中。

运放是模拟系统中最基本的有源器件之一。例如，通过两个外接电阻，就可以根据需要调节运放的带宽和增益，以达到精确度的要求。还可以通过其他外接元件，构建出波形变换器、振荡器、有源滤波器和其他有趣的电路。

目标

在学习完本章后，你应该能够：

■ 掌握理想运放和 741 运放的特性；

■ 描述摆率的定义，并利用它来计算运放的功率带宽；

■ 分析反相放大器中的运放；

■ 分析同相放大器中的运放；

■ 解释加法放大器和电压跟随器的工作原理；

■ 列出其他线性集成电路及其应用。

关键术语

Bi-FET 运算放大器（BIFET op amp）

自举电路（bootstrapping）

闭环电压增益（closed-loop voltage gain）

补偿电容（compensating capacitor）

一阶响应（first-order response）

增益带宽积（gain-bandwidth product，GBWP）

反相放大器（inverting amplifier）

混音器（mixer）

同相放大器（noninverting amplifer）

调零电路（nulling circuit）

开环带宽（open-loop bandwidth）

开环电压增益（open-loop voltage gain）

输出失调电压（output error voltage）

功率带宽（power bandwidth）

电源电压抑制比（power supply rejection ratio，PSRR）

短路输出电流（short-circuit output current）

摆率（slew rate）

加法放大器（summing amplifier）

虚地（virtual ground）

虚短（virtual short）

压控电压源（voltage-controlled voltage source，VCVS）

电压跟随器（voltage follower）

阶跃电压（voltage step）

16.1 运算放大器概述

图 16-1 所示是运算放大器的原理框图。输入级是差分放大器，后面是多级放大器，最后是 B 类推挽射极跟随器。由于差分放大器是第一级，它决定了运放的输入特性。大多数运放采用单端输出，如图 16-1 所示。采用正负电源供电时，单端输出的静态工作点常设计为 0 V。这样，零输入电压可以获得零输出电压。

并不是所有运放的设计都与图 16-1 相同。例如，有些运放没有使用 B 类推挽输出，而有些则可能采用双端输出。而且，运放也并不像图 16-1 所示的那样简单。单片集成运放的内部设计非常复杂，要用到大量的晶体管作为电流镜、有源负载以及其他在分立电路设计中无法实现的新型电路。但图 16-1 体现了典型运放的两个重要特征：差分输入和单端输出。

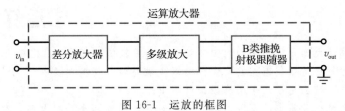

图 16-1 运放的框图

图 16-2a 所示是运放的电路符号。它具有同相输入、反相输入和单端输出。理想情况下，这个符号表示放大器的电压增益无穷大，输入阻抗无穷大，输出阻抗为零。理想运放代表了完美的电压放大器，而且通常作为**压控电压源**（VCVS）。这个压控电压源可以表示为图 16-2b，其中输入电阻 R_{in} 无穷大，输出电阻 R_{out} 为零。

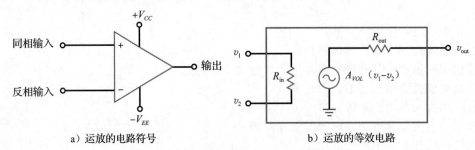

a) 运放的电路符号　　　　　　　　　　b) 运放的等效电路

图 16-2　运放的符号和等效电路

表 16-1 总结了理想运放的特性。理想运放的电压增益、单位增益带宽、输入阻抗及共模抑制比均为无穷大。而且，其输出阻抗、偏置电流及失调均为零。上述特性是生产厂家所追求的目标，实际制造的运放参数接近这些理想值。

表 16-1　典型运放的参数

特性	符号	理想值	LM741C	LF157A
开环电压增益	A_{VOL}	无穷大	100 000	200 000
单位增益带宽	f_{unity}	无穷大	1 MHz	20 MHz
输入电阻	R_{in}	无穷大	2 MΩ	10^{12} Ω
输出电阻	R_{out}	0	75 Ω	100 Ω
输入偏置电流	$I_{in(bias)}$	0	80 nA	30 pA
输入失调电流	$I_{in(off)}$	0	20 nA	3 pA
输入失调电压	$V_{in(off)}$	0	2 mV	1 mV
共模抑制比	CMRR	无穷大	90 dB	100 dB

例如，表 16-1 中的 LM741C 是从 20 世纪 60 年代起就开始使用的标准传统运放。它仅仅具有单片集成运放的最低性能。LM741C 的特性包括电压增益为 100 000，单位增益带宽为 1 MHz，输入阻抗为 2 MΩ 等。由于电压增益很高，输入失调很容易使运放进入饱和区，因此实际电路需要在运放的输入与输出之间加入外部元件来稳定电压增益。例如，在许多应用中采用负反馈将电压增益调整到相对较低的值以使运放稳定在线性工作区。

如果没有采用反馈电路（或反馈环路），则电压增益最大，称为**开环电压增益**，记作 A_{VOL}。表 16-1 中列出 LM741C 的 A_{VOL} 是 100 000。这个开环电压增益尽管不是无穷大，但也足够大了。例如，输入只有 10 μV 时，其输出电压就可以达到 1 V。由于开环增益很高，可以采用深度负反馈来改善电路的整体性能。

741C 的单位增益带宽为 1 MHz，这意味着可以在 1 MHz 频率范围内获得电压增益。741C 的输入电阻为 2 MΩ，输出电阻为 75 Ω，输入偏置电流为 80 nA，输入失调电流为 20 nA，输入失调电压为 2 mV，CMRR 为 90 dB。

当需要高输入阻抗时，可以使用 **Bi-FET 运算放大器**。这种运放在同一块芯片中结合了 JFET 和双极型晶体管，其中 JFET 作为输入级，以获得较小的输入偏置电流和失调电流；后级采用双极型晶体管，以获得更高的电压增益。

LF157A 是 Bi-FET 运算放大器的一个例子。如表 16-1 所示，其输入偏置电流仅有 30 pA，输入电阻达到 10^{12} Ω。LF157A 的电压增益为 200 000，单位增益带宽为 20 MHz。使用该器件可以在 20 MHz 频率范围内获得电压增益。

> **知识拓展** 现代通用运放多数采用 Bi-FET 技术，以获得比双极型运放更好的性能，包括带宽更宽、摆率更高、输出功率更大、输入阻抗更高，且偏置电流更低。

16.2 741 运算放大器

1965 年，仙童半导体公司推出了 μA709，这是第一款被广泛应用的单片集成运放。尽管设计是成功的，但第一代运放存在不少缺陷，它的改进版就是大家熟知的 μA741。由于价格便宜且使用方便，μA741 取得了极大的成功。不同的生产厂家也生产了其他 741 产品，例如，摩托罗拉生产的 MC1741，国家半导体生产的 LM741，德州仪器生产的 SN72741。所有这些单片集成运放与 μA741 是等同的，因为其数据手册上的指标参数相同。为方便起见，多数人在使用时省去前缀，将这种广泛应用的运放简称为 741。

> **知识拓展** 仙童半导体现在是安森美半导体。

16.2.1 工业标准

741 已经成为工业标准。通常来说，在设计中可以首先尝试使用这种运放。当 741 无法达到设计要求时，则可以选择性能更好的运放。因为 741 是标准的，在讨论中可将它作为基本器件。只要理解了 741 的原理，便可以举一反三地理解其他运放的原理。

此外，741 有不同的版本，分别记为 741、741A、741C、741E 和 741N，这些运放在电压增益、温度范围、噪声水平及其他性能方面有所不同。741C（C 代表"商用级"）是最便宜且应用最广泛的。它的开环电压增益为 100 000，输入阻抗为 2 MΩ，输出阻抗为 75 Ω。图 16-3 所示是三种常见的封装形式以及它们各自的外部引脚。

16.2.2 输入差分放大器

图 16-4 是 741 运放的简化电路原理图，这个电路可用于 741 和许多后续升级运放产品。不需要理解电路设计的每一个细节，但需要对电路的工作原理有整体的了解。下面介绍 741 的基本原理。

741 的输入级是差分放大器（Q_1 和 Q_2）。Q_{14} 作为电流源取代尾电阻。R_2、Q_{13} 和 Q_{14} 构成电流镜为 Q_1 和 Q_2 提供尾电流。这里没有采用一般的电阻作集电极电阻，而是采用了有源负载电阻。该有源负载 Q_4 的作用类似电流源，具有极高的阻抗。因此，这个差分放大器的电压增益比采用无源负载电阻的放大器高很多。

被差分放大器放大后的信号驱动射极跟随器 Q_5 的基极，射极跟随器的高输入阻抗提高了第一级差分放大级的负载电阻。Q_5 的输出信号输入到 Q_6。二极管 Q_7 和 Q_8 是末级静态偏置的一部分。Q_{11} 是 Q_6 的有源负载。这样，Q_6 和 Q_{11} 构成 CE 放大级，且具有很高的电压增益。

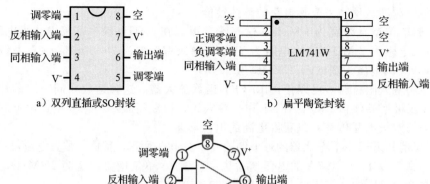

a）双列直插或SO封装　　　　　b）扁平陶瓷封装

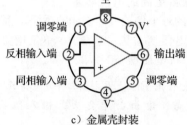

c）金属壳封装

图 16-3　741 的封装形式和输出引脚

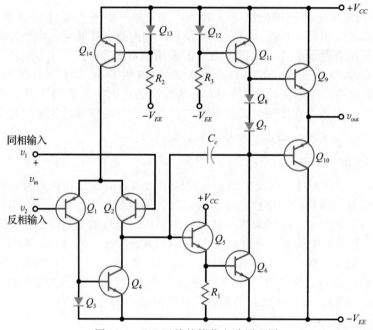

图 16-4　741 运放的简化电路原理图

16.2.3　末级放大器

CE 驱动级（Q_6）输出的放大信号到达末级，该级电路是 B 类推挽射极跟随器（Q_9 和 Q_{10}）。由于是双电源供电（数值相等的正电压 V_{CC} 和负电压 V_{EE}），当输入电压为 0 V 时，理想的静态输出电压是 0 V。输出偏离 0 V 的部分称为**输出失调电压**。

当 v_1 大于 v_2 时，输入电压 v_{in} 产生正的输出电压 v_{out}。当 v_2 大于 v_1 时，输入电压 v_{in} 产生负的输出电压 v_{out}。理想情况下，在信号切顶之前，v_{out} 正向可达 $+V_{CC}$，负向可达 $-V_{EE}$。由于 741 内部的压降，其输出电压幅度比正负电源低 1～2 V。

知识拓展　尽管 741 通常连接正电源和负电源，但它可以在单电源下工作。例如，可以将 $-V_{EE}$ 端接地，将 $+V_{CC}$ 端接正的直流电源。

16.2.4 有源负载

图 16-4 所示的电路中，有两个有源负载（用晶体管代替电阻作负载）的例子。一个有源负载是输入差分放大器中的 Q_4，另一个有源负载是 CE 驱动级中的 Q_{11}。由于电流源的输出阻抗很高，可以得到的电压增益比电阻大得多。对于 741C 而言，这些有源负载产生的电压增益的典型值是 100 000。在集成电路中，晶体管有源负载的制造比电阻更容易且成本更低，因此得到广泛的应用。

16.2.5 频率补偿

图 16-4 中的 C_c 是**补偿电容**。由于密勒效应的存在，这个小电容（典型值为 30 pF）得到了倍增，与 Q_5 和 Q_6 产生的电压增益相乘后得到一个非常大的等效电容：

$$C_{in(M)} = (A_v + 1)C_c$$

其中，A_v 是 Q_5 和 Q_6 级的电压增益。

这个密勒电容端口处的电阻是差分放大器的输出阻抗，因此形成一个延时电路。741C 中的延时电路产生的截止频率为 10 Hz，运放的开环增益在截止频率处下降 3 dB。随后，A_{VOL} 以大约 20 dB/十倍频程的速率下降直至单位增益频率处。

图 16-5 所示是开环增益相对于频率的理想伯德图。741C 的开环电压增益为 100 000，相当于 100 dB。由于开环截止频率为 10 Hz，电压增益在 10 Hz 处转折，以 20 dB/十倍频程的速度下降直至 1 MHz 处降为 0 dB。

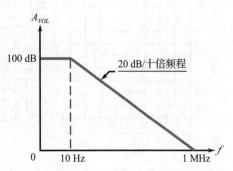

图 16-5　741C 的开环电压增益理想伯德图

后续章节将介绍有源滤波器，它能够利用运放、电阻和电容实现不同需求的频率响应。并且还会讨论产生一阶响应（以 20 dB/十倍频程下降）、二阶响应（以 40 dB/十倍频程下降）和三阶响应（以 60 dB/十倍频程下降）的电路。内部补偿运放（如 741C）具有**一阶响应**。

此外，并非所有的运放都有内部补偿，有些运放需要用户在外部连接补偿电容以避免出现振荡。使用外部补偿的优点是设计者可以更好地控制高频特性。采用外部电容是最简单的补偿方法，若采用更复杂的电路，在提供补偿的同时还可以得到比内部补偿更高的单位增益带宽（f_{unity}）。

16.2.6 偏置和失调

在没有输入信号时，差分放大器的输入偏置和失调会产生输出失调电压。在很多应用中，输出失调很小，可以忽略。但是当输出失调不可忽略时，则可以通过使用相同的基极电阻来减小它。这样做可消除偏置电流带来的影响，但并没有消除失调电流或失调电压带来的影响。

因此，消除输出失调的最好办法是使用**调零电路**，该电路由数据手册给出。使用推荐的调零电路与内部电路相结合，可以减小输出失调并使温度漂移最小。温度漂移指的是由于温度改变引起运放参数变化所导致的输出电压的缓慢变化。有时运放的数据手册中不包括调零电路。此时，需要再加入一个小的输入电压使输出为零。后文将对该方法进行介绍。

图 16-6 所示是 741C 的数据手册中给出的调

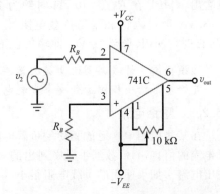

图 16-6　741C 中使用的补偿和调零电路

零方法。驱动反相输入端的交流电源的戴维南电阻为 R_B，为了抵消流过电源电阻的输入偏置电流（80 nA）的影响，在同相输入端增加一个等值的分立电阻。

为了消除 20 nA 的输入失调电流和 2 mV 的输入失调电压的影响，数据手册中推荐在引脚 1 和 5 之间连接一个 10 kΩ 的电位器，通过调整这个电位器，使得在无输入信号时的输出电压为零。

16.2.7　共模抑制比

741C 在低频下的 CMRR 是 90 dB。对于两个幅度相同的信号，一个是有用信号[⊖]，另一个是共模信号，则有用信号的输出比共模信号的输出大 90 dB。即输出信号中有用信号比共模信号大 30 000 倍左右。高频时，电抗效应将使 CMRR 降低，如图 16-7a 所示。可以看到，CMRR 在 1 kHz 时约为 75 dB，在 10 kHz 时约为 56 dB。

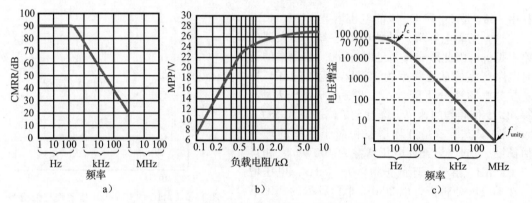

图 16-7　典型 741C 的 CMRR、MPP 和 A_{VOL}

16.2.8　最大输出电压峰峰值

放大器的 MPP 值是指放大器输出电压能达到的未被削波的最大峰峰值。由于理想情况下运放的静态输出电压是 0 V，交流输出电压可以是正的或者负的。由于负载电阻远大于 R_{out}，输出电压摆幅可以近似达到电源电压值。例如，若 $V_{CC}=+15$ V，$V_{EE}=-15$ V，负载电阻为 10 kΩ，则 MPP 的理想值为 30 V。

对于非理想运放，由于最后一级存在小的压降，所以输出电压摆幅不能达到电源电压值。而且，当负载电阻相对于 R_{out} 不太大时，一部分电压加在 R_{out} 上，即最终的输出电压变小了。

图 16-7b 所示是 741C 的 MPP 与负载电阻的关系，其电源电压为 +15 V 和 -15 V。可以看出，MPP 在 R_L 为 10 kΩ 时约为 27 V，这意味着输出在正电压 +13.5 V 和负电压 -13.5 V 时进入饱和。当负载电阻减小时，MPP 也随之下降。例如，当负载电阻仅有 275 Ω 时，MPP 降至 16 V，即输出在正电压 +8 V 和负电压 -8 V 时进入饱和。

　　知识拓展　许多新型运算放大器在差分放大器的前端使用 CMOS 半导体技术使其输入和输出摆幅达到整个直流电源范围。这类运放称为轨到轨运放。

16.2.9　短路电流

在某些应用中，运放驱动的负载电阻可能会接近零。在这种情况下，需要知道**短路输出电流**的值。741C 数据手册中列出的短路输出电流为 25 mA，这是运放能够产生的最大输出电流。如果使用的负载电阻很小（小于 75 Ω），就不可能得到大的输出电压，因为输

　　⊖　通常指的是差模信号。——译者注

出电压不可能大于 25 mA 电流与负载电阻的乘积。

16.2.10 频率响应

图 16-7c 所示是 741C 的小信号频率响应特性。中频区的电压增益为 100 000，截止频率 f_c 为 10 Hz。电压增益在 10 Hz 时为 70 700（下降了 3 dB）。在截止频率以上，电压增益以 20 dB/十倍频程的速度下降（一阶响应）。

单位增益频率是电压增益为 1 时对应的频率，如图 16-7c 所示，f_{unity} 为 1 MHz。数据手册通常给出 f_{unity} 的值，因为它表示了运放能够提供有用增益的频率上限。例如，741C 的数据手册中给出 f_{unity} 为 1 MHz，意思是 741C 可以对频率小于 1 MHz 的信号进行放大，当输入信号频率大于 1 MHz 时，电压增益小于 1，运放不再具有电压放大作用。如果要求 f_{unity} 较高，则需要选择更好的运放。如 LM318 的 f_{unity} 为 15 MHz，即可在 15 MHz 频率范围内实现电压放大。

16.2.11 摆率

741C 内部的补偿电容发挥着重要的作用，它可以避免由于信号中的干扰而产生振荡。但缺点是由于补偿电容的充电和放电限制了运放输出变化的速度。

其基本原理为：假设运放的输入电压是正向**阶跃电压**，即电压从一个直流电平突变为更高的电平。如果运放是理想的，可以得到如图 16-8a 所示的理想响应，然而实际得到的响应却是一个以正指数规律变化的波形。出现这种情况是因为当输出电压变到较高值时，必须先对补偿电容进行充电。

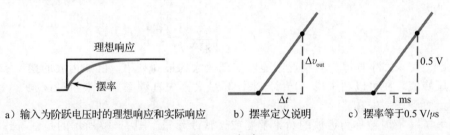

a）输入为阶跃电压时的理想响应和实际响应　　b）摆率定义说明　　c）摆率等于0.5 V/μs

图 16-8　摆率

如图 16-8a，指数波形最初的斜率称为**摆率**，记作 S_R。摆率的定义是：

$$S_R = \frac{\Delta v_{out}}{\Delta t} \tag{16-1}$$

其中，希腊字母 Δ 表示变化量。该式的含义是：摆率等于输出电压变化量除以该变化所用的时间。

图 16-8b 说明了摆率的含义：最初的斜率等于指数曲线起始部分两点间的纵向变化量除以横向变化量。例如，设指数曲线在第一个微秒内增加了 0.5 V，如图 16-8c 所示，则摆率为：

$$S_R = \frac{0.5 \text{ V}}{1 \text{ μs}} = 0.5 \text{ V/μs}$$

摆率代表的是运放能够产生的最快响应速度。例如，741C 的摆率为 0.5 V/μs，意思是 741C 的输出变化不会超过 0.5 V/μs。换句话说，如果 741C 被一个大的输入阶跃电压驱动，则无法得到突变的阶跃输出，而是得到一个指数的输出波形，输出波形的起始部分类似图 16-8c 所示的曲线。

正弦信号也会受到摆率的限制。原因是只有当正弦波的起始斜率小于摆率时才能产生如图 16-9a 所示的正弦波输出。例如，当输出的正弦波起始斜率为 0.1 V/μs，741C 可以输出该正弦波,因为摆率为 0.5 V/μs。而当正弦波起始斜率为 1 V/μs,输出就会小于本应输出的值,而且波形看起来像三角波而不是正弦波,如图 16-9b 所示。

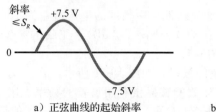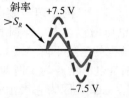

a) 正弦曲线的起始斜率　　　　b) 当起始斜率超过摆率时出现失真

图 16-9　摆率失真

运放的数据手册中通常会给出摆率的值,因为摆率会限制运放的大信号响应。如果输出的正弦波很小或者频率很低,摆率不会成为问题。但当信号较大且频率较高时,摆率就会导致输出信号失真。

通过计算,可以得到下式:

$$S_S = 2\pi f V_p$$

其中,S_S 是正弦波的起始斜率,f 是正弦信号的频率,V_p 是它的峰值。为了避免摆率引起正弦波的失真,S_S 必须小于或等于 S_R。当二者相等时,信号达到极限状态,即处于摆率失真的边缘。此时:

$$S_R = S_S = 2\pi f V_p$$

求得 f 为:

$$f_{max} = \frac{S_R}{2\pi V_p} \tag{16-2}$$

其中,f_{max} 是未发生摆率失真情况下能够实现放大的最高频率。已知运放的摆率和要求的输出电压峰值,便可以利用式(16-2)来计算最大不失真频率。如果超过该频率,则会在示波器上看到摆率失真。

频率 f_{max} 有时被称为运放的功率带宽或大信号带宽。图 16-10 所示的是基于式(16-2)的三种摆率情况下的特性曲线。最下方的曲线对应摆率为 0.5 V/μs,它适用于741C,最上方的曲线对应摆率为 50 V/μs,适用于 LM318(它的最小摆率为 50 V/μs)。

例如,假定使用的是 741C,为了获得峰值为 8 V 的无失真输出,则频率不能高于 10 kHz(见图 16-10)。提高 f_{max} 的一种方法是降低输出电压,用输出峰值电压换取输出频率可以增加功率带宽。例如,若实际应用可接受的输出峰值电压为 1 V,则 f_{max} 可增加至 80 kHz。

在分析运放电路时,需要考虑两种带宽:由运放一阶响应决定的小信号带宽和由摆率决定的大信号带宽或功率带宽。这两种带宽将在后续章节中进一步讨论。

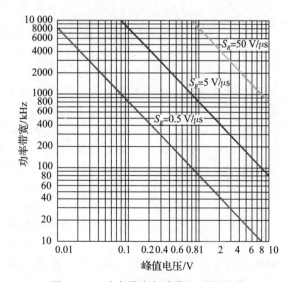

图 16-10　功率带宽与峰值电压的关系

例 16-1　若使图 16-11a 电路中的 741C 进入负向饱和区,需要多大的反相输入电压?

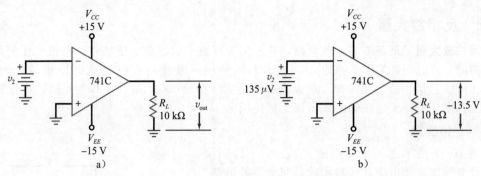

图 16-11　举例

解： 由图 16-7b 可知，MPP 在负载电阻为 10 kΩ 时等于 27 V，转化为负向饱和输出电压为 −13.5 V。741C 的开环电压增益为 100 000，则其所需的输入电压为：

$$v_2 = \frac{13.5 \text{ V}}{100\,000} = 135\ \mu\text{V}$$

图 16-11b 给出了答案，135 μV 的反相输入电压可导致输出负向饱和，输出电压为 −13.5 V。◀

自测题 16-1　设 $A_{VOL} = 200\,000$，重新计算例 16-1。

例 16-2　当输入信号频率为 100 kHz 时，741C 的 CMRR 为多少？

解： 由图 16-7a 可知，在 100 kHz 时的 CMRR 约为 40 dB，相当于 100。这说明在输入信号频率为 100 kHz 时，有用信号的放大倍数比共模信号的放大倍数大 100 倍。◀

自测题 16-2　当输入信号频率为 10 kHz 时，741C 的 CMRR 为多少？

例 16-3　在 1 kHz、10 kHz 和 100 kHz 时，741C 的开环电压增益分别为多少？

解： 由图 16-7a 可知，在 1 kHz、10 kHz 和 100 kHz 时，电压增益分别为 1000、100、10。输入信号频率每扩大为原来的 10 倍，则输出电压增益减小为原来的 1/10。◀

例 16-4　运放的输入是一个大的阶跃电压，输出是 0.1 μs 内变化 0.25 V 的指数波形，求该运放的摆率。

解： 由式（16-1）：

$$S_R = \frac{0.25 \text{ V}}{0.1\ \mu\text{s}} = 2.5 \text{ V}/\mu\text{s}$$

◀

自测题 16-4　测得输出电压在 0.2 μs 内变化 0.8 V，求摆率。

例 16-5　LF411A 的摆率为 15 V/μs，求输出电压峰值为 10 V 时的功率带宽。

解： 由式（16-2），得：

$$f_{\max} = \frac{S_R}{2\pi V_p} = \frac{15 \text{ V}/\mu\text{s}}{2\pi \times 10 \text{ V}} = 239 \text{ kHz}$$

◀

自测题 16-5　采用运放 741C，且 $V_p = 200$ mV，重新计算例 16-5。

例 16-6　求以下各种情况下的功率带宽。

$$S_R = 0.5 \text{ V}/\mu\text{s}, \quad V_p = 8 \text{ V}$$
$$S_R = 5 \text{ V}/\mu\text{s}, \quad V_p = 8 \text{ V}$$
$$S_R = 50 \text{ V}/\mu\text{s}, \quad V_p = 8 \text{ V}$$

解： 由图 16-10 可得，三种情况下的功率带宽分别约为 10 kHz、100 kHz 和 1 MHz。

◀

自测题 16-6　设 $V_p = 1$ V，重新计算例 16-6。

16.3 反相放大器

反相放大器是最基本的运放电路，它利用负反馈来稳定总电压增益。在没有任何形式的反馈时，A_{VOL} 过高且不稳定，以至于无法使用。因此需要稳定总电压增益。例如，741C 的 A_{VOL} 最小值为 20 000，最大值有可能大于 200 000。如果没有负反馈，电压增益大小及其变化都是无法预知的，所以无法使用。

16.3.1 负反馈

图 16-12 所示是一个反相放大器。为了绘图简便，没有标出电源电压。即显示的是交流等效电路。输入电压 v_{in} 通过电阻 R_1 驱动反相输入端，产生反相输入电压 v_2。该输入电压被开环电压增益放大，产生反相输出电压。输出电压通过反馈电阻 R_f 反馈至输入端。由于输出与输入的相位相差 $180°$，所以形成负反馈。即输入电压引起的 v_2 的任何变化都会通过输出产生相反的变化。

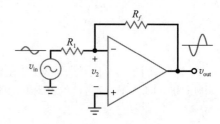

图 16-12 反相放大器

负反馈稳定总电压增益的原理是：如果开环电压增益 A_{VOL} 因为某种原因增加了，则输出电压会相应增加，并反馈更大的电压到反相输入端。这个相反的反馈电压会使 v_2 减小。因此，即使 A_{VOL} 增加，但 v_2 却会减小，最终输出的增量将比没有负反馈时小很多。结果是输出电压仅有微小的增加，可以忽略不计。第 17 章将对负反馈进行详细的数学分析，以便对电路中各参量的变化有更好的理解。

16.3.2 虚地

用导线将电路中某点连接到地时，该点的电压就会变为零，并且导线还提供了一条到地的电流通路。因此，机械接地（通过导线将某点与地相连）是指将电压和电流同时接地。

虚地则不同。这种地在分析反相放大器时经常使用。通过虚地，使得反相放大器及其相关电路的分析变得非常简单。

虚地的概念基于理想运放。理想运放的开环电压增益无穷大，且输入电阻无穷大。因此，得到图 16-13 所示的反相放大器的理想特性如下：

1. 由于 R_{in} 无穷大，所以 i_2 为 0。
2. 由于 A_{VOL} 无穷大，所以 v_2 为 0。

由于图 16-13 电路中的 i_2 为 0，流过 R_f 的电流必须等于流过 R_1 的电流。而且，由于 v_2 等于 0，图 16-13 中虚地意味着反相输入端的电压相当于接地，而它对电流却是开路的。

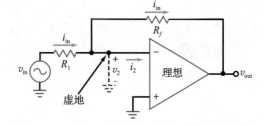

图 16-13 虚地的概念：对电压短路，对电流开路

虚地是一种很特殊的状态，就好像是半个地，因为它对电压是短路的，而对电流是开路的。为了表示这个半地的特性，图 16-13 在反相输入端和地之间用虚线连接，虚线表示对地没有电流。虽然虚地是一种理想化近似，但是采用深度负反馈时，得到的结果是非常准确的。

16.3.3 电压增益

对于图 16-14 所示电路，可以将反相输入端视为虚地点，则 R_1 的右端是地电压，可以得到：

$$v_{in} = i_{in}R_1$$

同理，R_f 的左端是地电压，可得输出电压的值为：

$$v_{out} = -i_{in}R_f$$

v_{out} 除以 v_{in} 可以得电压增益为：

$$A_{v(CL)} = \frac{-R_f}{R_1} \qquad (16-3)$$

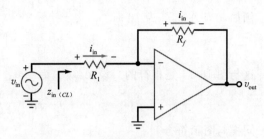

图 16-14　在反相放大器中，流过两个
电阻的电流相等

其中，$A_{v(CL)}$ 称为**闭环电压增益**，因为此时在输出和输入之间存在反馈通路。由于是负反馈，闭环电压增益 $A_{v(CL)}$ 总比开环电压增益 A_{VOL} 小。

可以看到，式（16-3）非常简单和精妙，闭环电压增益等于反馈电阻与输入电阻的比值，等式中的负号表示 180° 的相移。例如，当 $R_1 = 1\ \text{k}\Omega$，$R_f = 50\ \text{k}\Omega$ 时，闭环电压增益为 50。由于深度负反馈的作用，这个闭环电压增益非常稳定。如果 A_{VOL} 因温度改变、电源电压变化或是运放的更换而发生变化，$A_{v(CL)}$ 仍会非常接近 50。第 17 章将详细讨论增益的稳定性。

16.3.4　输入阻抗

在有些应用中，可能需要特定的输入阻抗。反相放大器可以很容易地实现需要的输入阻抗，这是它的优势之一。原因如下，由于 R_1 的右端是虚地点，则闭环输入电阻为：

$$Z_{in(CL)} = R_1 \qquad (16-4)$$

这是 R_1 左端看到的阻抗，如图 16-14 所示。例如，若需要输入阻抗为 $2\ \text{k}\Omega$，闭环电压增益为 50，则设计时可以取 $R_1 = 2\ \text{k}\Omega$，$R_f = 100\ \text{k}\Omega$。

知识拓展　反相放大器可以有多个输入，由于虚地点的存在，各输入端之间被有效隔离，每个输入端口显现的只是各自的输入阻抗。

16.3.5　带宽

由于有内部补偿电容，运放的**开环带宽**或截止频率非常低。对 741C 而言：

$$f_{2(OL)} = 10\ \text{Hz}$$

开环电压增益曲线在该频率发生转折，并以一阶响应的变化规律下降。

采用负反馈时，总带宽会增加。原因如下：当输入信号频率大于 $f_{2(OL)}$ 时，A_{VOL} 以 20 dB/十倍频程的速度下降。当 v_{out} 随之减小时，较小的反向电压被反馈到反相输入端，因此 v_2 增加，使 A_{VOL} 的减小得到补偿。所以，$A_{v(CL)}$ 的转折频率高于 $f_{2(OL)}$。负反馈越深，闭环截止频率越高。或者说，$A_{v(CL)}$ 越小，$f_{2(CL)}$ 越高。

图 16-15 显示了闭环带宽随负反馈的变化情况。可见，负反馈越深（$A_{v(CL)}$ 越小），闭环带宽越大。下面是闭环带宽的公式：

$$f_{2(CL)} = \frac{f_{unity}}{A_{v(CL)} + 1}$$

在多数应用中，$A_{v(CL)}$ 大于 10，上式可以简化为：

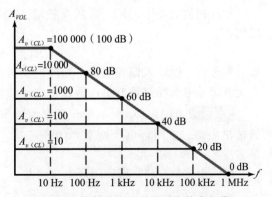

图 16-15　较低的电压增益对应较宽频带

$$f_{2(CL)} = \frac{f_{unity}}{A_{v(CL)}} \tag{16-5}$$

例如，当 $A_{v(CL)}$ 为 10 时：

$$f_{2(CL)} = \frac{1\ \text{MHz}}{10} = 100\ \text{kHz}$$

这与图 16-14 是相符的。设 $A_{v(CL)}$ 为 100：

$$f_{2(CL)} = \frac{1\ \text{MHz}}{100} = 10\ \text{kHz}$$

同样与图示符合。

式（16-5）可以整理为：

$$f_{unity} = A_{v(CL)} f_{2(CL)} \tag{16-6}$$

单位增益频率等于增益和带宽的乘积。因此，许多数据手册中将单位增益频率称为**增益带宽积**（GBW）。

（注意：数据手册中没有开环电压增益的固定符号，可能会表示为 A_{OL}、A_v、A_{vo} 和 A_{vol}。通常可以清楚地看出这些符号代表的是运放的开环电压增益。本书中采用的是 A_{VOL}。）

16.3.6   偏置和失调

负反馈减小了由输入偏置电流、输入失调电流和输入失调电压引起的输出失调电压。第 15 章讨论的三种输入误差电压和总输出失调电压的公式为：

$$V_{error} = A_{VOL}(V_{1err} + V_{2err} + V_{3err})$$

使用负反馈时，该等式可以表示为：

$$V_{error} \approx \pm A_{V(CL)}(\pm V_{1err} \pm V_{2err} \pm V_{3err}) \tag{16-7}$$

其中，V_{error} 是总的输出失调电压。式（16-7）中含有"±号"，而数据手册中不含"±"号，默认失调电压可以是任意方向的。例如，任一个基极电流都可能比另一个大，且输入失调电压可正可负。

在批量生产中，输入误差可能累加，出现最坏情况。第 15 章讨论过的输入误差，这里重复如下：

$$V_{1err} = (R_{B1} - R_{B2}) I_{in(bias)} \tag{16-8}$$

$$V_{2err} = (R_{B1} + R_{B2}) \frac{I_{in(off)}}{2} \tag{16-9}$$

$$V_{3err} = V_{in(off)} \tag{16-10}$$

当 $A_{v(CL)}$ 较小时，由式（16-7）得到总的输出失调很小，可以忽略。否则，就需要采用电阻补偿和调零电路。

在反相放大器中，R_{B2} 是从反相输入端向电源看去的戴维南电阻。该电阻可由下式得出：

$$R_{B2} = R_1 \mathbin{/\mkern-5mu/} R_f \tag{16-11}$$

如果有必要补偿输入偏置电流，则应当在同相输入端连接一个与 R_{B1} 相等的电阻。由于没有交流信号电流经过该电阻，所以对虚地的近似没有影响。

例 16-7 图 16-16a 所示是一个交流等效电路，因此可以忽略由输入偏置和失调引起的输出失调。求闭环电压增益和闭环带宽。当频率为 1 kHz 和 1 MHz 时，输出电压分别是多少？　　　　　　　　　　　　　　　　　　　　　　　▐▌▌Multisim

解：由式（16-3）得到闭环电压增益为：

$$A_{v(CL)} = \frac{-75\ \text{k}\Omega}{1.5\ \text{k}\Omega} = -50$$

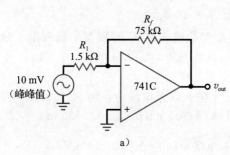 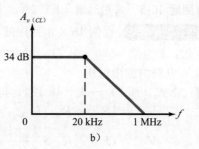

图 16-16 举例

由式 (16-5), 可得闭环带宽为:

$$f_{2(CL)} = \frac{1\,\text{MHz}}{50} = 20\,\text{kHz}$$

图 16-16b 是闭环电压增益的理想伯德图。50 对应的分贝值约等于 34 dB。(简便计算: 50 是 100 的一半, 则用 40 dB 减去 6 dB。)

1 kHz 时的输出电压为:

$$v_{\text{out}} = -50 \times 10\,\text{mV(峰峰值)} = -500\,\text{mV(峰峰值)}$$

由于 1 MHz 是单位增益频率, 1 MHz 时输出电压为:

$$v_{\text{out}} = -10\,\text{mV(峰峰值)}$$

负号表示输入与输出的相位相差 180°。 ◀

✍ 自测题 16-7 求图 16-16a 电路在 100 kHz 时的输出电压 (提示: 利用式 (14-20))。

例 16-8 求图 16-17 所示电路在 v_{in} 为 0 时的输出电压。使用表 16-1 的典型参数。

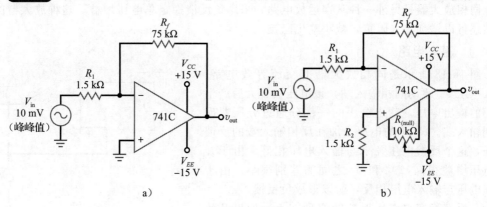

图 16-17 举例

解: 由表 16-1 得到 741C 的参数: $I_{\text{in(bias)}} = 80\,\text{nA}$, $I_{\text{in(off)}} = 20\,\text{nA}$, $V_{\text{in(off)}} = 2\,\text{mV}$。利用式 (16-11) 可得:

$$R_{B2} = R_1 \mathbin{/\!/} R_f = 1.5\,\text{k}\Omega \mathbin{/\!/} 75\,\text{k}\Omega = 1.47\,\text{k}\Omega$$

由式 (16-8)～式(16-10), 得到三个输入误差电压分别为:

$$V_{1\text{err}} = (R_{B1} - R_{B2})I_{\text{in(bias)}} = -1.47\,\text{k}\Omega \times 80\,\text{nA} = -0.118\,\text{mV}$$

$$V_{2\text{err}} = (R_{B1} + R_{B2})\frac{I_{\text{in(off)}}}{2} = 1.47\,\text{k}\Omega \times 10\,\text{nA} = 0.0147\,\text{mV}$$

$$V_{3\text{err}} = V_{\text{in(off)}} = 2\,\text{mV}$$

例 16-7 计算得到闭环电压增益为 50, 由式 (16-7), 考虑最坏情况, 得到输出失调电压为:

$$V_{\text{error}} = \pm 50(0.118\,\text{mV} + 0.0147\,\text{mV} + 2\,\text{mV}) = \pm 107\,\text{mV}$$ ◀

自测题 16-8 采用运放 LF157A，重新计算例 16-8。

应用实例 16-9 在例 16-8 中使用的是典型参数值。741C 的数据手册列出了最坏情况下的参数：$I_{in(bias)} = 500\ nA$，$I_{in(off)} = 200\ nA$，$V_{in(off)} = 6\ mV$。当 $v_{in} = 0$ 时，重新计算图 16-17a 电路的输出电压。

解：由式（16-8）～式（16-10），得到三个输入误差电压为：

$$V_{1err} = (R_{B1} - R_{B2})I_{in(bias)} = -1.47\ k\Omega \times 500\ nA = -0.735\ mV$$

$$V_{2err} = (R_{B1} + R_{B2})\frac{I_{in(off)}}{2} = 1.47\ k\Omega \times 100\ nA = 0.147\ mV$$

$$V_{3err} = V_{in(off)} = 6\ mV$$

考虑最坏情况的输出失调电压为：

$$V_{error} = \pm 50(0.375\ mV + 0.147\ mV + 6\ mV) = \pm 344\ mV$$

在例 16-7 中的输出电压为 500 mV（峰峰值），如此大的输出失调电压能否忽略取决于应用场合。例如，若只需要放大频率在 20 Hz～20 kHz 的音频信号，可以使用电容将输出耦合到负载电阻或者下一级，这样就阻断了直流输出失调电压，而只传输交流信号。此时，输出失调是无关紧要的。

但是，如果需要放大频率在 0～20 kHz 的信号，则需要使用性能更好的运放（低偏置和低失调），或者采用图 16-17b 所示的修正电路。这里，在同相输入端加了补偿电阻来减小输入偏置电流的影响。同时，采用了 10 kΩ 的电位器进行调零，以消除输入失调电流和输入失调电压的影响。◀

16.4 同相放大器

同相放大器是另外一种基本运放电路，采用负反馈稳定总电压增益。这种放大器的负反馈还可以增加输入阻抗，减小输出阻抗。

16.4.1 基本电路

图 16-18 所示是同相放大器的交流等效电路。输入电压 v_{in} 驱动同相输入端，该电压被放大后产生同相的输出电压，输出电压的一部分通过分压器反馈到输入端。R_1 上的电压是加在反相输入端的反馈电压，这个反馈电压几乎与输入电压相等。由于开环电压增益很高，v_1 和 v_2 之间的差别很小。由于反馈电压与输入电压相反，所以形成负反馈。

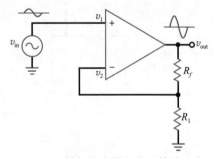

图 16-18 同相放大器的交流等效电路

负反馈稳定总电压增益的原理如下：如果开环电压增益 A_{VOL} 由于某种原因增加了，输出电压将随之增加，并反馈更多的电压到反相输入端。这个反相的反馈电压使净输入电压（$v_1 - v_2$）减小。因此，尽管 A_{VOL} 增加，（$v_1 - v_2$）却减小了，最终输出的增加量比没有负反馈时小很多。总的结果是输出电压只有很小的增加。

16.4.2 虚短

用导线连接电路中的两点，则这两点对地的电压相等。而且，该导线在两点间提供了电流通路。因此，机械短路（两点间用导线连线）对于电压和电流均是短路的。

虚短则不同。这种短路可以用来分析同相放大器。通过虚短，使得同相放大器及其相关电路的分析变得非常简单。

虚短利用了理想运放的以下两个特性：

1. 由于 R_{in} 无穷大，所以两个输入电流均为 0。

2. 由于 A_{VOL} 无穷大，所以（v_1-v_2）为 0。

图 16-19 显示了运放输入端之间的虚短情况。虚短对电压短路，对电流开路。虚线表示该连线上无电流。虽然虚短是一种理想近似，但在深度负反馈时，可以得到非常精确的结果。

下面介绍虚短概念的使用。在分析同相放大或类似电路时，可将运放的两个输入端视为虚短。只要运放工作在线性区（未进入正向或反向饱和），开环电压增益就近似为无穷大，则两个输入端之间可认为是虚短。

另外，由于虚短的存在，反相输入电压随着同相输入电压变化。如果同相输入电压增加或减小，反相输入电压就会立刻增加或减小到相同数值。这种跟随行为称作**自举**（就像"提着鞋带将自己举起来"）。同相输入端将反相输入端抬高或拉低到相同的值，即反相输入被自举到同相输入值。

16.4.3　电压增益

将图 16-20 电路中运放的两个输入端视为虚短，则意味着输入电压加在了 R_1 上，如图所示。可以得到：

$$v_{in}=i_1 R_1$$

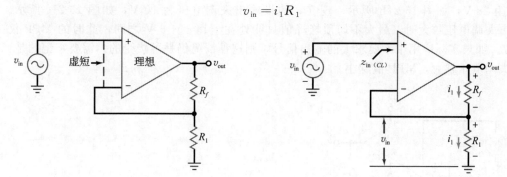

图 16-19　运放的两个输入端之间存在虚短　　图 16-20　输入电压体现在 R_1 上，电阻上的电流相等

由于虚短的两点之间没有电流，相等的电流 i_1 必须流经 R_f，则输出电压为：

$$v_{out}=i_1(R_f+R_1)$$

将 v_{out} 除以 v_{in} 可得电压增益：

$$A_{v(CL)}=\frac{R_f+R_1}{R_1}$$

或者

$$A_{v(CL)}=\frac{R_f}{R_1}+1 \tag{16-12}$$

这个公式很容易记，与反相放大器类似，只是在电阻的比值后加了 1。同时要注意输出与输入是同相的，因此电压增益公式中没有负号。

知识拓展　对于图 16-19 所示的电路，其闭环输入阻抗为 $z_{in(CL)}=R_{in}(1+A_{VOL}B)$，其中 R_{in} 表示开环输入电阻。

16.4.4　其他性质

闭环输入阻抗接近无穷大。在下一章中，将精确分析负反馈的影响并说明负反馈提高输入阻抗的作用。开环输入阻抗已经很高了（741C 的为 2 MΩ），但闭环输入阻抗更高。

负反馈对带宽的影响与反相放大器相同，为：

$$f_{2(CL)}=\frac{f_{unity}}{A_{v(CL)}}$$

同样，可以用电压增益换取带宽。即闭环电压增益越小，带宽越大。

可以用与反相放大器同样的方法分析由输入偏置电流、输入失调电流和输入失调电压引起的输入误差电压。首先计算各个输入误差，然后乘以闭环电压增益即可得到总的输出失调。

R_{B2} 是反相输入端口的戴维南电阻。该电阻与反相放大器的相同：

$$R_{B2} = R_1 \mathbin{/\!/} R_f$$

如果有必要对输入偏置电流进行补偿，则应在同相输入端连接一个与 R_{B2} 相等的电阻 R_{B1}。因为没有交流电流经过该电阻，所以对虚短的近似没有影响。

16.4.5 输出失调电压减小 MPP

如前文所述，如果要放大交流信号，可以使用电容将输出信号耦合至负载。此时，如果输出失调电压不是很大，则可以忽略。如果输出失调电压非常大，将会明显减小输出电压最大不切顶峰峰值 MPP。

例如，如果没有输出失调电压，图 16-21a 所示的同相放大器所达到的单端输出摆幅与正负电源电压只相差 1~2 V。即假设输出信号的幅度可以在 +14~−14 V 范围内变化，MPP 为 28 V，如图 16-21b 所示。现在，假设输出失调电压为 10 V，如图 16-21c 所示。当输出失调电压较大时，最大不切顶峰峰值只能处在 +14~+6 V 之间，此时的 MPP 仅为 8 V。如果实际应用中不要求大的输出信号，则这种情况仍是可接受的。需要牢记的是：输出失调电压越大，MPP 值越小。

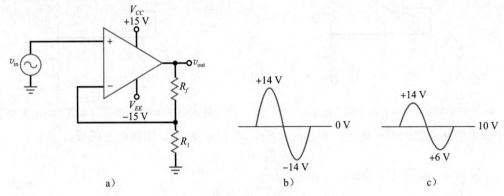

图 16-21　输出失调电压使 MPP 减小

例 16-10　求图 16-22a 电路的闭环电压增益和带宽。当频率为 250 kHz 时，输出电压为多少？▐▐▐▐ **Multisim**

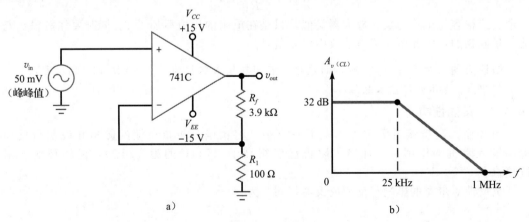

图 16-22　举例

解： 由式（16-12）：

$$A_{v(CL)} = \frac{3.9 \text{ k}\Omega}{100 \text{ k}\Omega} + 1 = 40$$

单位增益带宽除以闭环电压增益得：

$$f_{2(CL)} = \frac{1 \text{ MHz}}{40} = 25 \text{ kHz}$$

图 16-22b 所示是闭环电压增益的理想伯德图。与 40 对应的分贝值为 32 dB。（简便计算：$40 = 10 \times 2 \times 2$，则 20 dB + 6 dB + 6 dB = 32 dB。）$A_{v(CL)}$ 在 25 kHz 时发生转折，在 250 kHz 时下降 20 dB，这说明了在 250 kHz 时，$A_{v(CL)} = 12$ dB，等价于电压增益为 4。因此，250 kHz 时的输出电压为：

$$v_{\text{out}} = 4 \times 50 \text{ mV}(\text{峰峰值}) = 200 \text{ mV}(\text{峰峰值}) \qquad \blacktriangleleft$$

自测题 16-10 将图 16-22 电路中的 3.9 kΩ 的电阻改为 4.9 kΩ，计算在 200 kHz 时的 $A_{v(CL)}$ 和 v_{out}。

例 16-11 为了简单起见，继续使用 741C 在最坏情况下的参数：$I_{\text{in(bias)}} = 500$ nA，$I_{\text{in(off)}} = 200$ nA，$V_{\text{in(off)}} = 6$ mV。求图 16-22a 电路的输出失调电压。

解： R_{B2} 是 3.9 kΩ 电阻和 100 Ω 电阻的并联，近似为 100 Ω。由式（16-8）～式（16-10），求得三个输入误差电压：

$$V_{1\text{err}} = (R_{B1} - R_{B2})I_{\text{in(bias)}} = -100 \text{ }\Omega \times 500 \text{ nA} = -0.05 \text{ mV}$$

$$V_{2\text{err}} = (R_{B1} + R_{B2})\frac{I_{\text{in(bias)}}}{2} = 100 \text{ }\Omega \times 100 \text{ nA} = 0.01 \text{ mV}$$

$$V_{3\text{err}} = V_{\text{in(off)}} = 6 \text{ mV}$$

考虑最坏情况下的误差，可得输出失调电压为：

$$V_{\text{error}} = \pm 40(0.05 \text{ mV} + 0.01 \text{ mV} + 6 \text{ mV}) = \pm 242 \text{ mV}$$

在实际应用中，如果这个输出失调电压会带来问题，则可以按照前文所述的方法，使用一个 10 kΩ 的电位器通过调零来消除。 $\qquad \blacktriangleleft$

16.5 运算放大器的两种应用

运算放大器的应用非常广泛和灵活，本章中无法进行完整的介绍。分析更高级的应用电路需要对负反馈有更好的理解。下面介绍两个实际电路。

16.5.1 加法放大器

当需要把两路或多路模拟信号合成一路信号输出时，会自然地选择图 16-23a 所示的**加法放大器**。简单起见，电路只给出两路输入，实际中可根据需要使用相应数量的输入。该电路会对每一路输入信号进行放大，且每一路输入的增益都是由反馈电阻与该路相应的输入电阻之比决定的。例如，图 16-23a 电路的闭环电压增益为：

$$A_{v1(CL)} = \frac{-R_f}{R_1} \quad 和 \quad A_{v2(CL)} = \frac{-R_f}{R_2}$$

加法电路将所有输入信号放大并合成一路信号输出：

$$v_{\text{out}} = A_{v1(CL)}v_1 + A_{v2(CL)}v_2 \qquad (16\text{-}13)$$

可以很容易地证明式（16-13）。因为反相输入端虚地，故总的输入电流为：

$$i_{\text{in}} = i_1 + i_2 = \frac{v_1}{R_1} + \frac{v_2}{R_2}$$

由于虚地的存在，所有电流都流经反馈电阻，从而产生输出电压为：

$$v_{\text{out}} = (i_1 + i_2)R_f = -\left(\frac{R_f}{R_1}v_1 + \frac{R_f}{R_2}v_2\right)$$

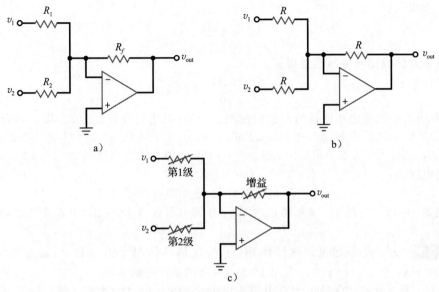

图 16-23　加法电路

可以看出，每一路输入电压都在乘以该路增益之后叠加到总的输出电压上。这个结论适用于任意数量的输入情形。

在某些应用中，所有的电阻值都相等，如图 16-23b 所示。此时，每一路的闭环电压增益都是单位增益（＝1），则总的输出电压为：

$$v_{\text{out}} = -(v_1 + v_2 + \cdots + v_n)$$

这是一种将多路输入信号混合的便捷方法，而且可以保持各自信号的大小。混合后的输出信号可以被后续的电路继续处理。

图 16-23c 所示是一个**混音器**，用于混合高保真音频系统中的多路音频信号。通过可调电阻设置每一路输入的幅度大小，通过增益控制调节合成输出音量的大小。通过降低第 1级电阻，可以使 v_1 信号的输出声音更大；通过降低第 2 级电阻，可以使 v_2 信号的声音更大。通过提高增益，可以使两路信号的声音同时增大。

最后强调一点：如果需要在加法器电路的同相输入端添加一个电阻进行补偿，则该电阻应等于反相输入端口面向信号源的戴维南电阻。该电阻是所有与虚地点相连的电阻的并联等效值：

$$R_{B2} = R_1 \mathbin{/\mkern-5mu/} R_2 \mathbin{/\mkern-5mu/} R_f \mathbin{/\mkern-5mu/} \cdots \mathbin{/\mkern-5mu/} R_n \tag{16-14}$$

16.5.2　电压跟随器

射极跟随器具有高输入阻抗以及输出与输入近似相等的特性。**电压跟随器**相当于性能更好的射极跟随器。

图 16-24a 所示是电压跟随器的交流等效电路。该电路看似简单，但它的负反馈强度最大，特性十分接近理想情况。电路中的反馈电阻为零，因此输出电压全部被反馈到反相输入端。由于运放的两个输入端之间是虚短的，故输出电压等于输入电压：

$$v_{\text{out}} = v_{\text{in}}$$

即闭环电压增益为：

$$A_{v(CL)} = 1 \tag{16-15}$$

使用式（16-12）可以得到相同的结果。由于 $R_f = 0$，$R_1 = \infty$，得到：

$$A_{v(CL)} = \frac{R_f}{R_1} + 1 = 1$$

因此，电压跟随器是一种非常理想的跟随器电路，它产生的输出电压与输入电压完全相同（其近似程度可满足绝大多数应用的需求）。

另外，最大强度的负反馈使闭环输入阻抗远大于开环输入阻抗（741C 是 2 MΩ），而且闭环输出阻抗远小于开环输出阻抗（741C 是 75 Ω）。因此，这是一种将高阻抗信号源转化为低阻抗信号源的近乎理想的实现方法。

图 16-24b 显示了跟随器的上述作用。输入交流源的输出阻抗 R_{high} 较高，负载 R_{low} 阻抗较低。由于电压跟随器的负反馈最强，使得闭环输入阻抗 $Z_{in(CL)}$ 极高，且闭环输出阻抗 $Z_{out(CL)}$ 极低。所以，信号源的电压几乎全部加在了负载电阻上。

理解该电路的关键在于：电压跟随器是高阻信号源和低阻负载之间的理想接口。简言之，它将高阻电压源转换成低阻电压源。电压跟随器的应用非常广泛。

由于电压跟随器的 $A_{v(CL)}=1$，其闭环带宽达到最大，即：

$$f_{2(CL)} = f_{unity} \tag{16-16}$$

电压跟随器的另一个优点是输出失调误差非常低，原因是输入误差没有被放大。由于 $A_{v(CL)}=1$，总输出失调电压在最坏情况下等于所有输入误差的和。

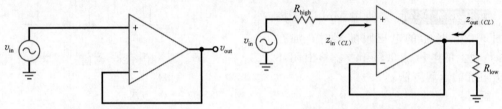

a）电压跟随器具有单位增益和最大带宽   b）电压跟随器可实现高阻信号源对低阻
　　　　　　　　　　　　　　　　　　　　　　负载的驱动，且没有电压损失

图 16-24　电压跟随器

应用实例 16-12 有三路语音信号输入到图 16-25 所示的加法放大器，求交流输出电压。

▮▮▮ **Multisim**

解： 三路闭环电压增益分别为：

$$A_{v1(CL)} = \frac{-100 \text{ k}\Omega}{20 \text{ k}\Omega} = -5$$

$$A_{v2(CL)} = \frac{-100 \text{ k}\Omega}{10 \text{ k}\Omega} = -10$$

$$A_{v3(CL)} = \frac{-100 \text{ k}\Omega}{50 \text{ k}\Omega} = -2$$

输出电压为：

$$v_{out} = -5 \times 100 \text{ mV} + (-10) \times 200 \text{ mV} + (-2) \times 300 \text{ mV} = -3.1 \text{ V（峰峰值）}$$

其中负号代表 180° 的相移。

如果需要在同相输入端增加一个等效 R_B 来对输入偏置进行补偿，则该电阻等于：

$$R_B = 20 \text{ k}\Omega \ /\!/ \ 10 \text{ k}\Omega \ /\!/ \ 50 \text{ k}\Omega \ /\!/ \ 100 \text{ k}\Omega$$
$$= 5.56 \text{ k}\Omega$$

可选择与该阻值最接近的标准电阻 5.6 kΩ，调零电路可以对余下的输入误差进行修正。 ◀

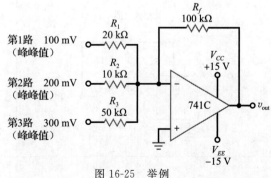

图 16-25　举例

✏️ **自测题 16-12**　将图 16-25 电路中的输入电压从峰峰值改成直流正向电压，求此时输出电压。

应用实例 16-13　一个内阻为 $100\,\text{k}\Omega$ 的 $10\,\text{mV}$（峰峰值）交流电压源作为图 16-26a 中电压跟随器的输入。负载电阻是 $1\,\Omega$。它的输出电压和带宽各是多少？　**Ⅲ Multisim**

解：闭环电压增益是 1，所以：

$$v_{\text{out}} = 10\,\text{mV}(\text{峰峰值})$$

带宽为：

$$f_{2(CL)} = 1\,\text{MHz}$$

这个例子验证了前文中所述内容：电压跟随器是实现将高阻信号源转换成低阻信号源的简单方法。它的性能比射极跟随器好得多。◀

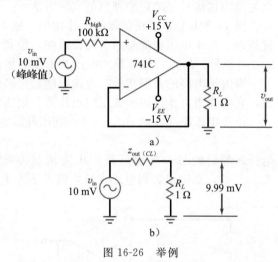

a)

b)

图 16-26　举例

✏️ **自测题 16-13**　使用 LF157A 运放，重新求解例 16-13。

应用实例 16-14　当使用 Multisim 搭建图 16-26a 所示的电压跟随器时，加在 $1\,\Omega$ 负载上的电压是 $9.99\,\text{mV}$。给出闭环输出阻抗的求解方法。

解：

$$v_{\text{out}} = 9.9\,\text{mV}$$

闭环输出阻抗就是输出端口面向负载电阻的戴维南电阻。图 16-26b 电路的负载电流为：

$$i_{\text{out}} = \frac{9.99\,\text{mV}}{1\,\Omega} = 9.99\,\text{mA}$$

该负载电流经过 $z_{\text{out}(CL)}$。由于加在 $z_{\text{out}(CL)}$ 上的电压是 $0.01\,\text{mV}$，所以：

$$z_{\text{out}(CL)} = \frac{0.01\,\text{mV}}{9.99\,\text{mA}} = 0.001\,\Omega$$

这个结果很重要，因为图 16-26a 电路中内阻为 $100\,\text{k}\Omega$ 的电压源被转换为内阻为 $0.001\,\Omega$ 的电压源。具有如此小内阻的电压源可以近似认为是第 1 章中所说的理想电压源。◀

✏️ **自测题 16-14**　如果图 16-26a 电路中的负载输出电压是 $9.95\,\text{mV}$，计算闭环输出阻抗。

表 16-2 对前文讨论过的基本运放电路进行了总结。

表 16-2　基本运放电路结构

反相放大器	加法放大器
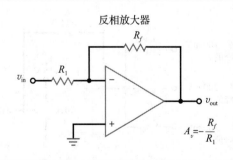	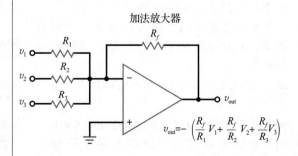
$A_v = -\dfrac{R_f}{R_1}$	$v_{\text{out}} = -\left(\dfrac{R_f}{R_1}V_1 + \dfrac{R_f}{R_2}V_2 + \dfrac{R_f}{R_3}V_3\right)$

（续）

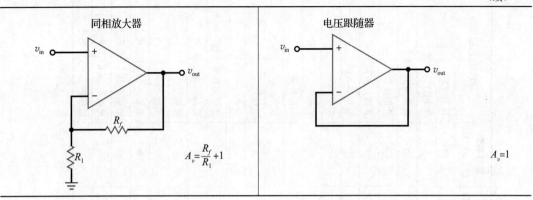

16.6 线性集成电路

大约 1/3 的线性集成电路是运放电路。运放是最实用的线性集成电路，利用运放可以实现多种有用的电路。此外，还有一些其他广泛应用的线性集成电路，如音频放大器、视频放大器和稳压器。

知识拓展 像运放这样的集成电路正在逐渐取代电子电路中的晶体管，就如晶体管曾经取代真空管一样。只是运放和线性集成电路实际上仍是微电子电路。

16.6.1 运放参数列表

在表 16-3 中，前级 "LF" 代表 Bi-FET 运算放大器，如表中数据第一行的 LF353。这个 Bi-FET 运放的最大输入失调电压为 10 mV，最大输入偏置电流为 0.2 nA，最大输入失调电流为 0.1 nA，可提供的短路电流为 10 mA。它的单位增益带宽是 4 MHz，摆率为 13 V/μs，开环电压增益为 88 dB，共模抑制比为 70 dB。

表中有两个前文没有提及的指标。第一个叫作**电源电压抑制比**（PSRR）。该指标的定义如下：

$$\text{PSRR} = \frac{\Delta V_{\text{in(off)}}}{\Delta V_S} \tag{16-17}$$

该式表明电源电压抑制比等于输入失调电压的改变量除以电源电压的改变量。在进行该项测量时，厂家会同时对两个电源进行对称的改变。如果 $V_{CC} = +15\ \text{V}$，$V_{EE} = -15\ \text{V}$，$\Delta V_S = +1\ \text{V}$，则 V_{CC} 变为 $+16\ \text{V}$，V_{EE} 变为 $-16\ \text{V}$。

式（16-17）的含义是，由于输入差分放大器的不平衡以及其他的内部效应，电源电压的变化会引起输出电压失调。将输出失调电压除以闭环电压增益就可以得到输入失调电压的变化。例如，表 16-3 中的 LF353 的 PSRR 为 $-76\ \text{dB}$，将分贝值转换为普通数值为：

$$\text{PSRR} = \text{antilg} \frac{-76\ \text{dB}}{20} = 0.000\ 158$$

有时也表示为：

$$\text{PSRR} = 158\ \mu\text{V/V}$$

它表示电源电压每改变 1 V，便使输入失调电压变化 158 μV。因此，除了前文所述的三种输入误差外，又多了一种输入误差来源。

LF353 的最后一个参数温漂为 10 μV/℃，温漂的定义是输入失调电压的温度系数。该参数体现了输入失调电压随温度的变化情况。10 μV/℃ 的温漂意味着温度每升高 1 ℃，输入失调电压增加 10 μV。如果运放内部温度增加 50 ℃，则 LF353 的输入失调电压将升高 500 μV。

表 16-3　一些运放的典型参数 (25 ℃时)

型号	$V_{in(off)}$ 最大值, mV	$I_{in(bias)}$ 最大值, nA	$I_{in(off)}$ 最大值, nA	I_{out} 最大值, mA	f_{unity} 典型值, MHz	S_R 典型值, V/μs	A_{VOL} 典型值, dB	CMRR 最小值, dB	PSRR 最小值, dB	温漂典型值, μV/℃	对运放的描述
LF353	10	0.2	0.1	10	4	13	88	70	−76	10	双 Bi-FET
LF356	5	0.2	0.05	20	5	12	94	85	−85	5	Bi-FET，宽带
LF411A	0.5	200	100	20	4	15	88	80	−80	10	低失调 Bi-FET
LM301A	7.5	250	50	10	1+	0.5+	108	70	−70	30	外部补偿
LM318	10	500	200	10	15	70	86	70	−65	—	高速、高摆率
LM324	4	10	2	5	0.1	0.05	94	80	−90	10	低功率、四个
LM348	6	500	200	25	1	0.5	100	70	−70	—	四个 741
LM675	10	2 μA*	500	3 A†	5.5	8	90	70	−70	25	大功率，25 W 输出
LM741C	6	500	200	25	1	0.5	100	70	−70	—	原始经典
LM747C	6	500	200	25	1	0.5	100	70	−70	—	双 741
LM833	5	1 μA*	200	10	15	7	90	80	−80	2	低噪声
LM1458	6	500	200	20	1	0.5	104	70	−77	—	两个
LM3876	15	1 μA*	0.2 μA*	6A†	8	11	120	80	−85	(一)	音频功率放大器、56 W
LM7171	1	10 μA*	4 μA*	100	200	4 100	80	85	−85	35	超高速放大器
OP-07A	0.025	2	1	10	0.6	0.17	110	110	−100	0.6	高精度
OP-42E	0.75	0.2	0.04	25	10	58	114	88	−86	10	高速 Bi-FET
TL072	10	0.2	0.05	10	3	13	88	70	−70	10	低噪声 Bi-FET 两个
TL074	10	0.2	0.05	10	3	13	88	70	−70	10	低噪声 Bi-FET 四个
TL082	3	0.2	0.01	10	3	13	94	80	−80	10	低噪声 Bi-FET 两个
TL084	3	0.2	0.01	10	3	13	94	80	−80	10	低噪声 Bi-FET 四个

注：* LM675，LM833，LM3876 和 LM7171 通常用 μA 来衡量。
† LM675 和 LM3876 通常用 A 来衡量。

表 16-3 列出了各种商用运算放大器。例如，LF411A 是一种低失调的 Bi-FET 运放，其输入失调电压仅为 0.5 mV。多数运放属于小功率器件，但并非全部如此。LM675 是一款大功率运放，它的短路电流达到 3 A，可以提供负载电阻的功率为 25 W。LM12 的功率更大，它的短路电流达到 10 A，可以提供负载功率达 80 W。如果将几个 LM12 并联，则可以输出更大的功率，其应用包括重负载稳压器、高品质音频放大器和伺服控制系统。

需要高摆率时，可以选用摆率为 70 V/μs 的 LM318。OP-64E 的摆率高达 200 V/μs。高摆率通常意味着宽频带。可以看到，LM318 的 f_{unity} 是 15 MHz，OP64-E 的 f_{unity} 是 200 MHz。

很多运放是双运放或四运放，指的是在一个封装内含有两个或者四个运放。例如，LM747C 是两个 741C，LM348 是四个 741。单运放和双运放的封装为 8 个引脚，四运放的封装有 14 个引脚。

并不是所有的运放都需要两个电压源。例如，LM324 有四个内部补偿运放。尽管它可以像大多数运放那样由两个电源供电，但它是被特意设计为单电源供电的，这一特点在很多应用中具有明显优势。LM324 的另一个方便之处在于它可以使用＋5 V 低压单电源供电，这是很多数字系统的标准电压。

采用内部补偿非常方便而且安全，因为有内部补偿的运放在任何情况下都不会产生自激振荡。这个安全性的代价就是失去了设计上的可控性，因此有些运放需要外部补偿。例如，LM301A 是通过外接一个 30 pF 电容进行补偿的，设计时可以选择更大的电容实现过补偿，或者较小的电容实现欠补偿。过补偿可以改进低频性能，而欠补偿可以增加带宽和摆率。所以表 16-3 中 LM301A 的 f_{unity} 和 S_R 数值后增加了一个（＋）。

所有的运放都有非理想的特性，高精度运放的设计努力使非理想最小化。例如，OP-07A 是一款高精度运放，其最坏情况下的指标为：输入失调电压只有 0.025 mV，CMRR 不低于 110 dB，PSRR 不低于 100 dB，温漂仅有 0.6 μV/℃。某些要求严格的应用中需要使用高精度运放，如测量和控制。

运放电路广泛应用于线性电路、非线性电路、振荡器、稳压器和有源滤波器等场合，在后续章节中将讨论运放电路的更多应用。

16.6.2　音频放大器

前置放大器指的是输出功率小于 50 mW 的音频放大器。前置放大器是低噪声的，因为它们用在音频系统的前端，用于放大来自光传感器、磁带探头、传声器等设备的微弱信号。

LM381 是集成前置放大器，包含两个低噪声前置放大器，两个放大器相互独立。LM381 的电压增益是 112 dB，10 V 电压输出时的功率带宽是 75 kHz，正电源电压 9～40 V，输入阻抗 100 kΩ，输出阻抗 150 Ω。LM381 的输入级是差分放大器，允许差分输入或者单端输入。

中等级别的音频放大器的输出功率在 50～500 mW 之间，这个功率适合于手机或者 CD 播放器这类的便携电子设备的输出端。例如 LM4818 音频功率放大器，其输出功率是 350 mW。

音频功率放大器可输出高于 500 mW 的功率，主要用于高保真放大器、对讲机、AM-FM 广播和一些其他应用。例如 LM380，它的电压增益是 34 dB，带宽为 100 kHz，输出功率为 2 W。另一个例子是 LM4756 功率放大器，它的内置电压增益是 30 dB，能够提供 7 W/通道的输出功率。图 16-27 给出了这一款集成电路的封装形式和外部引脚，特别要注意两个失调引脚的排布。

图 16-28 所示是 LM380 的简化原理图。输入差分放大器的输入管为 pnp 管，信号可以直接耦合，这在连接传感器时具有优势。差分放大器驱动电流镜负载（Q_5 和 Q_6），电流镜的输出连接后级射极跟随器（Q_7）和 CE 驱动级（Q_8），输出级是一个 B 类推挽射极

跟随器（Q_{13} 和 Q_{14}）。电路内部有一个 10 pF 的补偿电容，使得电压增益以 20 dB/十倍频程速率下降，该电容产生的摆率约为 5 V/μs。

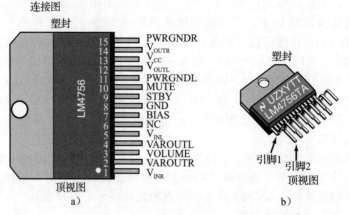

图 16-27　LM4756 的封装形式和外部引脚

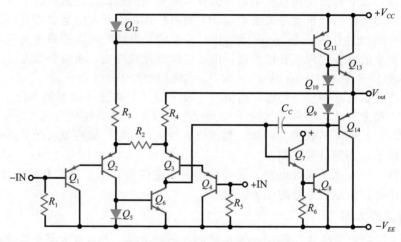

图 16-28　LM380 的简化原理图

16.6.3　视频放大器

视频放大器或宽带放大器在很宽的频域内具有平坦的频响特性（恒定的电压增益），其典型的带宽值达到兆赫兹（MHz）量级。视频放大器不一定是直流放大器，但是它的频率响应通常可达到零频。该类放大器常应用于输入频带很宽的场合，例如，很多示波器的适用频率范围为 0～100 MHz 及以上，这类仪器中一般先用视频放大器来增加信号的强度，然后再将信号输入的阴极射线管。另一个放大器 LM7171 是一款高速放大器，其单位增益带宽高达 200 MHz，摆率是 4100 V/μs，该放大器常用于照相机、复印机、扫描仪和高清电视中。

集成视频放大器可以通过连接不同的外接电阻来获得不同的电压增益和带宽。例如，VLA702 的电压增益是 40 dB，截止频率是 5 MHz。通过改变外接元件，可以在 30 MHz 频带内获得有效增益。MC1553 的电压增益是 52 dB，带宽为 20 MHz，这些指标也可以通过调整外接元件来改变。LM733 的频带很宽，它在 120 MHz 的带宽内可获得 20 dB 的电压增益。

16.6.4　射频和中频放大器

射频（RF）放大器通常作为 AM、FM 和电视接收机的第一级电路。中频（IF）放大器通常作为中间级。一些集成电路在同一块芯片上集成了 RF 和 IF 放大器。这些放大器都是调谐（谐振）的，只对窄带信号进行放大。这一特点使得接收机能够通过调谐来从特定的电台或者电视台接收需要的信号。如前文所述，芯片内部不适合集成电感和大电容。因此，需要通过外接电感和电容来对放大器进行调谐。MBC13720 是射频集成电路，这个低噪声放大器的工作频率范围是 400 MHz～2.4 GHz，适用于很多宽带无线应用。

16.6.5　稳压器

第 4 章曾讨论过整流器和电源。经过滤波，可以得到含有波纹的直流电压。该直流电压与电力线电压成正比，即电力线电压改变 10%，则直流电压也会改变 10%。10% 的直流电压变化在多数应用中显得过大了，因此需要进行稳压。LM340 系列是典型的集成稳压器。在一般的电力线电压和负载电阻的变化范围内，这类芯片可以保持输出直流电压的波动范围在 0.01% 以内。稳压器的其他特性还包括正负输出、可调输出电压和短路保护。

16.7　表面贴装的运算放大器

运算放大器和其他类似的模拟电路的常见封装形式除了传统的双列直插式，还有表面贴装（SM）式。由于大多数运放的引脚相对简单，短引线封装（SOP）是优选的表面贴装形式。

例如，LM741 运放在学校电子实验室使用了多年，现在已经出现了最新的 SOP 封装（见图 16-29）。在这种情况下，表面贴装元件（SMD）的外部引脚和更常见的双列直插元件的外部引脚完全相同。

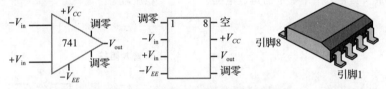

图 16-29　LM741 运放的 SM 封装形式

LM2900 是一款四运放，其 SMD 封装比较复杂。该器件有 14 引脚双列直插和 14 引脚 SOT 的封装两种形式（见图 16-30）。为了方便使用，两种封装的引脚是完全相同的。

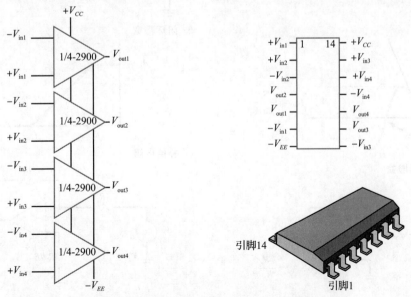

图 16-30　典型四运放电路的 14 引脚 SOT 封装形式

总结

16.1 节　典型的运算放大器有一个同相输入端、一个反相输入端和一个输出端。理想运放的开环电压增益无穷大，输入电阻无穷大，且输出阻抗为零。运算放大器是一个压控电压源（VCVS），也是完美的放大器。

16.2 节　741 是一种广泛应用的标准运算放大器，其内部用补偿电容来防止自激振荡。当负载电阻较大时，正负向摆幅与正负电源电压之差在 $1 \sim 2\,V$ 以内。当负载电阻较小时，MPP 受短路电流的限制。摆率是输入阶跃信号时，输出电压变化速度的最大值。功率带宽与摆率成正比，与输出电压峰值成反比。

16.3 节　反相放大器是最基本的运放电路。该电路通过引入负反馈来获得稳定的闭环电压增益。反相输入端是虚地点，它对于电压短路，对于电流开路。闭环电压增益等于反馈电阻与输入电阻之比。闭环带宽等于单位增益带宽除以闭环电压增益。

16.4 节　同相放大器是另一个基本的运放电路。该电路通过引入负反馈来获得稳定的闭环电压增益。同相输入端与反相输入端之间是虚短的。闭环电压增益等于 $R_f / R_1 + 1$。闭环带宽等于单位增益带宽除以闭环电压增益。

16.5 节　加法放大器有两个或者多个输入和一个输出。每一路输入都有各自的增益。输出是将各路输入信号放大后再叠加。如果每一路的电压增益都是 1，则输出等于所有输入的和。在混音器中，加法放大器可将音频信号放大并混合。电压跟随器的闭环电压增益是 1，带宽是 f_{unity}。该电路可用于高阻电源和低阻负载之间的接口。

16.6 节　1/3 的线性集成电路是运放电路。各种各样的运放几乎遍布所有应用领域，具有低输入失调、宽带和高摆率以及低温漂等特性。双运放和四运放比较常见。大功率运放可以输出较大的负载功率。其他线性集成电路还有音频和视频放大器、射频和中频放大器、稳压器等。

重要公式

1. 摆率

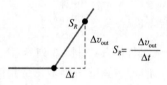

$$S_R = \frac{\Delta v_{out}}{\Delta t}$$

2. 功率带宽

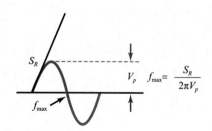

$$f_{max} = \frac{S_R}{2\pi V_p}$$

3. 闭环电压增益

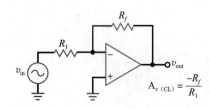

$$A_{v\,(CL)} = \frac{-R_f}{R_1}$$

4. 闭环输入阻抗

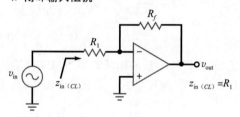

$$z_{in\,(CL)} = R_1$$

5. 闭环带宽

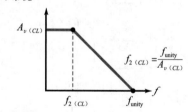

$$f_{2\,(CL)} = \frac{f_{unity}}{A_{v\,(CL)}}$$

6. 补偿电阻

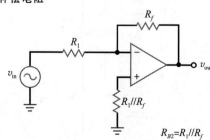

$$R_{B2} = R_1 /\!/ R_f$$

7. 同相放大器

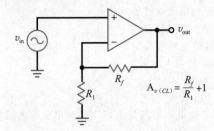

$$A_{v\,(CL)} = \frac{R_f}{R_1} + 1$$

8. 加法放大器

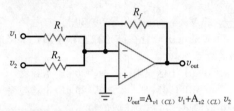

$$v_{\text{out}} = A_{v1\,(CL)}\, v_1 + A_{v2\,(CL)}\, v_2$$

9. 电压跟随器

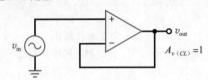

$$A_{v\,(CL)} = 1$$

10. 跟随器的带宽

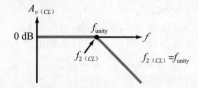

11. 电源电压抑制比

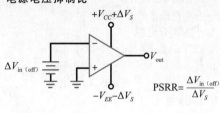

$$\text{PSRR} = \frac{\Delta V_{\text{in\,(off)}}}{\Delta V_S}$$

相关实验

实验 40
运算放大器电路简介

实验 41
反相放大器和同相放大器

实验 42
运算放大器

实验 43
小信号和大信号输出阻抗

实验 44
加法放大器

选择题

1. 控制运放的开环截止频率的通常是
   a. 连线的分布电容
   b. 基极-发射极的极间电容
   c. 集电极-基极的极间电容
   d. 补偿电容

2. 补偿电容能够防止
   a. 电压增益　　　　　b. 自激振荡
   c. 输入失调电流　　　d. 功率带宽

3. 在单位增益频率处的开环电压增益是
   a. 1　　　　　　　　b. $A_{v(\text{mid})}$
   c. 0　　　　　　　　d. 非常大

4. 运放的闭环截止频率等于单位增益带宽除以
   a. 截止频率　　　　　b. 闭环电压增益
   c. 1　　　　　　　　d. 共模电压增益

5. 如果截止频率是 20 Hz，中频开环电压增益是 1 000 000，则单位增益带宽是

   a. 20 Hz　　　　　　b. 1 MHz
   c. 2 MHz　　　　　　d. 20 MHz

6. 如果单位增益带宽是 5 MHz，中频开环电压增益是 100 000，则截止频率是
   a. 50 Hz　　　　　　b. 1 MHz
   c. 1.5 MHz　　　　　d. 15 MHz

7. 正弦波的初始斜率和下列哪一项成正比？
   a. 摆率　　　　　　　b. 频率
   c. 电压增益　　　　　d. 电容

8. 当正弦波的初始斜率大于摆率时，则
   a. 产生失真
   b. 工作在线性区
   c. 电压增益达到最大
   d. 运放工作在最佳状态

9. 在下列哪种情况下，功率带宽会增加？
   a. 频率降低　　　　　b. 峰值降低

c. 初始斜率降低　　　　d. 电压增益增加

10. 741C 中包含
    a. 分立电阻　　　　b. 电感
    c. 有源负载电阻　　d. 大的耦合电容

11. 741C 在正常工作时，不能没有
    a. 分立电阻
    b. 无源负载
    c. 两个基极上的直流回路
    d. 小的耦合电容

12. Bi-FET 的输入阻抗
    a. 低　　　　b. 中等
    c. 高　　　　d. 非常高

13. LF157A 是
    a. 差分放大器　　　b. 源极跟随器
    c. 双极型运放　　　d. Bi-FET 运放

14. 如果两个电源电压是 ±12 V，则运放的 MPP 最接近的值是
    a. 0　　　　　b. +12 V
    c. −12 V　　　d. 24 V

15. 741C 的开环截止频率受控于
    a. 耦合电容　　　b. 输出短路电流
    c. 功率带宽　　　d. 补偿电容

16. 741C 的单位增益带宽是
    a. 10 Hz　　　b. 20 kHz
    c. 1 MHz　　　d. 15 MHz

17. 单位增益带宽等于闭环电压增益和下列哪一项的乘积？
    a. 补偿电容　　　b. 尾电流
    c. 闭环截止频率　d. 负载电阻

18. 如果 f_{unity} 为 10 MHz，中频开环电压增益是 200 000，则运放的开环截止频率为
    a. 10 Hz　　　b. 20 Hz
    c. 50 Hz　　　d. 100 Hz

19. 正弦波的初始斜率在什么情况下会增加？
    a. 频率下降　　　b. 峰值增加
    c. C_c 增加　　　d. 摆率降低

20. 如果输入信号的频率大于功率带宽，则
    a. 产生摆率失真
    b. 产生正常的输出信号
    c. 输出失调电压增加
    d. 可能产生失真

21. 若运放的基极电阻开路，则输出电压将是
    a. 0

b. 0 V 附近
c. 正向最大或者负向最大
d. 放大的正弦波

22. 运放的电压增益是 200 000。如果输出电压是 1 V，则输入电压是：
    a. 2 μV　　　b. 5 μV
    c. 10 mV　　d. 1 V

23. 741C 的电源电压是 ±15 V。如果负载电阻很大，则 MPP 值大约是
    a. 0　　　　b. +15 V
    c. 27 V　　d. 30 V

24. 741C 的电压增益在高于截止频率后，下降的速度是
    a. 10 dB/十倍频程　b. 20 dB/倍频程
    c. 10 dB/倍频程　　d. 20 dB/十倍频程

25. 运放的电压增益为 1 时的频率是
    a. 截止频率　　b. 单位增益频率
    c. 信号源频率　d. 功率带宽

26. 当正弦波出现摆率失真时，输出
    a. 很大　　b. 呈现三角波
    c. 正常　　d. 没有失调

27. 下列关于 741C 参数的描述正确的是
    a. 电压增益是 100 000　b. 输入阻抗是 2 MΩ
    c. 输出阻抗是 75 Ω　　d. 以上都是

28. 反相放大器的闭环电压增益等于
    a. 输入电阻与反馈电阻之比
    b. 开环电压增益
    c. 反馈电阻与输入电阻之比
    d. 输入电阻

29. 同相放大器具有
    a. 大的闭环电压增益　b. 小的开环电压增益
    c. 大的闭环输入阻抗　d. 大的闭环输出阻抗

30. 电压跟随器的
    a. 闭环电压增益为单位增益
    b. 开环电压增益小
    c. 闭环带宽为 0
    d. 闭环输出阻抗大

31. 加法放大器具有
    a. 不多于两个输入信号
    b. 两个或更多的输入信号
    c. 无穷大的闭环输入阻抗
    d. 很小的开环电压增益

习题

16.2 节

16-1　假设 741C 电路的负向饱和电压幅度比电源电压小 1 V。那么当图 16-31 电路中的反相端输入电压为多少时会使得 741C 进入负向饱和？

16-2　在低频时，LF157A 的共模抑制比是多少？将分贝值转化成普通数值。

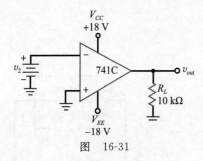

图 16-31

16-3 LF157A 的开环电压增益在输入信号频率为 1 kHz、10 kHz、100 kHz 时分别为多少？（假设是一阶响应，即以 20 dB/十倍频程速度下降。）

16-4 运放的输入是一个大的阶跃电压，输出波形呈指数变化，在 0.4 μs 的变化量为 2.0 V。求该运放的摆率。

16-5 LM318 的摆率是 70 V/μs，求峰值输出电压为 7 V 时的功率带宽。

16-6 利用式（16-2）计算下列情况下的功率带宽。

　　a. $S_R = 0.5$ V/μs，$V_p = 1$ V

　　b. $S_R = 3$ V/μs，$V_p = 5$ V

　　c. $S_R = 15$ V/μs，$V_p = 10$ V

16.3 节

16-7 ⅢⅢ Multisim 求图 16-32 电路的闭环电压增益和带宽。求 1 kHz 和 10 MHz 时的输出电压。画出闭环电压增益的理想伯德图。

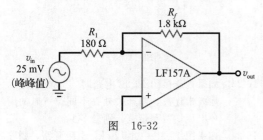

图 16-32

16-8 当图 16-33 电路中的 v_{in} 为 0 时，其输出电压是多少？参数采用表 16-1 中的典型值。

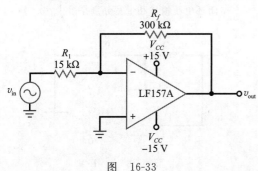

图 16-33

16-9 LF157A 的数据手册中给出了最坏情况下的参量：$I_{in(bias)} = 50$ pA，$I_{in(off)} = 10$ pA，$V_{in(off)} = 2$ mV。当 V_{in} 为 0 时，重新计算图 16-31 电路的输出电压。

16.4 节

16-10 ⅢⅢ Multisim 求图 16-34 电路的闭环电压增益和带宽。该电路在 100 kHz 时的交流输出电压是多少？

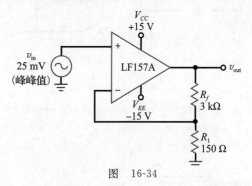

图 16-34

16-11 当图 16-34 电路的 v_{in} 降为 0 时，输出电压是多少？采用例题 16-9 中给出的最坏情况参数。

16.5 节

16-12 ⅢⅢ Multisim 求图 16-35a 电路的交流输出电压。如果需要在同相输入端增加补偿电阻，该电阻应取值多少？

16-13 求图 16-35b 电路的输出电压和带宽。

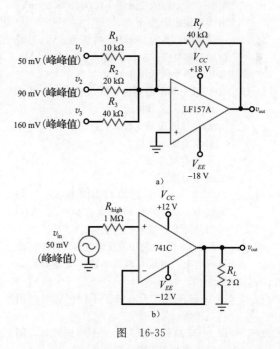

a)

b)

图 16-35

思考题

16-14 图 16-36 电路中可调电阻的调节范围是
0～100 kΩ。分别计算闭环电压增益和带
宽的最大值和最小值。

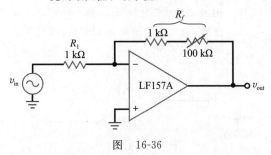

图　16-36

16-15 分别计算图 16-37 电路闭环电压增益和带
宽的最大值和最小值。

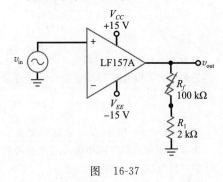

图　16-37

16-16 图 16-35b 电路的交流输出电压是 49.98 mV。
求闭环输出阻抗。

16-17 正弦波的频率为 15 kHz，峰值为 2 V，它的
初始斜率是多少？如果频率增加到 30 kHz，
其初始斜率变为多少？

16-18 表 16-2 中列举的哪种运放具有下列特性？
a. 最小输入失调电压
b. 最小输入失调电流
c. 最大电流输出能力
d. 最大带宽
e. 最小温漂

16-19 741C 在 100 kHz 时的 CMRR 是多少？当
负载为 500 Ω 时的 MPP 是多少？在 1 kHz
时的开环电压增益是多少？

16-20 如果图 16-35a 电路中的反馈电阻改为 100 kΩ
可调电阻，则最大和最小输出电压分别是
多少？

16-21 图 16-38 电路中开关处于不同位置时的闭
环电压增益是多少？

16-22 图 16-39 电路中开关处于不同位置时，闭
环电压增益和带宽分别是多少？

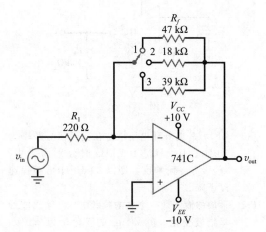

图　16-38

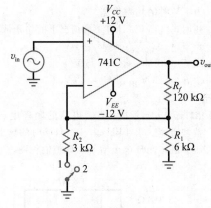

图　16-39

16-23 如果在连接图 16-39 电路时，6 kΩ 电阻的
地线未连接。则开关处在不同位置时的闭
环电压增益和带宽分别是多少？

16-24 如果图 16-39 中的 120 kΩ 电阻开路，则输
出电压最可能的值是多少？

16-25 图 16-40 电路中的开关处在不同位置时的
闭环电压增益和带宽分别是多少？

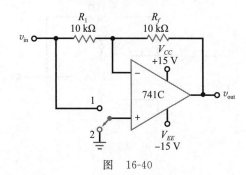

图　16-40

16-26 如果图 16-40 电路中的输入电阻开路，开关处在不同位置时的闭环电压增益是多少？

16-27 如果图 16-40 电路中的反馈电阻开路，输出电压最可能的值是多少？

16-28 741C 的最坏情况参数是 $I_{in(bias)} = 500$ nA，$I_{in(off)} = 200$ nA，$V_{in(off)} = 6$ mV。则图 16-41 电路的总输出失调电压是多少？

16-29 当图 16-41 电路的输入电压频率为 1 kHz 时，其交流输出电压是多少？

16-30 如果图 16-41 电路中的电容短路，总输出失调电压是多少？使用题 16-28 中给出的最坏情况参数。

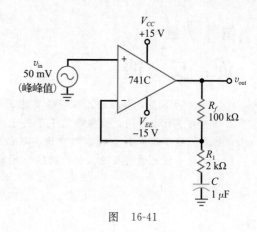

图 16-41

求职面试问题

1. 什么是理想运放？比较 741C 和理想运放的性能。

2. 画一个运放，其输入为阶跃电压。什么是摆率？这个指标为什么很重要？

3. 画一个由运放构成的反相放大器，包括所有元件的参数。说明虚地点的位置。虚地有什么特性？该电路的闭环电压增益、输入阻抗、带宽各是多少？

4. 画一个由运放构成的同相放大器，包括所有元件的参数。说明虚短的位置。虚短有什么特性？该电路的闭环电压增益和带宽各是多少？

5. 画一个加法放大器电路，并简述其工作原理。

6. 画一个电压跟随器电路，其闭环电压增益和带宽分别是多少？描述闭环输入和输出阻抗。如果该电路的电压增益很低，说明好处体现在哪里？

7. 典型运放的输入和输出阻抗是多少？这些取值有何优点？

8. 说明输入信号的频率是如何影响运放电压增益的？

9. 运放 LM318 的速度远高于 LM741C。在哪些应用中更适合使用 LM318？使用 318 可能会有什么缺点？

10. 当理想运放的输入电压为 0 时，它的输出电压为什么也是 0？

11. 除了运放以外，再列举一些线性集成电路。

12. 对于 LM741C，电压增益在什么条件下能够达到最大？

13. 画一个反相运放电路，并推导其电压增益的公式。

14. 画一个同相运放电路，并推导其电压增益的公式。

15. 为什么通常认为 741C 是直流低频放大器？

选择题答案

1.d 2.b 3.a 4.b 5.d 6.a 7.b 8.a 9.b 10.c 11.c 12.d 13.d 14.d 15.d
16.c 17.c 18.c 19.b 20.a 21.c 22.b 23.c 24.d 25.b 26.b 27.d 38.c 29.c 30.a
31.b

自测题答案

16-1 $V_2 = 67.5$ μV

16-2 CMRR = 60 dB

16-4 $S_R = 4$ V/μs

16-5 $f_{max} = 398$ kHz

16-6 $f_{max} = 80$ kHz，800 kHz，8 MHz

16-7 $v_{out} = 98$ mV

16-8 $v_{out} = 50$ mV

16-10 $A_{v(CL)} = 50$；$v_{out} = 250$ mV（峰峰值）

16-12 $v_{out} = -3.1$ Vdc

16-13 $v_{out} = 10$ mV；$f_{2(CL)} = 20$ MHz

16-14 $z_{out} = 0.005$ Ω

第17章
负 反 馈

　　1927年8月，年轻的工程师哈罗德·布莱克（Harold Black）从纽约斯塔顿岛坐渡轮去上班。为了打发时间，他粗略写下了关于一个新想法的几个方程式。后来又经过反复修改，布莱克提交了这个创意的专利申请。起初这个全新的创意被认为像"永动机"一样愚蠢可笑，专利申请也遭到拒绝。但情况很快就发生了变化。布莱克的这个创意就是负反馈。

目标
在学习完本章后，你应该能够：
- 定义四种负反馈；
- 描述 VCVS 负反馈的电压增益、输入阻抗、输出阻抗以及谐波失真；
- 解释跨阻放大器的工作原理；
- 解释跨导放大器的工作原理；
- 描述 ICIS 负反馈用于实现近似理想电流放大器的工作原理；
- 讨论带宽与负反馈的关系。

关键术语
电流放大器（current amplifier）

流控电流源（current-controlled current source，ICIS）

流控电压源（current-controlled voltage source，ICVS）

电流–电压转换器（current-to-voltage converter）

反馈衰减系数（feedback attenuation factor）

反馈系数 B（feedback fraction B）

增益带宽积（gain-bandwidth product，GBW $\ominus$ ）

谐波失真（harmonic distortion）

环路增益（loop gain）

负反馈（negative feedback）

跨导放大器（transconductance amplifier）

跨阻放大器（transresistance amplifier）

压控电流源（voltage-controlled current source，VCIS）

压控电压源（voltage-controlled voltage source，VCVS）

电压–电流转换器（voltage-to-current converter）

17.1 负反馈的四种类型

　　布莱克只发明了一种**负反馈**，它能提高电压增益的稳定性，增大输入阻抗，减小输出阻抗。随着晶体管和运算放大器的出现，另外三种类型的负反馈也出现了。

电子领域的创新者

　　哈罗德·布莱克（Harold Black），美国电气工程师（1898—1983）。布莱克发明的负反馈放大器及真空管被应用到最新的集成电路中。

17.1.1 基本概念

　　负反馈放大器的输入可以是电压也可以是电流。同样，它的输出也可以是电压或者电

　　$\ominus$　原文为 GBP。因其他章节中均以 GBW 表示，且 GBW 使用更广泛，故统一表示为 GBW。——译者注

流。这样就存在四种类型的负反馈。如表 17-1 所示，第一种是电压输入和电压输出，采用这种负反馈的电路称为**压控电压源**（VCVS），是理想电压放大器，具有稳定的电压增益，无穷大的输入阻抗和零输出阻抗。

表 17-1 理想负反馈

输入	输出	电路类型	z_{in}	z_{out}	转换关系	比值	符号	放大器类型
V	V	VCVS	∞	0	—	v_{out}/v_{in}	A_v	电压放大器
I	V	ICVS	0	0	电流-电压	v_{out}/i_{in}	r_m	跨阻放大器
V	I	VCIS	∞	∞	电压-电流	i_{out}/v_{in}	g_m	跨导放大器
I	I	ICIS	0	∞	—	i_{out}/i_{in}	A_i	电流放大器

第二种负反馈是由输入电流控制输出电压。采用这种负反馈的电路称为**流控电压源**（ICVS）。由于输入电流控制输出电压，所以 ICVS 有时被称为**跨阻放大器**。称为跨阻是因为 V_{out}/I_{in} 的单位是欧姆，而且是输出电压与输入电流的比值。

第三种负反馈是由输入电压控制输出电流。采用这种负反馈的电路称为**压控电流源**（VCIS）。由于输入电压控制输出电流，所以 VCIS 有时被称为**跨导放大器**。称为跨导是因为 I_{out}/V_{in} 的单位是西门子。

第四种负反馈是由输入电流控制输出电流。采用这种负反馈的电路称为**流控电流源**（ICIS），它是理想的电流放大器，具有稳定的电流增益，零输入阻抗和无穷大的输出阻抗。

17.1.2 转换器

将 VCVS 和 ICIS 电路作为放大器是因为前者是电压放大器而后者是电流放大器。而将跨阻和跨导放大器称为放大器看起来好像不太恰当，因为它们的输入和输出的量纲不一样。因此，很多工程师和技术人员更喜欢将这些电路称作转换器。例如，VCIS 也被称作**电压-电流转换器**。输入的是电压，输出的是电流。同样，ICVS 也被称为**电流-电压转换器**，输入的是电流，输出的是电压。

17.1.3 图例

图 17-1a 所示是 VCVS，电压放大器。实际电路的输入阻抗虽不是无穷大，但也非常大。同样的，输出阻抗虽不是零，但是非常小。VCVS 的电压增益用 A_v 表示。因为输出阻抗 z_{out} 接近于零，因而对实际负载电阻而言，VCVS 的输出端是准理想电压源。

图 17-1b 所示是 ICVS，跨阻放大器（电流-电压转换器）。它的输入阻抗和输出阻抗都很小。其转换系数称为跨阻，用 r_m 表示，单位是欧姆。例如，当 $r_m = 1\ k\Omega$ 时，1 mA 的输入电流将在负载上产生 1 V 的稳定电压。因为 z_{out} 接近于零，所以对实际负载电阻而言，ICVS 的输出端是准理想电压源。

图 17-2a 所示是 VCIS，跨导放大器（电压-电流转换器）。它的输入阻抗和输出阻抗都很大。其转换系数称为跨导，用 g_m 表示，单位是西门子

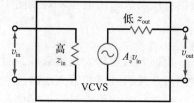

a）压控电压源

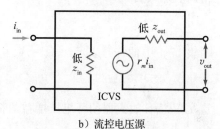

b）流控电压源

图 17-1 受控电压源

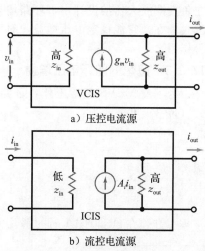

a）压控电流源

b）流控电流源

图 17-2 受控电流源

（姆欧）。例如，当 $g_m = 1\,\mathrm{mS}$ 时，$1\,\mathrm{V}$ 的输入电压将向负载输出 $1\,\mathrm{mA}$ 电流。因为 z_out 接近于无穷大，所以对实际负载电阻而言，VCIS 的输出端是准理想电流源。

图 17-2b 所示是 ICIS，电流放大器。它的输入阻抗很小而输出阻抗很大。ICIS 的电流增益用 A_i 表示。因为输出阻抗 z_out 接近于无穷大，所以对实际负载电阻而言，ICIS 的输出端是准理想电流源。

17.2 VCVS 电压增益

第 16 章分析的同相放大器是常见的 VCVS 的实际电路形式。本节复习该同相放大器并进一步深入探究它的电压增益。

17.2.1 闭环电压增益的精确表达

图 17-3 所示是一个同相放大器。运放的开环电压增益为 A_{VOL}，通常为 100 000 或更大。在分压器的作用下，一部分输出电压反馈到输入端。在 VCVS 电路中，**反馈系数 B**[⊖]定义为反馈电压除以输出电压，对于图 17-3，有：

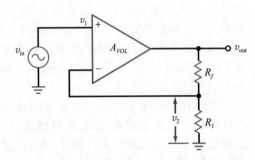

图 17-3 VCVS 放大器

$$B = \frac{v_2}{v_\mathrm{out}} \qquad (17\text{-}1)$$

反馈系数也称为**反馈衰减系数**，它表示输出电压在反馈到反相输入端时的衰减情况。

经过代数化简，可以推导闭环电压增益的精确表达式为：

$$A_{v(CL)} = \frac{A_{VOL}}{1 + A_{VOL}B} \qquad (17\text{-}2)$$

用表 17-1 中的符号表示，$A_v = A_{v(CL)}$，即：

$$A_v = \frac{A_{VOL}}{1 + A_{VOL}B} \qquad (17\text{-}3)$$

这是 VCVS 放大器闭环电压增益的精确表达式。

17.2.2 环路增益

分母中的第二项 $A_{VOL}B$ 称为**环路增益**，是环绕正向通路和反馈通路一周的电压增益。在负反馈放大器的设计中，环路增益的值很重要。在实际电路中，环路增益通常很大，且越大越好。它能稳定电压增益，对增益稳定性、失真、失调、输入阻抗和输出阻抗都有改善作用。

17.2.3 理想的闭环电压增益

为了使 VCVS 正常工作，环路增益 $A_{VOL}B$ 必须远大于 1。当设计满足这个条件时，式（17-3）可表示为：

$$A_v = \frac{A_{VOL}}{1 + A_{VOL}B} \approx \frac{A_{VOL}}{A_{VOL}B}$$

或者

$$A_v \approx \frac{1}{B} \qquad (17\text{-}4)$$

该理想方程在 $A_{VOL}B \gg 1$ 时的解几乎接近实际精确值。闭环增益的实际值略小于这个理想

⊖ 各教材中使用的符号不统一，较常用的有 F、β 等。——译者注

值。如果需要，可以应用下式计算理想值与实际值之间的误差率：

$$误差率 = \frac{100\%}{1 + A_{VOL}B}$$ (17-5)

例如，若 $1+A_{VOL}B$ 的值是 1000（60 dB），则误差只有 0.1%，即实际值只比理想值小 0.1%。

17.2.4 理想方程的应用

式（17-4）可用来计算 VCVS 放大器的理想闭环电压增益。只需要应用方程（17-1）算出反馈系数并取倒数。例如，图 17-3 电路的反馈系数是：

$$B = \frac{v_2}{v_{out}} = \frac{R_1}{R_1 + R_f}$$ (17-6)

取倒数得：

$$A_v \approx \frac{1}{B} = \frac{R_1 + R_f}{R_1} = \frac{R_f}{R_1} + 1$$

与第 16 章中将集成运放输入端虚短导出的公式相同，只是用 A_v 代替了其中的 $A_{v(CL)}$。

应用实例 17-1 计算图 17-4 电路的反馈系数、理想闭环电压增益、误差率和精确的闭环电压增益。设 741C 的 A_{VOL} 为 100 000。

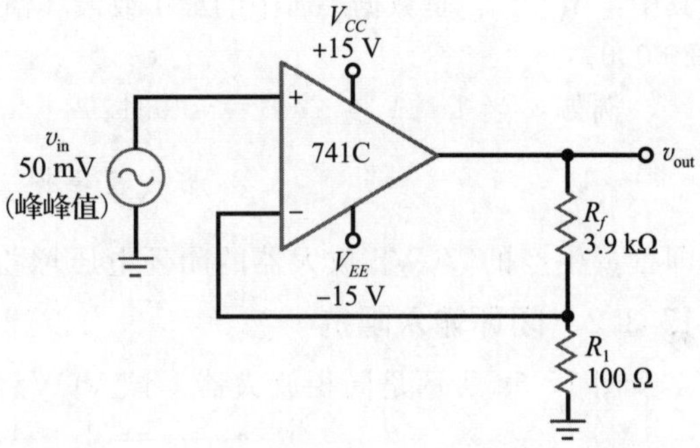

解： 由式（17-6）得反馈系数为：

$$B = \frac{100\ \Omega}{100\ \Omega + 3.9\ k\Omega} = 0.025$$

由式（17-4）得理想闭环电压增益为：

$$A_v = \frac{1}{0.025} = 40$$

图 17-4 举例

由式（17-5）得误差率为：

$$误差率 = \frac{100\%}{1 + A_{VOL}B} = \frac{100\%}{1 + 100\ 000 \times 0.025} = 0.04\%$$

计算闭环电压增益精确值有两种方法：将理想值减小 0.04%，或者应用精确方程式（17-3）计算。以下是采用两种方法分别解出的结果：

$$A_v = 40 - 0.04\% \times 40 = 40 - 0.0004 \times 40 = 39.984$$

这个没有舍入误差的答案可以表明理想值（40）与精确值之间的相近程度。应用式（17-3）可以得到相同的结果：

$$A_v = \frac{A_{VOL}}{1 + A_{VOL}B} = \frac{100\ 000}{1 + 100\ 000 \times 0.025} = 39.984$$

总之，这个例题说明用理想方程式计算闭环电压增益的精确程度。除非特别严格的分析，一般情况下，可以采用理想公式计算。偶尔也需要计算误差的大小，则可以用式（17-5）来计算误差率。

这个例子也证明了集成运放两个输入端口之间的虚短是成立的。在更为复杂的电路中，利用虚短对反馈效应进行分析可以采用基于欧姆定理的逻辑方法，避免大量公式推导。 ◀

自测题 17-1 将图 17-4 电路中的反馈电阻从 3.9 kΩ 增大到 4.9 kΩ。计算反馈系数、闭环电压增益的理想值、误差率以及闭环增益的精确值。

17.3 其他 VCVS 公式

负反馈对集成和分立放大器的非理想特性有改善作用。例如，不同运放的开环电压增益之间可能有很大的差别，负反馈可以稳定电压增益，即负反馈几乎可以消除运算放大器之间的差别，使闭环电压增益基本由外接电阻决定。可以选择温度系数很低的精密电阻，使闭环电压增益获得超高稳定性。

负反馈可以增大 VCVS 放大器的输入阻抗，减小输出阻抗，减小放大信号的非线性失真。本节将讨论负反馈对电路性能的改善。

知识拓展 没有采用负反馈的运算放大器电路很不稳定，基本上不可用。

17.3.1 增益的稳定性

闭环电压增益的理想值与实际值之间的误差率决定了增益的稳定性。误差率越小，稳定性就越高。闭环电压增益的最坏情况误差出现在开环电压增益最小时。用公式表示为：

$$最大误差率 = \frac{100\%}{1 + A_{VOL(\min)}B} \tag{17-7}$$

其中，$A_{VOL(\min)}$ 是数据手册中的最小或最坏情况下的开环电压增益。以 741C 为例，$A_{VOL(\min)} = 20\,000$。

例如，当 $1 + A_{VOL(\min)}B = 500$ 时：

$$最大误差率 = \frac{100\%}{500} = 0.2\%$$

即批量生产的 VCVS 放大器的闭环电压增益误差范围将会在理想值的 0.2% 以内。

17.3.2 闭环输入阻抗

图 17-5a 所示是同相放大器。该 VCVS 放大器的闭环输入阻抗的精确表达式如下，

$$z_{\text{in}(CL)} = (1 + A_{VOL}B)(R_{\text{in}} \parallel R_{CM}) \tag{17-8}$$

其中，R_{in} 表示运放的开环输入阻抗，R_{CM} 表示运放的共模输入阻抗。

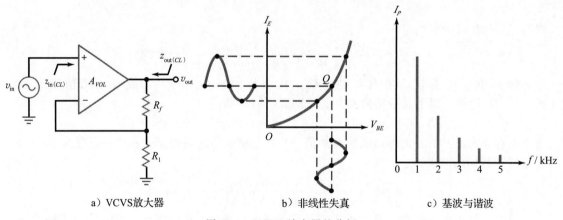

a) VCVS放大器　　　　　　b) 非线性失真　　　　　　c) 基波与谐波

图 17-5　VCVS 放大器的分析

需要对该式中的电阻做两点说明：首先，R_{in} 是数据手册中的输入电阻，对于分立的双极型差分放大器，该值为 $2\beta r_e'$，如第 17 章中所述。表 16-1 中列出的 741C 的输入阻抗 R_{in} 为 2 MΩ。

其次，R_{CM} 是输入差分放大器的等效尾电阻，在分立双极型差分放大器中，R_{CM} 等于 R_E。在运放电路中，通常用电流镜替代 R_E。因此，运放的 R_{CM} 值一般非常高。如 741C 中的 R_{CM} 大于 100 MΩ。

R_{CM} 通常很大，可以被忽略，式（17-8）可近似为：

$$z_{\text{in}(CL)} \approx (1 + A_{VOL}B)R_{\text{in}} \tag{17-9}$$

在实际 VCVS 放大器中，$1+A_{VOL}B$ 远大于 1，因此闭环输入阻抗非常高。在电压跟随器中，B 为 1，如果不考虑式（17-8）中 R_{CM} 的并联作用，$z_{in(CL)}$ 趋于无穷大。或者说，闭环输入阻抗的极限值为：

$$z_{in(CL)} = R_{CM}$$

需要强调的是：闭环输入阻抗的精确值并不重要，重要的是，它的值很大，通常远大于 R_{in}，但小于极限值 R_{CM}。

17.3.3 闭环输出阻抗

图 17-5a 电路的闭环输出阻抗是在输出端口处看到的 VCVS 放大器的总等效阻抗。闭环输出阻抗的精确表达式是：

$$z_{out(CL)} = \frac{R_{out}}{1+A_{VOL}B} \tag{17-10}$$

这里，R_{out} 指运放数据手册中给出的开环输出阻抗。表 16-1 列出的 741C 的输出阻抗 R_{out} 为 75 Ω。

在实际 VCVS 放大器中，$1+A_{VOL}B$ 通常远大于 1，因此闭环输出阻抗往往小于 1 Ω，在电压跟随器中甚至趋近于零。由于电压跟随器的闭环输出阻抗非常小，使得电路中的连线有可能成为输出阻抗的限制因素。

同样，这里的关键不是闭环输出阻抗的精确值，而是 VCVS 负反馈使它的值远小于 1 Ω。因此，VCVS 放大器的输出特性近似于理想电压源。

17.3.4 非线性失真

负反馈还有一个值得关注的作用是对失真的改善。在放大电路的后几级，因为放大元件的输入输出响应是非线性的，所以大信号会出现非线性失真。例如，发射结的非线性会使大信号产生失真，将正半周波形延展而将负半周波形压缩，如图 17-5b 所示。

非线性失真使输入信号产生新的谐波成分。例如，若输入电压信号频率为 1 kHz，则失真的输出电流会包含 1 kHz、2 kHz、3 kHz 甚至更高频率的正弦波分量，如图 17-5c 中的频谱图所示。基波频率是 1 kHz，其余的都是谐波分量。所有谐波分量总和的均方根反映失真的程度，因此非线性失真常被称为**谐波失真**。

可以通过失真分析仪来测量谐波失真的大小，这种仪器可以测量总的谐波电压并除以基波电压，从而得到总谐波失真度。定义为：

$$\text{THD} = \frac{\text{总谐波电压}}{\text{基波电压}} \times 100\% \tag{17-11}$$

例如，若总谐波电压是 0.1 Vrms，基波电压是 1 V，则 $THD = 10\%$。

负反馈可以降低谐波失真。闭环谐波失真的精确表达式为

$$\text{THD}_{CL} = \frac{THD_{OL}}{1+A_{VOL}B} \tag{17-12}$$

式中，THD_{OL} 为开环谐波失真，THD_{CL} 为闭环谐波失真。

因子 $(1+A_{VOL}B)$ 具有改善作用。当它的值较大时，可将谐波失真降低到可以忽略的程度。对于立体声放大器来说，则意味着可以听到没有失真的高品质音乐。

17.3.5 分立的负反馈放大器

电压放大器（VCVS）的电压增益由外接电阻控制，其原理已在第 9 章"电压放大器"部分简要描述。图 9-4 所示的分立二级反馈放大器本质上是带有负反馈的同相电压放大器。

该电路中两个 CE 级产生的开环电压增益等于：

$$A_{VOL} = A_{v1}A_{v2}$$

输出电压驱动由 r_f 和 r_e 组成的分压器。由于 r_e 下端交流接地，反馈系数近似为：

$$B \approx \frac{r_e}{r_e + r_f}$$

这里忽略了输入三极管的发射极的负载作用。

输入 V_{in} 驱动第一级晶体管的基极，同时反馈电压驱动其发射极，从而在发射结上产生误差电压。数学分析过程与前面给出的类似。闭环电压增益近似为 $1/B$，输入阻抗为 $(1+A_{VOL}B)R_{in}$，输出阻抗为 $R_{out}/(1+A_{VOL}B)$，失真为 $THD_{OL}/(1+A_{VOL}B)$。负反馈在各种分立放大器电路中是很常见的。

例 17-2 图 17-6 电路中 741C 的 R_{in} 为 2 MΩ，R_{CM} 为 200 MΩ。求闭环输入阻抗。采用 741C 的 A_{VOL} 典型值 100 000。

解：在例题 17-1 中，曾计算得到 $B=0.025$。
所以：

$$1+A_{VOL}B=1+100\,000 \times 0.025 \approx 2500$$

由式（17-9）得：

$$z_{in(CL)} \approx (1+A_{VOL}B)R_{in}=2500 \times 2 \text{ MΩ}$$
$$=5000 \text{ MΩ}$$

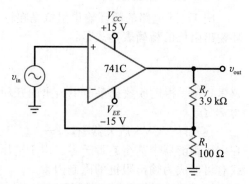

图 17-6　举例

如果得到的值大于 100 MΩ，则应使用式（17-8）。

由式（17-8）得：

$$z_{in(CL)}=5000 \text{ MΩ} \; // \; 200 \text{ MΩ} = 192 \text{ MΩ}$$

输入阻抗很大，说明 VSVC 近似为理想电压放大器。　◀

自测题 17-2 将图 17-6 电路中的 3.9 kΩ 电阻改为 4.9 kΩ，求 $z_{in(CL)}$。

例 17-3 使用上述例题的数据和结果，计算图 17-6 电路的闭环输出阻抗。设 A_{VOL} 为 100 000，R_{out} 为 75 Ω。

解：由式（17-10）得：

$$z_{out(CL)}=\frac{75 \text{ Ω}}{2500}=0.03 \text{ Ω}$$

该输出阻抗很小，说明 VSVC 近似为理想电压放大器。　◀

自测题 17-3 设 A_{VOL} 为 200 000；B 值为 0.025，重新计算例 17-3。

例 17-4 设放大器的开环总谐波失真为 7.5%，求闭环总谐波失真。

解：由式（17-12）得：

$$\text{THD}_{CL}=\frac{7.5\%}{2500}=0.003\%$$

◀

自测题 17-4 将 3.9 kΩ 电阻改为 4.9 kΩ，重新计算例 17-4。

17.4　ICVS 放大器

图 17-7 所示是一个跨阻放大器，它的输入是电流，输出是电压。ICVS 放大器是近似理想的电流-电压转换器，它的输入阻抗和输出阻抗均为零。

17.4.1　输出电压

输出电压的精确方程为：

$$v_{out}=-i_{in}R_f \frac{A_{VOL}}{1+A_{VOL}} \qquad (17\text{-}13)$$

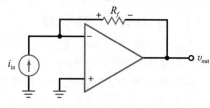

图 17-7　ICVS 放大器

因为 A_{VOL} 的值远大于 1，方程可以简化为：

$$v_{out} = -i_{in} R_f \tag{17-14}$$

其中 R_f 是跨阻。

推导并记忆式 (17-14) 的简便方法是利用虚地的概念。需要记住，反相输入端的电压是虚地的，但电流不是接地的。当反相输入端虚地时，所有的电流都必须流经反馈电阻。由于这个电阻的左端电位是地，则输出电压值为：

$$v_{out} = -i_{in} R_f$$

该电路是电流-电压转换器。可以通过设置不同的 R_f 值，得到不同的转换系数（跨阻）。例如，当 $R_f = 1\,\text{k}\Omega$ 时，输入 1 mA 电流将产生 1 V 输出电压。当 $R_f = 10\,\text{k}\Omega$ 时，同样的输入电流将产生 10 V 输出电压。图 17-8 中标出的电流方向是传统的电流流向。

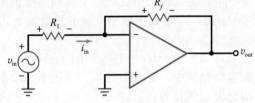

图 17-8　反相放大器

17.4.2　ICVS 输入和输出阻抗

图 17-7 电路的闭环输入和输出阻抗的精确表达式为：

$$z_{in(CL)} = \frac{R_f}{1 + A_{VOL}} \tag{17-15}$$

$$z_{out(CL)} = \frac{R_{out}}{1 + A_{VOL}} \tag{17-16}$$

两式中的分母较大，使得阻抗降低到很小的值。

17.4.3　反相放大器

第 16 章中讨论过图 17-8 所示的反相放大器。它的闭环电压增益为：

$$A_v = \frac{-R_f}{R_1} \tag{17-17}$$

这种放大器采用了 ICVS 负反馈。由于反相输入端虚地，则输入电流等于：

$$i_{in} = \frac{v_{in}}{R_1}$$

例 17-5　如果图 17-9 电路的输入频率为 1 kHz，求输出电压。　**||| Multisim**

解：1 mA（峰峰值）的输入电流流过 5 kΩ 的电阻，由欧姆定律或式 (17-14)，得：

$$v_{out} = -1\,\text{mA} \times 5\,\text{k}\Omega = -5\,\text{V}（峰峰值）$$

这里的负号表示 180° 相移。输出电压是交流的，峰峰值为 5 V，频率为 1 kHz。　◀

自测题 17-5　将图 17-9 电路中的反馈电阻改为 2 kΩ，计算 v_{out}。

例 17-6　求图 17-9 电路的闭环输入和输出阻抗。使用 741C 参数的典型值。

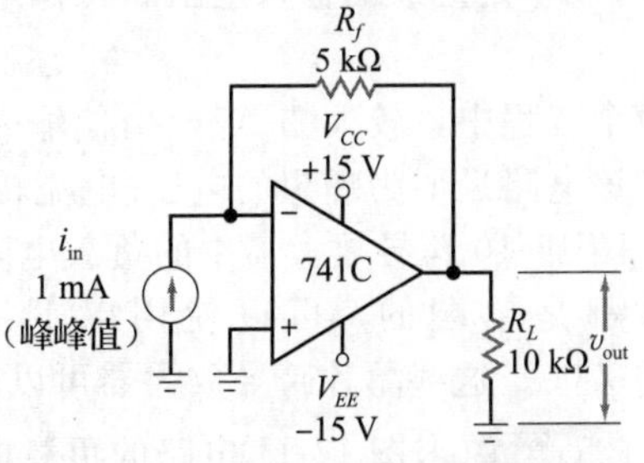

解：由式 (17-15) 得：

$$z_{in(CL)} = \frac{5\,\text{k}\Omega}{1 + 100\,000} \approx \frac{5\,\text{k}\Omega}{100\,000} = 0.05$$

由式 (17-16) 得：

$$z_{out(CL)} = \frac{75\,\Omega}{1 + 100\,000} \approx \frac{75\,\Omega}{100\,000} = 0.000\,75\,\Omega$$

◀

图 17-9　举例

自测题 17-6　设 A_{VOL} 为 200 000，重新计算例题 17-6。

17.5　VCIS 放大器

　　输入电压通过 VCIS 放大器实现对输出电流的控制。由于这类放大器中的深度负反馈，输入电压被精确转化为相应的输出电流。

　　图 17-10 所示为跨导放大器。它与 VCVS 放大器类似，只是负载电阻 R_L 同时作为反馈电阻。就是说，输出的不是 R_1+R_L 上的电压，而是流过 R_L 的电流。这个输出电流是稳定的，即一个特定的输入电压产生了精确的输出电流。

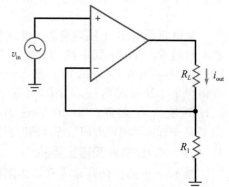

　　图 17-10 电路中输出电流的精确表达式为：

$$i_{\text{out}} = \frac{v_{\text{in}}}{R_1 + (R_1 + R_L)/A_{VOL}} \qquad (17\text{-}18)$$

在实际电路中，分母中的第二项比第一项小很多，因此方程简化为：

$$i_{\text{out}} = \frac{v_{\text{in}}}{R_1} \qquad (17\text{-}19)$$

有时又表示为：

$$i_{\text{out}} = g_m v_{\text{in}}$$

图 17-10　VCIS 放大器

这里 $g_m = 1/R_1$。

　　推导和记忆式（17-19）的简便方法为：设想图 17-10 中两个输入端虚短，则反相输入电压被自举到同相输入电压，因此，所有的输入电压都加在 R_1 上，流过该电阻的电流为：

$$i_1 = \frac{v_{\text{in}}}{R_1}$$

　　该电流在图 17-10 电路中唯一的通路就是流过 R_L，故可由式（17-19）得到输出电流值。

　　该电路是一个电压-电流转换器。可以通过设置不同的 R_1 值得到不同的转换系数（跨导）。例如，当 $R_1=1\text{ k}\Omega$ 时，1 V 输入电压将产生 1 mA 输出电流；当 $R_1=100\ \Omega$ 时，同样的输入电压将产生 10 mA 输出电流。

　　由于图 17-10 电路的输入端与 VCVS 放大器的输入端相同，则 VCIS 放大器闭环输入阻抗的近似表达式为：

$$z_{\text{in}(CL)} = (1 + A_{VOL}B)R_{\text{in}} \qquad (17\text{-}20)$$

其中，R_{in} 是运放的输入电阻。在稳定的输出电流端口处的闭环输出阻抗为：

$$z_{\text{out}(CL)} = (1 + A_{VOL})R_1 \qquad (17\text{-}21)$$

在两个方程中，较大的 A_{VOL} 值使输入输出阻抗均趋于无穷大，这是 VCIS 放大器的理想值。该电路近似为理想的电压-电流转换器，其输入和输出阻抗都很高。

　　图 17-10 跨导放大器中的负载电阻是悬浮的，这在很多情况下不是很方便，因为很多负载都是单端的。可以使用以下线性 IC 作为跨导放大器：LM3080、LM13600 和 LM13700。这些单片跨导放大器可以驱动单端负载电阻。

　　例 17-7　求图 17-11 电路的负载电流和负载功率。如果将负载电阻变为 4 Ω，会有什么变化？

Ⅰ‖‖ Multisim

　　解：运放的两个输入端虚短。由于反相输入电压被自举到同相输入电压，使所有的输入电压都加在了 1 Ω 的电阻上。由欧姆定律或式（17-19），可以计算输出电流为：

$$i_{\text{out}} = \frac{2\text{V}_{\text{rms}}}{1\ \Omega} = 2\text{A}_{\text{rms}}$$

该电流经过 2 Ω 的负载电阻，产生的负载功率为：

$$P_L = (2A)^2 \times 2\ \Omega = 8\ W$$

如果负载电阻变为 4 Ω，输出电流仍然保持 $2A_{rms}$，则负载功率增大为：

$$P_L = (2A)^2 \times 4\ \Omega = 16\ W$$

只要运放没有进入饱和，可以任意改变负载电阻值而始终保持 $2A_{rms}$ 的稳定输出电流。 ◀

自测题 17-7　将图 17-11 电路中的输入电压变为 $3V_{rms}$，求 i_{out} 和 P_L。

17.6 ICIS 放大器

ICIS 电路可以放大输入电流。由于深度负反馈的作用，ICIS 放大器近似为理想**电流放大器**，它的输入阻抗很小而输出阻抗很大。

如图 17-12 所示为反相电流放大器。其闭环电流增益是稳定的，为：

$$A_i = \frac{A_{VOL}(R_1 + R_2)}{R_L + A_{VOL}R_1} \tag{17-22}$$

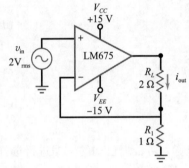

图 17-11　举例

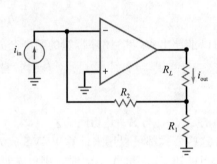

图 17-12　ICIS 放大器

通常情况下，分母的第二项远大于第一项，可简化为：

$$A_i \approx \frac{R_2}{R_1} + 1 \tag{17-23}$$

ICIS 放大器的闭环输入阻抗为：

$$z_{in(CL)} = \frac{R_2}{1 + A_{VOL}B} \tag{17-24}$$

其中反馈系数为：

$$B = \frac{R_1}{R_1 + R_2} \tag{17-25}$$

稳定的电流输出端口处的闭环输出阻抗为：

$$z_{out(CL)} = (1 + A_{VOL})R_1 \tag{17-26}$$

当 A_{VOL} 较大时，对应的输入阻抗很小，输出阻抗很大。因此，ICIS 放大电路可近似为理想电流放大器。

例 17-8　求图 17-13 电路的负载电流和负载功率。如果将负载电阻改为 2 Ω，求负载电流和功率。

解：由式（17-23），得到电流增益为：

$$A_i = \frac{1\ k\Omega}{1\ \Omega} + 1 \approx 1000$$

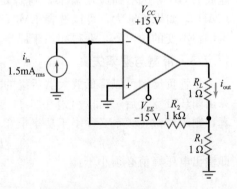

图 17-13　举例

负载电流为：

$$i_{out} = 1000 \times 1.5 \text{mA}_{rms} = 1.5 \text{A}_{rms}$$

负载电压为：

$$P_L = (1.5 \text{ A})^2 \times 1 \ \Omega = 2.25 \text{ W}$$

如果负载电阻增大到 $2 \ \Omega$，负载电流仍为 1.5 Arms，而负载功率增加到：

$$P_L = (1.5 \text{ A})^2 \times 1 \ \Omega = 4.5 \text{ W}$$

自测题 17-8 将图 17-13 电路中的 i_{in} 改为 2 mA，计算 i_{out} 和 P_L。

17.7 频带宽度

负反馈可以扩展放大器的频带。开环电压增益的下降意味着反馈电压降低，使输入电压的成分增加。因此，闭环截止频率比开环截止频率高。

17.7.1 闭环带宽

第 16 章中讨论过 VCVS 的带宽。得到闭环截止频率为：

$$f_{2(CL)} = \frac{f_{unity}}{A_{v(CL)}} \tag{17-27}$$

还可以推导出 VCVS 闭环带宽的两个公式如下：

$$f_{2(CL)} = (1 + A_{VOL}B) f_{2(OL)} \tag{17-28}$$

$$f_{2(CL)} = \frac{A_{VOL}}{A_{v(CL)}} f_{2(OL)} \tag{17-29}$$

其中的 $A_{v(CL)}$ 与 A_v 是相同的。

这些公式都可以用来计算 VCVS 放大器的闭环带宽，可根据已知的数据进行选择。例如，当已知 f_{unity} 和 $A_{v(CL)}$ 时，则可选择式 (17-27)；当已知 A_{VOL}、B 和 $f_{2(OL)}$ 时，则应选择式 (17-28)；当已知 A_{VOL}、$A_{v(CL)}$ 和 $f_{2(OL)}$ 时，则应选择式 (17-29)。

17.7.2 增益带宽积是常数

式 (17-27) 可以表示为：

$$A_{v(CL)} f_{2(CL)} = f_{unity}$$

方程的左边是增益和带宽的乘积，称之为**增益带宽积**（GBW）。方程的右边对于给定的运放而言是一个常数。该方程表明增益带宽积是一个常数。由于特定运放的 GBW 是常数，因此设计时只能在增益与带宽之间作折中。增益越低，频带越宽。反之，若需要较高的增益，则必须牺牲带宽。

解决这个问题的唯一办法就是使用具有较大 GBW 的运放，GBW 相当于 f_{unity}。如果运放的 GBW 达不到应用需求，则需要选择 GBW 更高的运放。例如，741C 的 GBW 为 1 MHz，如果不够大，可以选择 LM318，它的 GBW 是 15 MHz。这样，便可以在闭环电压增益不变的情况下，获得相当于原来 15 倍的带宽。

17.7.3 带宽与摆率失真

尽管负反馈可以降低放大器后级的非线性失真，但对摆率失真不起作用。因此，在计算出闭环带宽之后，可以用式 (16-2) 来计算功率带宽。若输出在整个闭环带宽内均无失真，则闭环截止频率必须小于功率带宽：

$$f_{2(CL)} < f_{max} \tag{17-30}$$

即输出电压峰值必须小于：

$$V_{p(max)} = \frac{S_R}{2\pi f_{2(CL)}} \tag{17-31}$$

负反馈对摆率失真不起作用的原因如下。第 16 章中讨论了运放的补偿电容会在输入端产生一个较大的密勒电容。对于 741C 来说，这个大电容加重了输入差分放大器的负载，如图 17-14a 所示。当 v_{in} 足够高时，使得输入差分放大器的一个晶体管饱和而另一个截止，即发生摆率失真。由于运放不再工作在线性区，使得负反馈暂时失效。

图 17-14b 所示是当 Q_1 饱和，Q_2 截止时的情况。3000 pF 的电容必须通过 1 MΩ 的电阻充电，得到图中所示的电压摆动。电容充电以后，Q_1 脱离饱和，Q_2 也脱离截止，负反馈的改善作用被显现出来。

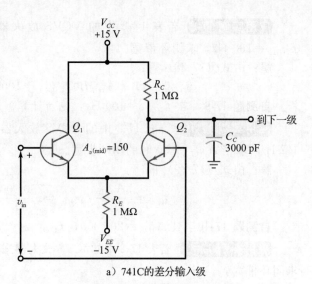

a）741C的差分输入级

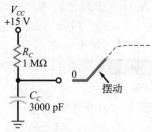

b）电容充电使电压摆动

图 17-14　电容对摆率的影响

17.7.4　负反馈列表

表 17-2 列出了负反馈的四种理想原型电路。可以基于这些原型电路，改进得到更多的高级电路。例如，ICVS 原型电路可以通过使用电压源和输入电阻 R_1，成为第 16 章中讨论过的应用广泛的反相放大器。

表 17-2　四种负反馈类型

类型	稳定参数	方程式	$z_{in(CL)}$	$z_{out(CL)}$	$f_{2(CL)}$	$f_{2(CL)}$	$f_{2(CL)}$
VCVS	A_v	$\dfrac{R_f}{R_1}+1$	$(1+A_{VOL}B)\,R_{in}$	$\dfrac{R_{out}}{(1+A_{VOL}B)}$	$(1+A_{VOL}B)f_{2(OL)}$	$\dfrac{A_{VOL}}{A_{v(CL)}}f_{2(OL)}$	$\dfrac{f_{unity}}{A_{v(CL)}}$
ICVS	$\dfrac{v_{out}}{i_{in}}$	$v_{out}=(i_{in}R_f)$	$\dfrac{R_f}{1+A_{VOL}}$	$\dfrac{R_{out}}{1+A_{VOL}}$	$(1+A_{VOL})f_{2(OL)}$	—	—
VCIS	$\dfrac{i_{out}}{v_{in}}$	$i_{out}=\dfrac{v_{in}}{R_1}$	$(1+A_{VOL}B)\,R_{in}$	$(1+A_{VOL})R_1$	$(1+A_{VOL})f_{2(OL)}$	—	—
ICIS	A_i	$\dfrac{R_2}{R_1}+1$	$\dfrac{R_2}{(1+A_{VOL}B)}$	$(1+A_{VOL})R_1$	$(1+A_{VOL}B)f_{2(OL)}$	—	—

（同相电压放大器）　　　　（电流–电压转换器）　　　　（电压–电流转换器）　　　　（电流放大器）

还可以在 VCVS 原型上添加耦合电容，得到交流放大器。在后续章节中，将通过对这些基本原型电路进行修改，得到各种有用的电路。

应用实例 17-9 若表 17-2 中的 VCVS 放大器采用 LF411A，$(1+A_{vOL}B)=1000$，$f_{2(OL)}=160\,\text{Hz}$，求闭环带宽。

解： 由式（17-28）得：
$$f_{2(CL)}=(1+A_{vOL}B)f_{2(OL)}=1000\times160\,\text{Hz}=160\,\text{kHz} \qquad \blacktriangleleft$$

自测题 17-9 若 $f_{2(OL)}=100\,\text{Hz}$，重新计算例题 17-9。

应用实例 17-10 若表 17-2 中的 VCVS 放大器采用 LM308，$A_{VOL}=250\,000$，$f_{2(OL)}=1.2\,\text{Hz}$，求当 $A_{v(CL)}=50$ 时的闭环带宽。

解： 由式（17-29）得：
$$f_{2(CL)}=\frac{A_{VOL}}{A_{v(CL)}}f_{2(OL)}=\frac{250\,000}{50}\times1.2\,\text{Hz}=6\,\text{kHz} \qquad \blacktriangleleft$$

自测题 17-10 设 $A_{VOL}=200\,000$，$f_{2(OL)}=2\,\text{Hz}$，重新计算例题 17-10。

应用实例 17-11 若表 17-2 中的 ICVS 放大器采用 LM12，$A_{VOL}=50\,000$，$f_{2(OL)}=14\,\text{Hz}$，求闭环带宽。

解： 由表 17-2 中的公式得：
$$f_{2(CL)}=(1+A_{VOL})f_{2(OL)}=(1+50\,000)\times14\,\text{Hz}=700\,\text{kHz} \qquad \blacktriangleleft$$

自测题 17-11 如果例题 17-11 中的 $A_{VOL}=75\,000$，$f_{2(OL)}=750\,\text{kHz}$，求开环带宽。

应用实例 17-12 若表 17-2 中的 ICIS 放大器采用 OP-07A，$f_{2(OL)}=20\,\text{Hz}$，$(1+A_{vOL}B)=2500$，求闭环带宽。

解： 由表 17-2 中的公式得：
$$f_{2(CL)}=(1+A_{vOL}B)f_{2(OL)}=2500\times20\,\text{Hz}=50\,\text{kHz} \qquad \blacktriangleleft$$

自测题 17-12 当 $f_{2(OL)}=50\,\text{Hz}$ 时，重新计算例题 17-12。

应用实例 17-13 在 VCVS 放大器中使用 LM741C，$f_{\text{unity}}=1\,\text{MHz}$，$S_R=0.5\,\text{V}/\mu\text{s}$。如果 $A_{v(CL)}=10$，求闭环带宽以及在 $f_{2(CL)}$ 下的最大不失真输出电压峰值。

解： 由式（17-27）得：
$$f_{2(CL)}=\frac{f_{\text{unity}}}{A_{v(CL)}}=\frac{1\,\text{MHz}}{10}=100\,\text{kHz}$$

由式（17-31）得：
$$V_{p(\max)}=\frac{S_R}{2\pi f_{2(CL)}}=\frac{0.5\,\text{V}/\mu\text{s}}{2\pi\times100\,\text{kHz}}=0.795\,\text{V} \qquad \blacktriangleleft$$

自测题 17-13 若 $A_{v(CL)}=100$，计算例题 17-13 的闭环带宽和 $V_{p(\max)}$。

总结

17.1 节 负反馈有四种理想的类型：VCVS、ICVS、VCIS 和 ICIS。其中两种（VCVS 和 VCIS）由输入电压控制，另外两种（ICVS 和 ICIS）由输入电流控制。VCVS 和 ICVS 的输出端类似电压源，而 VCIS 和 ICIS 的输出端类似电流源。

17.2 节 环路增益是经过正向通路和反馈回路的总电压增益。在实际设计中，环路增益很大。因此，闭环电压增益非常稳定。它不再依赖于放大器的特性，而是基本上取决于外接电阻的特性。

17.3 节 VCVS 负反馈可以改善放大器的非理想特性。它可以稳定电压增益，增大输入阻抗，减小输出阻抗，并减小谐波失真。

17.4 节 跨阻放大器相当于电流-电压转换器。由于虚地的作用，理想状况下它的输入阻抗为零。由输入电流产生相应的精确输出电压。

17.5 节 跨导放大器相当于电压-电流转换器。理想情况下，它的输入阻抗为无穷大。由输入电压产生相应的精确输出电流，且输出阻抗近似为无穷大。

17.6 节 由于深度负反馈的作用，ICIS 放大器近似于理想电流放大器，其输入阻抗为零，且输出阻抗为无穷大。

17.7 节 负反馈可以增加放大器的频带宽度。由于开环电压增益的下降意味着反馈电压的降低，使得输入电压的成分增加。因此闭环截止频率高于开环截止频率。

重要公式

1. 反馈系数

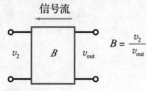

$$B = \frac{v_2}{v_{out}}$$

2. VCVS 电压增益

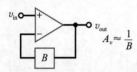

$$A_v \approx \frac{1}{B}$$

3. VCVS 误差率

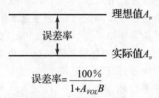

$$误差率 = \frac{100\%}{1 + A_{VOL}B}$$

4. VCVS 反馈系数

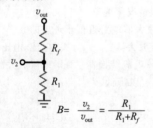

$$B = \frac{v_2}{v_{out}} = \frac{R_1}{R_1 + R_f}$$

5. VCVS 输入阻抗

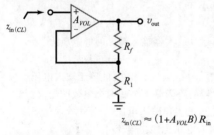

$$z_{in(CL)} \approx (1 + A_{VOL}B) R_{in}$$

6. VCVS 输出阻抗

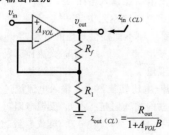

$$z_{out(CL)} = \frac{R_{out}}{1 + A_{VOL}B}$$

7. 总谐波失真

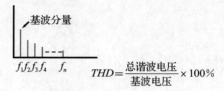

$$THD = \frac{总谐波电压}{基波电压} \times 100\%$$

8. 闭环谐波失真

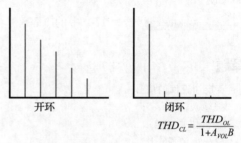

$$THD_{CL} = \frac{THD_{OL}}{1 + A_{VOL}B}$$

9. ICVS 输出电压

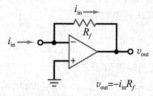

$$v_{out} = -i_{in}R_f$$

10. ICVS 输入阻抗

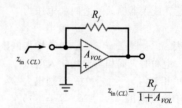

$$z_{in(CL)} = \frac{R_f}{1 + A_{VOL}}$$

11. ICVS 输出阻抗

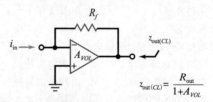

$$z_{out(CL)} = \frac{R_{out}}{1 + A_{VOL}}$$

12. VCIS 输出电流

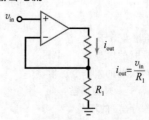

$$i_{out} = \frac{v_{in}}{R_1}$$

13. ICIS 电流增益

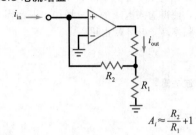

$$A_i \approx \frac{R_2}{R_1} + 1$$

14. 闭环带宽

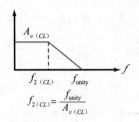

$$f_{2(CL)} = \frac{f_{unity}}{A_{v(CL)}}$$

相关实验

实验 45
VCVS 反馈
实验 46
负反馈

实验 47
增益带宽积

选择题

1. 通过负反馈返回的信号
   a. 加强输入信号
   b. 与输入信号反相
   c. 与输出电流成正比
   d. 与差分电压增益成正比

2. 负反馈有几种类型?
   a. 1   b. 2
   c. 3   d. 4

3. VCVS 放大器近似于理想的
   a. 电压放大器   b. 电流-电压转换器
   c. 电压-电流转换器   d. 电流放大器

4. 理想运算放大器输入端之间的电压为
   a. 0   b. 很小
   c. 很大   d. 等于输入电压

5. 运放未饱和时,同相与反相输入电压
   a. 几乎相等   b. 差别很大
   c. 等于输出电压   d. 等于±15 V

6. 反馈系数 B
   a. 始终小于 1   b. 通常大于 1
   c. 可能等于 1   d. 不可能等于 1

7. 如果 ICVS 放大器没有输出电压,则可能的故障是
   a. 没有负电源电压   b. 反馈电阻短路
   c. 没有反馈电压   d. 负载电阻开路

8. 降低 VCVS 放大器的开环电压增益,将会提高
   a. 输出电压   b. 误差电压
   c. 反馈电压   d. 输入电压

9. 开环电压增益等于
   a. 负反馈时的增益
   b. 运算放大器的差分电压增益
   c. 当 B 等于 1 时的增益
   d. 电路在 f_{unity} 的增益

10. 环路增益 $A_{VOL}B$
    a. 通常远小于 1   b. 通常远大于 1
    c. 不可能等于 1   d. 介于 0~1 之间

11. ICVS 放大器的闭环输入阻抗
    a. 通常大于开环输入阻抗
    b. 等于开环输入阻抗
    c. 有时小于开环阻抗
    d. 理想情况下为 0

12. ICVS 放大器电路近似于理想的
    a. 电压放大器   b. 电流-电压转换器
    c. 电压-电流转换器   d. 电流放大器

13. 负反馈可以降低
    a. 反馈系数   b. 失真
    c. 输入失调电压   d. 开环增益

14. 电压跟随器的电压增益
    a. 远小于 1   b. 等于 1
    c. 大于 1   d. 为 A_{VOL}

15. 实际运算放大器输入端之间的电压为
    a. 0   b. 很小
    c. 很大   d. 等于输入电压

16. 放大器的跨阻是下列哪两个参数的比值?
    a. 输出电流比输入电压
    b. 输入电压比输出电流
    c. 输出电压比输入电压
    d. 输出电压比输入电流

17. 下列哪一项不能提供对地的电流?
    a. 机械地   b. 交流地
    c. 虚拟地   d. 普通地

18. 在电流-电压转换器中,输入电流流过
    a. 运放的输入阻抗   b. 反馈电阻
    c. 地   d. 负载电阻

19. 电流-电压转换器的输入阻抗
   a. 小
   b. 大
   c. 理想值为零
   d. 理想值为无穷大

20. 开环带宽等于
   a. f_{unity}
   b. $f_{2(OL)}$
   c. $f_{unity}/A_{v(CL)}$
   d. f_{max}

21. 闭环带宽等于
   a. f_{unity}
   b. $f_{2(OL)}$
   c. $f_{unity}/A_{v(CL)}$
   d. f_{max}

22. 对于一个给定的运算放大器，保持恒定的参量是
   a. $f_{2(OL)}$
   b. 反馈电压
   c. $A_{v(CL)}$
   d. $A_{v(CL)}$ $f_{(CL)}$

23. 负反馈不能改善
   a. 电压增益的稳定性
   b. 后级电路的非线性失真
   c. 输出失调电压
   d. 功率带宽

24. 如果 ICVS 放大器处于饱和区，则可能的故障是

a. 没有电源电压
b. 反馈电阻开路
c. 没有输入电压
d. 负载电阻开路

25. 如果 VCVS 放大器没有输出电压，则可能的故障是
   a. 负载电阻短路
   b. 反馈电阻开路
   c. 输入电压过大
   d. 负载电阻开路

26. 如果 ICIS 放大器处于饱和区，则可能的故障是
   a. 负载电阻短路
   b. R_2 开路
   c. 没有输入电压
   d. 负载电阻开路

27. 如果 ICVS 放大器没有输出电压，则可能的故障是
   a. 没有正电源电压
   b. 反馈电阻开路
   c. 没有反馈电压
   d. 负载电阻短路

28. VCVS 放大器的闭环输入阻抗
   a. 通常大于开环输入阻抗
   b. 等于开环输入阻抗
   c. 有时小于开环输入阻抗
   d. 理想值为零

习题

以下习题中的运放参数均参照表 17-2。

17.2 节

17-1 计算图 17-15 电路的反馈系数、理想闭环电压增益、误差率和电压增益的精确值。

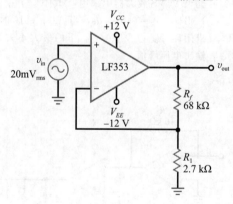

图　17-15

17-2 将图 17-15 中的 68 kΩ 电阻改为 39 kΩ，求反馈系数和闭环电压增益。

17-3 将图 17-15 中的 2.7 kΩ 电阻改为 4.7 kΩ，求反馈系数和闭环电压增益。

17-4 将图 17-15 中的 LF353 改为 LM308，求反馈系数、理想闭环电压增益、误差率和电压增益的精确值。

17.3 节

17-5 图 17-16 电路中运放的 R_{in} 为 3 MΩ，R_{CM} 为 500 MΩ，求闭环输入阻抗。设运放的 A_{VOL} 值为 200 000。

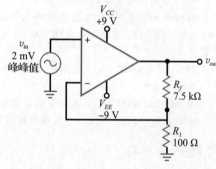

图　17-16

17-6 求图 17-16 电路的闭环输入阻抗。设 A_{VCL} 为 75 000，R_{out} 为 50 Ω。

17-7 假设图 17-16 电路中放大器的开环总谐波失真为 10%，求闭环总谐波失真。

17.4 节

17-8 ▌▌▌Multisim求图 17-17 电路在频率为 1 kHz 时的输出电压。

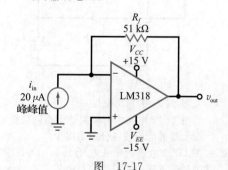

图　17-17

17-9　IIII Multisim将图 17-17 电路中的反馈电阻由 51 kΩ 改为 33 kΩ，求输出电压。

17-10　将图 17-17 电路的输入电流改为 $10.0\ \mu A$ rms，求输出电压的峰峰值。

17.5 节

17-11　IIII Multisim求图 17-18 电路的输出电流和负载功率。

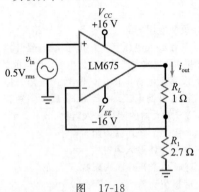

图　17-18

17-12　将图 17-18 电路中的负载电阻由 $1\ \Omega$ 改为 $3\ \Omega$，求输出电流和负载功率。

17-13　IIII Multisim将图 17-18 电路中的 $2.7\ \Omega$ 电阻改为 $4.7\ \Omega$，求输出电流和负载功率。

17.6 节

17-14　IIII Multisim求图 17-19 电路中的电流增益和负载功率。

17-15　IIII Multisim将图 17-19 电路中的负载电阻由 $1\ \Omega$ 改为 $2\ \Omega$，求输出电流和负载功率。

思考题

17-22　图 17-20 所示是一个电流-电压转换器，可以用来测量电流。当输入电流为 $4\ \mu A$ 时，电压表的读数是多少？

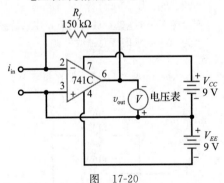

图　17-20

17-23　求图 17-21 的输出电压。

17-24　当图 17-22 电路中的开关处于不同位置时，放大器的电压增益分别为多少？

17-25　图 17-22 电路的输入电压为 10 mV，求开关处于不同位置时的输出电压。

17-16　将图 17-19 电路中的电阻由 $1.8\ \Omega$ 改为 $7.5\ \Omega$，求电流增益和负载功率。

17.7 节

17-17　如果 VCVS 放大器中采用 LM324，$(1+A_{VOL}B)=1000$，$f_{2(OL)}=2$ Hz，求闭环带宽。

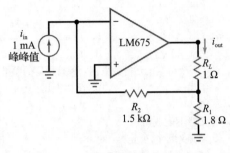

图　17-19

17-18　如果 VCVS 放大器中采用 LM833，$A_{VOL}=316\ 000$，$f_{2(OL)}=4.5$ Hz，求当 $A_{v(CL)}=75$ 时的闭环带宽。

17-19　如果 ICVS 放大器中采用 LM318，$A_{VOL}=20\ 000$，$f_{2(OL)}=750$ Hz，求闭环带宽。

17-20　如果 ICIS 放大器中采用 TL072，$f_{2(OL)}=120$ Hz，当 $(1+A_{VOL}B)=5\ 000$ 时，求闭环带宽。

17-21　如果 VCVS 放大器中采用 LM741C，$f_{unity}=1$ MHz，$S_R=0.5$ V/μs，当 $A_{v(CL)}=10$ 时，求闭环带宽以及在 $f_{2(CL)}$ 下的最大不失真输出电压峰值。

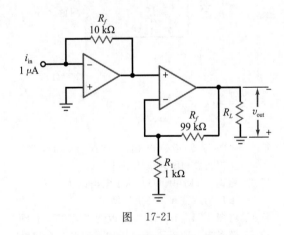

图　17-21

17-26　图 17-22 电路使用 741C，$A_{VCL}=100\ 000$，$R_{in}=2$ MΩ，$R_{out}=75\ \Omega$，求开关处于不同位置时的闭环输入阻抗和输出阻抗。

17-27　图 17-22 电路使用 741C，$A_{VCL}=100\ 000$，$I_{in(bias)}=80$ nA，$I_{in(offset)}=20$ nA，$V_{in(offset)}=$

1 mV，$R_f = 100\ k\Omega$。求开关处于不同位置时的输出失调电压。

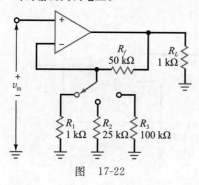

图　17-22

17-28　求图 17-23a 电路中开关处于不同位置时的输出电压。

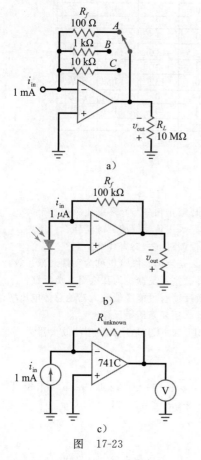

a)

b)

c)

图　17-23

17-29　图 17-23b 电路中光电二极管产生的电流为 2 μA，求输出电压。

故障诊断

||||Multisim 下列问题请参照图 17-26。电阻 R_2、R_3、R_4 有可能开路或者短路，连线 AB、CD 或 FG 也有可能开路。

17-30　如果图 17-23c 电路中未知电阻的阻值为 3.3 kΩ，求输出电压。

17-31　如果图 17-23c 电路中的输出电压为 2 V，求未知电阻的阻值。

17-32　图 17-24 电路中反馈电阻的阻值由声波控制。设反馈电阻的变化是 9～11 kΩ 之间的正弦波形，求输出电压。

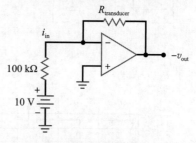

图　17-24

17-33　图 17-24 电路中反馈电阻受温度控制。如果反馈电阻值在 1～10 kΩ 范围内变化，求输出电压的变化范围。

17-34　图 17-25 所示是一个采用 Bi-FET 运放的灵敏直流电压表。假设输出电压已经过调零。求开关处于不同位置时能产生满量程输出的输入电压值。

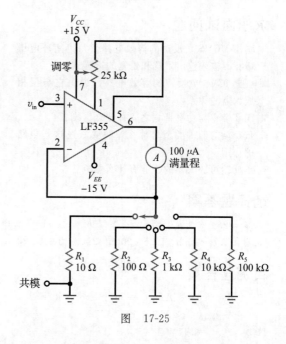

图　17-25

17-35　确定故障 1～3。

17-36　确定故障 4～6。

17-37　确定故障 7～9。

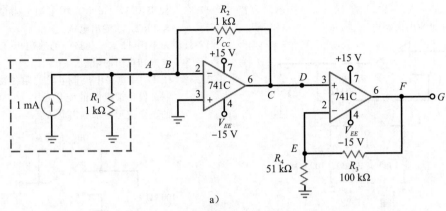

a)

故障诊断

故障	V_A	V_B	V_C	V_D	V_E	V_F	V_G	R_4
正常	0	0	-1	-1	-1	-3	-3	正常
T1	0	0	-1	-1	0	0	0	正常
T2	0	0	0	0	0	0	0	正常
T3	0	0	-1	-1	0	-13.5	-13.5	0
T4	0	0	-13.5	-13.5	-4.5	-13.5	-13.5	正常
T5	0	0	-1	-1	-1	-3	0	正常
T6	0	0	-1	-1	0	-13.5	-13.5	正常
T7	+1	-4.5	0	0	0	0	0	正常
T8	0	0	-1	-1	-1	-1	-1	正常
T9	0	0	-1	-1	-1	-1	-1	∞

b)

图 17-26

求职面试问题

1. 画出 VCVS 负反馈的等效电路。写出闭环电压增益、输入输出阻抗和带宽的方程式。

2. 画出 ICVS 负反馈的等效电路。说明它与反相放大器的关系。

3. 闭环带宽与功率带宽之间有什么区别?

4. 负反馈的四种类型是什么?简要叙述这些电路的作用。

5. 负反馈对放大器的带宽有什么影响?

6. 闭环截止频率与开环截止频率哪个大?

7. 电路采用负反馈的目的是什么?

8. 正反馈对放大器有什么影响?

9. 什么是反馈衰减(也称为反馈衰减系数)?

10. 什么是负反馈?为什么引入负反馈?

11. 负反馈有可能降低放大器的总体电压增益,为什么还要采用负反馈?

12. BJT 和 FET 是什么类型的放大器?

选择题答案

1. b　2. d　3. a　4. a　5. a　6. c　7. b　8. b　9. b　10. b　11. d　12. b　13. b　14. b　15. b
16. d　17. c　18. b　19. c　20. b　21. c　22. d　23. d　24. b　25. a　26. b　27. d　28. a

自测题答案

17-1　$B = 0.020$;$A_{v(ideal)} = 50$;%error $= 0.05\%$;$A_{v(exact)} = 49.975$

17-2　$z_{in(CL)} = 191\ M\Omega$

17-3　$z_{out(CL)} = 0.015\ \Omega$

17-4　$THD_{(CL)} = 0.004\%$

17-5　$v_{out} = 2\ V$(峰峰值)

17-6　$z_{in(CL)} = 0.025\ \Omega$,$z_{out(CL)} = 0.000\ 375\ \Omega$

17-7　$i_{out} = 3\ Arms$;$P_L = 18\ W$

17-8　$i_{out} = 2\ Arms$;$P_L = 4W$

17-9　$f_{2(CL)} = 100\ kHz$

17-10　$f_{2(CL)} = 8\ kHz$

17-11　$f_{2(CL)} = 10\ Hz$

17-12　$f_{2(CL)} = 125\ kHz$

17-13　$f_{2(CL)} = 10\ kHz$;$V_{p(max)} = 7.96\ Hz$

第18章

线性运算放大器电路的应用

线性运算放大器的输出和输入信号的波形相同。如果输入是正弦波，则输出也是正弦波。运放在信号整个周期内都不会进入饱和区。本章讨论各种线性运放电路，包括反相放大器、同相放大器、差分放大器、仪表放大器、电流增强电路、受控电流源和自动增益控制电路。

目标

在学习完本章后，你应该能够：

■ 描述反相放大器的几种应用；
■ 描述同相放大器的几种应用；
■ 计算反相放大器和同相放大器的电压增益；
■ 解释差分放大器和仪表放大器的工作原理和特性；
■ 计算二进制权电阻和 R/2R 结构 D/A 转换器的输出电压；
■ 分析电流增强电路和压控电流源；
■ 画出单电源供电的运放电路。

关键术语

平均器（averager）
缓冲器（buffer）
电流增强电路（current booster）
差分放大器（differential amplifier）
差模输入电压（differential input voltage）
差模电压增益（differential voltage gain）
数模转换器 D/A（digital-to-analog，D/A）
浮空负载（floating load）
驱动保护（guard driving）
输入传感器（input transducer）
仪表放大器（instrumentation amplifier）

激光修正（laser trimming）
线性运放电路（linear op-amp circuit）
输出传感器（output transducer）
R/2R 阶梯 D/A 转换器（R/2R ladder D/A converter）
轨到轨运算放大器（rail-to-rail op amp）
符号转换器（sign changer）
静噪电路（squelch circuit）
热敏电阻（thermistor）
基准电压源（voltage reference）

18.1 反相放大器电路

在本章和后面的几章中，将讨论各种不同的运算放大器电路。为了便于理解，会随时进行包含重要公式的电路小结。而且，在必要时用 R_f 表示反馈电阻，代替 R、R_1 等其他标示方法。

反相放大器是最基本的电路之一。在第 16 和 17 章中讨论了该放大器的原型。这类放大器的一个优点是它的电压增益等于反馈电阻与输入电阻之比。下面对一些应用电路进行简要分析。

18.1.1 高阻探针

图 18-1 所示是一个可用于数字万用表的高阻探针。因为第一级虚地，探针的低频输入阻抗是 100 MΩ。第一级是电压增益为 0.1 的反相放大器。第二级是电压增益为 1 或 10 的反相放大器。

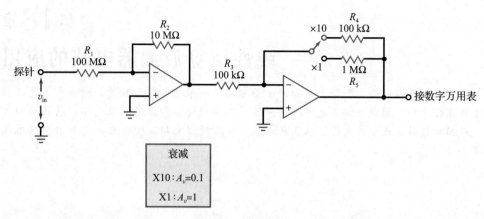

图 18-1　高阻探针

　　图 18-1 电路显示了 10:1 探针的基本原理。它的输入阻抗非常高，总电压增益为 0.1 或 1。在开关为 ×10 挡位时，输出信号衰减 10 倍。在开关为 ×1 挡位时，输出信号没有衰减。可以通过增加更多的元件来增加电路的测量范围。

18.1.2　交流耦合放大器

　　在有些只有交流输入信号的应用中，放大器的频率响应不必包括零频率。图 18-2 所示是一个交流耦合放大器及其方程。电压增益为：

$$A_v = \frac{-R_f}{R_1}$$

根据图 18-2 中给出的参数值，可得闭环电压增益为：

$$A_v = \frac{-100\ \text{k}\Omega}{10\ \text{k}\Omega} = -10$$

如果单位增益带宽 f_{unity} 是 1 MHz，则闭环带宽为：

$$f_{2(CL)} = \frac{1\ \text{MHz}}{10 + 1} = 90.9\ \text{kHz}$$

输入耦合电容 C_1 和输入电阻 R_1 产生一个较低的截止频率 f_{c1}。其值为：

$$f_{c_1} = \frac{1}{2\pi \times 10\ \text{k}\Omega \times 10\ \mu\text{F}} = 1.59\ \text{Hz}$$

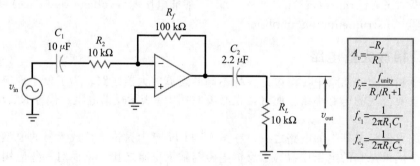

图 18-2　交流耦合反相放大器

同样地，输出耦合电容 C_2 和负载电阻 R_L 产生的截止频率 f_{c_2} 为：

$$f_{c_2} = \frac{1}{2\pi \times 10\ \text{k}\Omega \times 2.2\ \mu\text{F}} = 7.23\ \text{Hz}$$

知识拓展 如第 16 章所述，当 $A_{V(CL)}$ 大于 10 时，反相放大器的闭环上限截止频率可以简化为 $f_{2(CL)} = f_{unity}/A_{V(CL)}$

18.1.3 频带可调电路

有时需要在不改变闭环电压增益的情况下改变反相放大器的闭环带宽。图 18-3 给出了一种方法。当 R 可变时，带宽发生变化，而电压增益保持不变。

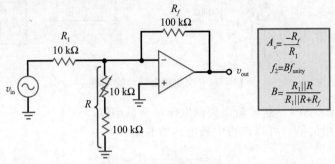

图 18-3 频带可调电路

利用图 18-3 给出的方程及参数值，可得闭环电压增益为：

$$A_v = \frac{-100\ \text{k}\Omega}{10\ \text{k}\Omega} = -10$$

最小反馈系数为：

$$B_{min} \approx \frac{10\ \text{k}\Omega \parallel 100\ \Omega}{100\ \text{k}\Omega} \approx 0.001$$

最大反馈系数为：

$$B_{max} \approx \frac{10\ \text{k}\Omega \parallel 10.1\ \text{k}\Omega}{100\ \text{k}\Omega} \approx 0.05$$

如果 $f_{unity} = 1\ \text{MHz}$，则最小、最大带宽分别为：

$$f_{2(CL)min} = 0.001 \times 1\ \text{MHz} = 1\ \text{kHz}$$
$$f_{2(CL)max} = 0.05 \times 1\ \text{MHz} = 50\ \text{kHz}$$

总的来说，当 R 从 100 Ω 变化到 10 kΩ 时，电压增益不变，带宽从 1 kHz 变化到 50 kHz。

18.2 同相放大器电路

同相放大器是另一种基本放大器电路。它具有电压增益稳定、输入阻抗高、输出阻抗低的优点。下面介绍它的一些应用。

18.2.1 交流耦合放大器

图 18-4 所示是一个交流耦合同相放大器及其方程。C_1、C_2 是耦合电容，C_3 是旁路电容。采用旁路电容可以使输出失调电压最小。在放大器的中频区，旁路电容的阻抗很低。

因此，R_1 的低端交流接地。在中频区的反馈系数是：

$$B = \frac{R_1}{R_1 + R_f} \tag{18-1}$$

在这种情况下，电路的输入电压被放大。

当频率为零时，旁路电容 C_3 开路，反馈系数 B 增加到 1：

$$B = \frac{\infty}{\infty + 1} = 1$$

如果定义 ∞ 是一个非常大的值，它等于零频率时的阻抗，那么这个方程是有意义的。当 B

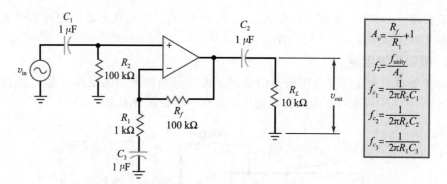

图 18-4　交流耦合同相放大器

等于 1 时，闭环增益是 1。这使输出失调电压降至最小值。

根据图 18-4 中的值，可以求得中频电压增益是：

$$A_v = \frac{100\ \text{k}\Omega}{1\ \text{k}\Omega} + 1 = 101$$

如果 f_{unity} 是 15 MHz，那么带宽是：

$$f_{2(\text{CL})} = \frac{15\ \text{MHz}}{101} = 149\ \text{kHz}$$

输入耦合电容产生的截止频率是：

$$f_{c_1} = \frac{1}{2\pi \times 100\ \text{k}\Omega \times 1\ \mu\text{F}} = 1.59\ \text{Hz}$$

同理，输出耦合电容 C_2 和负载电阻 R_L 产生的截止频率 f_{c_2} 为：

$$f_{c_2} = \frac{1}{2\pi \times 10\ \text{k}\Omega \times 1\ \mu\text{F}} = 15.9\ \text{Hz}$$

旁路电容产生的截止频率 f_{c_3} 为：

$$f_{c_3} = \frac{1}{2\pi \times 1\ \text{k}\Omega \times 1\ \mu\text{F}} = 159\ \text{Hz}$$

18.2.2　音频信号分配放大器

图 18-5 所示是一个驱动三个电压跟随器的交流耦合同相放大器。这是一种将音频信号分配到几个不同输出端的实现方法。图 18-5 中给出了第一级电路的闭环电压增益和带宽的公式。根据图中的参数值可求得闭环电压增益是 40。如果 f_{unity} 是 1 MHz，则闭环带宽是 25 kHz。

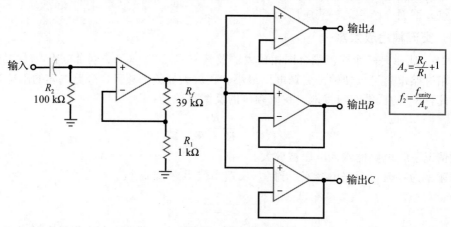

图 18-5　分配放大器

LM348 是 4 个 741 结构，采用 14 引脚封装，因此在类似图 18-5 所示的电路中使用 LM348 会很方便。可将其中一个运放作为第一级，其他运放作为电压跟随器。

18.2.3　用结型场效应晶体管开关控制电压增益

有些应用要求闭环电压增益可变。图 18-6 显示了一个同相放大器，其电压增益由一个结型场效应晶体管（JFET）开关控制。结型场效应晶体管的输入电压有两种状态：零或夹断电压 $V_{GS(\text{off})}$。当控制电压为低电平时，场效应晶体管开路。这种情况下，R_2 与地断开，电压增益用普通同相放大器公式求解（见图 18-6 右上的公式）。

当控制电压为高电平时，其值等于 0 V，结型场效应晶体管闭合。使得 R_2 和 R_1 并联，闭环电压增益增加⊖为：

$$A_v = \frac{R_f}{R_1 \parallel R_2} + 1 \qquad (18\text{-}2)$$

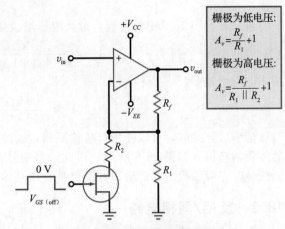

栅极为低电压：
$$A_v = \frac{R_f}{R_1} + 1$$
栅极为高电压：
$$A_v = \frac{R_f}{R_1 \parallel R_2} + 1$$

图 18-6　用结型场效应晶体管
开关控制电压增益

在多数设计中，$R2$ 比 $r_{ds(\text{on})}$ 大很多，以避免结型场效应晶体管电阻对闭环电压增益的影响。有时，可以用多个电阻和晶体管开关支路与 R 并联，以提供不同的电压增益。

18.2.4　基准电压源

MC1403 是一种具有特殊功能的集成电路，可以产生非常精确、稳定的输出电压，因此称作**基准电压源**。在 4.5～40 V 的正向电源电压下，它能产生 2.5 V 的输出电压，误差在 ±1% 以内。温度系数仅有 10 ppm/℃。ppm 是"百万分之一"（part per million）的简称（1 ppm 等于 0.0001%）。因此，10 ppm/℃ 表示当温度改变 100 ℃ 时，电压改变 2.5 mV(即 $10 \times 0.0001\% \times 100 \times 2.5$ V)。这表明输出电压异常稳定，能在很宽的温度范围内保持 2.5 V。

唯一的问题是，2.5 V 的基准电压在很多应用中可能过低。例如，若需要一个 10 V 的参考电压，则可以使用 MC1403 和一个同相放大器，如图 18-7 所示。根据电路中的参数值，可得电压增益为：

$$A_v = \frac{30 \text{ k}\Omega}{10 \text{ k}\Omega} + 1 = 4$$

输出电压为：

$$V_{\text{out}} = 4 \times 2.5 \text{ V} = 10 \text{ V}$$

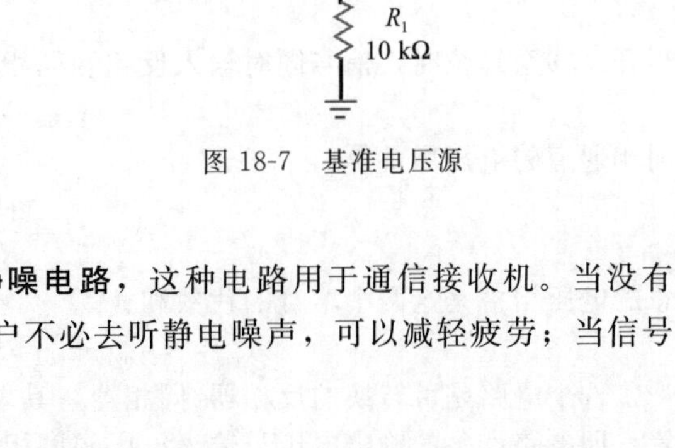

因为同相放大器的闭环电压增益为 4，所以输出的是稳定的 10 V 参考电压。

$$A_v = \frac{R_f}{R_1} + 1$$
$$V_{\text{out}} = A_v \times 2.5 \text{ V}$$

图 18-7　基准电压源

应用实例 18-1　图 18-6 的应用之一是**静噪电路**，这种电路用于通信接收机。当没有信号接收时，电路产生较低的电压增益，用户不必去听静电噪声，可以减轻疲劳；当信号

⊖ 原书为"降低"，有误。——译者注

到达时，电路切换到高电压增益。

设图 18-6 电路中的 $R_1 = 100\ \text{k}\Omega$，$R_f = 100\ \text{k}\Omega$，$R_2 = 1\ \text{k}\Omega$。当结型场效应晶体管导通时，电压增益是多少？当该管截止时，电压增益是多少？解释该电路在静噪电路中的作用。

解： 根据图 18-6 中的方程，最大电压增益是：

$$A_v = \frac{100\ \text{k}\Omega}{100\ \text{k}\Omega\ \|\ 1\ \text{k}\Omega} + 1 = 102$$

最小电压增益是：

$$A_v = \frac{100\ \text{k}\Omega}{100\ \text{k}\Omega} + 1 = 2$$

当通信信号到达时，可以使用峰值检测器，通过其他电路产生一个高电压控制结型场效应晶体管的栅极，如图 18-6 所示。因此，当信号被接收时，电压增益最大。而当没有接收到信号时，峰值检测器的输出是低电平，使晶体管截止，电压增益最小。◀

18.3　反相/同相电路

本节将讨论输入信号同时驱动运放的两个输入端的电路。当一个信号作为两个输入时，同时得到了反相放大和同相放大。得到的输出是两个放大信号的叠加结果。

当输入信号驱动放大器两个输入端时，总的电压增益等于反相电压增益和同相电压增益之和：

$$A_v = A_{v(\text{inv})} + A_{v(\text{non})} \tag{18-3}$$

该公式将用于本节电路的分析。

18.3.1　可转换反相器/同相器

图 18-8 所示是一个运算放大器，它既可作为反相放大器也可作为同相放大器。当开关处于低位时，同相输入端接地，电路是一个反相放大器。因为反馈电阻和输入电阻相等，其闭环电压增益为：

$$A_v = \frac{-R}{R} = -1$$

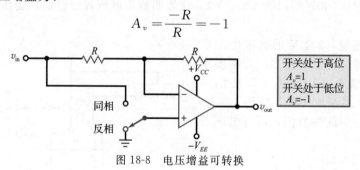

图 18-8　电压增益可转换

当开关移至高位时，信号同时输入反相和同相输入端。反相通道的电压增益仍然是：

$$A_{v(\text{inv})} = -1$$

同相通道的电压增益是：

$$A_{v(\text{non})} = \frac{R}{R} + 1 = 2$$

总的电压增益是这两个增益的代数和：

$$A_v = A_{v(\text{inv})} + A_{v(\text{non})} = -1 + 2 = 1$$

这个电路是可转换的反相器/同相器，其电压增益是 1 或 −1，具体值取决于开关的位置。即电路产生的输出电压与输入电压幅度相同，相位则可以是 0° 或 −180°。

18.3.2 结型场效应晶体管控制的可转换反相器

对图 18-8 电路做一些修改便可得到图 18-9 所示电路。结型场效应晶体管的作用类似压控电阻 r_{ds}。可通过改变栅极电压使场效应晶体管的阻抗变高或变低。

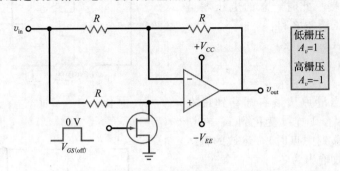

图 18-9 结型场效应晶体管控制增益转换

当栅电压为低电平时,其值等于 $V_{GS(off)}$,晶体管截止。因此,输入信号进入两个输入端。此时:

$$A_{v(non)} = 2$$
$$A_{v(inv)} = -1$$

且

$$A_v = A_{v(inv)} + A_{v(non)} = 1$$

电路犹如一个闭环电压增益为 1 的同相电压放大器。

当栅电压为高电平时,其值等于 0 V,晶体管的电阻很低。因此,同相输入端近似接地。此时,电路犹如一个闭环电压增益为 -1 的反相电压放大器。在正常工作时,R 至少应该比晶体管的 r_{ds} 大 100 倍。

总之,电路的电压增益可以是 1 或 -1,取决于控制结型场效应晶体管的电压是高还是低。

18.3.3 可调增益反相放大器

当图 18-10 电路中的可变电阻为零时,同相输入端接地,电路变成一个电压增益为 $-R_2/R_1$ 的反相放大器。当可变电阻增加到 R_2,输入到运放两个输入端的电压相等(共模输入)。由于电路对共模的抑制作用,输出电压近似为零。因此,图 18-10 所示电路的电压增益可从 $-R_2/R_1 \sim 0$ 连续变化。

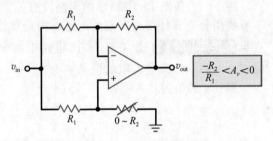

图 18-10 可调增益反相放大器

应用实例 18-2 当需要改变不同相位信号的幅度时,可以采用图 18-10 所示的电路。如果 $R_1 = 1.2\,k\Omega$,$R_2 = 91\,k\Omega$,则最大和最小电压增益分别是多少?

解: 利用图 18-10 中的公式,求得最大电压增益为:

$$A_v = \frac{-91\,k\Omega}{1.2\,k\Omega} = -75.8$$

其最小电压增益是零。

◀

自测题 18-2 在例题 18-2 中,若使最大电压增益为 -50,则 R_2 应该改为多少?

18.3.4 符号转换器

图 18-11 所示的电路称作**符号转换器**,这个电路很特殊,它的增益可以从 -1 变化到

1. 工作原理如下。当滑片在最右端时，同相输入端接地，电路的电压增益为：

$$A_v = -1$$

当滑片在最左端时，信号同时输入到同相和反相输入端。此时，总的电压增益是同相和反相电压增益之和：

$$A_{v(\text{non})} = 2$$
$$A_{v(\text{inv})} = -1$$
$$A_v = A_{v(\text{inv})} + A_{v(\text{non})} = 1$$

综上所述，当滑片从最右端移到最左端时，电压增益从 -1 连续变化到 1。在切换点处（当滑片移到中点时），运放的输入只有共模信号，故输出为零。

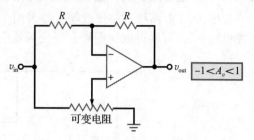

图 18-11　增益可在 ± 1 之间转换和调节

18.3.5　可转换和可调节增益

图 18-12 所示是另一种特殊电路。它的电压增益可以在 $-n \sim n$ 之间变化。它的工作原理和符号转换器相似。当滑片在最右端时，同相输入端接地，电路变为一个反相放大器，其闭环增益是：

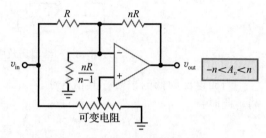

图 18-12　增益可在 $\pm n$ 之间转换和调节

$$A_v = \frac{-nR}{R} = -n$$

当滑片在最左端时，则有：

$$A_{v(\text{inv})} = -n$$
$$A_{v(\text{non})} = 2n$$
$$A_v = A_{v(\text{non})} + A_{v(\text{inv})} = n$$

上述结论可根据戴维南定理和简单的代数运算导出。

图 18-11 和图 18-12 所示的电路没有简单的分立电路可以替代。这个例子很好地说明了有些用分立器件很难实现的电路，用运放却很容易实现。

应用实例 18-3　如果图 18-12 电路中的 $R = 1.5\,\text{k}\Omega$，$nR = 7.5\,\text{k}\Omega$，最大正向电压增益是多少？另一个固定电阻的值是多少？

解： n 的值为：

$$n = \frac{7.5\,\text{k}\Omega}{1.5\,\text{k}\Omega} = 5$$

最大正向电压增益是 5。另一个固定电阻的值是：

$$\frac{nR}{n-1} = \frac{5 \times 1.5\,\text{k}\Omega}{5-1} = 1.875\,\text{k}\Omega$$

在这种电路中，必须使用精密电阻才能得到非标准电阻值，如 $1.875\,\text{k}\Omega$。　◀

自测题 18-3　如果图 18-12 电路中的 $R = 1\,\text{k}\Omega$，求最大正向电压增益和另一个固定电阻的值。

18.3.6　移相器

图 18-13 所示是可以产生理想的 $0 \sim -180°$ 相移的电路。同相通道有一个 RC 延迟电路，反相通道有两个阻值相等的电阻 R'。因此，反相通道的电压增益总是 1，而同相通道的电压增益取决于 RC 延迟电路的截止频率。

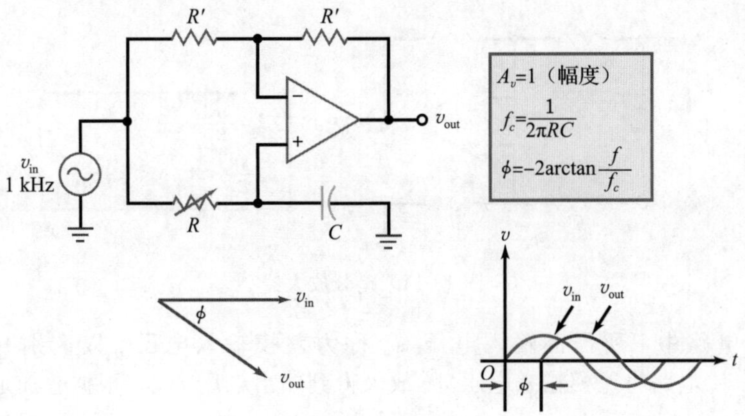

图 18-13 移相器

当输入频率远小于截止频率时（$f \ll f_c$），电容相当于开路。有：

$$A_{v(\text{non})} = 2$$
$$A_{v(\text{inv})} = -1$$
$$A_v = A_{v(\text{non})} + A_{v(\text{inv})} = 1$$

这说明当输入频率低于延迟网络的截止频率时，输出信号与输入信号幅度相同，且相移为 $0°$。

当输入信号频率远大于截止频率时（$f \gg f_c$），电容相当于短路。此时，同相通道的电压增益为零。因此，总的增益等于反相通道的增益 -1，相当于 $-180°$ 的相移。

为了计算在两种极端情况之间的相移，需要使用图 18-13 中给出的公式计算截止频率。例如，当 $C = 0.022\ \mu\text{F}$，且可变电阻设为 $1\ \text{k}\Omega$ 时，截止频率为：

$$f_c = \frac{1}{2\pi \times 1\ \text{k}\Omega \times 0.022\ \mu\text{F}} = 7.23\ \text{kHz}$$

输入信号频率为 $1\ \text{kHz}$，则相移为：

$$\phi = -2\arctan\frac{1\ \text{kHz}}{7.23\ \text{kHz}} = -15.7°$$

如果可变电阻增加到 $10\ \text{k}\Omega$，则截止频率下降到 $723\ \text{Hz}$，相移增加到：

$$\phi = -2\arctan\frac{1\ \text{kHz}}{723\ \text{Hz}} = -108°$$

如果可变电阻增加到 $100\ \text{k}\Omega$，则截止频率下降到 $72.3\ \text{Hz}$，相移增加到：

$$\phi = -2\arctan\frac{1\ \text{kHz}}{72.3\ \text{Hz}} = -172°$$

综上所述，移相器产生的输出电压幅值和输入电压相同，相位可在 $0° \sim -180°$ 之间连续变化。

18.4 差分放大器

本节讨论用运算放大器构建**差分放大器**的原理。由于差分放大器的典型输入信号是一个较小的差模电压和一个较大的共模电压，因此最重要的特性之一是共模抑制比（CMRR）。

18.4.1 基本差分放大器

图 18-14 所示是一个连接成差分放大器的运算放大器。电阻 R_1' 与 R_1 的标称阻值相同，但由于存在误差，实际阻值会有微小差异。例如，若电阻为 $(1\pm1\%)\text{k}\Omega$，R_1 偏高时可能达到 $1010\ \Omega$，R_1' 偏低时可能达到 $990\ \Omega$，反之亦然。同理，电阻 R_2' 与 R_2 标称阻值相同，但实际中由于存在误差，阻值也会有微小差异。

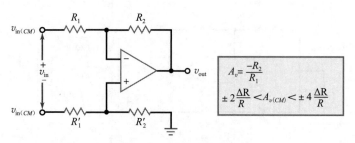

图 18-14　差分放大器

图 18-14 电路中，所需的输入电压 v_{in} 称为**差模输入电压**，以区别共模输入电压 $v_{in(CM)}$。图 18-14 电路将差模输入电压 v_{in} 放大得到输出电压 v_{out}。根据叠加定理，可得：

$$v_{out} = A_v v_{in}$$

其中：

$$A_v = \frac{-R_2}{R_1} \tag{18-4}$$

这个电压增益称为**差模电压增益**，以区别共模电压增益 $A_{v(CM)}$。通过使用精密电阻，可以得到具有精确电压增益的差分放大器。

差分放大器通常应用的条件为：差模输入信号是较小的直流电压（mV 量级），共模输入信号是较大的直流电压（V 量级）。因此，电路的 CMRR 便成为一个很关键的参数。例如，若差模输入信号是 7.5 mV，共模信号是 7.5 V，差模输入比共模输入小 60 dB。除非电路有很大的 CMRR，否则共模输出信号将会非常大。

知识拓展　USB 3.0（通用串口总线 3.0）中的高速数据流是采用成对的导线对互补信号进行传输的，称为差分信号。这些信号输入到差分放大器，差分放大器能抑制共模噪声干扰并产生所需的输出。

18.4.2　运算放大器的 CMRR

图 18-14 所示电路中，决定电路总 CMRR 的有两个因素：第一个是运放本身的 CMRR。对于 741C，CMRR 在低频时的最小值是 70 dB。如果差模输入信号比共模输入信号小 60 dB，则差模输出信号将仅比共模输出信号大 10 dB。即有用信号比无用信号仅大 3.16 倍。因此，741C 在这种应用中将无法使用。

解决的方法是采用精确运算放大器，如 OP-07A。OP-07A 的 CMRR 最小值是 110 dB，这将极大改善电路的工作状况。如果差模输入信号比共模输入信号小 60 dB，则差模输出信号将会比共模输出信号大 50 dB。当运放的 CMRR 是误差的唯一来源时，该电路是可用的。

18.4.3　外部电阻引起的 CMRR

图 18-14 电路中共模误差的第二个来源是电阻的误差。当电阻完全匹配时：

$$R_1 = R_1'$$
$$R_2 = R_2'$$

此时，图 18-14 电路中的共模输入电压在运放两个输入端之间产生的电压值为 0。

另外，当电阻的误差是 $\pm 1\%$ 时，由于电阻的不匹配所产生的差模输入电压将会产生共模输出电压。

如 18.3 节所述，当运放两个输入端的信号相同时，总电压增益是：

$$A_{v(CM)} = A_{v(inv)} + A_{v(non)} \tag{18-5}$$

图 18-14 电路的反相电压增益是:

$$A_{v(\mathrm{inv})} = -\frac{R_2}{R_1} \tag{18-6}$$

同相电压增益是:

$$A_{v(\mathrm{non})} = \left(\frac{R_2}{R_1} + 1\right)\left(\frac{R_2'}{R_1' + R_2'}\right) \tag{18-7}$$

其中的第二项因子是由于同相端的分压器造成的,使同相输入信号减小。

由式 (18-5)~(18-7),可以推导出以下有用的公式:

$$A_{v(CM)} = \pm 2\frac{\Delta R}{R} \qquad \text{当 } R_1 = R_2 \text{ 时} \tag{18-8}$$

$$A_{v(CM)} = \pm 4\frac{\Delta R}{R} \qquad \text{当 } R_1 \ll R_2 \text{ 时} \tag{18-9}$$

或

$$\pm 2\frac{\Delta R}{R} < A_{v(CM)} < \pm 4\frac{\Delta R}{R} \tag{18-10}$$

在这些公式中,$\Delta R/R$ 是转化为十进制时的电阻误差。

例如,当电阻的误差是 1% 时,由式 (18-8) 可得:

$$A_{v(CM)} = \pm 2 \times 1\% = \pm 2 \times 0.01 = \pm 0.02$$

由式 (18-9) 可知:

$$A_{v(CM)} = \pm 4 \times 1\% = \pm 4 \times 0.01 = \pm 0.04$$

由不等式 (18-10) 可得:

$$\pm 0.02 < A_{v(CM)} < \pm 0.04$$

这说明共模电压增益在 $\pm 0.02 \sim \pm 0.04$ 之间。如果有必要,可由式 (18-5)~(18-7) 计算出 $A_{v(CM)}$ 的精确值。

18.4.4 CMRR 的计算

这里是一个计算 CMRR 的例子:在图 18-14 所示电路中,电阻的误差通常为 $\pm 0.1\%$。当 $R_1 = R_2$ 时,由式 (18-4) 得到差模电压增益为:

$$A_v = -1$$

由式 (18-8) 得到共模电压增益为

$$A_{v(CM)} = \pm 2 \times 0.1\% = \pm 2 \times 0.001 = \pm 0.002$$

则 CMRR 的幅值是:

$$\mathrm{CMRR} = \frac{|A_v|}{|A_{v(CM)}|} = \frac{1}{0.002} = 500$$

这相当于 54 dB。(注:上式中 A_v 和 $A_{v(CM)}$ 两端的垂直线表示取 A_v 和 $A_{v(CM)}$ 的绝对值。)

18.4.5 缓冲输入

图 18-14 电路中驱动差分放大器的信号源电阻等效为 R_1 和 R_1' 的一部分,它们将会改变电压增益,并可能使 CMRR 降低。这是一个非常严重的缺陷,解决的办法是增加电路的输入阻抗。

图 18-15 所示是一种解决方案。第一级电路(前置放大器)由两个电压跟随器组成,作为输入的**缓冲**(隔离),如图 18-15 所示。这样可使输入阻抗增加到 100 MΩ 以上。第一级电压增益对于差模和共模输入信号来说都是 1。因此,总的 CMRR 仍然由第二级(差分放大级)决定。

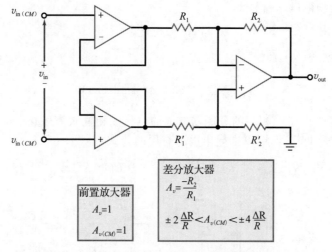

图 18-15   带缓冲输入的差分放大器

18.4.6   惠斯通电桥

如前所述,差模输入信号通常是一个很小的直流电压。之所以很小是因为它通常是惠斯通电桥的输出,如图 18-16a 所示。当惠斯通电桥中左边的电阻比与右边的电阻比相等时,电桥是平衡的:

$$\frac{R_1}{R_2} = \frac{R_3}{R_4} \qquad (18\text{-}11)$$

满足上述条件时,R_2 上的电压等于 R_4 上的电压,电桥的输出电压为 0。

惠斯通电桥能够检测出任何一个电阻的细微变化。例如,假设电桥中有三个电阻的阻值为 $1\text{ k}\Omega$,第四个电阻为 $1010\ \Omega$,如图 18-16b 所示。R_2 上的电压为:

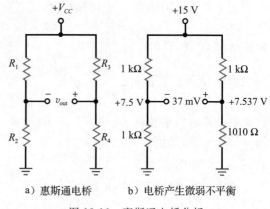

a) 惠斯通电桥   b) 电桥产生微弱不平衡

图 18-16   惠斯通电桥分析

$$v_2 = \frac{1\text{ k}\Omega}{2\text{ k}\Omega} \times 15\text{ V} = 7.5\text{ V}$$

R_4 上的电压约为:

$$v_4 = \frac{1010\ \Omega}{2010\ \Omega} \times 15\text{ V} = 7.537\text{ V}$$

则电桥的输出电压约为:

$$v_{\text{out}} = v_4 - v_2 = 7.537\text{ V} - 7.5\text{ V} = 37\text{ mV}$$

18.4.7   传感器

电阻 R_4 可能是一个**输入传感器**,一种将非电学量转换成电学量的器件。例如,光敏电阻将光的强度转换为电阻的变化,**热敏电阻**将温度的变化转换为电阻的变化。

还有**输出传感器**,它可以将电学量转换成非电学量。例如,LED 发光二极管将电流转换为光,扬声器把交流电压转换为声波。

商用传感器的种类繁多,能够转换的物理量很多,如温度、声音、光、湿度、速度、加速度、力、辐射剂量、张力、压力等。将这些传感器连接在惠斯通电桥中,可以测量非电学参量。由于惠斯通电桥的输出是在一个较大的共模电压上叠加一个较小的直流电压,因此需要使用具有很高 CMRR 的直流放大器。

18.4.8　典型应用

图 18-17 所示是一个典型应用电路。电桥中三个电阻的值为：

$$R = 1\ \text{k}\Omega$$

传感器的电阻值为：

$$R + \Delta R = 1010\ \Omega$$

共模信号为：

$$v_{\text{in}(CM)} = 0.5 V_{CC} = 0.5 \times 15\ \text{V} = 7.5\ \text{V}$$

该电压是当 $\Delta R = 0$ 时，电桥中下端两个电阻上的电压值。

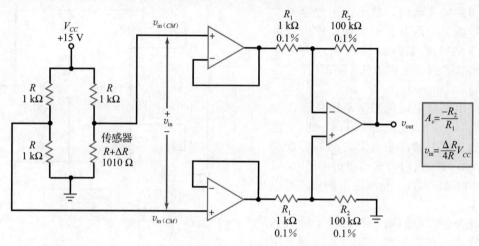

图 18-17　带有传感器的电桥作为仪表放大器的输入

当一个外部物理量，如光、温度、压力作用在电桥的传感器上时，它的电阻值将发生改变。图 18-17 中显示的传感器电阻为 1010 Ω，即 $\Delta R = 10\ \Omega$。可以推导出图 18-17 电路的输入电压公式如下：

$$v_{\text{in}} = \frac{\Delta R}{4R + 2\Delta R} V_{CC} \tag{18-12}$$

在典型应用中，$2\Delta R \ll 4R$，则等式可以简化为：

$$v_{\text{in}} \approx \frac{\Delta R}{4R} V_{CC} \tag{18-13}$$

带入图 18-17 中的数值，得：

$$v_{\text{in}} \approx \frac{10\ \Omega}{4\ \text{k}\Omega} \times 15\ \text{V} = 37.5\ \text{mV}$$

由于差分放大器的电压增益是 -100，则差分输出电压是：

$$v_{\text{out}} = -100 \times 37.5\ \text{mV} = -3.75\ \text{V}$$

对于共模信号，由式（18-9）可得：

$$A_{v(CM)} = \pm 4 \times 0.1\% = \pm 4 \times 0.001 = \pm 0.004$$

图 18-17 中给出的误差是 ±0.1%。因此，共模输出电压是：

$$v_{\text{out}(CM)} = \pm 0.004 \times 7.5\ \text{V} = \pm 0.03\ \text{V}$$

CMRR 的幅值是：

$$\text{CMRR} = \frac{100}{0.004} = 25\ 000$$

相当于 88 dB。

以上为差分放大器用于惠斯通电桥的基本原理。图 18-17 所示电路可以在某些场合直接应用，也可以进行改进，相关内容将在后续章节中讨论。

18.5　仪表放大器

本节讨论**仪表放大器**，一种经过直流特性优化的差分放大器。仪表放大器的电压增益大，CMRR 高、输入失调低、温漂小且输入阻抗高。

18.5.1　基本仪表放大器

图 18-18 所示是大多数仪表放大器所采用的经典结构。输出级运放是一个电压增益为 1 的差分放大器。输出级电阻的匹配精度通常在 ±0.1% 以内甚至更好。这意味着输出级的 CMRR 至少为 54 dB。

商用精密电阻的阻值范围从 1 Ω 到 10 MΩ 以上，误差在 ±0.01%～±1% 之间。如果使用的每个电阻之间的匹配精度在 ±0.01% 以内，输出级的 CMRR 可高达 74 dB。而且，精密电阻的温漂可以低至 1 ppm/℃。

仪表放大器的第一级由两个输入运放组成，其作用类似于前置放大器。第一级电路的设计非常巧妙，主要原因是 A 点的作用，该点是两个 R_1 电阻之间的

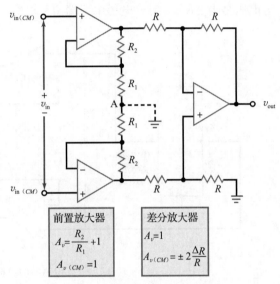

图 18-18　包含三个运放的标准结构仪表放大器

连接点。A 点对差模输入信号来说是虚地点，对共模信号来说是浮空点。由于 A 点的特殊作用，差分信号被放大，而共模信号则没有被放大。

18.5.2　A 点

理解 A 点的工作原理是理解第一级电路的关键。根据叠加定理，可以将其他输入置零，计算每一种输入的影响。例如，假设差模输入信号为零，则只有共模信号有效。由于共模信号在两个同相输入端所输入的是同一个正电压，在输出端也得到相同的电压。因此，电阻 R_1 和 R_2 所在支路上的电压处处相等。所以，A 点是浮空的，两个输入级运放类似于电压跟随器。故第一级的共模增益是：

$$A_{v(CM)} = 1$$

第二级中的电阻必须严格匹配，使共模增益最小，而第一级中的电阻误差对共模信号增益没有影响。这是因为包含这些电阻的整条支路是浮空的，且电压为 $v_{in(CM)}$。所以，电阻的取值不重要。这是图 18-18 电路的又一个优点。

应用叠加定理的第二步是设共模输入为零，计算差模信号的作用。由于差模信号在两个同相输入端输入的是幅值相同、相位相反的信号，故一个运放的输出为正，另一个运放的输出为负。由于加在 R_1 和 R_2 支路两端的电压幅度相同、相位相反，因此 A 点与地等电位。

换句话说，A 点对差模信号来说是虚地点。因此，输入级的两个运放都是同相放大器，且差模电压增益是：

$$A_v = \frac{R_2}{R_1} + 1 \tag{18-14}$$

由于第二级的电压增益是 1，仪表放大器的总差模电压增益由式（18-14）决定。

第一级的共模电压增益是 1，所以仪表放大器的总共模电压增益等于第二级的共模电压增益：

$$A_{v(CM)} = \pm 2 \frac{\Delta R}{R} \tag{18-15}$$

为了使图 18-18 仪表放大器的 CMRR 高且失调低，必须采用高精度运放。图 18-18 电路中的三个运放通常采用 OP-07A。它的最坏情况参数为：输入失调电压是 0.025 mA，输入偏置电流是 2 nA，输入失调电流是 1 nA，A_{OL} 是 110 dB，CMRR 是 110 dB，温漂是 0.6 μV/℃。

关于图 18-18 电路还需要说明一点：由于 A 点是虚地而不是机械地，所以第一级中不必采用两个分离的电阻 R_1，而可以使用一个阻值等于 $2R_1$ 的电阻 R_G 来代替，还不会改变第一级的运行情况，不同的只是差模电压增益的表示方式变为：

$$A_v = \frac{2R_2}{R_G} + 1 \tag{18-16}$$

式中的因子 2 是因为 $R_G = 2R_1$。

应用实例 18-4 图 18-18 电路中的 $R_1 = 1$ kΩ，$R_2 = 100$ kΩ，$R = 10$ kΩ。仪表放大器的差模电压增益是多少？如果第二级中的电阻误差是 $\pm 0.01\%$，电路的共模电压增益是多少？如果 $v_{in} = 10$ mV，$v_{in(CM)} = 10$ V，差模和共模输出信号的值各为多少？ **IIII Multisim**

解： 根据图 18-18 中所给公式，前置放大器的电压增益是：

$$A_v = \frac{100 \text{ kΩ}}{1 \text{ kΩ}} + 1 = 101$$

由于第二级的电压增益是 −1，所以仪表放大器的电压增益是 −101。

第二级的共模电压增益是：

$$A_{v(CM)} = \pm 2 \times 0.01\% = \pm 2 \times 0.0001 = \pm 0.0002$$

由于第一级的共模电压增益是 1，则仪表放大器的共模电压增益是 ± 0.0002。

10 mV 的差模输入信号产生的输出信号为：

$$v_{out} = -101 \times 10 \text{ mV} = -1.01 \text{ V}$$

10 V 的共模输入信号产生的输出信号为：

$$v_{out(CM)} = \pm 0.0002 \times 10 \text{ V} = \pm 2 \text{ mV}$$

虽然共模输入信号比差模输入信号大 1000 倍，但由于仪表放大器的 CMRR 很大，使共模输出信号比差模输出信号小了约 500 倍。 ◄

自测题 18-4 如果 $R_2 = 50$ Ω，且第二级中的电阻误差是 $\pm 0.1\%$，重新计算例 18-4。

18.5.3 驱动保护

因为电桥输出的差分信号很小，所以通常会用一根屏蔽电缆对信号传输导线进行隔离，以防止电磁干扰。但是这会带来一个问题：内部线芯和屏蔽层之间的漏电流会叠加在很小的输入偏置电流和失调电流上。除了漏电流，屏蔽电缆还引入了电容，使电路对于传感器电阻变化的响应速度变慢。为了使漏电流和电缆电容的影响最小，屏蔽层的电压应该被自举到共模电位。这就是**驱动保护**技术。

图 18-19a 给出了将屏蔽层电压自举到共模电位的方法。在第一级的输出端新建一条包含电阻 R_3 的支路。用电阻分压器取出共模电平，并输入给电压跟随器，从而将保护电压反馈到电缆屏蔽层。有时两个输入端会采用不同的屏蔽电缆。此时，保护电压需要连接到两个电缆的屏蔽层，如图 18-19b 所示。

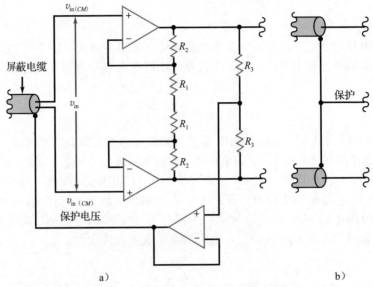

图 18-19 驱动保护用于减小屏蔽电缆的漏电流和电容的影响

18.5.4 集成仪表放大器

图 18-18 所示的经典电路中的所有元件都可以集成到一块芯片上。外接电阻用来控制仪表放大器的电压增益。例如，AD620 是一个单片仪表放大器，数据手册中给出的电压增益如下：

$$A_v = \frac{49.4 \text{ k}\Omega}{R_G} + 1 \tag{18-17}$$

49.4 kΩ 是两个 R_2 电阻的和。集成电路制造厂家采用**激光修正**技术得到 49.4 kΩ 的精确电阻。修正是指精细调整而不是粗略调整，激光修正技术是用激光将半导体芯片上的电阻烧断，从而获得非常精确的电阻值。

    知识拓展 集成仪表放大器（如 AD620）在医疗仪器领域有许多应用，例如心电图（ECG）监测电路。

图 18-20a 所示是 AD620，其中的电阻 R_G 为 499 Ω。R_G 是一个误差在 ±0.1% 以内的精密电阻。电压增益为：

$$A_v = \frac{49.4 \text{ k}\Omega}{499} + 1 = 100$$

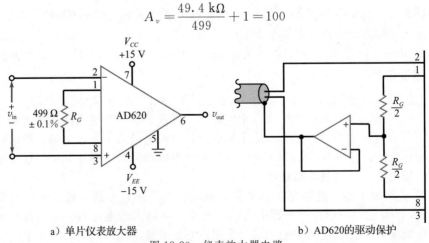

a）单片仪表放大器   b）AD620的驱动保护

图 18-20 仪表放大器电路

AD620 的引脚分布与 741C 类似，2、3 引脚是输入端，4、7 引脚是电源电压，6 引脚是输出端。AD620 的 5 引脚通常是接地的，但不是必需的。如果需要与其他的电路相连接，可以在 5 引脚上加入一个直流电压来调整输出失调。

如果使用驱动保护技术，可将电路进行如图 18-20b 所示的修改。共模电压驱动一个电压跟随器，其输出连接到电缆的屏蔽层。如果输入端使用不同的屏蔽电缆，则电路需进行相应修改。

总之，单片仪表放大器的电压增益典型值在 $1\sim1000$ 之间，可通过外接电阻来设定。它的 CMRR 一般大于 100 dB，输入阻抗大于 100 MΩ，失调电压小于 0.1 mV，温漂小于 0.5 μV/℃，其他的参数指标也很好。

18.6 加法放大器电路

第 16 章中讨论了基本加法放大器电路。这里对该电路的一些变化形式进行介绍。

18.6.1 减法器

图 18-21 所示电路的功能是将两个输入电压相减，产生的输出电压是 v_1 和 v_2 的差。工作原理为：输入 v_1 驱动一个电压增益为 1 的反相器，第一级的输出为 $-v_1$，这个电压是第二级加法电路的输入之一。另一个输入是 v_2。由于每一通道的增益是 1，总的输出电压等于 v_1 减去 v_2。

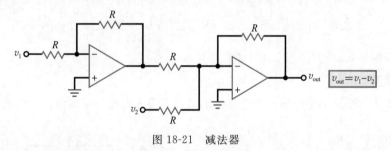

图 18-21　减法器

18.6.2 双端输入加法器

有时会采用图 18-22 所示的电路。它是一个同相端和反相端均作为输入的加法电路。放大器的反相端有两路输入，同相端也有两路输入。总增益是各路增益的叠加。

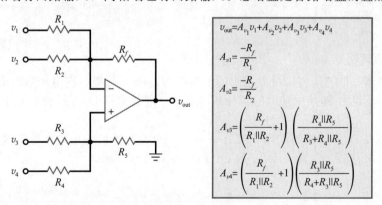

$$v_{out}=A_{v_1}v_1+A_{v_2}v_2+A_{v_3}v_3+A_{v_4}v_4$$

$$A_{v1}=\frac{-R_f}{R_1}$$

$$A_{v2}=\frac{-R_f}{R_2}$$

$$A_{v3}=\left(\frac{R_f}{R_1\|R_2}+1\right)\left(\frac{R_4\|R_5}{R_3+R_4\|R_5}\right)$$

$$A_{v4}=\left(\frac{R_f}{R_1\|R_2}+1\right)\left(\frac{R_3\|R_5}{R_4+R_3\|R_5}\right)$$

图 18-22　双端输入加法器

反相端各路的增益是反馈电阻 R_f 与输入支路电阻的比，R_1 或 R_2 均可。同相端的各路增益是：

$$\frac{R_f}{R_1 \parallel R_2} + 1$$

各路分压器使到达同相输入端口的电压减小为：

$$\frac{R_4 \parallel R_5}{R_3 + R_4 \parallel R_5}$$

或

$$\frac{R_3 \parallel R_5}{R_4 + R_3 \parallel R_5}$$

图 18-22 给出了各路电压增益的表达式。得到各路增益后，就可以计算总的输出电压。

应用实例 18-5 图 18-22 电路中的 $R_1 = 1 \text{ k}\Omega$，$R_2 = 2 \text{ k}\Omega$，$R_3 = 3 \text{ k}\Omega$，$R_4 = 4 \text{ k}\Omega$，$R_5 = 5 \text{ k}\Omega$，$R_f = 6 \text{ k}\Omega$。求各路的电压增益。 **‖‖‖ Multisim**

解： 由图 18-22 中给出的公式，可得电压增益为：

$$A_{v1} = \frac{-6 \text{ k}\Omega}{1 \text{ k}\Omega} = -6$$

$$A_{v2} = \frac{-6 \text{ k}\Omega}{2 \text{ k}\Omega} = -3$$

$$A_{v3} = \left(\frac{6 \text{ k}\Omega}{1 \text{ k}\Omega \parallel 2 \text{ k}\Omega} + 1\right) \frac{4 \text{ k}\Omega \parallel 5 \text{ k}\Omega}{3 \text{ k}\Omega + 4 \text{ k}\Omega \parallel 5 \text{ k}\Omega} = 4.26$$

$$A_{v4} = \left(\frac{6 \text{ k}\Omega}{1 \text{ k}\Omega \parallel 2 \text{ k}\Omega} + 1\right) \frac{3 \text{ k}\Omega \parallel 5 \text{ k}\Omega}{4 \text{ k}\Omega + 3 \text{ k}\Omega \parallel 5 \text{ k}\Omega} = 3.19$$

◀

自测题 18-5 如果 $R_f = 1 \text{ k}\Omega$，重新计算例 18-5。

18.6.3 平均器

图 18-23 所示是一个**平均器**，该电路的输出等于输入电压的平均值。各路电压增益为：

$$A_v = \frac{R}{3R} = \frac{1}{3}$$

将所有输出信号叠加后，就得到所有输入电压的平均值。

图 18-23 所示电路有三个输入。输入的数量可以是任意的，只需要将各路输入电阻值改为 nR，其中 n 是输入的数量。

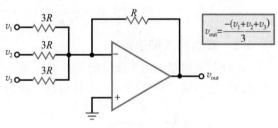

图 18-23 求平均的电路

18.6.4 数模转换器

数模转换器（D/A）将二进制表示的值转换为电压或电流，该电压或电流与输入二进制的值成比例。D/A 转换中常用的两种结构是：二进制加权 D/A 转换器和 R/2R 阶梯 D/A 转换器。

二进制加权 D/A 转换器如图 18-24a 所示。该电路产生的输出电压等于输入的加权和。权就是各路的增益值。例如，图 18-24a 电路中各路增益分别为：

$$A_{v3} = -1$$
$$A_{v2} = -0.5$$
$$A_{v1} = -0.25$$
$$A_{v0} = -0.125$$

输入电压是数字的，或者说只有 1 和 0 两个值。4 个输入将产生 $v_3 v_2 v_1 v_0$ 的 16 种可能 的 输 入 组 合：0000、0001、0010、0011、0100、0101、0110、0111、1000、1001、

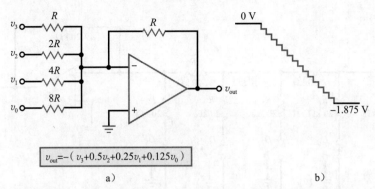

$$v_{out} = -(v_3 + 0.5v_2 + 0.25v_1 + 0.125v_0)$$

a)　　　　　　　　　　b)

图 18-24　二进制加权 D/A 转换器将数字输入量转换为模拟电压

1010、1011、1100、1101、1110、1111。

当所有的输入都是 0 时（0000），输出是：

$$v_{out} = 0$$

当 $v_3 v_2 v_1 v_0$ 是 0001 时，输出是：

$$v_{out} = -0.125\ \text{V}$$

当 $v_3 v_2 v_1 v_0$ 是 0010 时，输出是：

$$v_{out} = -0.25\ \text{V}$$

以此类推，当输入为全 1 时（1111），输出达到最大值，为：

$$v_{out} = -(1 + 0.5 + 0.25 + 0.125) = -1.875\ \text{V}$$

如果图 18-24 所示 D/A 转换器的输入是一个能产生上述 0000～1111 数字的序列发生器，它将会产生的输出电压如下（单位 V）：0，-0.125，-0.25，-0.375，-0.5，-0.625，-0.75，-0.875，-1，-1.125，-1.25，-1.375，-1.5，-1.625，-1.75，-1.875。用示波器观察时，D/A 转换器的输出电压形如一个负向的阶梯，如图 18-24b 所示。

阶梯电压说明 D/A 转换器生成的输出取值范围并不是连续的。因此，严格地讲，它的输出不是真正的模拟量。将输出通过一个低通滤波器电路，可以使阶梯转换更光滑。

4 输入 D/A 转换器有 16 种可能的输出，8 输入 D/A 转换器有 256 种可能的输出，16 输入 D/A 转换器有 65 536 种可能的输出。这意味着图 18-24b 中的负向阶梯对于 8 输入转换器有 256 个台阶，对于 16 输入转换器有 65 536 个台阶。这种负向阶梯电压可用于数字万用表，将其与其他电路结合可以对电压进行数字化测量。

二进制加权 D/A 转换器可以在输入位数有限且精度要求不高的情况下使用。当输入量的位数较多时，所需不同阻值的电阻数量就要增加。D/A 转换器的精度和稳定性取决于电阻值的绝对精度及各电阻之间跟随温度变化的能力。因为输入电阻的阻值各不相同，理想的跟随特性很难实现。由于这类 D/A 转换器各个输入端的输入阻抗不同，因此会带来负载问题。

图 18-25 所示是 **R/2R 阶梯数模转换器**，它克服了二进制加权 D/A 转换器的局限，是集成 D/A 转换器中最常用的一种结构。由于只需要两种阻值的电阻，该结构可用于 8 位或更高位数的二进制输入情况，且能得到更高的精度。为简化起见，图 18-25 给出了一个 4 位 D/A 转换器。开关 $D_0 \sim D_3$ 通常是同类型的有源开关，它们使四个输入与地（逻辑 0）或 $+V_{ref}$（逻辑 1）相连。阶梯网络将 0000～1111 之间可能的二进制输入数值转换为 16 个输出电压中的一个。在图 18-25 所示的 D/A 转换器中，D_0 被认为是最低有效位（LSB），而 D_3 被认为是最高有效位（MSB）。

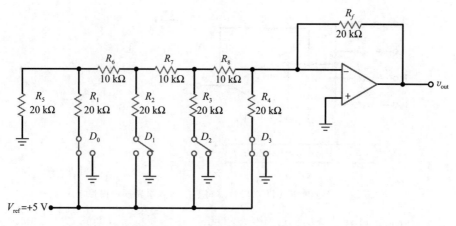

图 18-25　R/2R 阶梯 D/A 转换器

为了确定 D/A 转换器的输出电压，必须先将二进制数值转换为相应的十进制数 BIN。可以通过下式来完成：

$$\mathrm{BIN} = (D_0 \times 2^0) + (D_1 \times 2^1) + (D_2 \times 2^2) + (D_3 \times 2^3) \tag{18-18}$$

然后可得到输出电压为：

$$v_{\mathrm{out}} = -\left(\frac{\mathrm{BIN}}{2^N} \times 2V_{\mathrm{ref}} \right) \tag{18-19}$$

其中 N 是输入数字量的位数。

若需要了解 D/A 转换器电路的具体工作原理，可以应用戴维南定理。分析过程参见附录 B。

应用实例 18-6　图 18-25 电路中的 $D_0 = 1$，$D_1 = 0$，$D_2 = 0$，$D_3 = 1$。参考电压 V_{ref} 为 +5 V。求与二进制输入（BIN）相应的十进制数值和转换器的输出电压。

解：利用式（18-18），得到十进制数值为：

$$\mathrm{BIN} = (1 \times 2^0) + (0 \times 2^1) + (0 \times 2^2) + (1 \times 2^3) = 9$$

由公式（18-19），得到转换器的输出电压为：

$$v_{\mathrm{out}} = -\frac{9}{2^4} \times 2 \times 5 \text{ V}$$

$$v_{\mathrm{out}} = -\frac{9}{16} \times 10 \text{ V} = -5.625 \text{ V} \qquad \blacktriangleleft$$

自测题 18-6　若图 18-25 电路中的输入数字量中至少有一位是逻辑 1，那么可能的输出电压的最小值和最大值是多少？

知识拓展　微控制器（MCU）现在可以在内部集成可编程增益放大器和数模转换器（DAC），用于传感和测量。

18.7　电流增强电路

运放的短路输出电流大约是 25 mA 或更小。如果需要更大的输出电流，一种方法是使用功率运算放大器，如 LM675 或 LM12。这些运放的短路输出电流可达到 3 A 和 10 A。另一种方法是采用**电流增强**，用一个功率晶体管或额定电流和电流增益高于运放的器件来实现。

18.7.1　单向增强

图 18-26 显示了一种增加最大负载电流的方法。运放的输出驱动一个射极跟随器。其

闭环电压增益是：

$$A_v = \frac{R_2}{R_1} + 1 \qquad (18\text{-}20)$$

在该电路中，运算放大器不用为负载提供电流，它只需要提供射极跟随器的基极电流。由于晶体管的电流增益作用，最大的负载电流增加为：

$$I_{max} = \beta_{dc} I_{SC} \qquad (18\text{-}21)$$

其中 I_{SC} 是运放的短路输出电流。例如，运放 741C 的最大输出电流是 25 mA，增大因子为 β_{dc}；BU806 是一个 $\beta_{dc} = 100$ 的 npn 功率管，如果与 741C 一起使用，则短路输出电流增加为：

$$I_{max} = 100 \times 25 \text{ mA} = 2.5 \text{ A}$$

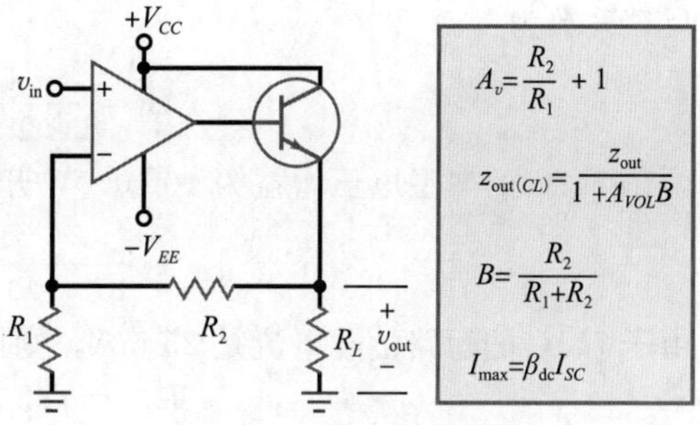

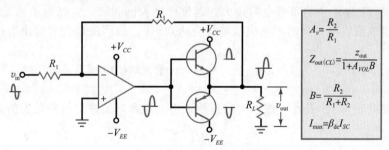

图 18-26　单向电流增强用来增加短路输出电流

由于负反馈使射极跟随器的输出阻抗减小为原来的 $1/(1+A_{VOL}B)$，所以该电路可以驱动低阻抗负载。又因为射极跟随器的输出阻抗低，故闭环输出阻抗非常小。

18.7.2　双向电流

图 18-26 所示的电流增强的缺点是只能提供单向负载电流。图 18-27 所示是一种获得双向负载电流的方法，即一个反相放大器驱动一个 B 类推挽射极跟随器。其闭环电压增益是：

$$A_v = \frac{-R_2}{R_1} \qquad (18\text{-}22)$$

当输入电压为正时，下方的晶体管导通，负载电压为负。当输入电压为负时，上方的晶体管导通，负载电压为正。这两种情况中，最大的输出电流通过导通晶体管的电流增益作用而得到倍增。由于 B 类推挽射极跟随器在反馈环内，所以闭环输出阻抗非常小。

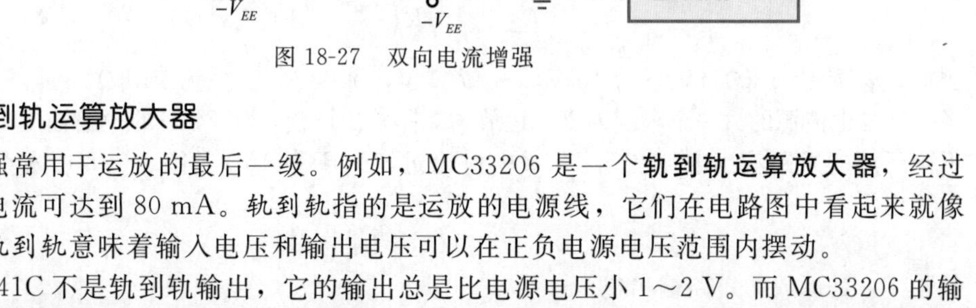

图 18-27　双向电流增强

18.7.3　轨到轨运算放大器

电流增强常用于运放的最后一级。例如，MC33206 是一个**轨到轨运算放大器**，经过放大的输出电流可达到 80 mA。轨到轨指的是运放的电源线，它们在电路图中看起来就像两根铁轨。轨到轨意味着输入电压和输出电压可以在正负电源电压范围内摆动。

例如，741C 不是轨到轨输出，它的输出总是比电源电压小 1~2 V。而 MC33206 的输出电压的摆动范围可以达到距正、负电源电压 50 mV 的范围内，可以认为是轨到轨输出。轨到轨的运放可以使电路设计充分利用电源的有效电压范围。

应用实例 18-7　图 18-27 电路中的 $R_1 = 1$ kΩ，$R_2 = 51$ kΩ。如果运放使用 741C，电路的电压增益是多少？闭环输出阻抗是多少？如果晶体管的电流增益是 125，电路的短路负载电流是多少？

解：利用图 18-26 中给出的公式，可得电压增益为：

$$A_v = \frac{-51 \text{ k}\Omega}{1 \text{ k}\Omega} = -51$$

反馈系数为：

$$B = \frac{1 \text{ k}\Omega}{1 \text{ k}\Omega + 51 \text{ k}\Omega} = 0.0192$$

由于 741C 的典型电压增益为 100 000，开环输出阻抗为 75 Ω，则闭环输出阻抗为：

$$z_{\text{out}(CL)} = \frac{75 \text{ }\Omega}{1 + 100\ 000 \times 0.0192} = 0.039 \text{ }\Omega$$

由于 741C 的短路负载电流是 25 mA，则增强后的短路负载电流为：

$$I_{\max} = 125 \times 25 \text{ mA} = 3.13 \text{ A}$$

◀

自测题 18-7　将图 18-27 电路中的 R_2 改为 27 kΩ。求新的电压增益、$z_{\text{out}(CL)}$ 和 $I_{\max}$。设每个晶体管的电流增益是 100。

18.8　压控电流源

本节将讨论输入电压对输出电流的控制作用。负载可以浮空或者接地。所有电路均为第 17 章中 VCIS 原型电路的变形，压控电流源也称电压-电流转换器。

18.8.1　浮空负载

VCIS 原型电路如图 18-28 所示。负载可以是电阻、继电器或者是马达。由于输入端是虚短的，反相输入端的电压被自举到几乎与正相输入端相等的电压，得到输出电流为：

$$i_{\text{out}} = \frac{v_{\text{in}}}{R} \tag{18-23}$$

由于负载电阻没有出现在表达式中，因此输出电流与负载电阻无关。也就是说，负载被准理想电流源驱动。例如，当 v_{in} 为 1 V，R 为 1 kΩ 时，则 i_{out} 为 1 mA。

如果图 18-28 电路中的负载电阻过大，运放将进入饱和区，电路也不再是准理想电流源。如果使用轨到轨的放大器，输出摆幅将会达到 $+V_{CC}$。因此最大的输出电压是：

$$V_{L(\max)} = V_{CC} - v_{\text{in}} \tag{18-24}$$

例如，若 V_{CC} 为 15 V，v_{in} 为 1 V，$V_{L(\max)}$ 为 14 V。如果输出电压不是轨到轨，可以将 $V_{L(\max)}$ 减去 1～2 V。

由于负载电流为 v_{in}/R，可推导出当运放未进入饱和时的输出负载最大值：

$$R_{L(\max)} = R\left(\frac{V_{CC}}{v_{\text{in}}} - 1\right) \tag{18-25}$$

例如，若 R 为 1 kΩ，V_{CC} 为 15 V，v_{in} 为 1 V，那么 $R_{L(\max)}$ 为 14 kΩ。

压控电流源的另一个限制因素是运放的短路输出电流，如 741C 的短路输出电流是 25 mA。不同运放的短路输出电流在第 16 章中讨论过，列于表 16-2。图 18-28 所示受控电流源的短路电流为：

$$I_{\max} = I_{SC} \tag{18-26}$$

其中 I_{SC} 是运放的短路输出电流。

应用实例 18-8　如果图 18-28 所示电流源的 $R = 10$ kΩ，$v_{\text{in}} = 1$ V，$V_{CC} = 15$ V，输出电流是多少？如果 v_{in} 可以达到 10 V，可用的最大负载电阻是多少？　▐▐▌ Multisim

解：由图 18-28 给出的公式，得输出电流为：

$$i_{\text{out}} = \frac{1 \text{ V}}{10 \text{ k}\Omega} = 0.1 \text{ mA}$$

最大负载电阻为：

$$R_{L(\max)} = 10 \text{ k}\Omega \left(\frac{15 \text{ V}}{10 \text{ V}} - 1 \right) = 5 \text{ k}\Omega$$ ◀

📝 **自测题 18-8** 将电阻 R 改为 $2 \text{ k}\Omega$，重新计算应用实例 18-8。

18.8.2 接地负载

如果可以使用**浮空负载**，而且短路电流能够满足要求，则如图 18-28 所示的电路是很好的。但是如果负载需要接地，或者短路电流不够大时，则需对基本电路进行如图 18-29 的修改。

由于集电极和发射极的电流基本相等，流过电阻 R 上的电流约等于负载电流。由于放大器的两个输入端是虚短的，反相输入端的电压近似等于 v_{in}。因此电阻 R 上的压降等于 V_{CC} 减去 v_{in}，流过 R 的电流是：

$$i_{\text{out}} = \frac{V_{CC} - v_{\text{in}}}{R} \tag{18-27}$$

图 18-29 给出了最大负载电压、最大负载电阻和短路输出电流的公式。注意电路的输出端进行了电流增强，使短路输出电流增加为：

$$I_{\max} = \beta_{\text{dc}} I_{SC} \tag{18-28}$$

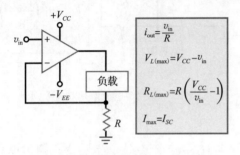

图 18-28 负载浮空的单向 VCIS

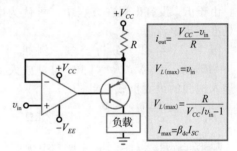

图 18-29 单端负载的 VCIS

知识拓展 电流隔离是一个术语，描述对采用不同地电位的电路和子系统的分离或隔离。常用的方法是使用变压器、电容器或光隔离。

18.8.3 输出电流与输入电压成正比

在图 18-29 电路中，当输入电压增大时输出电流减小。图 18-30 所示电路的负载电流与输入电压成正比。由于第一级运放的两个输入端虚短，Q_1 的发射极电流为 v_{in}/R。由于 Q_1 的集电极电流与发射极电流近似相等，集电极电阻上的电压是 v_{in}，A 点电压为：

$$V_A = V_{CC} - v_{\text{in}}$$

该电压作为第二级放大器的同相输入。

由于第二级运放的输入端虚短，B 点电压为：

$$V_B = V_A$$

末级电阻 R 上的电压为：

$$V_R = V_{CC} - V_B = V_{CC} - (V_{CC} - v_{\text{in}}) = v_{\text{in}}$$

所以，输出电流近似等于：

$$i_{\text{out}} = \frac{v_{\text{in}}}{R} \tag{18-29}$$

图 18-30 给出了用来分析该电路的公式。通过对电流的增强使输出短路电流增大为原来的 β_{dc} 倍。

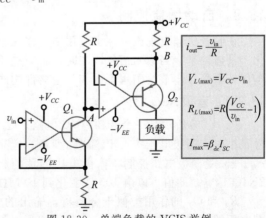

图 18-30 单端负载的 VCIS 举例

18.8.4　郝兰德电流源

图 18-30 所示是一个单向电流源。如果需要双向电流源，可以使用图 18-31 所示的郝兰德（Howland）电流源。为了理解电路的工作原理，首先考虑 $R_L = 0$ 的特殊情况。当负载短路时，同相输入端接地，反相输入端为虚地点，运放的输出电压为：

$$v_{out} = -v_{in}$$

在电路的下半部分，与负载串联的电阻 R 上的电压便是输出电压。流过 R 的电流为：

$$i_{out} = \frac{-v_{in}}{R} \tag{18-30}$$

当负载短路时，所有的电流流过负载。负号表示输出电压是反相的。

当负载电阻大于零时，分析就变得更加复杂，因为同相输入端不再是地电位，反相输入端也不再是虚地点。此时，同相输入电压等于负载电阻上的电压，通过方程求解，可以看到，只要运放不进入饱和区，式（18-30）适用于任何阻值的负载电阻。由于 R_L 没有出现在方程中，可认为电路是准理想电流源。

图 18-31 给出了分析公式。例如，当 $V_{CC} = 15$，$v_{in} = 3$ V，$R = 1$ kΩ 时，放大器不进入饱和的最大负载电阻是：

$$R_{L(\max)} = \frac{1\ \mathrm{k\Omega}}{2}\left(\frac{15\ \mathrm{V}}{3\ \mathrm{V}} - 1\right) = 2\ \mathrm{k\Omega}$$

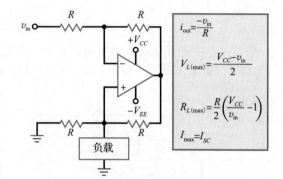

$$i_{out} = \frac{-v_{in}}{R}$$

$$V_{L(\max)} = \frac{V_{CC} - v_{in}}{2}$$

$$R_{L(\max)} = \frac{R}{2}\left(\frac{V_{CC}}{v_{in}} - 1\right)$$

$$I_{\max} = I_{SC}$$

图 18-31　郝兰德电流源是双向 VCIS

应用实例 18-9　图 18-31 所示电流源的 $R = 15$ kΩ，$v_{in} = 3$ V，$V_{CC} = 15$ V，输出电流是多少？如果最大输入电压是 9 V，电路可用的最大负载电阻是多少？

解：由图 18-31 给出的公式，得：

$$i_{out} = \frac{-3\ \mathrm{V}}{15\ \mathrm{k\Omega}} = -0.2\ \mathrm{mA}$$

最大负载电阻为：

$$R_{L(\max)} = \frac{15\ \mathrm{k\Omega}}{2}\left(\frac{15\ \mathrm{V}}{12\ \mathrm{V}} - 1\right) = 1.88\ \mathrm{k\Omega}$$ ◀

自测题 18-9　若 $R = 10$ kΩ，重新计算应用实例 18-9。

18.9　自动增益控制

在收音机和电视机等许多应用中，往往希望电压增益能够随着输入信号的变化自动变化。具体说来，当输入信号增加时，希望电压增益减小。这样，放大器的输出电压可以基本保持平稳。本节给出用运放和其他器件构成的 AGC 电路。

18.9.1　音频 AGC

图 18-32 所示是一个音频 AGC 电路。Q_1 是作为压控电阻的结型场效应晶体管。当信号很小时，漏极电压接近于零，结型场效应晶体管工作在欧姆区。在交流工作时的电阻为 r_{ds}。r_{ds} 受栅极电压控制。栅极电压的负值越大，r_{ds} 的值越大。对于结型场效应晶体管 2N4861，r_{ds} 的值可以由 100 Ω 变化到 10 MΩ 以上。

R_3 和 Q_1 的作用类似于分压器，输出的电压在 $0.001v_{in} \sim v_{in}$ 之间。因此，同相输入端电压的变化范围是 $0.001v_{in} \sim v_{in}$，相当于 60 dB。同相放大器的输出电压是输入电压的

(R_2/R_1+1) 倍。

图 18-32 电路的输出电压耦合到 Q_2 的基极，对于峰峰值小于 1.4 V 的输出，由于没有偏置电压，故 Q_2 截止。由于 Q_2 截止，则 C_2 放电，且 Q_1 的栅极电压是 $-V_{EE}$，足以使结型场效应晶体管截止。这意味着同相输入端可以获得最大输入电压。即输出电压小于 1.4Vpp，电路的作用是一个输入为最大信号的同相放大器。

当输出电压的峰峰值大于 1.4 V 时，Q_2 导通，且电容 C_2 充电。这使得栅极电压增加，r_{ds} 减小。由于 r_{ds} 的减小，R_3 与 Q_1 分压后的电压减小，从而减小了同相输入端的电压。即当输出电压峰峰值大于 1.4 V 时，电路的总电压增益减小。

输出电压越大，电压增益越小。因此，当输入信号有较大增加时，输出电压增加很小。使用 AGC 电路的一个重要原因是：它可以减小信号电压幅度的突然增大，从而避免扬声器过载。例如，在听广播的时候，不希望信号突然增大对耳朵造成震动。而采用图 18-32 的电路，即使输入电压变化超过 60 dB，输出信号的峰峰值也只是略大于 1.4 V。

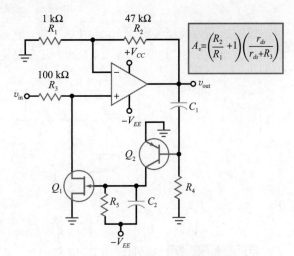

图 18-32 在 AGC 电路中结型场效应晶体管用作压控电阻

18.9.2 低压视频 AGC

摄像机输出信号的频率范围从 0 到 4 MHz 以上，这个范围内的频带称作视频频率。图 18-33 所示是典型的视频 AGC 电路，它的工作频率可以高达 10 MHz。在这个电路中，结型场效应晶体管用作压控电阻。当 AGC 电压为零时，由于偏置为负，结型场效应晶体管截止，且 r_{ds} 的值最大。当 AGC 电压增加时，结型场效应晶体管的电阻减小。

反相放大器的输入电压是 R_5、R_6 和 r_{ds} 的分压值。该电压为：

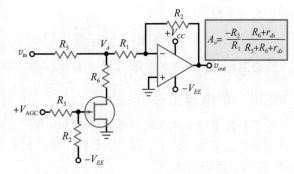

图 18-33 输入信号小时的 AGC 电路

$$V_A = \frac{R_6 + r_{ds}}{R_5 + R_6 + r_{ds}} v_{in}$$

反相放大器的电压增益为：

$$A_v = -\frac{R_2}{R_1}$$

在该电路中，结型场效应晶体管是压控电阻。AGC 电压越大，r_{ds} 的阻值越小，反相放大器的输入电压也就越小。即 AGC 电压控制电路的总电压增益。

对于宽带运放，当输入信号小于 100 mV 时，电路工作正常。如果超过这个电压，结型场效应晶体管的电阻便会随着 AGC 电压以外的电压变化。这是不希望出现的，因为控制总电压增益的只能是 AGC 电压。

18.9.3 高压视频 AGC

对于高压视频信号，可以用 LED 光敏电阻来替代结型场效应晶体管，如图 18-34 所示。当光的强度增加时，光敏电阻 R_7 减小，所以，AGC 电压越大，R_7 的阻值减小。如前文所述，输入的电压值控制反相放大器的输入电压。该电压为：

$$v_A = \frac{R_6 + R_7}{R_5 + R_6 + R_7} v_{in}$$

该电路可以处理的输入电压可达 10 V，因为光敏电阻只受 V_{AGC} 的影响，而不会受高电压的影响。而且 AGC 电压与输入电压 v_{in} 几乎是完全隔离的。

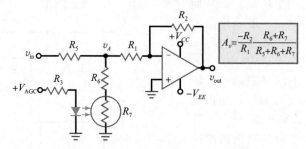

图 18-34　输入信号大时的 AGC 电路

应用实例 18-10　如果图 18-32 电路中 r_{ds} 的变化范围是 50 Ω～12 kΩ，求最大电压增益和最小电压增益。

解：根据图 18-32 给出的公式，可得最大电压增益为：

$$A_v = \left(\frac{47\ k\Omega}{1\ k\Omega} + 1 \right) \frac{120\ k\Omega}{120\ k\Omega + 100\ k\Omega} = 26.2$$

最小电压增益为：

$$A_v = \left(\frac{47\ k\Omega}{1\ k\Omega} + 1 \right) \frac{50\ \Omega}{50\ \Omega + 100\ k\Omega} = 0.024$$

◀

自测题 18-10　当例 18-10 电路的电压增益为 1 时，r_{ds} 的值应降为多少？

18.10 单电源工作方式

双电源是功率运算放大器的典型供电方式。但在有些应用中，双电源是不必要的或者不值得的。本节讨论单电源供电的同相和反相放大器。

18.10.1 反相放大器

图 18-35 所示是单电源供电的反相电压放大器，可用于交流信号。电源 V_{EE}（引脚 4）接地。分压电路将 $V_{CC}/2$ 加到同相输入端。由于放大器的两个输入端是虚短的，反相输入端的静态电压约为 $+0.5V_{CC}$。

在直流等效电路中，所有电容开路，电路是一个电压跟随器，其输出电压为 $+0.5V_{CC}$。这时的电压增益为 1，故输入失调电压最小。

在交流等效电路中，所有电容短路，电路是一个反相放大器，其电压增益为 $-R_2/R_1$。由图 18-35 给出的分析

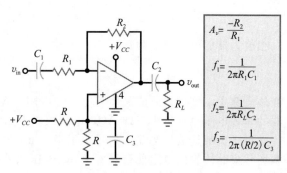

图 18-35　单电源反相放大器

公式，可以计算出三个低频截止频率。

在同相输入端有一个旁路电容，如图 18-35 所示。这样可以减小同相输入端的纹波电压和噪声。为了达到这一效果，旁路电路带来的截止频率应该远低于电源的纹波频率。可以用图 18-35 中的公式计算旁路电路的截止频率。

18.10.2　同相放大器

在图 18-36 电路中，仅仅使用了正电源，为了得到最大输出摆幅，需要将反相输入端偏置在电源电压的一半。这可由等电阻分压器得到，使得同相输入端的直流电压为 $+0.5V_{CC}$。由于负反馈的作用，反相输入端的电压也被自举到同一电压值。

在直流等效电路中，所有电容开路，且电路的电压增益为 1，使得输出失调电压最小。运放的直流电压输出为 $+0.5V_{CC}$，而输出耦合电容将该电压与负载相隔离。

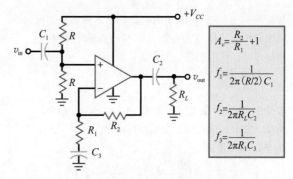

$$A_v = \frac{R_2}{R_1}+1$$
$$f_1 = \frac{1}{2\pi(R/2)C_1}$$
$$f_2 = \frac{1}{2\pi R_L C_2}$$
$$f_3 = \frac{1}{2\pi R_1 C_3}$$

图 18-36　单电源同相放大器

在交流等效电路中，所有电容短路。当输入是交流信号时，被放大的输出信号可以加在 R_L 上。如果使用轨到轨的运放，最大无削波的输出电压峰峰值为 V_{CC}。图 18-36 给出了计算截止频率的公式。

18.10.3　单电源运算放大器

尽管一般的运放可以使用单电源供电，如图 18-35 和图 18-36 所示。但有些运放是专门设计为单电源应用的。例如，LM324 是一个四运放，不需要双电源供电。在一个封装中包含了四个补偿运放，每个运放的开环电压增益为 100 dB，输入偏置电流为 45 nA，输入失调电流为 5 nA，输入失调电压为 2 mV。电源电压的范围是 3～32 V。因此 LM324 常被用作与工作电压为 +5 V 的数字电路的接口。

总结

18.1 节　反相放大器电路包括高阻探针（×10 和×1）、交流耦合放大器和带宽可调电路。

18.2 节　同相放大器电路包括交流耦合放大器、音频信号分配放大器、结型场效应晶体管开关放大器以及基准电压源。

18.3 节　本节讨论的是可转换的反相/同相电路、结型场效应晶体管控制的可转换反相器、符号转换器、可转换和可调节增益、移相器。

18.4 节　决定差分放大器 CMRR 的因素有两个：每个运放的 CMRR 以及电阻误差引起的 CMRR。输入信号常常是来自于惠斯通电桥的很小的差模电压信号和很大的共模电压信号。

18.5 节　仪表放大器是具有高电压增益、高 CMRR、低输入失调、低温漂和高输入阻抗的差分放大器。仪表放大器可以由三个经典运放组成，可

使用高精度运放或集成仪表放大器。

18.6 节　本节讨论的是减法器、加法器、平均器以及 D/A 转换器。D/A 转换器在数字万用表中用来测量电压、电流以及电阻。

18.7 节　当运放的短路输出电流过小时，可以在电路的输出端采用电流增强电路。一般通过将运放的输出作为晶体管的基极输入来实现电流增强。由于晶体管的电流增益，使短路输出电流增大了 β 倍。

18.8 节　可以实现由输入电压控制的电流源。负载可以浮空也可以接地。负载电流可以是单向的也可以是双向的。郝兰德电流源是双向压控电流源。

18.9 节　在许多应用中，要求系统的电压增益能够自动变化以保持输出电压基本恒定。在收音机和电视接收机中，AGC 可以避免扬声器

的声音幅度发生突变。

18.10 节　虽然运放通常使用双电源供电，但有些应用更适合采用单电源。当需要交流耦合放大器时，可以将单电源放大器的无信号端偏置在正电源电压的一半处。也有些运放是专门设计成单电源工作方式的。

重要公式

1. 反相/同相电路的增益

$$A_v = A_{v(inv)} + A_{v(non)}$$

参见图 18-8～图 18-13 中的电路，总电压增益是反相和同相电压增益的叠加。当两个输入端都有信号输入时，可以使用这个公式。

2. 共模电压增益

$$A_{v(CM)} = A_{v(inv)} + A_{v(non)}$$

参见图 18-14、图 18-15 和图 18-18。与式（18-3）类似，总电压增益是多个增益的叠加。

3. 总的同相增益

$$A_{v(non)} = \left(\frac{R_2}{R_1} + 1\right)\left(\frac{R_2'}{R_1' + R_2'}\right)$$

参见图 18-14。这是同相输入端经过分压后的电压增益。

4. $R_1 = R_2$ 时的共模增益

$$A_{v(CM)} = \pm 2\frac{\Delta R}{R}$$

参见图 18-15 和图 18-18。这是在差分放大器的电阻相等且匹配的情况下，由电阻的误差引起的共模增益。

5. 惠斯通电桥

$$\frac{R_1}{R_2} = \frac{R_3}{R_4}$$

参见图 18-16a。这是惠斯通电桥的平衡等式。

6. 不平衡的惠斯通电桥

$$v_{in} \approx \frac{\Delta R}{4R} V_{CC}$$

参见图 18-17。该式适用于传感器电阻的微小变化。

7. 仪表放大器

$$A_v = \frac{2R_2}{R_G} + 1$$

参见图 18-18 和图 18-20。这是典型三级仪表放大器中第一级的电压增益。

8. 二进制到十进制的等效变换

$$\begin{aligned}BIN = {} & (D_0 \times 2^0) + (D_1 \times 2^1) \\ & + (D_2 \times 2^2) + (D_3 \times 2^3)\end{aligned}$$

9. R/2R 阶梯输出电压

$$V_{out} = -\left(\frac{BIN}{2^N} \times 2V_{ref}\right)$$

10. 电流增强

$$I_{max} = \beta_{dc} I_{SC}$$

参见图 18-26～图 18-30。在运放与负载之间使用晶体管，则运放的短路电流可以通过晶体管的电流增益得到倍增。

11. 压控电流源

$$i_{out} = \frac{v_{in}}{R}$$

参见图 18-28～图 18-31。压控电流源使输入电压转换成准理想的输出电流。

相关实验

实验 48
线性集成放大器
系统应用 5

单电源音频运算放大器应用
实验 49
电流增强与控制电流源

选择题

1. 在线性运放电路中
   a. 信号总是正弦波
   b. 运放不会进入饱和区
   c. 输入阻抗是理想的无穷大
   d. 增益带宽积是常数

2. 在交流放大器中使用耦合电容和旁路电容，则输出失调电压是
   a. 0
   b. 最小
   c. 最大
   d. 不变

3. 要使用运算放大器，至少需要
   a. 一个电压源
   b. 两个电压源
   c. 一个耦合电容
   d. 一个旁路电容

4. 由运放构成的受控电流源的作用是
   a. 电压放大器
   b. 电流-电压转换器
   c. 电压-电流转换器
   d. 电流放大器

5. 仪表放大器具有较高的
   a. 输出阻抗
   b. 功耗增益
   c. CMRR
   d. 电源电压

6. 在运放输出采用电流增强，使短路电流增加的倍数为
   a. $A_{v(CL)}$
   b. β_{dc}
   c. f_{unity}
   d. A_v

7. 基准电压源为 +2.5 V, 要得到 +15 V 的参考电压可通过
   a. 反相放大器　　　　b. 正相放大器
   c. 差分放大器　　　　d. 仪表放大器
8. 差分放大器的 CMRR 主要受限于
   a. 运放的 CMRR　　　b. 增益带宽积
   c. 供电电压　　　　　d. 电阻的误差
9. 仪表放大器的输入信号通常来自
   a. 反相放大器　　　　b. 电阻
   c. 差分放大器　　　　d. 惠斯通电桥
10. 在经典的三级运放仪表放大器中, 差模电压增益通常由什么确定?
    a. 第一级　　　　　　b. 第二级
    c. 电阻的失配　　　　d. 运放的输出
11. 驱动保护减小了
    a. 仪表放大器的 CMRR
    b. 屏蔽电缆的漏电流
    c. 第一级的电压增益
    d. 共模输入电压
12. 平均电路的输入电阻
    a. 与反馈电阻相等　　b. 比反馈电阻小
    c. 比反馈电阻大　　　d. 不相等
13. D/A 转换器可应用于
    a. 带宽可调的电路　　b. 同相放大器
    c. 电压-电流转换器　 d. 加法放大器
14. 压控电流源
    a. 不会使用电流增强
    b. 负载总是浮空的
    c. 是准理想电流源驱动负载
    d. 负载电流等于 I_{SC}
15. 郝兰德电流源产生
    a. 单向浮空负载电流　b. 双向单端负载电流
    c. 单向单端负载电流　d. 双向浮空负载电流

16. AGC 的目的是
    a. 当输入信号增大时使电压增益增加
    b. 将电压变为电流
    c. 保持输出电压基本稳定
    d. 减小电路的 CMRR
17. 1 ppm 等于
    a. 0.1%　　　　　　　b. 0.01%
    c. 0.001%　　　　　　d. 0.0001%
18. 输入传感器所转换的量是
    a. 电压到电流
    b. 电流到电压
    c. 电学量到非电学量
    d. 非电学量到电学量
19. 热敏电阻所转换的量是
    a. 光到电阻　　　　　b. 温度到电阻
    c. 电压到声音　　　　d. 电流到电压
20. 当对电阻进行修正时, 所做的是
    a. 精确调整　　　　　b. 减小阻值
    c. 增加阻值　　　　　d. 粗略调整
21. 四输入 D/A 转换器有
    a. 2 个输出值　　　　b. 4 个输出值
    c. 8 个输出值　　　　d. 16 个输出值
22. 运放的轨到轨输出
    a. 采用了输出电流增强
    b. 幅度可达电源电压
    c. 输出阻抗高
    d. 不能小于 0 V
23. 结型场效应晶体管在 AGC 电路中的作用是
    a. 开关　　　　　　　b. 压控电流源
    c. 压控电阻　　　　　d. 电容
24. 如果运放只有一个正电源电压, 它的输出不能
    a. 为负值　　　　　　b. 为 0
    c. 等于电源电压　　　d. 为交流耦合

习题

18.1 节

18-1 图 18-1 电路中的 $R_1 = 10$ MΩ、$R_2 = 20$ MΩ、$R_3 = 15$ kΩ、$R_4 = 15$ kΩ、$R_5 = 75$ kΩ, 求探头在每个开关位置时的衰减是多少?

18-2 图 18-2 中交流耦合反相放大器的 $R_1 = 1.5$ kΩ, $R_f = 75$ kΩ, $R_L = 15$ kΩ, $C_1 = 1$ μF, $C_2 = 4.7$ μF, $f_{unity} = 1$ MHz, 求放大器的中频电压增益、高频和低频截止频率。

18-3 图 18-3 中带宽可调电路的 $R_1 = 10$ kΩ, $R_f = 180$ kΩ, 如果将 100 Ω 的电阻改为 130 Ω, 可变电阻值为 25 kΩ, 其电压增益是多少? 如果 $f_{unity} = 1$ MHz, 其最大和最小带宽各是多少?

18-4 求图 18-37 电路的输出电压、最大和最小带宽。

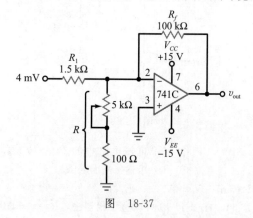

图　18-37

18.2 节

18-5 图 18-4 电路中的 $R_1 = 2 \text{ k}\Omega$，$R_f = 82 \text{ k}\Omega$，$R_L = 25 \text{ k}\Omega$，$C_1 = 2.2 \text{ μF}$，$C_2 = 4.7 \text{ μF}$，$f_{unity} = 3 \text{ MHz}$，求放大器的中频电压增益、高频和低频截止频率。

18-6 求图 18-38 电路的中频电压增益、高频和低频截止频率。

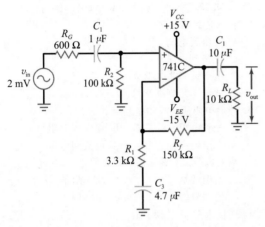

图 18-38

18-7 ⫿⫿ **Multisim** 图 18-5 中分配放大器的 $R_1 = 2 \text{ k}\Omega$，$R_f = 100 \text{ k}\Omega$，$v_{in} = 10 \text{ mV}$。则节点 A、B 和 C 的电压是多少？

18-8 图 18-6 中的 $R_1 = 91 \text{ k}\Omega$，$R_f = 12 \text{ k}\Omega$，$R_2 = 1 \text{ k}\Omega$，如果 $v_{in} = 2 \text{ mV}$，求当栅极电压为低或为高时的输出电压。

18-9 如果 $V_{GS(off)} = -5 \text{ V}$，求图 18-39 电路的最大和最小输出电压。

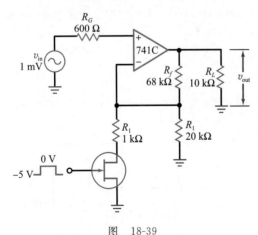

图 18-39

18-10 图 18-7 基准电压电路中的 $R_1 = 10 \text{ k}\Omega$，$R_f = 10 \text{ k}\Omega$，求输出基准电压。

18.3 节

18-11 在图 18-10 可调整反相器中，$R_1 = 1 \text{ k}\Omega$，$R_2 = 10 \text{ k}\Omega$，求最大正增益和负增益。

18-12 当图 18-11 中可变电阻器滑片接地时，电压增益是多少？当滑片距地的阻值为 10% 时，电压增益是多少？

18-13 图 18-12 电路采用精密电阻。如果 $R = 5 \text{ k}\Omega$，$nR = 75 \text{ k}\Omega$，$nR/(n-1) = 5.36 \text{ k}\Omega$，求最大正增益和负增益。

18-14 图 18-13 中移相器的 $R' = 10 \text{ k}\Omega$，$R = 22 \text{ k}\Omega$，$C = 0.02 \text{ μF}$，求当输入频率是 100 Hz、1 kHz 和 10 kHz 时的相移。

18.4 节

18-15 图 18-14 差分放大器的 $R_1 = 1.5 \text{ k}\Omega$，$R_2 = 30 \text{ k}\Omega$，求差模电压增益和共模电压增益。（电阻容差为 $\pm 0.1\%$）

18-16 图 18-15 电路中的 $R_1 = 1 \text{ k}\Omega$，$R_2 = 30 \text{ k}\Omega$。求差模电压增益和共模电压增益。（电阻容差为 $\pm 0.1\%$）

18-17 图 18-16 中惠斯通电桥的 $R_1 = 10 \text{ k}\Omega$，$R_2 = 20 \text{ k}\Omega$，$R_3 = 20 \text{ k}\Omega$，$R_4 = 10 \text{ k}\Omega$，电桥是平衡的吗？

18-18 将图 18-17 电路典型应用中的传感器电阻变为 985Ω，求最终的输出电压。

18.5 节

18-19 图 18-18 中仪表放大器的 $R_1 = 1 \text{ k}\Omega$，$R_2 = 99 \text{ k}\Omega$，如果 $v_{in} = 2 \text{ mV}$，求输出电压。如果采用三个 OP-07A 运放，且 $R = 10 (1 \pm 0.5\%) \text{ k}\Omega$，求该仪表放大器的 CMRR。

18-20 如果图 18-19 电路中的 $v_{in(CM)} = 5 \text{ V}$，$R_3 = 10 \text{ k}\Omega$，求保护电压。

18-21 将图 18-20 电路中的 R_G 改为 1008Ω，求当差模输入电压为 20 mV 时的差模输出电压。

18.6 节

18-22 如果图 18-21 电路中的 $R = 10 \text{ k}\Omega$，$v_1 = -50 \text{ mV}$，$v_2 = -30 \text{ mV}$，求输出电压。

18-23 ⫿⫿ **Multisim** 图 18-22 中加法电路的 $R_1 = 10 \text{ k}\Omega$，$R_2 = 20 \text{ k}\Omega$，$R_3 = 15 \text{ k}\Omega$，$R_4 = 15 \text{ k}\Omega$，$R_5 = 30 \text{ k}\Omega$，$R_f = 75 \text{ k}\Omega$。求当 $v_0 = 1 \text{ mV}$、$v_1 = 2 \text{ mV}$、$v_2 = 3 \text{ mV}$ 和 $v_3 = 4 \text{ mV}$ 时的输出电压。

18-24 图 18-23 平均电路中的 $R = 10 \text{ k}\Omega$，求当 $v_1 = 1.5 \text{ V}$，$v_2 = 2.5 \text{ V}$ 和 $v_3 = 4 \text{ V}$ 时的输出电压。

18-25 图 18-24 所示 D/A 转换器的输入 $v_0 = 5 \text{ V}$，$v_1 = 0 \text{ V}$，$v_2 = 5 \text{ V}$，$v_3 = 0 \text{ V}$，求输出电压。

18-26 将图 18-25 电路中二进制输入扩展到 8 位，输入 $D_7 \sim D_0$ 为 10100101，求相应的十进制数值。

18-27 将图 18-25 电路中二进制输入扩展，$D_7 \sim D_0$ 为 01100110，求输出电压。

18-28 图 18-25 的输入参考电压是 2.5 V，求输出电压的最小阶梯增量。

18.7 节

18-29 图 18-40 所示的同相放大器具有电流增强输出，其电压增益是多少？如果晶体管的电流增益为 100，短路输出电流是多少？

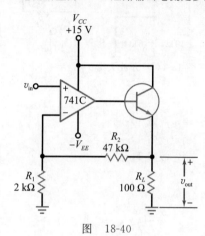

图　18-40

18-30 求图 18-41 电路的电压增益。如果晶体管的电流增益是 125，求短路输出电流。

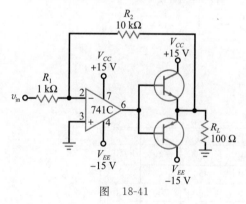

图　18-41

18.8 节

18-31 图 18-42a 电路的输出电流是多少？使运放不进入饱和区的最大负载电阻是多少？

18-32 计算图 18-42b 电路的输出电流和最大负载电阻。

18-33 如果图 18-30 电路中的 $R = 10\ \text{k}\Omega$，$V_{CC} = 15\ \text{V}$，求当输入电压是 3 V 时的输出电流和最大负载电阻。

18-34 图 18-31 中郝兰德电流源的 $R = 2\ \text{k}\Omega$，$R_f = 500\ \Omega$，求当输入电压是 6 V 时的输出电流。求当输入电压不大于 7.5 V（电源电压为 15 V）时的最大负载电阻。

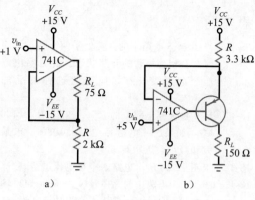

图　18-42

18.9 节

18-35 图 18-32 所示 AGC 电路中的 $R_1 = 10\ \text{k}\Omega$，$R_2 = 100\ \text{k}\Omega$，$R_3 = 100\ \text{k}\Omega$，$R_4 = 10\ \text{k}\Omega$，如果 r_{ds} 的变化范围是 200 $\Omega \sim 1$ MΩ。求电路的最小和最大电压增益。

18-36 图 18-33 所示低压 AGC 电路中的 $R_1 = 5.1\ \text{k}\Omega$，$R_2 = 51\ \text{k}\Omega$，$R_5 = 68\ \text{k}\Omega$，$R_6 = 1\ \text{k}\Omega$，如果 r_{ds} 的变化范围是 120 $\Omega \sim 5$ MΩ。求电路的最小和最大电压增益。

18-37 图 18-34 所示高压 AGC 电路中的 $R_1 = 10\ \text{k}\Omega$，$R_2 = 10\ \text{k}\Omega$，$R_5 = 75\ \text{k}\Omega$，$R_6 = 1.2\ \text{k}\Omega$，如果 R_7 的变化范围是 180 $\Omega \sim 10$ MΩ。求电路的最小和最大电压增益。

18-38 求图 18-43 所示单电源反相放大器的电压增益和三个低频截止频率。

18-39 若图 18-36 所示单电源同相放大器的 $R = 68\ \text{k}\Omega$，$R_1 = 1.5\ \text{k}\Omega$，$R_2 = 15\ \text{k}\Omega$，$R_L = 15\ \text{k}\Omega$，$C_1 = 1\ \mu\text{F}$，$C_2 = 2.2\ \mu\text{F}$，$C_3 = 3.3\ \mu\text{F}$。求电压增益和三个低频截止频率。

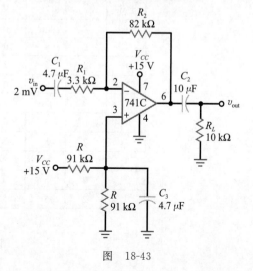

图　18-43

思考题

18-40 当图 18-8 电路中的开关处于两个触点之间时，会出现短暂的开路状态。此时输出电压会怎样变化？如何避免这种情况的发生？

18-41 反相放大器电路中的 $R_1 = 1$ kΩ，$R_f = 100$ kΩ，如果这些电阻容差为 ±0.1%。求最大和最小电压增益。

18-42 求图 18-44 所示电路的中频电压增益。

18-43 图 18-41 电路中的晶体管 $\beta_{dc} = 50$，如果输入电压是 0.5 V，求晶体管的基极电流。

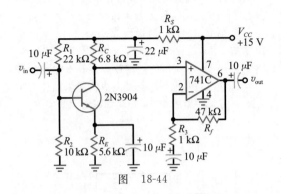

图 18-44

故障诊断

▮▮▮ **Multisim** 分析图 18-45 所示电路的情况。其中电阻可能开路或短接，连线 CD、EF、JA 或 KB 有可能断开。如果没有特别说明，则电压的单位是 mV。

18-44 确定故障 $T_1 \sim T_3$。

18-45 确定故障 $T_4 \sim T_6$。

18-46 确定故障 $T_7 \sim T_{10}$。

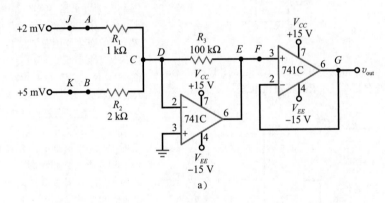

a)

故障诊断

故障	V_A	V_B	V_C	V_D	V_E	V_F	V_G
正常	2	5	0	0	450	450	450
T_1	2	5	0	0	450	0	0
T_2	2	5	0	0	200	200	200
T_3	2	5	2	2	−13.5 V	−13.5 V	−13.5 V
T_4	2	0	0	0	200	200	200
T_5	2	5	3	0	0	0	0
T_6	0	5	0	0	250	250	250
T_7	2	5	3	3	−13.5 V	−13.5 V	−13.5 V
T_8	2	5	0	0	250	250	250
T_9	2	5	0	0	0	0	0
T_{10}	2	5	5	5	−13.5 V	−13.5 V	−13.5 V

b)

图 18-45

求职面试问题

1. 画出交流耦合反相放大器的电路图，要求电压增益为 100。讨论它的工作原理。

2. 画出差分放大电路的电路图。说明 CMRR 的决定因素。

3. 画出典型的三级运放组成的仪表放大器。说明第一级对于差模信号和共模信号的作用。

4. 为什么仪表放大器是多级的？

5. 设计一个有特别用途的单级运放，在测试时，发现运放很热。假设电路在面包板上的连接是正确的，那么最有可能的问题会是什么？如何改正？

6. 说明反相放大器如何应用于高阻探针（×10 和 ×1）。

7. 如图 18-1 中的探针为什么是高阻？说明开关处在每一个位置时的电压增益应如何计算。

8. 说明 D/A 转换器的模拟输出与数字输入的关系。

9. 如何采用一个 9 V 电池和一个 741C 实现便携式放大器？如果需要直流响应，电路应如何修改？

10. 如何增加运放的输出电流？

11. 为什么图 18-27 所示电路不需要用电阻或二极管作偏置？

12. 在使用运放时，常用到轨到轨放大器一词。这里的轨指的是什么？

13. 741 可以用单电源供电吗？如果可以，如何实现一个反相放大器？

选择题答案

1. b　2. b　3. a　4. c　5. c　6. b　7. b　8. d　9. d　10. a　11. b　12. c　13. d　14. c　15. b
16. c　17. d　18. d　19. b　20. a　21. d　22. b　23. c　24. a

自测题答案

18-2　$R_2 = 60\ \text{k}\Omega$

18-3　$N = 7.5$；$nR = 1.154\ \text{k}\Omega$

18-4　$A_v = 51$；$A_{v(CM)} = 0.002$；
　　　$V_{out} = -510\ \text{mV}$；
　　　$V_{out(CM)} = \pm 20\ \text{mV}$

18-5　$A_{v1} = -1$；$A_{v2} = -0.5$；
　　　$A_{v3} = -1.06$；$A_{v4} = -0.798$

18-6　最大 $V_{out} = -9.375\ \text{V}$；
　　　最小 $V_{out} = -0.625\ \text{V}$

18-7　$A_v = -27$；$z_{out(CL)} = 0.021\ \Omega$；$I_{max} = 2.5\ \text{A}$

18-8　$i_{out} = 0.5\ \text{mA}$；$R_{L(max)} = 1\ \text{k}\Omega$

18-9　$i_{out} = -0.3\ \text{mA}$；$R_{L(max)} = 1.25\ \text{k}\Omega$

18-10　$r_{ds} = 2.13\ \text{k}\Omega$

第19章

有源滤波器

几乎所有通信系统中都会使用滤波器。滤波器使某一频带的信号通过，同时阻止另一频带的信号通过。滤波器分为无源滤波器和有源滤波器。**无源滤波器**由电阻、电容和电感构成，通常用于频率高于 1 MHz 的场合，没有功率增益，调谐相对较困难。**有源滤波器**由电阻、电容和运算放大器构成，通常用于频率低于 1 MHz 的场合，有功率增益，易于调谐。滤波可以将所需信号从无用信号中分离出来，抑制干扰信号，加强语音和视频信号，并以其他方式改变信号。

目标

在学习完本章后，你应该能够：

■ 描述五种基本滤波器的响应；

■ 描述无源滤波器和有源滤波器的区别；

■ 区分理想频率响应和逼近的频率响应；

■ 解释滤波器术语，包括通带、阻带、截止、Q 值、纹波和阶数；

■ 确定无源滤波器和有源滤波器的阶数；

■ 解释滤波器采用级联的原因，描述级联后的结果。

关键术语

有源滤波器（active filter）

全通滤波器（all-pass filter）

逼近（approximation）

衰减（attenuation）

带通滤波器（bandpass filter）

带阻滤波器（bandstop filter）

贝塞尔逼近（Bessel approximation）

双二阶带通/低通滤波器（biquadratic bandpass/lowpass filter）

巴特沃思逼近（Butterworth approximation）

切比雪夫逼近（Chebyshev approximation）

阻尼系数（damping factor）

延迟均衡器（delay equalizer）

边缘频率（edge frequency）

椭圆逼近（elliptic approximation）

频率缩放因子（frequency scaling factor，FSF）

几何平均（geometric average）

高通滤波器（high-pass filter）

反切比雪夫（inverse Chebyshev）

线性相移（linear phase shift）

低通滤波器（low-pass filter）

单调（monotonic）

多路反馈（multiple-feedback，MFB）

窄带滤波器（narrowband filter）

陷波器（notch filter）

滤波器阶数（order of a filter）

通带（passband）

无源滤波器（passive filter）

极点频率（pole frequency，f_p）

极点（poles）

预失真（predistortion）

萨伦-凯等值元件滤波器（Sallen-Key equal-component filter）

萨伦-凯低通滤波器（Sallen-Key low-pass filter）

萨伦-凯二阶（Sallen-Key second-order）

可变状态滤波器（state-variable filter）

阻带（stopband）

过渡带（transition）

宽带滤波器（wideband filter）

19.1 理想频率响应

本章对各种无源滤波器和有源滤波器电路进行综合介绍。19.1～19.4 节介绍基本滤波器术语和一阶滤波器。19.5 节及以后章节内容包括高阶滤波器的详细电路分析。

滤波器的频率响应是电压增益随频率变化的特性曲线。滤波器分为五种类型：低通、高通、带通、带阻和全通。本节分别讨论它们的理想频率响应特性。下一节论述理想频率响应的逼近方式。

19.1.1 低通滤波器

图 19-1 所示是**低通滤波器**的理想频率响应特性。因为矩形的右侧边界看上去像一面砖墙，所以又叫作砖墙响应。低通滤波器可以使零到截止频率之间的信号通过，阻止所有高于截止频率的信号通过。

对于低通滤波器，零到截止频率之间的部分称为**通带**，高于截止频率的部分称为**阻带**，通带和阻带之间的曲线下降区域称为**过渡带**。理想低通滤波器在通带内没有衰减（信号损失），在阻带内的衰减为无穷大，且具有垂直的过渡带。

另外，理想低通滤波器在通带内的相移为零。当输入信号为非正弦波时，零相移是很重要的。当非正弦波信号通过理想滤波器时，其信号的形状不变。例如，当输入信号为方波时，其中含有基波和各次谐波，如果基波和所有主要的谐波（近似为前 10 阶）都在通带内，则可得到波形近似的方波输出。

19.1.2 高通滤波器

图 19-2 所示是**高通滤波器**的理想频率响应特性。高通滤波器阻止零到截止频率之间的所有信号，同时使所有高于截止频率的信号通过。

对于高通滤波器，零到截止频率之间的部分为阻带，高于截止频率的部分为通带。理想高通滤波器在阻带内的衰减为无穷大，在通带内的衰减为零，且具有垂直的过渡带。

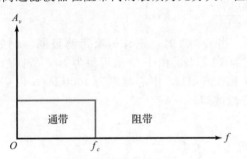

图 19-1 低通滤波器的理想频率响应特性

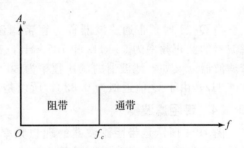

图 19-2 高通滤波器的理想频率响应特性

19.1.3 带通滤波器

带通滤波器可用于收音机或电视机的信号调谐，也可用于电话通信设备，实现同一信道中同时传输的不同通话的分离。

图 19-3 所示是带通滤波器的理想频率响应特性。响应阻止零到下限截止频率以及高于上限截止频率的信号，同时使处于两个截止频率之间的信号通过。

对于带通滤波器，处于上限和下限两个截止频率之间的部分是通带。低于下限截止频率和高

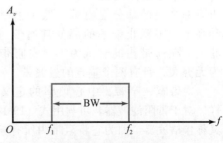

图 19-3 带通滤波器的理想频率响应特性

于上限截止频率的部分是阻带。理想带通滤波器在通带内的衰减为零，在阻带内的衰减为无穷大，且具有两个垂直的过渡带。

带通滤波器的带宽（BW）是 3 dB 的上限截止频率和下限截止频率之差：

$$BW = f_2 - f_1 \tag{19-1}$$

例如，当截止频率分别为 450 kHz 和 460 kHz 时，带宽为：

$$BW = 460 \text{ kHz} - 450 \text{ kHz} = 10 \text{ kHz}$$

又如，当截止频率分别为 300 Hz 和 3300 Hz 时，带宽为：

$$BW = 3300 \text{ Hz} - 300 \text{ Hz} = 3000 \text{ Hz}$$

用符号 f_0 来表示中心频率，定义为两个截止频率的**几何平均**：

$$f_0 = \sqrt{f_1 f_2} \tag{19-2}$$

例如，电话公司使用截止频率为 300 Hz 和 3300 Hz 的带通滤波器来分离不同的通话。带通滤波器的中心频率为：

$$f_0 = \sqrt{300 \text{ Hz} \times 3300 \text{ Hz}} = 995 \text{ Hz}$$

为避免不同通话之间的干扰，带通滤波器的频率响应接近图 19-3 所示的理想特性。

带通滤波器的 Q 值定义为中心频率除以带宽：

$$Q = \frac{f_0}{BW} \tag{19-3}$$

例如，当 $f_0 = 200 \text{ kHz}$，$BW = 40 \text{ kHz}$ 时，则 $Q = 5$。

当 $Q > 10$ 时，中心频率可近似为截止频率的算术平均：

$$f_0 \approx \frac{f_1 + f_2}{2}$$

例如，收音机中的带通滤波器（中频级）的截止频率为 450 kHz 和 460 kHz，其中心频率近似为：

$$f_0 \approx \frac{450 \text{ kHz} + 460 \text{ kHz}}{2} = 455 \text{ kHz}$$

当 $Q < 1$ 时，带通滤波器称为**宽带滤波器**，当 $Q > 1$ 时，则称为**窄带滤波器**。例如，滤波器的截止频率为 95 kHz 和 105 kHz，带宽为 10 kHz。由于 Q 值近似为 10，所以是窄带滤波器。又如，滤波器的截止频率为 300 Hz 和 3300 Hz，中心频率为 1000 Hz，带宽为 3000 Hz。由于 Q 值近似为 0.333，所以是宽带滤波器。

19.1.4　带阻滤波器

图 19-4 所示是**带阻滤波器**的理想频率响应特性。这类滤波器使零到下限截止频率以及高于上限截止频率的信号通过，同时阻止处于两个截止频率之间的信号通过。

对于带阻滤波器，下限截止频率和上限截止频率之间的部分是阻带。低于下限截止频率和高于上限截止频率的部分是通带。理想带阻滤波器在通带内的衰减为零，在阻带内的衰减为无穷大，且有两个垂直的过渡带。

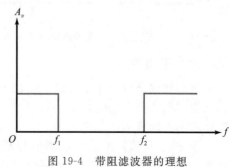

图 19-4　带阻滤波器的理想频率响应特性

对带宽、窄带、中心频率的定义与前文一样。对于带阻滤波器，可利用式（19-1）～式（19-3）来计算 BW、f_0 和 Q。带阻滤波器有时又称作陷波器，因为它将阻带内所有频率的信号阻止或者去除。

19.1.5　全通滤波器

图 19-5 所示是理想**全通滤波器**的频率响应。它只有通带，没有阻带。因此，零到无穷大频率的信号都可以通过。称之为滤波器有些不确切，因为它在全频带内都没有衰减。但这样命名的原因是考虑了它对所通过的信号在相位上的影响。当需要对输入信号进行相移而又不改变其幅度时，就需要用到全通滤波器。

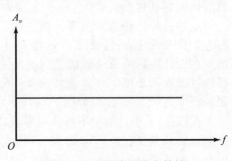

图 19-5　理想全通响应特性

滤波器的相位响应是相移随频率变化的特性曲线。如前所述，理想低通滤波器在全频带内的相位响应均为 0°。因此，当一个非正弦信号通过理想低通滤波器，如果它的基波和各阶主要谐波在通带内，则其输出波形不变。

全通滤波器的相位响应与理想低通滤波器不同。对于全通滤波器，当信号通过滤波器时，每一频率处的信号都可以有一定量的相移。例如，在 19.3 节论述的移相器是一个同相运放电路，在全频带内零衰减，但是输出相位在 0°～−180°之间。移相器是全通滤波器的简单例子。后续章节中将论述可产生更大相移的较复杂的全通滤波器。

知识拓展　可将无源低通和高通滤波器组合起来，实现带通或带阻滤波。

19.2　理想频率响应的逼近方式

前一节论述的理想频率响应在实际电路中是不可能实现的，作为理想响应的折中方案，可以采用特性逼近的方式。有五种标准逼近方式，每一种都有各自的优点。逼近方式的选择取决于实际应用的接受情况。

19.2.1　衰减

衰减是指信号的损失。定义为当输入电压恒定时，任一频率的输出电压除以中频区的输出电压：

$$衰减 = \frac{v_{\text{out}}}{v_{\text{out(mid)}}} \tag{19-3a}$$

例如，某频率处的输出电压为 1 V，中频区某频率处的输出电压为 2 V，则：

$$衰减 = \frac{1\,\text{V}}{2\,\text{V}} = 0.5$$

衰减通常用分贝来表示，使用如下公式：

$$衰减(\text{dB}) = -20\lg 衰减 \tag{19-3b}$$

例如，若衰减等于 0.5，则用分贝表示的衰减为：

$$衰减 = -20\lg 0.5 = 6\,\text{dB}$$

由于分贝表示的衰减表达式中有负号，衰减通常是正数。分贝表示的衰减以中频输出电压作为参考，将任意频率下的输出电压与滤波器中频输出电压做比较。由于衰减通常用分贝来表示，所以本书中的衰减均指衰减的分贝数。

例如，3 dB 的衰减意味着输出电压是中频输出电压的 0.707 倍；6 dB 的衰减意味着输出电压是中频输出电压的 0.5 倍；12 dB 的衰减意味着输出电压是中频输出电压的 0.25 倍；20 dB 的衰减意味着输出电压是中频输出电压的 0.1 倍。

19.2.2　通带衰减和阻带衰减

在滤波器的分析和设计中，低通滤波器是原型电路，可以在对其进行修改后构成其他电路。任何滤波器的问题一般都可转化为等价的低通滤波器的问题，并当作低通滤波器的问题来解决。因此，这里集中讨论低通滤波器，然后扩展到其他滤波器。

理想特性是在通带内零衰减，阻带内衰减无穷大，且有垂直的过渡带，这些是不可能实现的。在设计实际的低通滤波器时，将三个区域的特性近似表示于图 19-6。通带在 $0 \sim f_c$ 之间，阻带的频率高于 f_s，过渡带在 f_c 和 f_s 之间。

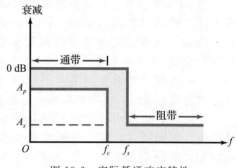

图 19-6   实际低通响应特性

在图 19-6 中，通带不再具有零衰减特性，而是允许衰减范围在 $0 \sim A_p$ 之间。例如，有些应用中允许的通带衰减为 $A_p = 0.5\,\text{dB}$。这意味着允许在通带内有 0.5 dB 的信号损失。

类似地，阻带也不再具有无穷大的衰减，而是允许衰减在 A_s 到无穷大之间。例如，有些应用中衰减为 $A_s = 60\,\text{dB}$ 就足够了。这意味着阻带内衰减在 60 dB 是可接受的。

图 19-6 中的过渡带不再是垂直的，而是允许非垂直的下降，下降速度由 f_c、f_s、A_p 和 A_s 的值决定。例如，当 $f_c = 1\,\text{kHz}$，$f_s = 2\,\text{kHz}$，$A_p = 0.5\,\text{dB}$，$A_s = 60\,\text{dB}$ 时，要求下降速度近似为 60 dB/十倍频程。

后文将要讨论的是这五种滤波器的逼近响应特性在通带、阻带和过渡带的折中。逼近特性可能优化的是通带的平坦度、过渡带的下降速度或相移特性。

最后要说明一点：低通滤波器通带内的最高频率叫作截止频率（f_c），由于它是通带边界，又称为**边缘频率**。有些滤波器在边缘频率处的衰减小于 3 dB，因此使用 $f_{3\,\text{dB}}$ 作为衰减下降 3 dB 时的频率，使用 f_c 作为边缘频率，边缘频率的衰减不一定是 3 dB。

19.2.3   滤波器的阶数

无源滤波器的阶数（表示为 n）等于滤波器中电感和电容的数量和。如果无源滤波器有 2 个电感和 2 个电容，则 $n = 4$；如果有 5 个电感和 5 个电容，则 $n = 10$。因此，滤波器的阶数说明了滤波器的复杂程度，阶数越高，滤波器越复杂。

有源滤波器的阶数取决于滤波器中包含的 RC 电路（又称极点）的数目。如果一个有源滤波器包含八个 RC 电路，则 $n = 8$。在有源滤波器中数出单独的 RC 电路通常比较困难。因此，可以使用简单的方法来确定有源滤波器的阶数：

$$n \approx \# \text{电容} \tag{19-4}$$

符号 "$\#$" 代表 "……的数量"。例如，若含有 12 个电容，则它的阶数是 12。

式（19-4）只是一个指导方法。由于数的是电容，而不是 RC 电路，所以可能有例外情况。除此之外，式（19-4）给出了一种快速简便的确定有源滤波器阶数或极点数的方法。

19.2.4   巴特沃思逼近

巴特沃思逼近有时又叫作最大平坦逼近，其通带内大部分区域的衰减为零，到通带的边界时逐渐衰减到 A_p。超过边缘频率后，响应特性以 $20n$ dB/十倍频程的速度下降，其中 n 是滤波器阶数：

$$\text{下降速度} = 20n \quad \text{dB/十倍频程} \tag{19-4a}$$

下降速度用倍频程的等效表示为：

$$\text{下降速度} = 6n \quad \text{dB/倍频程} \tag{19-4b}$$

例如，一阶巴特沃思滤波器的下降速度是 20 dB/十倍频程，或 6 dB/倍频程；四阶巴特沃思滤波器的下降速度是 80 dB/十倍频程，或 24 dB/倍频程；九阶巴特沃思滤波器的下降速度是 180 dB/十倍频程，或 54 dB/倍频程，等等。

图 19-7 所示是一个巴特沃思低通滤波器的频率响应，滤波器的指标为：$n=6$，$A_p=2.5\,\text{dB}$，$f_c=1\,\text{kHz}$。这些指标表明这是一个六阶或六个极点的滤波器，通带衰减为 2.5 dB，且边缘频率为 1 kHz。图 19-7 中频率轴的数字简写为：$2\text{E}3=2\times10^3=2000$（说明：E 代表指数）。

巴特沃思滤波器的主要优点是通带响应非常平坦，主要缺点是过渡带的下降速度相对较慢。

电子领域的创新者

斯蒂芬·巴特沃思（Stephen Butterworth，1885—1958），英国物理学家和天才数学家，1930 年在他题为"滤波放大器理论"的论文中描述了一个最大平坦幅度的滤波器。

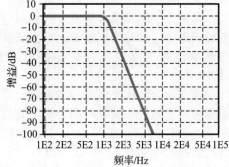

图 19-7　巴特沃思低通响应特性

19.2.5　切比雪夫逼近

在一些应用中，平坦的通带响应并不重要。在这种情况下，**切比雪夫逼近**可能是更好的选择。因为它在过渡带的下降速度比巴特沃思滤波器更快。获得较快下降速度的代价是通带响应出现了纹波。

图 19-8a 所示是一个切比雪夫低通滤波器的响应特性，滤波器的指标为：$n=6$，$A_p=2.5\,\text{dB}$，$f_c=1\,\text{kHz}$。这些指标和之前巴特沃思滤波器的指标相同。对比图 19-7 和图 19-8a，可以看出，相同阶数的切比雪夫滤波器的过渡带下降更快。因此，切比雪夫滤波器通常比相同阶数的巴特沃思滤波器的衰减更大。

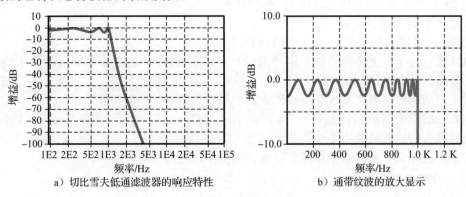

a）切比雪夫低通滤波器的响应特性　　　b）通带纹波的放大显示

图 19-8　切比雪夫逼近

切比雪夫低通滤波器通带内纹波的数量等于滤波器阶数的一半：

$$\#纹波 = \frac{n}{2} \tag{19-5}$$

如果滤波器是 10 阶，则通带有 5 个纹波；如果是 15 阶，则通带有 7.5 个纹波。图 19-8b 显示的是放大的 20 阶切比雪夫滤波器的响应，通带内有 10 个纹波。

图 19-8b 中，纹波的峰峰值相同，因此切比雪夫逼近有时又叫作**等纹波逼近**。根据应用的需要，纹波深度通常设计为 0.1～3 dB 之间。

19.2.6　反切比雪夫逼近

有些应用中既需要平坦的通带响应，同时也需要快速下降的过渡带，这时可以使用**反切比雪夫逼近**。它的通带响应特性平坦，并且阻带响应有纹波。其过渡带的下降速度与切比雪夫滤波器相近。

图 19-9 所示是一个反切比雪夫低通滤波器的响应特性，滤波器的指标为：$n=6$，$A_p=2.5$ dB，$f_c=1$ kHz。对比图 19-9、图 19-7 及图 19-8a，可以看到，反切比雪夫滤波器的通带平坦、过渡带下降快、阻带有纹波。

单调是指阻带没有纹波。在目前所讨论的各种逼近中，巴特沃思和切比雪夫滤波器具有单调的阻带。反切比雪夫滤波器的阻带有纹波。

确定一个反切比雪夫滤波器时，需要给定阻带可接受的最小衰减，因为阻带纹波可能达到这个值。例如，在图 19-9 中，反切比雪夫滤波器的阻带衰减为 60 dB。可以看到，纹波在阻带的不同频率处确实达到了这一衰减值。

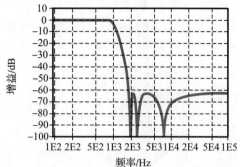

图 19-9　反切比雪夫低通滤波器响应特性

图 19-9 所示的反切比雪夫滤波器频率响应在阻带的某些频率处出现了陷波特性，即阻带的某些频率处的衰减为无穷大。

19.2.7　椭圆逼近

有些应用需要过渡带的下降速度最快。如果允许在通带和阻带有纹波，则可以选择**椭圆逼近**，又称为考尔滤波器。它是以牺牲通带和阻带的性能来得到过渡带的优化性能。

图 19-10 所示是一个椭圆低通滤波器的响应特性，滤波器的指标为：$n=6$，$A_p=2.5$ dB，$f_c=1$ kHz。可以看到，椭圆滤波器的特性是

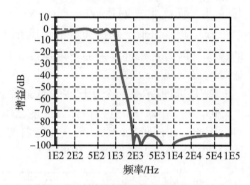

图 19-10　椭圆低通滤波器响应特性

通带有纹波、过渡带下降非常快、阻带有纹波。从边缘频率起，频率响应初始下降非常快，在过渡带的中间稍微减缓，然后又变得很陡，直至过渡带的终点。对复杂的滤波器来说，对给定的指标，椭圆逼近是阶数最少的，所以是最有效率的设计。

例如，假设给定指标为：$A_p=0.5$ dB，$f_c=1$ kHz，$A_s=2.5$ dB 和 $f_s=1.5$ kHz。每一种逼近需要的阶数或极点数为：巴特沃思（20），切比雪夫（9），反切比雪夫（9），椭圆（6）。也就是说，椭圆滤波器需要的电容最少，其电路实现最简单。

19.2.8　贝塞尔逼近

贝塞尔逼近和巴特沃思逼近相似，有平坦的通带、单调的阻带。相同阶数时，贝塞尔滤波器过渡带下降速度比巴特沃思滤波器慢得多。

图 19-11a 所示是一个贝塞尔低通滤波器的幅频响应特性，滤波器的指标为：$n=6$，$A_p=2.5$ dB，$f_c=1$ kHz。可以看到，贝塞尔滤波器有平坦的通带、下降较缓慢的过渡带和单调的阻带。对复杂的滤波器来说，对给定的指标，贝塞尔逼近的过渡带是下降最慢的。就是说，在所有逼近中，贝塞尔逼近是阶数最高或电路最复杂的。

为什么在相同指标条件下，贝塞尔滤波器的阶数最高呢？因为巴特沃思、切比雪夫、反切比雪夫和椭圆逼近都只是对幅频特性进行优化，而没有对输出信号的相位进行控制。而贝塞尔逼近则对**线性相移**特性进行了优化。即贝塞尔滤波器是以牺牲过渡带下降速度来获得线性相位优化的。

为什么需要线性的相位变化呢？回顾前文讨论的理想低通滤波器，其中的理想特性之一是相移为 0°。这是有必要的，因为这意味着当一个非正弦信号经过滤波器后其波形可以

保持不变。对贝塞尔滤波器来说，相移不可能为 0°，但可以得到线性的相频响应，即相移随频率线性增加。

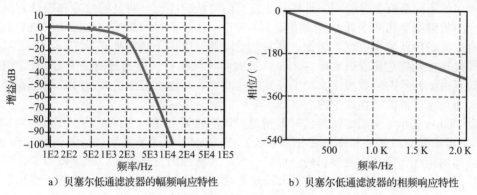

a）贝塞尔低通滤波器的幅频响应特性　　　　　b）贝塞尔低通滤波器的相频响应特性

图 19-11　贝塞尔低通响应特性

图 19-11b 所示是一个贝塞尔低通滤波器的相频响应特性，滤波器的指标为：$n=6$，$A_p=2.5$ dB，$f_c=1$ kHz。可以看到，相位响应是线性的。相移在 100 Hz 时近似为 14°、在 200 Hz 时为 28°、在 300 Hz 时为 42°……。这种线性关系覆盖整个通带，甚至超出了通带。当频率更高时，相位响应变为非线性，但这已经不重要了，重要的是通带内的所有频率具有线性的相位响应特性。

通带内所有频率的相移为线性，意味着输入非正弦信号的基波和各次谐波通过滤波器后的相位变化是线性的。因此，输出信号的波形和输入信号的波形相同。

贝塞尔滤波器主要的优点是使非正弦信号通过后的失真最小。测量这种失真的一种方法是通过滤波器的阶跃响应，即在输入端加入一个阶跃电压，在输出端用示波器来观测。贝塞尔滤波器的阶跃响应特性是最好的。

图 19-12a～图 19-12c 显示了不同低通滤波器的阶跃响应，这些滤波器的指标为：$A_p=3$ dB，$f_c=1$ kHz，$n=10$。图 19-12a 显示了巴特沃思滤波器的阶跃响应。可以看到，阶跃响应相对终值电压首先有过冲，然后有几次振铃，最后稳定在 1 V 的终值电压。这样的阶跃响应在有些应用中是可以接受的，但不够理想。图 19-12b 显示的切比雪夫滤波器的阶跃响应特性更差一些，不仅有过冲，而且稳定在终值电压前的振铃次数很多。这样的阶跃响应与理想特性相差太远，在有些应用中是不能接受的。反切比雪夫滤波器和巴特沃思滤波器的阶跃响应非常相似，它们都是在通带有最大平坦响应特性。椭圆滤波器与切比雪夫滤波

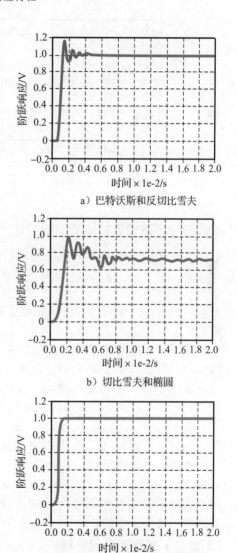

a）巴特沃斯和反切比雪夫

b）切比雪夫和椭圆

c）贝塞尔

图 19-12　阶跃响应特性

器的阶跃响应非常相似，它们的通带都有纹波。

图 19-12c 显示了贝塞尔滤波器的阶跃响应。响应电压几乎是输入阶跃电压的理想复制，唯一的不同是有上升时间。贝塞尔滤波器的阶跃响应没有明显的过冲和振铃。由于数字信号中的数据是由正负阶跃组成的，图 19-12c 中干净的阶跃响应比图 19-12a、19-12b 中的有失真的阶跃响应更好。因此，贝塞尔滤波器可以用于数字通信系统。

线性相位响应意味着恒定时延，即通带内所有频率的信号通过滤波器后的延时相等。信号时延由滤波器的阶数决定。除了贝塞尔滤波器，其他所有滤波器的时延是随着频率改变的，而贝塞尔滤波器在通带内所有频率下的时延是恒定的。

图 19-13a 显示了椭圆滤波器的时延情况，该滤波器的指标为：$A_p = 3$ dB，$f_c = 1$ kHz，$n = 10$。可以看到时延随频率的变化非常大。图 19-13b 显示了贝塞尔滤波器的时延情况，该滤波器的指标和椭圆滤波器相同。可以看到，在通带内及通带外，时延随频率几乎没有变化。因此，贝塞尔滤波器又称为最大平坦时延滤波器。恒定的时延意味着线性相移，反之亦然。

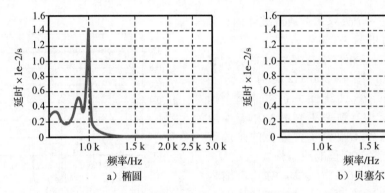

图 19-13　时延特性

19.2.9　不同逼近响应的下降特性

巴特沃思响应的过渡带下降速度可以用式（19-4a）和式（19-4b）来概括：

$$下降速度 = 20n \quad dB/ 十倍频程$$
$$下降速度 = 6n \quad dB/ 倍频程$$

切比雪夫、反切比雪夫和椭圆逼近的过渡带下降速度更快，贝塞尔在过渡带下降速度较慢。

非巴特沃思滤波器的过渡带下降速度不能用简单的公式来概括，因为其下降特性是非线性的，且由滤波器的阶数、纹波深度和其他因素决定。尽管不能用公式来描述这些非线性下降特性，但是可以对不同的下降速度进行比较。

表 19-1 列出了 $n = 6$、$A_p = 3$ dB 时的衰减情况。不同滤波器以在 $2f_c$ 处的衰减排序。贝塞尔滤波器的下降速度最慢，其次是巴特沃思滤波器，以此类推。所有在通带或阻带有纹波的滤波器在过渡带的下降速度都比贝塞尔和巴特沃思这种没有纹波的滤波器要快。

表 19-1　六阶逼近的衰减

类型	f_c/dB	$2f_c$/dB
贝塞尔	3	14
巴特沃思	3	36
切比雪夫	3	63
反切比雪夫	3	63
椭圆	3	93

19.2.10　其他类型滤波器

上述讨论的大部分内容可以用于高通、带通和带阻滤波器中。高通滤波器的各种逼近方式与低通滤波器相同，只是高通响应是低通响应特性沿边缘频率的水平翻转。例如，图 19-14 所示是高通巴特沃思滤波器响应，该滤波器的指标为：$n=6$，$A_p=2.5$ dB，$f_c=1$ kHz。这是之前论述的低通响应特性的镜像。切比雪夫、反切比雪夫、椭圆和贝塞尔高通滤波器的响应同样也是它们对应的低通响应特性的镜像。

　　带通响应与高通响应不同。下面例子中的滤波器指标为：$n=12$，$A_p=3$ dB，$f_0=1$ kHz，BW=3 kHz。图 19-15a 是巴特沃思滤波器的响应，其通带最大平坦，且阻带单调；图 19-15b 是切比雪夫滤波器的响应，通带有纹波，阻带单调。通带有六个纹波，是滤波器阶数的一半，符合式（19-5）。图 19-15c 是反切比雪夫滤波器的响应，其通带平坦，且阻带有纹波。图 19-15d 是椭圆滤波器的响应，通带和阻带都有纹波。图 19-15e 是贝塞尔滤波器的响应。

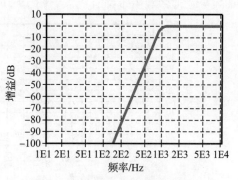

图 19-14　巴特沃思高通响应特性

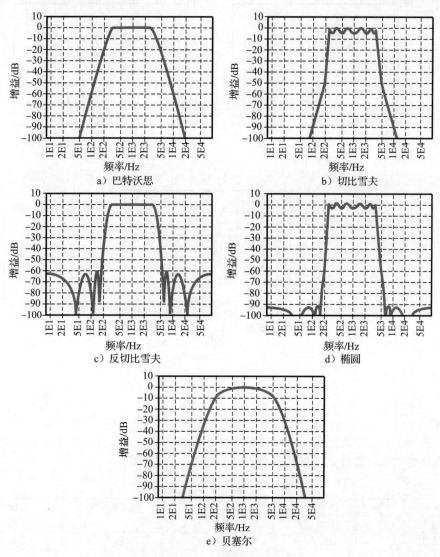

a）巴特沃思　　　　　　　　b）切比雪夫

c）反切比雪夫　　　　　　　d）椭圆

e）贝塞尔

图 19-15　带通响应特性

　　带阻滤波器的响应和带通滤波器的响应正好相反。图 19-16a 所示是巴特沃思滤波器的响应，该滤波器的指标为：$n=12$，$A_p=3$ dB，$f_0=1$ kHz，BW=3 kHz。其通带特性最大平坦，且阻带单调。图 19-16b 是切比雪夫滤波器的响应，通带有纹波，且阻带单调。图 19-16c 是反切比雪夫滤波器的响应，通带平坦，且阻带有纹波。图 19-16d 是椭圆滤波器的响应，通带和阻带都有纹波。图 19-16e 是贝塞尔滤波器的带阻响应。

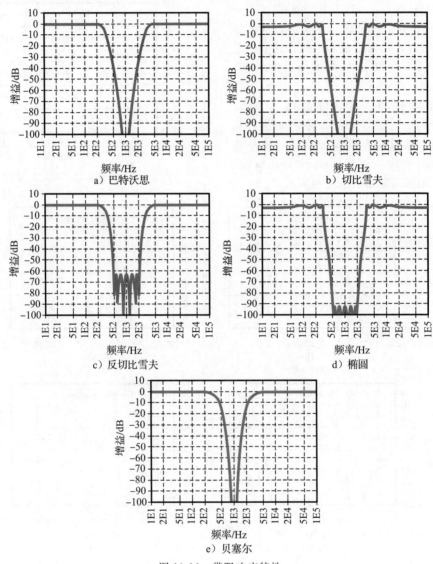

图 19-16　带阻响应特性

19.2.11　结论

　　表 19-2 总结了滤波器设计中使用的五种逼近特性，它们各有优缺点。当需要平坦的通带时，巴特沃思和反切比雪夫滤波器是合理的选择。通过对过渡带下降速度、阶数和其他设计方面的考虑，来决定使用的逼近方式。

表 19-2　滤波器的逼近特性

类型	通带	阻带	过渡带下降	阶跃响应
巴特沃思	平坦	单调	好	好
切比雪夫	纹波	单调	非常好	差

（续）

类型	通带	阻带	过渡带下降	阶跃响应
反切比雪夫	平坦	纹波	非常好	好
椭圆	纹波	纹波	最好	差
贝塞尔	平坦	单调	差	最好

如果有纹波的通带特性可以接受，则切比雪夫和椭圆滤波器是最好的选择。同样，要考虑过渡带下降速度、阶数和其他设计方面的因素，来做出最终选择。

当对阶跃响应特性有要求时，如果贝塞尔滤波器能够满足衰减的要求，则它是合理的选择。贝塞尔逼近是表中列出的唯一能维持非正弦信号的输出波形不变的滤波器。该特性在数字通信中很关键，因为数字信号中包含正负阶跃电压。

有些应用中，当贝塞尔滤波器不能提供足够的衰减时，可以将一个全通滤波器和一个非贝塞尔滤波器级联。如果设计的合适，全通滤波器可以将整体的相位特性线性化，从而得到近乎完美的阶跃响应，后面的章节将详细论述。

运放和电阻、电容组成的电路可以实现这五种逼近中的任何一种。可以看到，滤波器有很多种不同的电路实现方法，需要在设计复杂度、元件灵敏度和调谐的难易程度之间进行折中选择。例如，有些二阶滤波器只用了一个运放和少量元件。但这种简单电路的截止频率受元件的容差和温漂的影响严重。其他二阶滤波器使用三个或者更多的运放，这些复杂电路的性能受元件的容差和温漂的影响要小得多。

19.3 无源滤波器

在讨论有源滤波器之前，需要研究两个概念：二阶 LC 低通滤波器中的谐振频率和 Q 值。其电路形式类似于串联或并联谐振电路。在保持谐振频率不变的情况下改变 Q 值，可以使高阶滤波器的通带出现纹波。这是有源滤波器中的重要概念。

19.3.1 谐振频率和 Q 值

图 19-17 所示是 LC 低通滤波器。由于含有电感和电容两个电抗元件，其阶数为 2。二阶 LC 滤波器的谐振频率和 Q 值的定义如下：

$$f_0 = \frac{1}{2\pi\sqrt{LC}} \qquad (19\text{-}6)$$

$$Q = \frac{R}{X_L} \qquad (19\text{-}7)$$

图 19-17 二阶 LC 滤波器

式中，X_L 是谐振频率处的值。

例如，图 19-18a 中滤波器的谐振频率和 Q 值如下：

$$f_0 = \frac{1}{2\pi\sqrt{9.55 \text{ mH} \times 2.65 \text{ }\mu\text{F}}} = 1 \text{ kHz}$$

$$Q = \frac{600 \text{ }\Omega}{2\pi \times 1 \text{ kHz} \times 9.55 \text{ mH}} = 10$$

图 19-18b 显示了滤波器的频率响应。在滤波器谐振频率 1 kHz 处，响应出现尖峰，电压增益增加 20 dB。Q 值越高，谐振频率处的电压增益越大。

图 19-18c 中滤波器的谐振频率和 Q 值如下：

$$f_0 = \frac{1}{2\pi\sqrt{47.7 \text{ mH} \times 531 \text{ }\mu\text{F}}} = 1 \text{ kHz}$$

$$Q = \frac{600 \text{ }\Omega}{2\pi \times 1 \text{ kHz} \times 47.7 \text{ mH}} = 2$$

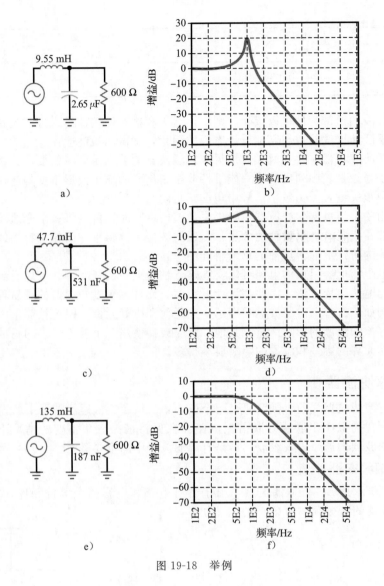

图 19-18　举例

图 19-18c 相对于图 19-18a，电感增加了 5 倍，电容减小了 5 倍。由于 LC 的乘积不变，谐振频率仍然是 1 kHz。

　　另外，由于 Q 值与电感成反比，所以 Q 值减小了 5 倍。图 19-18d 显示了滤波器的频率响应。注意到在滤波器谐振频率 1 kHz 处，响应出现了尖峰，但是由于 Q 值减小，电压增益只有 6 dB。

　　如果继续减小 Q 值，谐振频率处的尖峰就会消失。例如，图 19-18e 中滤波器的谐振频率和 Q 值如下：

$$f_0 = \frac{1}{2\pi\sqrt{135\ \text{mH} \times 187\ \text{nF}}} = 1\ \text{kHz}$$

$$Q = \frac{600\ \Omega}{2\pi \times 1\ \text{kHz} \times 135\ \text{mH}} = 0.707$$

图 19-18f 显示了巴特沃思滤波器的频率响应。当 Q 值为 0.707 时，谐振频率处的尖峰消失，通带具有最大平坦特性。当任何二阶滤波器的 Q 值为 0.707 时，其特性都是巴特沃思响应。

19.3.2 阻尼系数

另一种表述谐振频率处峰值的方法是使用**阻尼系数**，定义如下：

$$\alpha = \frac{1}{Q} \tag{19-8}$$

当 $Q=10$ 时，阻尼系数为：

$$\alpha = \frac{1}{10} = 0.1$$

类似地，Q 值为 2 时，$\alpha=0.5$；Q 值为 0.707 时，$\alpha=1.414$。

图 19-18b 的阻尼系数较小，$\alpha=0.1$。图 19-18d 的阻尼系数增加到 $\alpha=0.5$，谐振峰值减小。图 19-18f 的阻尼系数增加到 $\alpha=1.414$，谐振尖峰消失。阻尼的意思是"减少"或者"消失"。阻尼系数越高，峰值越低。

19.3.3 巴特沃思和切比雪夫响应

图 19-19 归纳了 Q 值在二阶滤波器中的作用。如图所示，Q 值为 0.707 时得到巴特沃思响应或者最大平坦响应。Q 值为 2 时的纹波深度为 6 dB，Q 值为 10 时的纹波深度为 20 dB。巴特沃思响应是临界阻尼，而纹波响应是欠阻尼，贝塞尔响应（图中未画出）是过阻尼，因为它的 Q 值为 0.577。

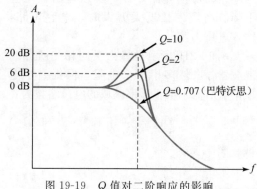

图 19-19 Q 值对二阶响应的影响

19.3.4 高阶 LC 滤波器

高阶 LC 滤波器通常由二阶滤波器级联而成。例如，图 19-20 所示的切比雪夫滤波器，边缘频率为 1 kHz，纹波深度为 1 dB。滤波器由三个二阶滤波器级联，总阶数是 6。由于是六阶滤波器，所以通带有三个纹波。

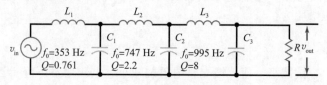

图 19-20   高阶滤波器中交错的谐振频率和 Q 值

每一级有各自的谐振频率和 Q 值，谐振频率的交错造成了通带内的三个纹波。Q 值交错使得当其他级特性下降时，在某一级出现峰值，从而维持通带内 1 dB 的纹波深度。例如，第一级的谐振频率是 353 Hz，第二级的谐振频率是 747 Hz。在第二级出现谐振的频点，第一级的特性已经下降，因此 747 Hz 的谐振峰值可以补偿第一级的下降。类似地，第三级的谐振频率是 995 Hz，此时第二级特性已经下降，第三级在 995 Hz 的峰值可以作为补偿。

二阶滤波器各级间谐振频率和 Q 值的交错方法既可以用于有源滤波器，也可以用于无源滤波器。即要得到高阶滤波器，可以对级联的二阶谐振频率和 Q 值的交错情况进行精确控制，从而得到所需要的响应特性。

19.4 一阶滤波器

一阶或单极点有源滤波器只有一个电容。因此，只能形成低通响应或高通响应。当 $n>1$ 时，可以实现带通和带阻滤波器。

19.4.1   低通滤波器

图 19-21a 显示的是最简单的一阶低通有源滤波器，由一个 RC 延迟电路和一个电压跟随器构成。电路的电压增益为：

$$A_v = 1$$

3 dB 截止频率为：

$$f_c = \frac{1}{2\pi R_1 C_1} \qquad (19\text{-}9)$$

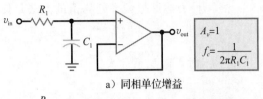

a) 同相单位增益

当频率增加且高于截止频率时，容抗减小，同相端输入电压减小。由于 $R_1 C_1$ 延迟电路在反馈环路之外，所以输出电压会下降。当频率接近无穷大时，电容短路，输入电压为零。

图 19-21b 所示是另一个同相一阶低通滤波器。虽然多了两个电阻，但提高了电压增益。低于截止频率区域的电压增益为：

$$A_v = \frac{R_2}{R_1} + 1 \qquad (19\text{-}10)$$

截止频率为：

$$f_c = \frac{1}{2\pi R_3 C_1} \qquad (19\text{-}11)$$

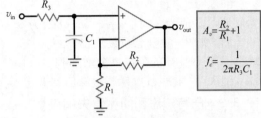

b) 同相电压增益

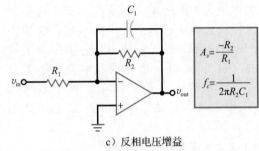

c) 反相电压增益

图 19-21   一阶低通滤波器

高于截止频率时，延迟电路使同相输入电压减小。由于 $R_3 C_1$ 延迟电路在反馈环路之外，所以输出电压以 20 dB/十倍频程速度下降。

图 19-21c 所示是反相一阶低通滤波器及其公式。低频时，电容表现为开路，电路为反相放大器，且电压增益为：

$$A_v = -\frac{R_2}{R_1} \qquad (19\text{-}12)$$

随着频率的增加，容抗减小，使反馈支路的阻抗减小，电压增益下降。当频率接近无穷大时，电容短路，电压增益为零。图 19-21c 所示的截止频率为：

$$f_c = \frac{1}{2\pi R_2 C_1} \qquad (19\text{-}13)$$

以上是实现一阶低通滤波器的方法。实现一阶有源滤波器只有图 19-21 所示的三种方法。

由于一阶滤波器没有谐振频率，只能实现巴特沃思响应特性；没有尖峰，也不会形成通带纹波。因此所有一阶滤波器的响应都具有最大平坦的通带和单调的阻带，且过渡带下降速度为 20 dB/十倍频程。

19.4.2   高通滤波器

图 19-22a 所示是最简单的一阶高通滤波器。其电压增益为：

$$A_v = 1$$

3 dB 截止频率为：

$$f_c = \frac{1}{2\pi R_1 C_1} \qquad (19\text{-}14)$$

当频率低于截止频率时，容抗增加，同相端输入电压减小。由于 $R_1 C_1$ 延迟电路在反馈环路之外，所以输出电压下降。当频率接近零时，电容变为开路，输入电压为零。

图 19-22b 所示是第二种同相一阶高通滤波器。当频率远高于截止频率时的电压增益为：

$$A_v = \frac{R_2}{R_1} + 1 \qquad (19\text{-}15)$$

3 dB 截止频率为：

$$f_c = \frac{1}{2\pi R_3 C_1} \qquad (19\text{-}16)$$

当频率远低于截止频率时，RC 电路使同相输入电压减小。由于 $R_3 C_1$ 延迟电路在反馈环路之外，所以输出电压以 20 dB/十倍频程速度下降。

图 19-22c 所示是第三种一阶高通滤波器及其公式。在高频时，电路为反相放大器，电压增益为：

$$A_v = \frac{-X_{C_2}}{X_{C_1}} = \frac{-C_1}{C_2} \qquad (19\text{-}17)$$

当频率下降时，容抗增加，使输入信号和反馈减小，因而电压增益减小。当频率接近零时，电容变为开路，输入电压为零。图 19-22c 所示的截止频率为：

$$f_c = \frac{1}{2\pi R_1 C_2} \qquad (19\text{-}18)$$

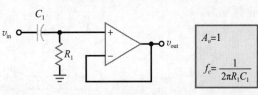

a）同相单位增益

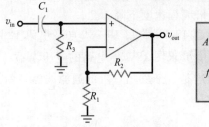

b）同相电压增益

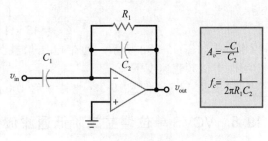

c）反相电压增益

图 19-22 一阶高通滤波器

例 19-1 求图 19-23a 电路的电压增益、截止频率和频率响应。　　▌▌▌Multisim

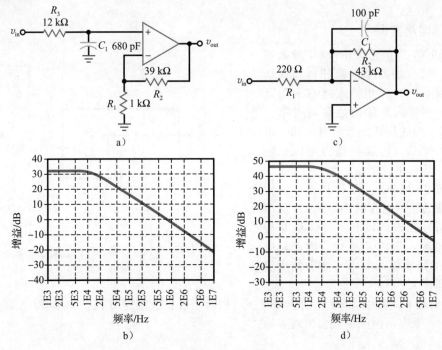

图 19-23 举例

解： 这是一个同相一阶低通滤波器，由式（19-10）和式（19-11）求得电压增益和截止频率为：

$$A_v = \frac{39\text{ k}\Omega}{1\text{ k}\Omega} + 1 = 40$$

$$f_c = \frac{1}{2\pi \times 12\text{ k}\Omega \times 680\text{ pF}} = 19.5\text{ kHz}$$

频率响应如图 19-23b 所示。通带电压增益为 32 dB。频率响应在 19.5 kHz 处转折，并以 20 dB/十倍频程速度下降。◀

📝 **自测题 19-1** 将图 19-23a 电路中的 12 kΩ 电阻改为 6.8 kΩ，重新计算截止频率。

例 19-2 求图 19-23c 电路的电压增益、截止频率和频率响应。

解： 这是一个反相一阶低通滤波器，由式（19-12）和式（19-13）求得电压增益和截止频率为：

$$A_v = \frac{-43\text{ k}\Omega}{220\ \Omega} = -195$$

$$f_c = \frac{1}{2\pi \times 43\text{ k}\Omega \times 100\text{ pF}} = 37\text{ kHz}$$

频率响应如图 19-23d 所示。通带电压增益为 45.8 dB。频率响应在 37 kHz 转折，并以 20 dB/十倍频程速度下降。◀

📝 **自测题 19-2** 将图 19-23c 电路中的 100 pF 电容改为 220 pF，重新计算截止频率。

19.5　VCVS 单位增益二阶低通滤波器

二阶或两极点滤波器易于设计和分析，是最为常见的。高阶滤波器通常采用二阶级联。每一级都有各自的谐振频率和 Q 值，共同决定了整个滤波器的频率响应。

本节讨论**萨伦-凯低通滤波器**（以发明者命名）。这种滤波器中的运放作为压控电压源，所以也称为 VCVS 滤波器。VCVS 低通滤波器能够实现巴特沃思逼近、切比雪夫逼近和贝塞尔逼近。

19.5.1　电路实现

图 19-24 所示是萨伦-凯二阶低通滤波器，其中的两个电阻相同，而两个电容则不同。同相输入端有一个延迟电路，在输入和输出之间通过第二个电容 C_2 构成反馈。低频时，两个电容表现为开路，运放连接为电压跟随器形式，具有单位增益。

当频率增加时，C_1 阻抗减小，同相输入端的输入电压减小。从 C_2 反馈回来的信号与输入同相，反馈信号与信号源相加，形成正反馈。因此，由 C_1 引起的同相输入端电压下降幅度没有原来那样大。

C_2 相对 C_1 越大，正反馈的作用越强，相当于增加电路的 Q 值。如果 C_2 大到使 Q 大于 0.707，则在谐振频率处会出现尖峰。

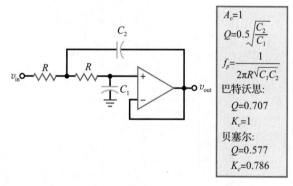

图 19-24　二阶 VCVS 巴特沃思和贝塞尔滤波器

19.5.2 极点频率

图 19-24 可得出：

$$Q = 0.5\sqrt{\frac{C_2}{C_1}} \tag{19-19}$$

且

$$f_p = \frac{1}{2\pi R\sqrt{C_1 C_2}} \tag{19-20}$$

极点频率（f_p）是设计有源滤波器时的一个特殊频率。极点频率的数学推导太复杂，需要 s 平面的相关知识。后续课程中在分析和设计滤波器时将使用 s 平面。（注：$s = \sigma + j\omega$，为复数。）

这里，只要知道如何计算极点频率就足够了。对更复杂的电路来说，极点频率为：

$$f_p = \frac{1}{2\pi\sqrt{R_1 R_2 C_1 C_2}}$$

在萨伦-凯单位增益滤波器中，$R_1 = R_2$，公式可以简化为式（19-20）。

知识拓展 从时域到 s 域的变换称为拉普拉斯变换。

19.5.3 巴特沃思响应和贝塞尔响应

在分析图 19-24 电路时，首先计算 Q 和 f_p。如果 $Q = 0.707$，则为巴特沃思响应，$K_c = 1$。如果 $Q = 0.577$，则为贝塞尔响应，$K_c = 0.786$。下面，可以计算截止频率：

$$f_c = K_c f_p \tag{19-21}$$

对巴特沃思和切比雪夫滤波器来说，截止频率总是衰减为 3 dB 处的频率。

19.5.4 峰值响应

图 19-25 显示了当 $Q > 0.707$ 时电路的分析方法。在得到 Q 值和谐振频率后，可用下列公式计算另外三个频率：

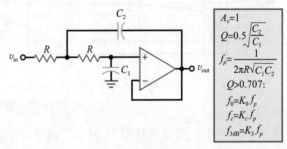

图 19-25 二阶 VCVS 滤波器 $Q > 0.707$

$$f_0 = K_0 f_p \tag{19-22}$$
$$f_c = K_c f_p \tag{19-23}$$
$$f_{3\,dB} = K_3 f_p \tag{19-24}$$

第一个频率是出现峰值时的谐振频率，第二个是边缘频率，第三个是 3 dB 频率。

表 19-3 列出了 K 值和 A_p 值随 Q 值变化的情况。首先是贝塞尔响应和巴特沃思响应，由于没有明显的谐振频率，K_0 值和 A_p 值无效。当 $Q > 0.707$ 时，会出现明显的谐振频率，K 值和 A_p 值有效。将表 19-3 数据作图得到图 19-26a 和图 19-26b。从表格中可以得到 Q 值为整数时的情况，从图 19-26a 和图 19-26b 中得到 Q 值为中间值的情况。例如，若 Q 值为 5，可以从表 19-3 或图 19-26 中得到如下近似值：$K_0 = 0.99$、$K_c = 1.4$、$K_3 = 1.54$、$A_p = 14$ dB。

表 19-3 二阶滤波器的 K 值和纹波深度

Q	K_0	K_c	K_3	A_p/dB
0.577	—	0.786	1	—
0.707	—	1	1	—
0.75	0.333	0.471	1.057	0.054

（续）

Q	K_0	K_c	K_3	A_p/dB
0.8	0.467	0.661	1.115	0.213
0.9	0.620	0.874	1.206	0.688
1	0.708	1.000	1.272	1.25
2	0.935	1.322	1.485	6.3
3	0.972	1.374	1.523	9.66
4	0.984	1.391	1.537	12.1
5	0.990	1.400	1.543	14
6	0.992	1.402	1.546	15.6
7	0.994	1.404	1.548	16.9
8	0.995	1.406	1.549	18
9	0.997	1.408	1.550	19
10	0.998	1.410	1.551	20
100	1.000	1.414	1.554	40

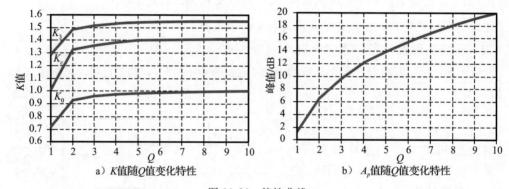

a）K值随Q值变化特性　　　　b）A_p值随Q值变化特性

图 19-26　特性曲线

在图 19-26a 中，当 Q 值接近 10 时，K 值达到稳定。当 Q 值大于 10 时，可使用下列近似值：

$$K_0 = 1 \tag{19-25}$$

$$K_c = 1.414 \tag{19-26}$$

$$K_3 = 1.55 \tag{19-27}$$

$$A_p = 20\lg Q \tag{19-28}$$

表 19-3 和图 19-26 中所给的值可适用于所有二阶低通滤波器。

19.5.5　运放的 GBW

前面所有关于有源滤波器的讨论中，均假设运放具有足够的 GBW，不会影响滤波器的性能。而有限的 GBW 会使级电路的 Q 值增加。当截止频率很高时，则设计中必须考虑到运放的有限 GBW 可能对滤波器性能造成的影响。

一种矫正有限 GBW 的方法是**预失真**。通过减小设计中需要的 Q 值来补偿有限的 GBW。例如，若某级的 Q 值应该为 10，由于有限 GBW 会使 Q 值增加到 11。则设计时可通过预失真使这一级的 Q 值为 9.1，有限 GBW 会使 Q 值由 9.1 变为 10。设计时应尽量避免预失真，因为低 Q 级和高 Q 滤波器有时会互相作用产生不利的影响。最好的方法是使用性能更好、GBW 更高的运放。

应用实例 19-3　求图 19-27 滤波器的极点频率、Q 值和截止频率。其频率响应如 Multisim 伯德图仪所示。

‖‖‖Multisim

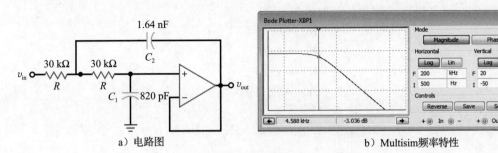

a) 电路图　　　　　　　　　　　　　b) Multisim频率特性

图 19-27　巴特沃思单位增益滤波器举例

解： Q 值和极点频率为：

$$Q = 0.5\sqrt{\frac{C_2}{C_1}} = 0.5\sqrt{\frac{1.64\text{ nF}}{820\text{ pF}}} = 0.707$$

$$f_p = \frac{1}{2\pi R\sqrt{C_1 C_2}} = \frac{1}{2\pi \times 30\text{ k}\Omega\sqrt{820\text{ pF} \times 1.64\text{ nF}}} = 4.58\text{ kHz}$$

Q 值为 0.707，说明是巴特沃思响应，所以截止频率等于极点频率：

$$f_c = f_p = 4.58\text{ kHz}$$

由于 $n=2$，滤波器的响应特性在 4.58 kHz 转折，并以 40 dB/十倍频程的速度下降。图 19-27b 显示了 Multisim 仿真的频率响应特性。◀

自测题 19-3　将电阻值改为 10 kΩ，重新计算例 19-3。

例 19-4　求图 19-28 滤波器的极点频率、Q 值和截止频率。

解： Q 值和极点频率为：

$$Q = 0.5\sqrt{\frac{C_2}{C_1}} = 0.5\sqrt{\frac{440\text{ pF}}{330\text{ pF}}} = 0.577$$

$$f_p = \frac{1}{2\pi R\sqrt{C_1 C_2}} = \frac{1}{2\pi \times 51\text{ k}\Omega\sqrt{330\text{ pF} \times 440\text{ pF}}} = 8.19\text{ kHz}$$

Q 值为 0.577，说明是贝塞尔响应，由式（19-21）得截止频率为：

$$f_c = K_c f_p = 0.786 \times 8.19\text{ kHz} = 6.44\text{ kHz}$$ ◀

自测题 19-4　将例 19-4 电路中的 C_1 改为 680 pF，若保持 Q 值为 0.577，C_2 的值应为多少？

例 19-5　求图 19-29 滤波器的极点频率、Q 值、截止频率和 3 dB 频率。

解： Q 值和极点频率为：

$$Q = 0.5\sqrt{\frac{C_2}{C_1}} = 0.5\sqrt{\frac{27\text{ nF}}{390\text{ pF}}} = 4.16$$

$$f_p = \frac{1}{2\pi R\sqrt{C_1 C_2}} = \frac{1}{2\pi \times 22\text{ k}\Omega\sqrt{390\text{ pF} \times 27\text{ pF}}} = 2.23\text{ kHz}$$

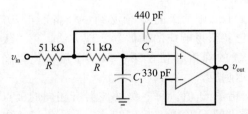

图 19-28　贝塞尔单位增益滤波器举例

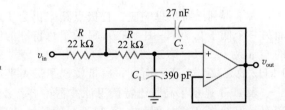

图 19-29　$Q > 0.707$ 的单位增益滤波器举例

根据图 19-26，可得到 K 和 A_p 的近似值如下：

$$K_0 = 0.99$$
$$K_c = 1.38$$
$$K_3 = 1.54$$
$$A_p = 12.5 \text{ dB}$$

截止频率或者边缘频率为：

$$f_c = K_c f_p = 1.38 \times 2.23 \text{ kHz} = 3.08 \text{ kHz}$$

3 dB 频率为：

$$f_{3\text{ dB}} = K_3 f_p = 1.54 \times 2.23 \text{ kHz} = 3.43 \text{ kHz}$$

✎ **自测题 19-5**　将图 19-29 电路中电容值从 27 nF 改为 14 nF，重新计算例 19-5。

19.6　高阶滤波器

　　设计高阶滤波器的标准方法是将一阶和二阶滤波器进行级联。当阶数为偶数时，只需级联二阶滤波器。当阶数为奇数时，则需要将二阶和一阶滤波器级联。例如，若设计一个六阶滤波器，可以采用三个二阶级联；若设计一个五阶滤波器，则可以级联两个二阶滤波器和一个一阶滤波器。

19.6.1　巴特沃思滤波器

　　当滤波器级联时，可以将每一级衰减的分贝数相加得到总的衰减。例如，图 19-30a 所示是由两个二阶级联构成的滤波器。如果每一级的 Q 值为 0.707、极点频率为 1 kHz，则每一级都是巴特沃思响应并且在 1 kHz 处的衰减为 3 dB。尽管每一级都是巴特沃思响应，由于极点频率特性的下降，使得总响应特性并不是巴特沃思，如图 19-30b 所示。因为每一级都在 1 kHz 截止频率处衰减 3 dB，则在 1 kHz 处的总衰减为 6 dB。

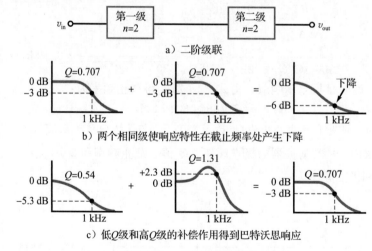

图 19-30　二阶级联滤波器

　　为了得到巴特沃思响应，且极点频率仍为 1 kHz，则两级的 Q 值必须一个高于 0.707 而另一个低于 0.707。图 19-30c 显示了总特性为巴特沃思响应的滤波器实现方法。第一级的 Q 值为 0.504，第二级的 Q 值为 1.31。第二级的峰值补偿了第一级的下降，使得在 1 kHz 的衰减为 3 dB。而且，通带实现了最大平坦响应。

　　表 19-4 显示了高阶巴特沃思滤波器中各级交错的 Q 值。每一级滤波器有相同的极点频率，但 Q 值不同。例如，图 19-30c 四阶滤波器中的 Q 值为 0.54 和 1.31，与表 19-4 中

的值相同。设计一个十阶巴特沃思滤波器，则需要五级 Q 值分别为 0.51、3.2、0.56、1.1 和 0.707 的滤波器。

表 19-4 高阶巴特沃思低通滤波器各级交错的 Q 值

阶数	第一级	第二级	第三级	第四级	第五级
2	0.707	—	—	—	—
4	0.54	1.31	—	—	—
6	0.52	1.93	0.707	—	—
8	0.51	2.56	0.6	0.9	—
10	0.51	3.2	0.56	1.1	0.707

19.6.2 贝塞尔滤波器

对于高阶贝塞尔滤波器，各级 Q 值和极点频率都需要是交错的。表 19-5 列出了每级滤波器的 Q 值和极点频率，其中滤波器的截止频率为 1000 Hz。例如，一个四阶贝塞尔滤波器第一级的 $Q=0.52$、$f_p=1432$ Hz，第二级的 $Q=0.81$、$f_p=1606$ Hz。

表 19-5 贝塞尔低通滤波器各级交错的 Q 值和极点频率（$f_c=1000$ Hz）

阶数	Q_1	f_{p1}	Q_2	f_{p2}	Q_3	f_{p3}	Q_4	f_{p4}	Q_5	f_{p5}
2	0.577	1274	—	—	—	—	—	—	—	—
4	0.52	1432	0.81	1606	—	—	—	—	—	—
6	0.51	1607	1.02	1908	0.61	1692	—	—	—	—
8	0.51	1781	1.23	2192	0.71	1956	0.56	1835	—	—
10	0.50	1946	1.42	2455	0.81	2207	0.62	2066	0.54	1984

如果截止频率不是 1000 Hz，则表 19-5 中的极点频率需要乘以**频率缩放因子**（FSF）：

$$\text{FSF} = \frac{f_c}{1\ \text{kHz}}$$

例如，若一个六阶贝塞尔滤波器的截止频率为 7.5 kHz，则表 19-5 中每个极点频率乘以 7.5。

19.6.3 切比雪夫滤波器

高阶切比雪夫滤波器需要各级交错的 Q 值和极点频率。而且必须包括纹波深度。表 19-6 显示了每级滤波器的 Q 值和 f_p。例如，一个纹波深度为 2 dB 的六阶切比雪夫滤波器要求第一级的 $Q=0.9$、$f_p=316$ Hz，第二级的 $Q=10.7$、$f_p=983$ Hz，第三级的 $Q=2.84$、$f_p=730$ Hz。

表 19-6 切比雪夫低通滤波器的 A_p、Q 值和极点频率（$f_c=1000$ Hz）

阶数	A_p, dB	Q_1	f_{p1}	Q_2	f_{p2}	Q_3	f_{p3}	Q_4	f_{p4}
2	1	0.96	1050	—	—	—	—	—	—
	2	1.13	907	—	—	—	—	—	—
	3	1.3	841	—	—	—	—	—	—
4	1	0.78	529	3.56	993	—	—	—	—
4	2	0.93	471	4.59	964	—	—	—	—
	3	1.08	443	5.58	950	—	—	—	—
6	1	0.76	353	8	995	2.2	747	—	—
	2	0.9	316	10.7	983	2.84	730	—	—
	3	1.04	298	12.8	977	3.46	722	—	—
8	1	0.75	265	14.2	997	4.27	851	1.96	584
	2	0.89	238	18.7	990	5.58	842	2.53	572
	3	1.03	224	22.9	987	6.83	839	3.08	566

19.6.4 滤波器设计

前文给出了设计高阶滤波器的基本概念。至此，只讨论了最简单电路实现形式：萨伦-凯单位增益二阶滤波器。通过将萨伦-凯单位增益二阶滤波器级联，使每级的 Q 值和极点频率相互交错，可以实现巴特沃思、贝塞尔、切比雪夫逼近的高阶滤波器。

前面的列表中给出了在不同设计中所需的每级交错的 Q 值和极点频率。在滤波器手册中可以得到更大、更全的数据表格。有源滤波器的设计非常复杂，尤其是当滤波器的阶数超过 20 并且需要在电路复杂度、元件灵敏度和调谐的难易程度间进行折中设计时。

由此可知：所有实际的滤波器设计都是通过计算机完成的，因为手工计算太困难也太耗时。设计有源滤波器的计算机程序中存储了之前讨论的五种逼近（巴特沃思、切比雪夫、反切比雪夫、椭圆和贝塞尔逼近）所需的所有公式、表格和电路。其中的级电路从简单的单运放级到复杂的五运放级。

知识拓展 许多半导体厂商都有基于网络的滤波器设计工具。

19.7 VCVS 等值元件低通滤波器

图 19-31 所示是另一个萨伦-凯二阶低通滤波器。其中两个电阻值和两个电容值都分别相等，所以称为**萨伦-凯等值元件滤波器**。电路的中频电压增益为：

$$A_v = \frac{R_2}{R_1} + 1 \tag{19-29}$$

该电路的工作原理与萨伦-凯单位增益滤波器相似，只是电压增益不同。由于电压增益使得通过反馈电容的正反馈量更大，所以该级的 Q 值是电压增益的函数：

$$Q = \frac{1}{3 - A_v} \tag{19-30}$$

由于 A_v 大于等于 1，Q 的最小值为 0.5。当 A_v 从 1 增加到 3 时，Q 值从 0.5 变为无穷大。因此，A_v 的取值范围在 1~3 之间。当 A_v 大于 3 时，由于正反馈过大，会使电路发生振荡。实际上，当电压增益接近 3 时就会有振荡的危险，因为元件的容差和漂移可能使电压增益大于 3。后面将会举例说明。

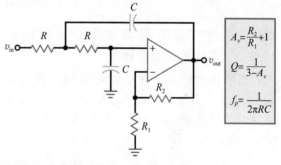

利用图 19-31 给出的公式计算 A_v、Q 值、f_p，其他分析方法和之前相同。巴特

图 19-31 VCVS 等值元件滤波器

沃思滤波器的 $Q = 0.707$、$K_c = 1$。贝塞尔滤波器的 $Q = 0.577$、$K_c = 0.786$。对于其他的 Q 值，可以通过对表 19-3 中数据进行插值或由图 19-26 得到近似的 K 和 A_p 值。

应用实例 19-6 求图 19-32 滤波器的极点频率、Q 值和截止频率。其频率响应如 Multisim 伯德图仪所示。

‖‖‖ **Multisim**

解： A_v、Q 值和 f_p 为：

$$A_v = \frac{30 \text{ k}\Omega}{51 \text{ k}\Omega} + 1 = 1.59$$

$$Q = \frac{1}{3 - A_v} = \frac{1}{3 - 1.59} = 0.709$$

$$f_p = \frac{1}{2\pi RC} = \frac{1}{2\pi \times 47 \text{ k}\Omega \times 300 \text{ pF}} = 10.3 \text{ kHz}$$

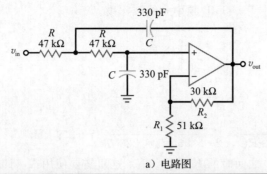

a）电路图

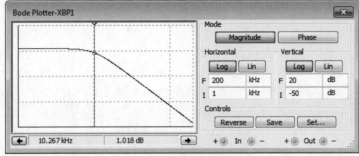

b）Multisim极点频率

图 19-32　巴特沃思等值元件滤波器举例

当 Q 值为 0.77 时，纹波为 0.1 dB；当 Q 值为 0.709 时，纹波为 0.003 dB。从实际的效果来看，Q 值为 0.709 意味着滤波器的特性已非常接近巴特沃思响应。

　　该巴特沃思滤波器的截止频率等于极点频率，为 10.3 kHz。需注意，在图 19-32b 中显示的极点频率约为 1 dB，比通带增益 4 dB 低了 3 dB。　◀

自测题 19-6　将例 19-6 中的 47 kΩ 电阻改为 22 kΩ，计算 A_v、Q 值和 f_p。

例 19-7　求图 19-33 滤波器的极点频率、Q 值和截止频率。

解：A_v、Q 值和 f_p 为：

$$A_v = \frac{15\ \text{k}\Omega}{56\ \text{k}\Omega} + 1 = 1.27$$

$$Q = \frac{1}{3 - A_v} = \frac{1}{3 - 1.27} = 0.578$$

$$f_p = \frac{1}{2\pi RC} = \frac{1}{2\pi \times 82\ \text{k}\Omega \times 100\ \text{pF}}$$
$$= 19.4\ \text{kHz}$$

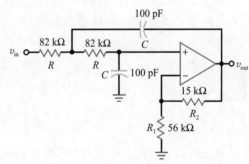

图 19-33　贝塞尔等值元件滤波器举例

该 Q 值符合贝塞尔二阶滤波器响应特性。而且，$K_c = 0.786$，截止频率为：
$$f_c = 0.786 f_p = 0.786 \times 19.4\ \text{kHz}$$
$$= 15.2\ \text{kHz}　◀$$

自测题 19-7　将电容改为 330 pF，电阻改为 100 kΩ，重新计算例 19-7。

例 19-8　求图 19-34 滤波器的极点频

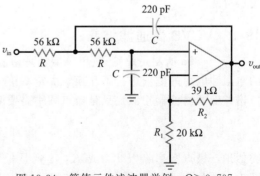

图 19-34　等值元件滤波器举例，$Q > 0.707$

率、Q 值、谐振频率、截止频率、3 dB 频率和纹波深度。

解： A_v、Q 值和 f_p 为：

$$A_v = \frac{39 \text{ k}\Omega}{20 \text{ k}\Omega} + 1 = 2.95$$

$$Q = \frac{1}{3 - A_v} = \frac{1}{3 - 2.95} = 20$$

$$f_p = \frac{1}{2\pi RC} = \frac{1}{2\pi \times 56 \text{ k}\Omega \times 220 \text{ pF}} = 12.9 \text{ kHz}$$

图 19-26 只给出 Q 值在 1~10 之间时的 K 和 A_p 值。这里需要使用式（19-25）~式（19-28）计算 K 和 Q 值：

$$K_0 = 1$$
$$K_c = 1.414$$
$$K_3 = 1.55$$
$$A_p = 20\lg Q = 20\lg 20 = 26 \text{ dB}$$

谐振频率为：

$$f_0 = K_0 f_p = 12.9 \text{ kHz}$$

边缘截止频率为：

$$f_c = K_c f_p = 1.414 \times 12.9 \text{ kHz} = 18.2 \text{ kHz}$$

3 dB 频率为：

$$f_{3 \text{ dB}} = K_3 f_p = 1.55 \times 12.9 \text{ kHz} = 20 \text{ kHz}$$

电路在 12.9 kHz 谐振，谐振峰值为 26 dB，在截止频率处的衰减为 0 dB，在 20 kHz 衰减为 3 dB。

由于 Q 值太高，像这样的萨伦-凯电路是不实用的。由于电压增益为 2.95，R_1 和 R_2 值的任何变化都可能造成 Q 值大幅增加。例如，若电阻的容差是 $\pm 1\%$，电压增益可以增大为：

$$A_v = \frac{1.01 \times 39 \text{ k}\Omega}{0.99 \times 20 \text{ k}\Omega} + 1 = 2.989$$

从而使 Q 值为：

$$Q = \frac{1}{3 - A_v} = \frac{1}{3 - 2.989} = 90.9$$

Q 值从设计值 20 变为 90.9，说明实际频率响应和设计要求完全不同。

尽管萨伦-凯等值元件滤波器比其他滤波器简单，但缺点是在高 Q 值时的元件灵敏度太高。所以在高 Q 值应用时往往使用较复杂的电路，用复杂度的增加来减小元件的灵敏度。 ◀

19.8 VCVS 高通滤波器

图 19-35a 所示是萨伦-凯单位增益高通滤波器及其公式。与低通滤波器相比，电路中的电阻和电容的位置进行了互换，决定 Q 值的电容比变为电阻比。计算公式与萨伦-凯单位增益低通滤波器相似，只是极点频率需要除以 K 值。高通滤波器的截止频率为：

$$f_c = \frac{f_p}{K_c} \tag{19-31}$$

类似地，极点频率除以 K_0 或 K_3 得到其他频率。例如，当极点频率为 2.5 kHz 时，从图 19-26 中得到 $K_c = 1.3$，高通滤波器的截止频率为：

$$f_c = \frac{2.5 \text{ kHz}}{1.3} = 1.92 \text{ kHz}$$

图 19-35b 所示是萨伦-凯等值元件高通滤波器及其公式。与萨伦-凯等值元件低通滤波器相比，所有公式中的电阻和电容的位置互换。下面举例说明高通滤波器的分析方法。

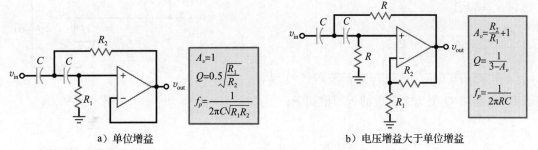

a）单位增益   b）电压增益大于单位增益

图 19-35 二阶 VCVS 高通滤波器

应用实例 19-9 求图 19-36 滤波器的极点频率、Q 值和截止频率。其频率响应如 Multisim 伯德图仪所示。 **||||| Multisim**

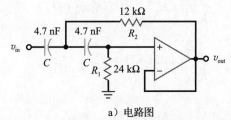

a）电路图

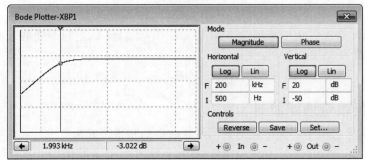

b）Multisim 截止频率

图 19-36 高通巴特沃思滤波器举例

解： Q 值和极点频率为：

$$Q = 0.5 \sqrt{\frac{R_1}{R_2}} = 0.5 \sqrt{\frac{24 \text{ k}\Omega}{12 \text{ k}\Omega}} = 0.707$$

$$f_p = \frac{1}{2\pi C \sqrt{R_1 R_2}} = \frac{1}{2\pi \times 4.7 \text{ nF} \sqrt{24 \text{ k}\Omega \times 12 \text{ k}\Omega}} = 2 \text{ kHz}$$

由于 $Q = 0.707$，滤波器具有二阶巴特沃思响应特性。同时：

$$f_c = f_p = 2 \text{ kHz}$$

滤波器的高通响应在 2 kHz 转折，并以 40 dB/十倍频程的速度下降。图 19-36b 显示了 Multisim 仿真的效率响应特性。 ◀

自测题 19-9 将图 19-36 电路中的电阻值加倍，求电路的 Q 值、f_p 和 f_c。

例 19-10 求图 19-37 滤波器的极点频率、Q 值、谐振频率、截止频率、3 dB 频率和纹波深度或峰值。

解： A_v、Q 值和 f_p 为：

$$A_v = \frac{15\ \text{k}\Omega}{10\ \text{k}\Omega} + 1 = 2.5$$

$$Q = \frac{1}{3 - A_v} = \frac{1}{3 - 2.5} = 2$$

$$f_p = \frac{1}{2\pi RC} = \frac{1}{2\pi \times 30\ \text{k}\Omega \times 1\ \text{nF}} = 5.31\ \text{kHz}$$

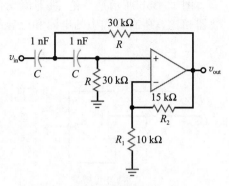

图 19-37 高通滤波器举例，$Q > 1$

图 19-26 给出 Q 值为 2 对应的近似值如下：

$$K_0 = 0.94$$
$$K_c = 1.32$$
$$K_3 = 1.48$$
$$A_p = 20\lg Q = 20\lg 2 = 6.3\ \text{dB}$$

谐振频率为：

$$f_0 = \frac{f_p}{K_0} = \frac{5.31\ \text{kHz}}{0.94} = 5.65\ \text{kHz}$$

截止频率为：

$$f_c = \frac{f_p}{K_c} = \frac{5.31\ \text{kHz}}{1.32} = 4.02\ \text{kHz}$$

3 dB 频率为：

$$f_{3\,\text{dB}} = \frac{f_p}{K_3} = \frac{5.31\ \text{kHz}}{1.48} = 3.59\ \text{kHz}$$

电路在 5.65 kHz 谐振，谐振峰值为 6.3 dB，在 4.02 kHz 截止频率处的衰减为 0 dB，在 3.59 kHz 处衰减为 3 dB。◄

自测题 19-10 将 15 kΩ 电阻改为 17.5 kΩ，重新计算例 19-10。

19.9 多路反馈带通滤波器

带通滤波器参数有中心频率和带宽，带通响应的基本公式为：

$$\text{BW} = f_2 - f_1$$
$$f_0 = \sqrt{f_1 f_2}$$
$$Q = \frac{f_0}{\text{BW}}$$

当 Q 值小于 1 时，滤波器是宽带响应。此时，带通滤波器通常由一个高通和一个低通滤波器级联而成。当 Q 值大于 1 时，滤波器是窄带响应，具有不同的实现方法。

19.9.1 宽带滤波器

假设要设计一个带通滤波器，下限截止频率为 300 Hz，上限截止频率为 3.3 kHz。则中心频率为：

$$f_0 = \sqrt{f_1 f_2} = \sqrt{300\ \text{Hz} \times 3.3\ \text{kHz}} = 995\ \text{Hz}$$

其带宽为：

$$\text{BW} = f_2 - f_1 = 3.3\ \text{kHz} - 300\ \text{Hz} = 3\ \text{kHz}$$

Q 值为：

$$Q = \frac{f_0}{\mathrm{BW}} = \frac{995\ \mathrm{Hz}}{3\ \mathrm{kHz}} = 0.332$$

由于 Q 值小于 1，可以采用一个高通和一个低通级联，如图 19-38 所示。高通滤波器的截止频率为 300 Hz，低通滤波器的截止频率为 3.3 kHz。当两个响应相加时，得到带通响应，其截止频率分别为 300 Hz 和 3.3 kHz。

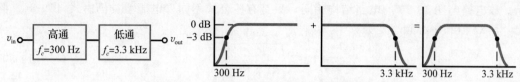

图 19-38　由低通和高通级联构成宽带滤波器

当 Q 值大于 1 时，两个截止频率比图 19-38 中的更靠近，使截止频率处的通带衰减的总和大于 3 dB。所以窄带滤波器通常采用另一种设计方法。

19.9.2　窄带滤波器

当 Q 值大于 1 时，可以采用图 19-39 所示的**多路反馈滤波器**（MFB）。首先，输入信号加在反相输入端而不是同相输入端；其次，电路有两条反馈路径，一条通过电阻反馈，另一条通过电容反馈。

低频时，电容表现为开路，输入信号不能到达运放，输出为零；高频时，电容表现为短路，由于反馈电容阻抗为零，所以电压增益为零。在低频和高频之间的中频区，电路类似一个反相放大器。

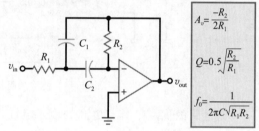

图 19-39　多路反馈滤波器

其中频电压增益为：

$$A_v = -\frac{R_2}{2R_1} \tag{19-32}$$

除了分母有一个因子 2 以外，中频电压增益与反相放大器的电压增益几乎一致。电路的 Q 值为：

$$Q = 0.5\sqrt{\frac{R_2}{R_1}} \tag{19-33}$$

该式等效为：

$$Q = 0.707\sqrt{-A_v} \tag{19-34}$$

例如，若 $A_v = -100$，则有：

$$Q = 0.707\sqrt{100} = 7.07$$

式（19-34）说明电压增益越高，Q 值越高。

中心频率为：

$$f_0 = \frac{1}{2\pi\sqrt{R_1 R_2 C_1 C_2}} \tag{19-35}$$

由于图 19-39 中 $C_1 = C_2$，该式简化为：

$$f_0 = \frac{1}{2\pi C\sqrt{R_1 R_2}} \tag{19-36}$$

19.9.3　输入阻抗的增大

式（19-33）说明 Q 值与 R_2/R_1 的平方根成正比。要得到高 Q 值，需要增大 R_2/R_1

的值。例如，为了使 Q 值为 5，R_2/R_1 必须等于 100。为了避免输入失调和偏置电流的问题，R_2 通常要小于 100 kΩ，也就是说 R_1 必须小于 1 kΩ。当 Q 值大于 5 时，R_1 必须更小。这意味着，在 Q 值较高时，图 19-39 电路的输入阻抗可能过低。

图 19-40a 所示是可以使输入阻抗增加的多路反馈带通滤波器。与之前的电路相比，增加了一个电阻 R_3，R_1 和 R_3 形成分压器。由戴维南定理，电路可简化为图 19-40b 所示。该电路与图 19-39 的电路结构相同，只是有些公式不同。电压增益仍由式（19-34）给出，而 Q 值和中心频率变为：

$$Q = 0.5 \sqrt{\frac{R_2}{R_1 \parallel R_3}} \tag{19-37}$$

$$f_0 = \frac{1}{2\pi C \sqrt{(R_1 \parallel R_3) R_2}} \tag{19-38}$$

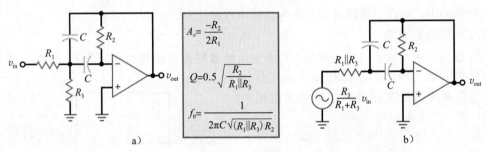

图 19-40　使输入阻抗增加的多路反馈滤波器

该电路的优点是具有更高的输入阻抗，因为对于给定的 Q 值，R_1 可以取较高的值。

19.9.4　带宽恒定的中心频率可调滤波器

许多应用中是不需要电压增益大于 1 的，因为电压增益通常在其他级电路中获得。如果单位电压增益可以接受，则可使用一个巧妙的电路，在保持带宽恒定的情况下实现可调的中心频率。

图 19-41 所示是改进的多路反馈电路，其中 $R_2 = 2R_1$，R_3 是可变电阻，该电路的分析公式为：

$$A_v = -1 \tag{19-39}$$

$$Q = 0.707 \sqrt{\frac{R_1 + R_3}{R_3}} \tag{19-40}$$

$$f_0 = \frac{1}{2\pi C \sqrt{2R_1 (R_1 \parallel R_3)}} \tag{19-41}$$

由于 $\text{BW} = f_0/Q$，可得带宽为：

$$\text{BW} = \frac{1}{2\pi R_1 C} \tag{19-42}$$

式（19-41）表明可以通过改变 R_3 使 f_0 发生改变，而式（19-42）表明带宽与 R_3 无关。这样，在改变中心频率时可以保持带宽不变。

图 19-41 中的可变电阻 R_3 常使用结型场效应晶体管作为压控电阻。由于栅压可以改变结型管的电阻，则电

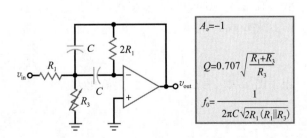

图 19-41　带宽恒定的中心频率
可调多路反馈滤波器

路的中心频率可实现电子调节。

例 19-11 图 19-42 中结型场效应晶体管的栅压可使其电阻在 $15\sim80\ \Omega$ 之间变化。求带宽、最小和最大中心频率。

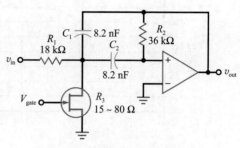

图 19-42　压控电阻可调谐多路
反馈滤波器

解： 由式（19-42）解得带宽为：

$$\text{BW} = \frac{1}{2\pi R_1 C} = \frac{1}{2\pi \times 18\ \text{k}\Omega \times 8.2\ \text{nF}}$$

$$= 1.08\ \text{kHz}$$

由式（19-41）得最小中心频率为：

$$f_0 = \frac{1}{2\pi C \sqrt{2R_1(R_1 \parallel R_3)}}$$

$$= \frac{1}{2\pi \times 8.2\ \text{nF} \sqrt{2 \times 18\ \text{k}\Omega \times 18\ \text{k}\Omega \parallel 80\ \Omega}}$$

$$= 11.4\ \text{kHz}$$

最大中心频率为：

$$f_0 = \frac{1}{2\pi \times 8.2\ \text{nF} \sqrt{2 \times 18\ \text{k}\Omega(18\ \text{k}\Omega \parallel 15\ \Omega)}} = 26.4\ \text{kHz} \qquad \blacktriangleleft$$

自测题 19-11　将图 19-42 电路中的 R_1 改为 10 kΩ，R_2 改为 20 kΩ，重新计算例 19-11。

19.10　带阻滤波器

带阻滤波器的实现方法很多。每级二阶滤波器可采用从一个运放到四个运放的各种结构。在很多应用中，带阻滤波器只需要抑制单一频率。例如，交流电力线会给敏感电路带来 60 Hz 的噪声，这可能会对有用信号造成干扰。此时，可使用带阻滤波器将有害的干扰滤除。

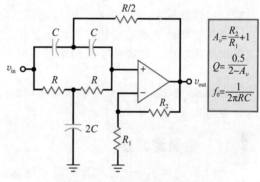

图 19-43　萨伦-凯二阶陷波器

图 19-43 所示是**萨伦-凯二阶陷波器**及其公式。低频时，所有电容开路。使得所有输入信号到达同相输入端。电路的通带电压增益为：

$$A_v = \frac{R_2}{R_1} + 1 \qquad (19\text{-}43)$$

当频率很高时，电容短路，也使得所有输入信号到达同相输入端。

在低频和高频之间，电路的中心频率为：

$$f_0 = \frac{1}{2\pi RC} \qquad (19\text{-}44)$$

在该频率下，输出反馈回来恰当的幅度和相位，使同相端的输入信号衰减。因此，输出电压下降到非常低的值。

电路的 Q 值为：

$$Q = \frac{0.5}{2 - A_v} \qquad (19\text{-}45)$$

为了避免振荡，萨伦-凯陷波器的电压增益必须小于 2。由于 R_1 和 R_2 存在容差，Q 值应该远小于 10。当 Q 值较高时，这些电阻的容差可能使电压增益大于 2，从而引起振荡。

例 19-12 如果图 19-43 所示带阻滤波器中的 $R=22\ \text{k}\Omega$、$C=120\ \text{nF}$、$R_1=13\ \text{k}\Omega$、$R_2=10\ \text{k}\Omega$，求滤波器的电压增益、中心频率和 Q 值。　　　　　|||| **Multisim**

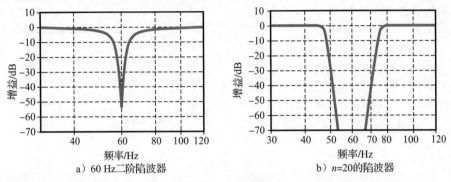

a）60 Hz二阶陷波器　　　　　b）$n=20$的陷波器

图 19-44　举例

解: 根据式 (19-43)～式 (19-45)，求得:

$$A_v = \frac{10\ \text{k}\Omega}{13\ \text{k}\Omega} + 1 = 1.77$$

$$f_0 = \frac{1}{2\pi \times 22\ \text{k}\Omega \times 120\ \text{nF}} = 60.3\ \text{Hz}$$

$$Q = \frac{0.5}{2 - A_v} = \frac{0.5}{2 - 1.77} = 2.17$$

其响应特性如图 19-44a 所示。可以看到二阶滤波器的陷波特性很陡。

通过增加滤波器的阶数，可以展宽陷波频带。例如，图 19-44b 显示的是 $n=20$ 的陷波器的频率响应。较宽的陷波频带可以减小元件的灵敏度，并且保证在 60 Hz 处有更强的衰减。　　　　　　　　　　　　　　　　　　　　　◀

✎ **自测题 19-12**　改变图 19-43 电路中 R_2 的电阻值，使得 Q 等于 3。改变 C 的电容值，使得中心频率为 120 Hz。

19.11　全通滤波器

19.1 节论述了全通滤波器的基本概念。尽管全通滤波器这个词在工业界广泛使用，但更贴切的描述应该是相位滤波器。全通滤波器在不改变输出信号幅度的情况下使输出信号的相位发生变化。由于时延和相移有关，所以又被形象地称为时延滤波器。

19.11.1　一阶全通滤波器

全通滤波器在全频范围的电压增益是恒定的。当需要在不改变输出信号幅度的情况下使相位发生一定量的偏移时，可使用这种类型的滤波器。

图 19-45a 所示是一个一阶滞后全通滤波器。由于只有一个电容，所以是一阶的。这是在第 18 章中讨论的移相器，它使输出信号相位改变的范围是 $0°\sim-180°$。全通滤波器的中心频率在最大相移的一半处。对一阶滞后全通滤波器来说，中心频率在

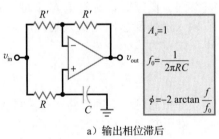

a）输出相位滞后

$A_v=1$

$f_0=\dfrac{1}{2\pi RC}$

$\phi=-2\arctan\dfrac{f}{f_0}$

b）输出相位超前

$A_v=-1$

$f_0=\dfrac{1}{2\pi RC}$

$\phi=2\arctan\dfrac{f_0}{f}$

图 19-45　一阶全通滤波器

相移为−90°的频率处。

图 19-45b 所示是一阶超前全通滤波器。输出信号的相位改变在 180°～0°之间,这意味着输出信号可以超前输入信号 180°。对一阶超前滤波器来说,其中心频率在相移为＋90°的频率处。

19.11.2　二阶全通滤波器

二阶全通滤波器电路中至少有一个运放、两个电容和若干电阻,可以提供 0°～±360°的相移。此外,可以通过调整二阶全通滤波器的 Q 值来改变 0°～±360°相位特性曲线的形状。二阶滤波器的中心频率在相移等于±180°的频率处。

图 19-46 所示是二阶多路反馈全通滞后滤波器,由一个运放、四个电阻和两个电容组成,是最简单的结构。更复杂的结构中可使用两个或更多的运放、两个电容和少量电阻。对于二阶全通滤波器,可以设定电路的中心频率和 Q 值。

图 19-47a 所示是 Q 值为 0.707 时的二阶全通滞后滤波器的相位响应,相移从 0°增加到−360°。图 19-47b 所示是 Q 值为 2 时的二阶全通滞后滤波器的相位响应。可见,Q 值增加并没有改变滤波器的中心频率,而是使中心频率附近的相移变化加快。Q 值为 10 时中心频率附近的相位变化更快,如图 19-47c 所示。

19.11.3　线性相移

为了防止数字信号(矩形脉冲)的失真,滤波器必须对信号的基波和各次显著谐波具有线性相移特性,或者等效为通带内所有频率的恒定时延特性。贝塞尔逼近可以产生几乎线性的相移和恒定时延。但贝塞尔逼近的过渡带下降速度太慢,在有些应用中不能满足要求。有时只能使用其他的逼近方式产生所需的过渡带下降速度,然后使用全通滤波器对相移进行修正,从而实现总的线性相移特性。

19.11.4　贝塞尔逼近

例如,设低通滤波器的指标为:$A_p = 3$ dB、$f_c = 1$ kHz、$A_s = 60$ dB、$f_s = 2$ kHz,且通带内具有线性相移。如果使用十阶贝塞尔滤波器,其幅频响应、相位响应、时延响应和阶跃响应特性分别如图 19-48a、图 19-48b、图 19-48c 和图 19-48d 所示。

由图 19-48a 可以看到其增益下降缓慢,截止频率为 1 kHz,在一倍频处的衰减只有 12 dB,不能满足 $A_s = 60$ dB 和 $f_s = 2$ kHz 的指标要求。

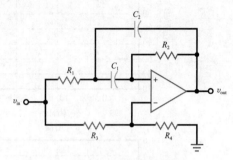

图 19-46　二阶全通滤波器

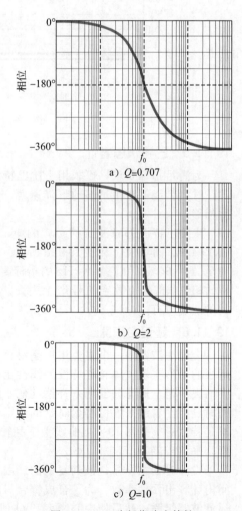

a) Q=0.707

b) Q=2

c) Q=10

图 19-47　二阶相位响应特性

但图 19-48b 所示相位响应的线性非常好，这种相位响应对数字信号几乎是理想的。由于线性相移等价于恒定时延，因此图 19-48c 所示的时延为恒定值。图 19-48d 的阶跃响应已接近理想特性。

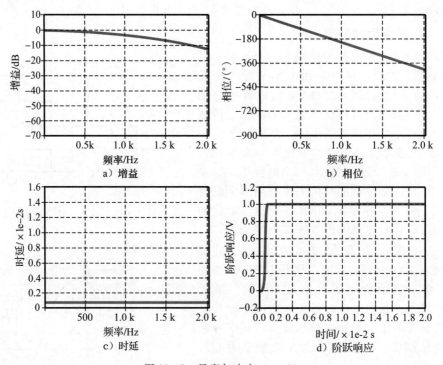

图 19-48　贝塞尔响应，$n=10$

19.11.5　巴特沃思逼近

为满足指标要求，可采用十阶巴特沃思滤波器与一个全通滤波器级联。巴特沃思滤波器在过渡带能够产生足够的下降速度，全通滤波器可以补偿巴特沃思的相位响应，实现线性相移。

十阶巴特沃思滤波器的幅频响应、相位响应、时延响应和阶跃响应分别如图 19-49a、图 19-49b、图 19-49c 和图 19-49d 所示。由图 19-49a 可见，增益在 2 kHz 处的衰减为 60 dB，满足 $A_s=60$ dB 和 $f_s=2$ kHz 的指标要求。然而图 19-49b 所示的相位响应是非线性的，这样的相位响应将使数字信号产生失真。图 19-49c 所示的时延响应有一个尖峰。图 19-49d 的阶跃响应有过冲。

19.11.6　延迟均衡器

全通滤波器的一个主要用途是对总的相位响应特性进行修正，通过在每个频率处增加适当的相移实现整体相移特性的线性化。当相移线性实现后，时延即为恒定的，并且过冲会消失。当全通滤波器用来补偿其他滤波器的时延时，又被称为**时延均衡器**。时延均衡器的时延特性看起来好像初始时延的倒影。例如，为了补偿图 19-49c 的时延，时延均衡器的时延特性必须是图 19-49c 曲线上下翻转后的形状。由于总时延是两个时延之和，所以总时延将平坦或趋于恒定。

设计时延均衡器是极其复杂的。因为计算的难度大，只有用计算机才能在可接受的时间内计算出元件参数。为了合成符合需求的全通滤波器，计算机分析时需要将几个二阶全通滤波器级联，然后使中心频率和 Q 值交错，计算滤波器参数。

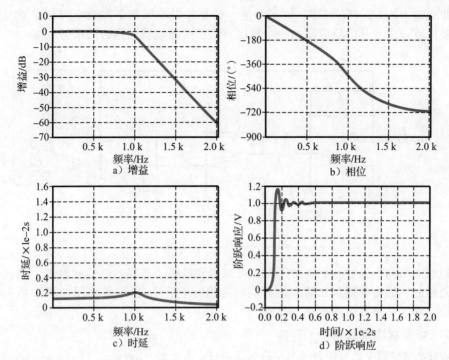

图 19-49　巴特沃思响应，$n=10$

例 19-13　图 19-45b 电路中的 $R=1\ \text{k}\Omega$、$C=100\ \text{nF}$，求 $f=1\ \text{kHz}$ 处的输出电压相移。

|||| Multisim

解： 由图 19-45b 给出的截止频率公式，有：

$$f_0 = \frac{1}{2\pi \times 1\ \text{k}\Omega \times 100\ \text{nF}} = 1.59\ \text{kHz}$$

相移为：

$$\phi = 2\arctan \frac{1.59\ \text{kHz}}{1\ \text{kHz}} = 116°$$　◄

19.12　双二阶滤波器和可变状态滤波器

目前所讨论的二阶滤波器都只含有一个运放。这些单运放的级电路在很多应用中是足够的。而在更苛刻的应用中，会用到较复杂的二阶级电路。

19.12.1　双二阶滤波器

图 19-50 所示是**双二阶带通/低通滤波器**。由三个运放、两个相等的电容和六个电阻构成。电阻 R_2 和 R_1 确定电压增益，R_3 和 R_3' 有相同的标称值，R_4 和 R_4' 有相同的标称值。图 19-50 给出了电路的相应公式。

双二阶滤波器又称为 TT（Tow-Thomas）滤波器。这种滤波器可以通过改变 R_3 来调谐，同时不影响电压增益，这是它的第一个优点。图 19-50 所示的双二阶滤波器有一个低通输出，在有些应用中，需要同时得到带通和低通响应，这是它的第一个优点。

双二阶滤波器还有第三个优点，如图 19-50 所示，其带宽为：

$$\text{BW} = \frac{1}{2\pi R_2 C}$$

对于图 19-50 所示的双二阶滤波器来说，可以独立地通过 R_1 改变电压增益，通过 R_2 改变带宽，并通过 R_3 改变中心频率。电压增益、带宽和中心频率全部独立可调是双二阶滤波器的主要优点，也是其广泛应用的一个原因（双二阶滤波器也称为四次滤波器）。

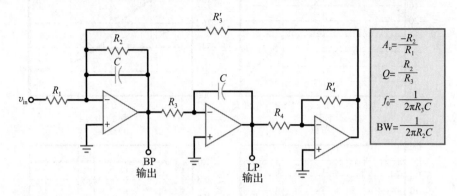

$$A_v = \frac{-R_2}{R_1}$$

$$Q = \frac{R_2}{R_3}$$

$$f_0 = \frac{1}{2\pi R_3 C}$$

$$BW = \frac{1}{2\pi R_2 C}$$

图 19-50　双二阶滤波器

通过加入第四个运放和更多的元件，可以得到高通、带阻和全通滤波器。当元件的容差不可忽略时，通常使用双二阶滤波器。因为相对于萨伦-凯和多路反馈滤波器来说，双二阶滤波器对元件参数值的变化不敏感。

19.12.2　可变状态滤波器

可变状态滤波器又以发明者的名字命名为 KHN 滤波器（Kerwin、Huelsman、Newcomb）。它有两种结构：反相结构和同相结构。图 19-51 所示是一个二阶可变状态滤波器。它同时有三个输出：低通、高通和带通。该特性在有些应用中可能具有优势。

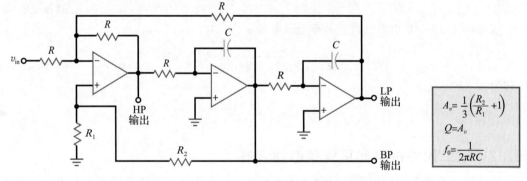

$$A_v = \frac{1}{3}\left(\frac{R_2}{R_1}+1\right)$$

$$Q = A_v$$

$$f_0 = \frac{1}{2\pi RC}$$

图 19-51　可变状态滤波器

通过增加第四个运放和更多的元件，电路的 Q 值可以独立于电压增益和中心频率。即当中心频率变化时 Q 值保持不变。恒定的 Q 值意味着带宽与中心频率的比是固定的。例如，当 $Q=10$ 时，带宽是 f_0 的 10%。该特性适用于一些中心频率可变的应用。

相对于 VCVS 和多路反馈滤波器，可变状态滤波器需要更多元件，这一点与双二阶滤波器相同。但是，额外的运放和其他元件使得该滤波器更适合高阶滤波和关键应用。而且，双二阶滤波器和可变状态滤波器对元件的灵敏度更低，使该滤波器更易于生产，且所需的修正更少。

19.12.3　结论

表 19-7 总结了用于不同逼近类型的四种基本滤波器电路。其中，萨伦-凯滤波器属于 VCVS 滤波器类型，多路反馈滤波器缩写为 MFB，双二阶滤波器又称为 TT 滤波器，可变状态滤波器又称为 KHN 滤波器。在一个二阶级电路中，VCVS 和 MFB 滤波器只使用一个运

放，电路复杂度低；而 TT 和 KHN 滤波器要使用 3~5 个运放，因此电路复杂度高。

表 19-7　基本滤波器电路

类型	别称	复杂度	灵敏度	调谐	优点
萨伦-凯	VCVS	低	高	难	结构简单，同相
多路反馈	MFB	低	高	难	结构简单，反相
双二阶	TT	高	低	易	稳定，有额外输出，恒定带宽
可变状态	KHN	高	低	易	稳定，有额外输出，恒定 Q 值

VCVS 和 MFB 滤波器对元件容差的灵敏度高，而 TT 和 KHN 滤波器对元件的灵敏度相对低得多。VCVS 和 MFB 滤波器的调谐较困难，因为其电压增益、截止频率、中心频率和 Q 值相互影响。TT 滤波器易于调谐，它的电压增益、中心频率和带宽可以独立调谐。KHN 滤波器的电压增益、中心频率和 Q 值可以独立调谐。VCVS 和 MFB 滤波器的电路简单，TT 和 KHN 滤波器可以提供稳定和额外的输出。当带通滤波器的中心频率变化时，TT 滤波器的带宽恒定，KHN 滤波器的 Q 值恒定。

尽管五种基本逼近（巴特沃思、切比雪夫、反切比雪夫、椭圆和贝塞尔）都可以用运放电路实现，但较复杂的逼近（反切比雪夫和椭圆）不能用 VCVS 和 MFB 电路实现。表 19-8 总结了五种逼近对应的滤波器可使用的级电路的类型。可以看到，阻带响应有纹波的反切比雪夫和椭圆逼近需要较复杂的滤波器，如 KHN（可变状态）滤波器来实现。

表 19-8　逼近类型和电路

类型	通带	阻带	可用级电路
巴特沃思	平坦	单调	VCVS、MFB、TT、KHN
切比雪夫	纹波	单调	VCVS、MFB、TT、KHN
反切比雪夫	平坦	纹波	KHN
椭圆	纹波	纹波	KHN
贝塞尔	平坦	单调	VCVS、MFB、TT、KHN

本章讨论了四种最基本的滤波器电路，列于表 19-7。这些基本电路十分常见且应用广泛。但应该清楚的是：用计算机程序可以设计更多的滤波器电路，包括以下二阶级电路：Akerberg-Mossberg、Bach、Berha-Herpy、Boctor、Dliyannis-Friend、Fliege、Mikhael-Bhattacharyya、Scultety 和 twin-T。目前使用的所有有源滤波器都各有优缺点，需要设计者根据实际应用做出最好的折中选择。

总结

19.1 节　滤波器的五种基本频率响应类型是：低通、高通、带通、带阻和全通。前四种有通带和阻带。理想情况下，通带衰减为零，阻带抑制为无穷大，且具有垂直的过渡带。

19.2 节　可以通过低衰减和边缘频率来定义通带；可以通过高衰减和边缘频率来定义阻带。滤波器的阶数等于电抗元件的数量。对于有源滤波器，通常是电容的数量。五种逼近方式是巴特沃思（最大通带平坦）、切比雪夫（通带有纹波）、反切比雪夫（通带平坦且阻带有纹波）、椭圆（通带和阻带都有纹波）和贝塞尔（最大时延平坦）。

19.3 节　低通 LC 滤波器参数有中心频率 f_o 和 Q 值。当 $Q = 0.707$ 时响应达到最大平坦。当 Q 值增加时，在谐振频率中心出现峰值。当 Q 值大于 0.707 时，响应为切比雪夫特性。当 $Q = 0.577$ 时，响应为贝塞尔特性。Q 值越高，过渡带越陡峭。

19.4 节　一阶滤波器有一个电容和一个或多个电阻。所有一阶滤波器都是巴特沃思响应特性，因为只有二阶滤波器中才有峰值。一阶滤波器的响应特性可以是低通或高通。

19.5 节　二阶滤波器是最常用的单级滤波器，因为它易于实现和分析。各级的 Q 值产生不同

的 K 值。如果有峰值时，则低通滤波器的极点频率乘以 K 值便可得到谐振频率、截止频率、3 dB 频率。

19.6 节　高阶滤波器通常由二阶滤波器级联构成，当滤波器的阶数为奇数时需要级联一个一阶电路。当滤波器级联时，每级增益分贝数相加便得到总增益的分贝数。为了得到高阶巴特沃思滤波器，需要各级 Q 值交错；为了得到切比雪夫和其他响应，需要各级极点频率和 Q 值交错。

19.7 节　萨伦-凯等值元件滤波器通过设定电压增益来控制 Q 值。电压增益必须小于 3 以避免振荡。用该电路获得高 Q 值比较困难，因为元件的容差对滤波器的电压增益和 Q 值起到了重要的决定作用。

19.8 节　VCVS 高通滤波器与对应的低通滤波器一样，只是电阻和电容的位置互换了。同样，由 Q 值决定 K 值。需要用极点频率除以 K 值来得到谐振频率、截止频率、3 dB 频率。

19.9 节　可以通过将低通和高通滤波器级联得到 Q 值小于 1 的带通滤波器。当带通滤波器的 Q 值大于 1 时，得到的是窄带滤波器而不是宽带滤波器。

19.10 节　带阻滤波器可用来将某个特殊频率滤掉，例如交流电力线的 60 Hz 有害噪声。对于萨伦-凯陷波器，电压增益控制电路的 Q 值，所以电压增益必须小于 2 以避免振荡。

19.11 节　全通滤波器的表述不是很恰当，它并不是使全部频率无衰减通过的意思。设计这种滤波器的目的是控制输出信号的相位。尤其重要的是，全通滤波器可用作相位或时延均衡器。使用其他滤波器得到所需的幅频响应特性，使用全通滤波器得到所需的相频响应特性，从而使滤波器总的响应具有线性相频特性，相当于最大平坦时延响应。

19.12 节　双二阶或 TT 滤波器由三个或四个运放构成。尽管电路比较复杂，但该滤波器的元件灵敏度很低而且易于调谐。这种滤波器可以同时提供低通和高通输出。可变状态或 KHN 滤波器也需要三个或更多的运放。当使用四个运放时，调谐非常方便，其电压增益、中心频率和 Q 值都是独立可调的。

重要公式

1. 带宽

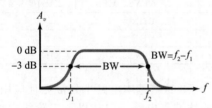

2. 中心频率

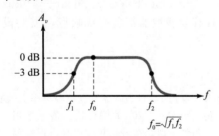

$$f_0 = \sqrt{f_1 f_2}$$

3. 单级 Q 值

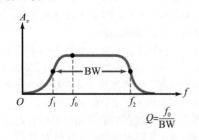

$$Q = \frac{f_0}{\text{BW}}$$

4. 滤波器阶数

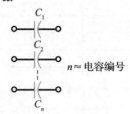

$n \approx$ 电容编号

5. 纹波数量

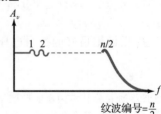

纹波编号 $= \dfrac{n}{2}$

6. 中心频率，截止频率，3 dB 频率

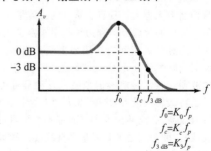

$$f_0 = K_0 f_p$$
$$f_c = K_c f_p$$
$$f_{3\,\text{dB}} = K_3 f_p$$

相关实验

实验 50
有源低通滤波器

实验 51
有源巴特沃思滤波器

选择题

1. 通带和阻带之间的区域称为
   - a. 衰减
   - b. 中心
   - c. 过渡带
   - d. 纹波

2. 带通滤波器的中心频率通常等于
   - a. 带宽
   - b. 截止频率的几何平均
   - c. 带宽除以 Q 值
   - d. 3 dB 频率

3. 窄带滤波器的 Q 值通常
   - a. 很小
   - b. 等于带宽除以 f_0
   - c. 小于 1
   - d. 大于 1

4. 带阻滤波器有时又称为
   - a. 吸收电路
   - b. 移相器
   - c. 陷波器
   - d. 时延电路

5. 全通滤波器
   - a. 无通带
   - b. 有一个阻带
   - c. 所有频率下的增益相同
   - d. 频率大于截止频率后下降很快

6. 通带具有最大平坦特性的逼近是
   - a. 切比雪夫
   - b. 反切比雪夫
   - c. 椭圆
   - d. 考尔

7. 通带有纹波的逼近是
   - a. 巴特沃思
   - b. 反切比雪夫
   - c. 椭圆
   - d. 贝塞尔

8. 数字信号失真最小的逼近是
   - a. 巴特沃思
   - b. 切比雪夫
   - c. 椭圆
   - d. 贝塞尔

9. 如果一个滤波器由六个二阶和一个一阶滤波器级联，则它的阶数为
   - a. 2
   - b. 6
   - c. 7
   - d. 13

10. 如果巴特沃思滤波器由九个二阶滤波器级联，则它的过渡带下降速度是
    - a. 20 dB/十倍频程
    - b. 40 dB/十倍频程
    - c. 180 dB/十倍频程
    - d. 360 dB/十倍频程

11. 如果 $n=10$，过渡带下降速度最快的逼近是
    - a. 巴特沃思
    - b. 切比雪夫
    - c. 反切比雪夫
    - d. 椭圆

12. 椭圆逼近具有
    - a. 比考尔逼近的过渡带下降速度慢
    - b. 阻带纹波

    - c. 通带最大平坦
    - d. 阻带单调

13. 线性相移等同于
    - a. Q 值为 0.707
    - b. 阻带最大平坦
    - c. 恒定时延
    - d. 通带有纹波

14. 过渡带下降速度最慢的滤波器是
    - a. 巴特沃思
    - b. 切比雪夫
    - c. 椭圆
    - d. 贝塞尔

15. 一阶有源滤波器有
    - a. 一个电容
    - b. 两个运放
    - c. 三个电阻
    - d. 高 Q 值

16. 一阶滤波器不具有
    - a. 巴特沃思响应
    - b. 切比雪夫响应
    - c. 通带最大平坦响应
    - d. 20 dB/十倍频程的过渡带下降速度

17. 萨伦-凯滤波器也称
    - a. VCVS 滤波器
    - b. 多反馈带通滤波器
    - c. 双二阶滤波器
    - d. 可变状态滤波器

18. 为了设计十阶滤波器，应该级联
    - a. 10 个一阶滤波器
    - b. 5 个二阶滤波器
    - c. 3 个三阶滤波器
    - d. 2 个四阶滤波器

19. 设计八阶巴特沃思滤波器，要求每级
    - A. Q 值相等
    - b. 中心频率不等
    - c. 有电感
    - d. Q 值交错

20. 设计十二阶切比雪夫滤波器，要求每级
    - a. Q 值相等
    - b. 中心频率相等
    - c. 带宽交错
    - d. 极点频率和 Q 值交错

21. 萨伦-凯等值元件二阶滤波器的 Q 值取决于
    - a. 电压增益
    - b. 中心频率
    - c. 带宽
    - d. 运放的 GBW

22. 对于萨伦-凯高通滤波器，极点频率必须
    - a. 加上 K 值
    - b. 减去 K 值
    - c. 乘以 K 值
    - d. 除以 K 值

23. 如果带宽增加，则
    - a. 中心频率减小
    - b. Q 值减小
    - c. 过渡带下降速度增加

d. 阻带出现纹波

24. 当 Q 值大于 1 时,带通滤波器应该由下列哪种滤波器构成?

　　a. 低通和高通级　　　b. 多路反馈级

　　c. 陷波级　　　　　　d. 全通级

25. 全通滤波器用于

　　a. 需要过渡带下降速度快的情形

　　b. 相移很重要的情形

　　c. 需要通带最大平坦的情形

　　d. 阻带纹波很重要的情形

26. 二阶全通滤波器可以使输出相位改变的范围是

　　a. $90°\sim-90°$　　　　b. $0°\sim-180°$

　　c. $0°\sim-360°$　　　　d. $0°\sim-720°$

27. 全通滤波器有时又称为

　　a. Tow-Thomas 滤波器

　　b. 延迟均衡器

　　c. KHN 滤波器

d. 可变状态滤波器

28. 双二阶滤波器具有

　　a. 较低的元件灵敏度

　　b. 使用三个或更多的运放

　　c. 也称为 Tow-Thomas 滤波器

　　d. 以上全部

29. 可变状态滤波器

　　a. 具有低通、高通和带通输出

　　b. 调谐困难

　　c. 对元件的灵敏度高

　　d. 使用的运放少于三个

30. 如果 GBW 有限,则每级的 Q 值应

　　a. 保持不变　　　　　b. 加倍

　　c. 减小　　　　　　　d. 增加

31. 对有限增益带宽积进行修正,可以采用

　　a. 恒定时延　　　　　b. 预失真

　　c. 线性相移　　　　　d. 通带纹波

习题

19.1 节

19-1　一个带通滤波器的下限和上限截止频率分别是 445 Hz 和 7800 Hz,求带宽、中心频率和 Q 值。该滤波器是宽带的还是窄带的?

19-2　一个带通滤波器的两个截止频率分别为 20 kHz 和 22.5 kHz,求带宽、中心频率和 Q 值。该滤波器是宽带的还是窄带的?

19-3　确定下列滤波器是窄带还是宽带:

　　a. $f_1=2.3$ kHz　$f_2=4.5$ kHz

　　b. $f_1=47$ kHz　$f_2=75$ kHz

　　c. $f_1=2$ Hz　　$f_2=5$ Hz

　　d. $f_1=80$ Hz　$f_2=160$ Hz

19.2 节

19-4　一个有源滤波器有 7 个电容,其阶数为多少?

19-5　一个巴特沃思滤波器有 10 个电容,其过渡带下降速度是多少?

19-6　一个切比雪夫滤波器有 14 个电容,其通带有几个纹波?

19.3 节

19-7　若图 19-17 滤波器中的 $L=20$ mH、$C=5$ μF、且 $R=600$ Ω,求谐振频率和 Q 值。

19-8　若将题 19-7 中的电感值减半,求谐振频率和 Q 值。

19.4 节

19-9　若图 19-21a 电路中的 $R_1=15$ kΩ、$C_1=270$ nF,求截止频率。

19-10　**Ⅲ Multisim** 若图 19-21b 电路中的 $R_1=7.5$ kΩ、$R_2=33$ kΩ、$R_3=20$ kΩ、$C_1=$

680 pF,求截止频率和通带电压增益。

19-11　**Ⅲ Multisim** 若图 19-21c 电路中的 $R_1=2.2$ kΩ、$R_2=47$ kΩ、$C_1=330$ pF,求截止频率和通带电压增益。

19-12　若图 19-22a 电路中的 $R_1=10$ kΩ、$C_1=15$ nF,求截止频率。

19-13　若图 19-22b 电路中的 $R_1=12$ kΩ、$R_2=24$ kΩ、$R_3=20$ kΩ、$C_1=220$ pF,求截止频率和通带电压增益。

19-14　若图 19-22c 电路中的 $R_1=8.2$ kΩ、$C_1=560$ pF、$C_2=680$ pF,求截止频率和通带电压增益。

19.5 节

19-15　**Ⅲ Multisim** 若图 19-24 电路中的 $R=75$ kΩ、$C_1=100$ pF、$C_2=200$ pF。求极点频率、Q 值、截止频率和 3 dB 频率。

19-16　若图 19-25 电路中的 $R=51$ kΩ、$C_1=100$ pF、$C_2=680$ pF。求极点频率、Q 值、截止频率和 3 dB 频率。

19.7 节

19-17　若图 19-31 电路中的 $R_1=51$ kΩ、$R_2=30$ kΩ、$R_3=33$ kΩ、$C=220$ pF。求极点频率、Q 值、截止频率和 3 dB 频率。

19-18　若图 19-31 电路中的 $R_1=33$ kΩ、$R_2=33$ kΩ、$R=75$ kΩ、$C=100$ pF。求极点频率、Q 值、截止频率和 3 dB 频率。

19-19　若图 19-31 电路中的 $R_1=75$ kΩ、$R_2=56$ kΩ、$R=68$ kΩ、$C=120$ pF。求极点频率、Q 值、截止频率和 3 dB 频率。

19.8 节

19-20 若图 19-35a 电路中的 $R_1 = 56 \text{ k}\Omega$、$R_2 = 10 \text{ k}\Omega$、$C = 680 \text{ pF}$。求极点频率、Q 值、截止频率和 3 dB 频率。

19-21 **Ⅲ Multisim** 若图 19-35a 电路中的 $R_1 = 91 \text{ k}\Omega$、$R_2 = 15 \text{ k}\Omega$、$C = 220 \text{ pF}$。求极点频率、Q 值、截止频率和 3 dB 频率。

19.9 节

19-22 若图 19-39 电路中的 $R_1 = 2 \text{ k}\Omega$、$R_2 = 56 \text{ k}\Omega$、$C = 270 \text{ pF}$。求电压增益、Q 值和中心频率。

19-23 若图 19-40 电路中的 $R_1 = 3.6 \text{ k}\Omega$、$R_2 = 7.5 \text{ k}\Omega$、$R_3 = 27 \text{ }\Omega$、$C = 22 \text{ nF}$。求电压增益、$Q$ 值和中心频率。

19-24 若图 19-41 电路中的 $R_1 = 28 \text{ k}\Omega$、$R_3 = 1.8 \text{ k}\Omega$、$C = 1.8 \text{ nF}$。求电压增益、$Q$ 值和中心频率。

19.10 节

19-25 **Ⅲ Multisim** 若图 19-43 带阻滤波器中的 $R = 56 \text{ k}\Omega$、$C = 180 \text{ nF}$、$R_1 = 20 \text{ k}\Omega$、$R_2 = 10 \text{ k}\Omega$。求电压增益、中心频率、Q 值和带宽。

19.11 节

19-26 若图 19-45a 电路中的 $R = 3.3 \text{ k}\Omega$、$C = 220 \text{ nF}$。求中心频率和中心频率以上一倍频处的相移。

19-27 **Ⅲ Multisim** 若图 19-45b 电路中的 $R = 47 \text{ k}\Omega$、$C = 6.8 \text{ nF}$。求中心频率、中心频率以下一倍频处的相移。

19.12 节

19-28 若图 19-50 电路中的 $R_1 = 24 \text{ k}\Omega$、$R_2 = 100 \text{ k}\Omega$、$R_3 = 10 \text{ k}\Omega$、$R_4 = 15 \text{ k}\Omega$、$C = 3.3 \text{ nF}$。求电压增益、$Q$ 值、中心频率和带宽。

19-29 若题 19-28 中的 R_3 是 2～10 kΩ 可变的。求最大中心频率、最大 Q 值、最大和最小带宽。

19-30 若图 19-5 电路中的 $R = 6.8 \text{ k}\Omega$、$C = 5.6 \text{ nF}$，$R_1 = 6.8 \text{ k}\Omega$，$R_2 = 100 \text{ k}\Omega$。求电压增益、$Q$ 值和中心频率。

思考题

19-31 带通滤波器的中心频率为 50 kHz，Q 值为 20，其截止频率是多少？

19-32 带通滤波器上限截止频率为 84.7 kHz，带宽为 12.3 kHz，其下限截止频率是多少？

19-33 如果对巴特沃思滤波器进行测量，其参数为：$n = 10$、$A_p = 3 \text{ dB}$、$f_c = 2 \text{ kHz}$。在频率为 4 kHz、8 kHz 和 20 kHz 处的衰减是多少？

19-34 萨伦-凯单位增益低通滤波器的截止频率为 5 kHz。如果 $n = 2$、$R = 10 \text{ k}\Omega$。为实现巴特沃思响应，C_1、C_2 应是多少？

19-35 切比雪夫萨伦-凯单位增益低通滤波器的截止频率为 7.5 kHz。纹波深度为 12 dB。如果 $n = 2$、$R = 25 \text{ k}\Omega$，C_1、C_2 应是多少？

求职面试问题

1. 画出四种滤波器的理想频率响应特性，并分别指出通带、阻带和截止频率。

2. 描述滤波器设计中的五种逼近方式。说出通带和阻带的特点，需要的话可以画草图。

3. 数字系统中的滤波器需要线性相位响应或最大平坦时延。解释这句话的含义，并说明其重要性。

4. 说明十阶切比雪夫低通滤波器的实现方法。应包括对级电路的中心频率和 Q 值的考虑。

5. 为得到快速下降的过渡带和线性相移特性，可将巴特沃思滤波器和全通滤波器级联。说明每级滤波器的作用。

6. 说明各种滤波器频率响应特性在通带和阻带的区别。

7. 什么是全通滤波器？

8. 滤波器的频率响应所表示的是什么？

9. 有源滤波器过渡带下降速度是多少（十倍频程和倍频程）？

10. 什么是多路反馈滤波器？它有哪些用途？

11. 哪种类型的滤波器可用于延迟均衡？

选择题答案

1. c   2. b   3. d   4. c   5. c   6. b   7. c   8. d   9. d   10. d   11. d   12. b   13. c   14. d   15. a   16. b   17. a   18. b   19. d   20. d   21. a   22. d   23. b   24. b   25. b   26. c   27. b   28. d   29. a   30. d   31. b

自测题答案

19-1 $f_c = 34.4 \text{ kHz}$

19-2 $f_c = 16.8 \text{ kHz}$

19-3 $Q = 0.707$; $f_p = 13.7 \text{ kHz}$; $f_c = 13.7 \text{ kHz}$

19-4 $C_2 = 904 \text{ pF}$

19-5 $Q = 3$; $f_p = 3.1 \text{ kHz}$; $K_0 = 0.96$;
$K_c = 1.35$; $K_3 = 1.52$; $A_p = 9.8 \text{ dB}$;
$f_c = 4.19 \text{ kHz}$; $f_{3\text{ dB}} = 4.71 \text{ kHz}$

19-6 $A_v = 1.59$; $Q = 0.709$; $f_p = 21.9 \text{ kHz}$

19-7 $A_v = 1.27$; $Q = 0.578$; $f_p = 4.82 \text{ kHz}$;

$f_c = 3.79 \text{ kHz}$

19-9 $Q = 0.707$; $f_p = 988 \text{ Hz}$; $f_c = 988 \text{ Hz}$

19-10 $A_v = 2.75$; $Q = 4$; $f_p = 5.31 \text{ kHz}$;
$K_0 = 0.98$; $K_c = 1.38$; $K_3 = 1.53$;
$A_p = 12 \text{ dB}$; $f_0 = 5.42 \text{ kHz}$;
$f_c = 3.85 \text{ kHz}$; $f_{3\text{ dB}} = 3.47 \text{ kHz}$

19-11 $\text{BW} = 1.94 \text{ kHz}$; $f_{0(\text{min})} = 15 \text{ kHz}$;
$f_{0(\text{max})} = 35.5 \text{ kHz}$

19-12 $R_2 = 12 \text{ kHz}$; $C = 60 \text{ nF}$

第20章

非线性运算放大器电路的应用

单片集成运算放大器价格便宜、用途广泛且性能可靠。它们不仅可以用于线性电路，如电压放大器、电流源和有源滤波器，而且可以用于**非线性电路**，如比较器、波形生成器和有源二极管电路。非线性运放电路的输出通常与输入信号的波形不同，这是因为运放在输入周期的某个时间段内达到饱和。因此，必须分析两种不同的工作模式以便了解整个周期的工作状况。

目标

在学习完本章后，你应该能够：

■ 解释比较器的工作原理及参考点的重要性；

■ 分析具有正反馈的比较器的工作原理并计算电路的翻转点和迟滞电压；

■ 识别并分析波形变换电路；

■ 识别并分析波形产生电路；

■ 解释几种有源二极管电路的工作原理；

■ 分析积分器和微分器电路；

■ 解释 D 类放大器的工作原理。

关键术语

有源半波整流器（active half-wave rectifier）　　振荡器（oscillator）

有源峰值检测器（active peak detector）　　上拉电阻（pullup resistor）

有源正向钳位器（active positive clamper）　　脉冲宽度调制(pulse-width modulation，PWM)

有源正向限幅器（active positive clipper）　　张弛振荡器（relaxation oscillator）

D 类放大器（class D amplifier）　　施密特触发器（Schmitt trigger）

比较器（comparator）　　加速电容（speed-up capacitor）

微分器（differentiator）　　热噪声（thermal noise）

迟滞（hysteresis）　　阈值（threshold）

积分器（integrator）　　传输特性（transfer characteristic）

利萨如图形（Lissajous pattern）　　翻转点（trip point）

非线性电路（nonlinear circuit）　　窗口比较器（windows comparator）

集电极开路比较器（open-collector comparator）　　过零检测器（zero-crossing detecto）

20.1 过零比较器

在电路中，经常需要比较电压的大小，此时，**比较器**是很好的选择。比较器和运算放大器相似，有两个输入电压（同相和反相）和一个输出电压。与线性运放电路不同的是，比较器只有两个输出状态，即低电平和高电平。因此，比较器通常用于模拟和数字电路的接口。

20.1.1 基本概念

构造比较器最简单的方法是直接连接运放而不使用反馈电阻，如图 20-1a 所示。由于比较器具有很高的开环电压增益，正的输入电压会产生正向饱和，而负的输入电压会产生负向饱和。

图 20-1a 中的比较器称为**过零检测器**，因为理想情况下，输出会在输入电压经过零点时从低转换到高或从高转换到低。图 20-1b 显示了过零检测器的输入-输出响应。使输出达到饱和的最小输入电压为：

$$v_{in(min)} = \frac{\pm V_{sat}}{A_{VOL}} \tag{20-1}$$

如果 $V_{sat} = 14\text{ V}$，则比较器输出摆幅约为 $-14 \sim +14\text{ V}$。如果开环电压增益为 100 000，那么使电路饱和所需的输入电压为：

$$v_{in(min)} = \frac{\pm 14\text{ V}}{100\ 000} = \pm 0.14\text{ mV}$$

即当输入电压大于 $+0.14\text{ mV}$ 时，比较器将进入正向饱和；当输入电压小于 -0.14 mV 时，则比较器进入负向饱和。

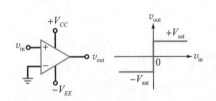

a）比较器　　b）输入-输出响应特性　　　　　　c）741C的响应特性

图 20-1　反相比较器

比较器的输入电压通常远大于 $\pm 0.14\text{ mV}$。所以输出是两态电压，即 $+V_{sat}$ 或 $-V_{sat}$。通过观察输出电压，便可以立刻知道输入电压是否大于零。

知识拓展　图 20-1 中比较器的输出可以认为是数字的，其输出为高电平 $+V_{sat}$ 或低电平 $-V_{sat}$。

20.1.2　利萨如图形

在示波器的横轴和纵轴输入谐波相关信号时，便会出现**利萨如图形**。观察电路输入/输出响应的一个简便方法便是通过利萨如图形，其中，将电路的输入和输出电压作为两个谐波相关的信号。

例如，图 20-1c 显示了 741C 的输入-输出响应，其电源电压为 $\pm 15\text{ V}$。通道 1（纵轴）的灵敏度为 5 V/格。可以看到，输出电压为 -14 V 或者 $+14\text{ V}$，取决于比较器处于负向饱和还是正向饱和。

通道 2（横轴）的灵敏度为 10 mV/格。在图 20-1c 中，过渡区看起来几乎是垂直的。说明微小的正向输入电压会产生正向饱和，微小的负向输入电压会产生负向饱和。

20.1.3　反相比较器

有时，需要使用如图 20-2a 所示的反相比较

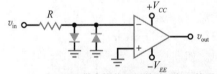

a）带有钳位二极管的反相比较器

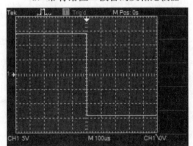

b）输入-输出响应特性

图 20-2　反相比较器

器。同相输入端接地，输入信号驱动比较器的反相输入端。此时，微小的正向输入电压会使输出达到负向最大值，如图 20-2b 所示。反之，微小的负向输入电压会使输出达到正向最大值。

20.1.4 二极管钳位

前面的章节讨论了二极管钳位器对敏感电路的保护作用。图 20-2a 是一个实际的例子。可以看到，两个钳位二极管保护比较器的输入，避免电压过大。例如，LF311 是一个集成比较器，其最大输入电压范围是 ±15 V。如果输入电压超过了这个限度，LF311 就会损坏。

有些比较器的最大输入电压范围只有 ±5 V，而有些比较器可能高达 ±30 V。无论哪种情况，都可以使用钳位二极管以防止比较器被大输入电压损坏，如图 20-2a 所示。当输入电压幅度小于 0.7 V 时，这些二极管对电路的工作没有影响。当输入电压幅度大于 0.7 V 时，其中一个二极管就会导通并将反相输入端电位钳制在 0.7 V 左右。

有些集成电路进行了比较器性能的优化，优化后的比较器输入级通常都有内置的钳位二极管。使用时，需要在输入端串联一个电阻，目的是将内部二极管的电流限制在安全范围内。

20.1.5 将正弦波转换为方波

比较器的**翻转点**（也称**阈值**或**参考电压**）是指使比较器的输出电压状态发生改变（从低到高或者从高到低）的输入电压。在前面讨论的同相和反相比较器中，翻转电压为零，因为输出状态在该电压下发生改变。过零检测器是两态输出，任何经过零点的周期性输入信号都会产生方波输出。

例如，将正弦信号作为同相比较器的输入，阈值为 0 V，则输出为如图 20-3a 所示的方波。可以看到，输入电压每经过零阈值点一次，过零检测器的输出状态便转换一次。

图 20-3b 所示是阈值为 0 V 时反相比较器的输入正弦波和输出方波。经过过零检测器，输出方波与输入正弦波的相位相差了 180°。

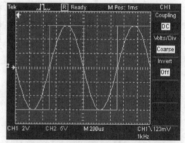

a）同相波形

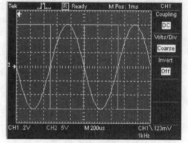

b）反相波形

图 20-3 比较器将正弦波转换为方波

20.1.6 线性区

图 20-4a 所示是一个过零检测器。如果比较器开环增益无穷大，则正负饱和区之间的过渡区将是垂直的。在图 20-1c 中显示的过渡区是垂直的，因为通道 2 的灵敏度是 10 mV/格。

当通道 2 的灵敏度变为 200 μV/格时，可以看到过渡区不再是垂直的，如图 20-4b 所示。到达正向或负向饱和需要大约 ±100 μV 的电压。这是比较器的典型值。$-100 \sim +100\ \mu$V 之间的狭窄输入范围称为比较器的线性区。输入信号经过零点时，通过线性区的速度通常很快，只能看到比较器在正负饱和状态之间的跳变。

20.1.7 模拟与数字电路的接口

比较器的输出端通常连接数字电路，如 CMOS、EMOS 或者 TTL 电路（晶体管-晶体管逻辑电路，数字电路的一种类型）。

图 20-5a 所示是过零检测器与一个 EMOS 管相连的电路。当输入电压大于零时，比较器的输出为高电平。使功率场效应晶体管导通并产生较大的负载电流。

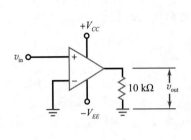

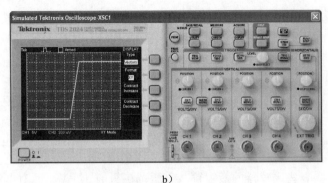

a)

b)

图 20-4　典型比较器的线性区很窄

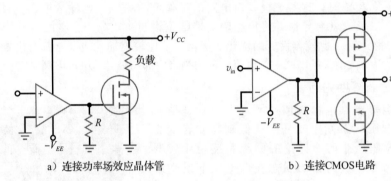

a) 连接功率场效应晶体管　　　　b) 连接CMOS电路

图 20-5　与比较器连接的电路

图 20-5b 所示是过零检测器与 CMOS 反相器连接的电路。原理与图 20-5a 所示电路基本相同。比较器的输入端大于零时，将会产生高电平作为 CMOS 反相器的输入。

多数 EMOS 器件和 CMOS 器件都可以处理大于 ±15 V 的输入电压。因此，可以直接与典型比较器的输出端连接，不需使用电平转换或钳位电路。而 TTL 逻辑电路要求的输入电压较低。因此，比较器和 TTL 的连接方法有所不同（下一节将讨论）。

20.1.8　钳位二极管与补偿电阻

使用钳位二极管的限流电阻时，可以在比较器的另一输入端增加一个相同阻值的补偿电阻，如图 20-6 所示。这仍是过零检测器，只是多了补偿电阻以减小输入偏置电流的影响。

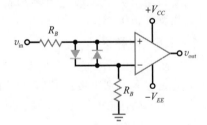

如前所述，二极管通常处于关断状态，对电路工作没有影响。只有当输入超过 ±0.7 V 时，其中一个钳位二极管导通，防止比较器的输入电压过大。

图 20-6　使用补偿电阻以减小 $I_{in(bias)}$ 的影响

20.1.9　限幅输出

在某些应用中，过零检测器的输出摆幅可能过大。这时可以使用背靠背连接的齐纳二极管限制输出幅度，如图 20-7a 所示。在该电路中，反相比较器的输出受限，原因是其中一个二极管正向导通而另一个工作在击穿区。

例如，1N749 的齐纳电压为 4.3 V，加在两个二极管上的电压约为 ±5 V，如果输入是峰值电压为 25 mV 的正弦波，则输出电压是反相的峰值为 5 V 的方波。

图 20-7b 所示是另一个限幅输出的例子。输出端的二极管将输出电压负半周的波形削掉。当输入是峰值电压为 25 mV 的正弦波时，输出电压被限制在 -0.7～+15 V 之间。

第三种输出限幅的方法是将齐纳二极管接到输出端。例如，将图 20-7a 所示的背靠背齐纳二极管连接在输出端，则输出电压被限制在±5 V。

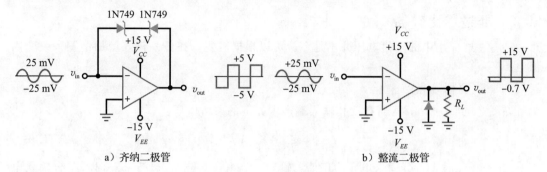

a）齐纳二极管   b）整流二极管

图 20-7   限幅输出

应用实例 20-1 图 20-8 所示电路的作用是什么？   ▐▐▐▐ Multisim

解：这个电路用来比较不同极性的电压并确定其大小关系。如果 v_1 的幅度比 v_2 大，则同相输入端为正，比较器输出正电压，绿色 LED 发光。反之，如果 v_1 的幅度比 v_2 小，则同相输入端为负，比较器输出负电压，红色 LED 发光。如果使用 741C 运算放大器，LED 在输出端则不需要限流电阻，因为最大输出电流约为 25 mA。D_1 和 D_2 为输入钳位二极管。   ◀

应用实例 20-2 图 20-9 所示电路的作用是什么？

解：在输出端，二极管将输出的负半周波形削掉，此外还包含一个选通信号。当选通信号为正时，晶体管饱和并将输出电压下拉到零电位附近。当选通信号为零时，晶体管截止，且比较器输出正电压。因此，当选通信号为低时，比较器的输出变化幅度为 $-0.7 \sim +15$ V。当选通信号为高时，输出被禁止。该电路中的选通信号是用于在特定时刻或特定条件下将输出断开的控制信号。   ◀

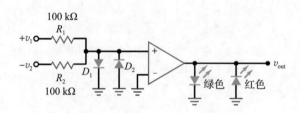

图 20-8   不同极性电压的比较

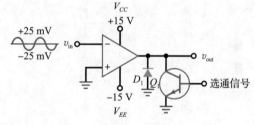

图 20-9   有选通功能的限幅比较器

应用实例 20-3 图 20-10 所示电路的作用是什么？

解：这是一种产生 60 Hz 时钟的电路，该方波信号可以用于价格低廉的电子钟的基本定时机制。变压器将电力线电压降至交流 12 V。二极管钳位电路将输入限制在±0.7 V。反相比较器则产生 60 Hz 的方波输出信号。输出信号被称为时钟是因为可以从该频率得到秒、分和小时的时间。

名为分频器的数字电路可将 60 Hz 均分为 60 份，得到周期为 1 秒的方波。再使用一个被 60 整除的分频电路可以得到周期为 1 分钟的方波。最后再使用一个被 60 整除的分频电路可以

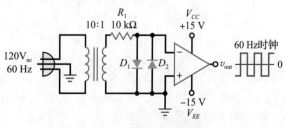

图 20-10   产生 60 Hz 时钟的电路

得到周期为 1 小时的方波。使用这三个方波（1 秒、1 分钟、1 小时）及其他数字电路以及 7 段 LED 显示器，便可以显示出时间的数值。　◀

20.2　非过零比较器

还有一些应用中的阈值电压并不是零。可以根据需要，在任一输入增加偏置来改变阈值电压。

20.2.1　改变翻转点

在图 20-11a 中，分压器在反相输入端产生如下的参考电压：

$$v_{\text{ref}} = \frac{R_1}{R_1 + R_2} V_{CC} \tag{20-2}$$

当 v_{in} 大于 v_{ref} 时，差分输入电压为正值，输出为高电压。当 v_{in} 小于 v_{ref} 时，差分输入电压为负值，输出为低电压。

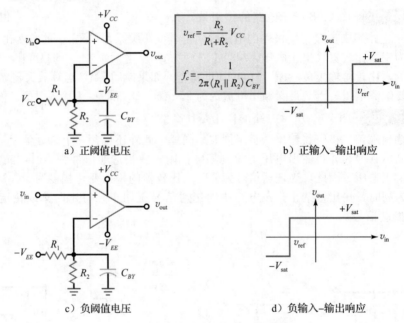

a) 正阈值电压　　　　　　　　　　b) 正输入–输出响应

c) 负阈值电压　　　　　　　　　　d) 负输入–输出响应

图 20-11　阈值可变的比较器

通常在反相输入端接一个旁路电容，如图 20-11a 所示。这可以减小电源纹波及其他噪声对反相输入的干扰。为使该电路有效，旁路电容的截止频率应当远小于电源的纹波频率。得到截止频率为：

$$f_c = \frac{1}{2\pi(R_1 \parallel R_2)C_{BY}} \tag{20-3}$$

图 20-11b 所示是电路的**传输特性**（输入–输出响应），翻转点电压为 v_{ref}。当 v_{in} 大于 v_{ref} 时，比较器的输出进入正向饱和。当 v_{in} 小于 v_{ref} 时，比较器的输出进入负向饱和。

这样的比较器通常称为限幅检测器，因为正电压输出说明输入超过了某个限定值。选取不同的 R_1 和 R_2，可以在 $0 \sim V_{CC}$ 之间设定任意的限定值。如果需要负的限定值，可将 $-V_{EE}$ 接到分压器上，如图 20-11c 所示。此时负的参考电压加到了反相输入端。当 v_{in} 比 v_{ref} 正向幅度大时，差分输入端电压为正，输出为高电压，如图 20-11d 所示。当 v_{in} 比 v_{ref} 负向幅度大时，则输出为低电压。

20.2.2　单电源比较器

741C 等典型运放可以工作在单一的正电源电压下，即将 $-V_{EE}$ 端接地，如图 20-12a 所示。输出电压只有一个极性，即较低或较高的正电压。例如，当 $V_{CC} = 15$ V 时，输出摆幅可从约 $+1.5$ V（低态）变化到 $+13.5$ V 左右（高态）。

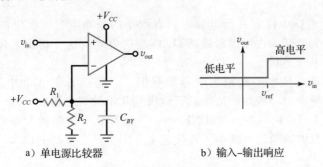

a）单电源比较器　　　　　　b）输入-输出响应

图 20-12　单电源比较器

如图 20-12b 所示，当 v_{in} 大于 v_{ref} 时，输出高电平；当 v_{in} 小于 v_{ref} 时，输出低电平。无论哪种情况，输出都是正极性，这一点在许多数字电路应用中更为适用。

　　知识拓展　在低电流应用中，R_1 和 R_2 可以替换为具有极低静态额定电流的参考电压 IC，有助于降低系统整体功耗。

20.2.3　集成比较器

虽然 741C 等运算放大器可以作为比较器，但它的摆率会限制电压的改变速度。741C 的输出电压改变速度不超过 0.5 V/μs，因此，741C 在 ± 15 V 的电源电压下需要超过 50 μs 的时间完成输出状态的转换。解决摆率问题的一种方法是使用更快的运放，如 LM318。它的摆率可达 70 V/μs，在 $-V_{sat} \sim +V_{sat}$ 之间的切换仅需 0.3 μs。

另一个解决方法是去掉普通运放中的补偿电容。因为比较器通常用于非线性电路，补偿电容是不必要的，所以可以去掉补偿电容以使摆率大幅提高。如果集成芯片专门作为比较器进行优化，该器件在数据手册中会单独列出。因此通用数据手册中的运放和比较器是分开的。

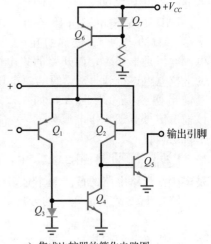

a）集成比较器的简化电路图

20.2.4　集电极开路器件

图 20-13a 是**集电极开路比较器**的简化电路图。它在单一正电源电压下工作。输入级是差分放大器（Q_1 和 Q_2）。电流源 Q_6 提供尾电流。差分放大器驱动有源负载 Q_4。输出级是一个集电极开路的晶体管 Q_5。集电极开路使用户能够控制比较器的输出摆幅。

第 16 章讨论的典型运算放大器的输出级是有源上拉级，因为其中含有两个 B 类推挽连接的器件，通过上端的有源器件导通并将输出上拉到高电平。而图 20-13a 所示的集电极开路输出级则需要与

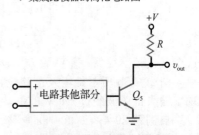

b）集电极开路的输出级采用上拉电阻

图 20-13　集成比较器电路

外加元器件相连接。

　　为了使输出级正常工作，用户必须用一个外加电阻将开路的集电极连接到电源电压，如图 20-13b 所示。该电阻称为**上拉电阻**，因为当 Q_5 关断时，该电阻将输出电压拉至高电平。当 Q_5 处于饱和时，输出电压为低电平。因为输出级是一个晶体管开关，该比较器产生两态的输出。

　　图 20-13a 所示电路中没有补偿电容，只有很小的分布电容，所以该电路输出电压的摆率很高。限制开关速度的主要因素就是 Q_5 两端的电容。这个输出电容是内部集电极电容和外部连线寄生电容之和。

　　输出时间常数是上拉电阻和输出电容的乘积。因此，图 20-13b 中的上拉电阻越小，输出电压转换速度越快。一般地，R 在几百欧姆到几千欧姆之间。

　　集成比较器有 LM311、LM339 和 NE529。它们都具有集电极开路的输出级，即必须将其输出端通过上拉电阻与正电源电压连接起来。因为具有很高的摆率，这些集成比较器输出的开关速度在 $1\,\mu s$ 以内。

　　LM339 是一个四芯比较器，即在一个集成芯片封装中含有四个比较器。它可以工作在单电源或者双电源电压下。因为价格便宜且使用方便，LM339 是应用较多的比较器。

　　并不是所有的集成比较器都具有集电极开路输出级。有些比较器是集电极有源输出级，如 LM360、LM361 和 LM760。有源上拉的转换速度更快，并且这些高速集成比较器需要双电源。

20.2.5　TTL 驱动

　　LM339 是集电极开路器件。图 20-14a 所示是 LM339 与 TTL 器件的互连。该比较器的电源电压是 +15 V，而开路的集电极通过 $1\,\mathrm{k\Omega}$ 的上拉电阻连接到 +5 V 的电源电压上。因此，其输出摆幅是 0～+5 V，如图 20-14b 所示。该输出信号对于工作电压为 +5 V 的 TTL 器件来说是理想的。

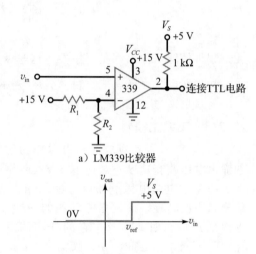

a）LM339比较器

b）输入-输出响应

图 20-14　比较器与 TTL 器件的互连

　　应用实例 20-4　图 20-15a 中，输入电压是峰值为 10 V 的正弦波。电路的翻转点电压是多少？旁路电路的截止频率是多少？输出波形是怎样的？　▐▐▐ Multisim

　　解：+15 V 经过 3:1 的分压器，得到参考电压为：

$$v_{\mathrm{ref}} = +5\ \mathrm{V}$$

这就是比较器的翻转点。当正弦波经过该电压点时，输出状态发生改变。

　　由式（20-3），得旁路电路的截止频率为：

$$f_c = \frac{1}{2\pi(200\ \mathrm{k\Omega} \parallel 100\ \mathrm{k\Omega}) \times 10\ \mu\mathrm{F}} = 0.239\ \mathrm{Hz}$$

这个截止频率很低，意味着 60 Hz 的参考电源电压波动将会大为衰减。

　　图 20-15b 所示是输入正弦波，它的峰值为 10 V。输出方波的峰值大约为 15 V。注意观察输入正弦波经过 +5 V 的翻转点时输出电压的转换情况。　◀

　　自测题 20-4　将 20-15a 电路中的 200 kΩ 电阻改为 100 kΩ，10 μF 电容改为 4.7 μF。计算电路的翻转点和截止频率。

　　应用实例 20-5　图 20-15b 所示输出波形的占空比是多少？

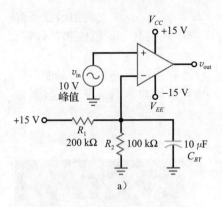
a)

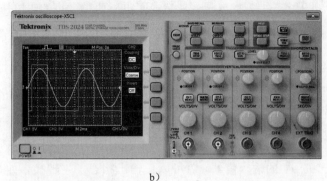
b)

图 20-15 计算占空比

解：占空比是指脉冲宽度与周期的比值。其等效的定义为：占空比等于导通角除以 360°。

图 20-15 中正弦波的峰值为 10 V，因此，输入电压为：

$$v_{in} = 10\sin\theta$$

输出的方波在输入电压经过 +5 V 时状态发生转换，此时，上述公式变为：

$$5 = 10\sin\theta$$

可以解出发生转换时 θ 的值：

$$\sin\theta = 0.5$$

或者

$$\theta = \arcsin 0.5 = 30° \text{ 和 } 150°$$

第一个解 $\theta = 30°$，此时输出由低转换到高。第二个解 $\theta = 150°$，此时输出由高转换到低。占空比为：

$$D = \frac{导通角}{360°} = \frac{150° - 30°}{360°} = 0.333$$

图 20-15b 的占空比可表示为 33.3%。 ◀

20.3 迟滞比较器

如果比较器的输入包含大量噪声，当 v_{in} 接近翻转点时输出电压就会不稳定。减小噪声影响的一种方法是使用正反馈连接的比较器。正反馈产生两个独立的翻转点，可以防止由输入端噪声造成的错误翻转。

20.3.1 噪声

噪声是不希望存在的信号，它与输入信号无关或与输入信号的谐波相关。电动机、霓虹灯、电力线、汽车点火、闪电等，都会产生电磁场并给电路带来噪声。电源电压波动也属于噪声，因为它与输入信号不相关。通过使用稳压电源及屏蔽设施，可以将波动与耦合噪声减小到可以容忍的程度。

热噪声是由电阻中自由电子的随机运动造成的（见图 20-16a）。使这些电子运动的能量来自于环境中的热能。环境温度越高，电子越活跃。

电阻中数百万自由电子的运动是完全杂乱无章的。在某些时刻，上升的电子多于下落的电子，就造成了电阻两端微小的负电压。在另一些时刻，下落的

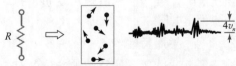

a) 电阻中电子的随机运动   b) 示波器显示的噪声

图 20-16 热噪声

电子多于上升的电子，就造成了电阻两端微小的正电压。如果将噪声经放大后用示波器观察，可以看到类似图 20-16b 的图像。和其他电压一样，噪声电压也有方均根值和有效值。在近似计算中最大噪声峰值约为方均根值的四倍。

电阻中电子的随机运动产生的噪声分布在几乎整个频段。噪声的均方根值随温度、带宽和电阻值的增加而增加。在电路的分析和设计过程中，应该清楚地认识噪声对比较器输出的影响。

20.3.2 噪声触发

如 20.1 节所述，比较器的高开环增益意味着只需要 $100\,\mu V$ 的输入信号，就可以使输出状态发生转换。如果输入信号中的噪声具有 $100\,\mu V$ 或者更大的峰值电压，则比较器将能检测出噪声产生的过零点。

图 20-17 显示了比较器在没有输入信号，只有噪声情况下的输出。当噪声的峰值电压足够大时，比较器输出将发生不希望的翻转。例如，噪声在 A、B 和 C 点达到峰值时，使输出产生了本不该有的从低到高的翻转。当有输入信号时，噪声将叠加在输入信号上并导致不稳定的翻转。

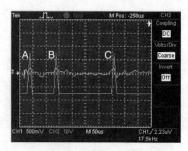

图 20-17 噪声对比较器的误触发

20.3.3 施密特触发器

解决噪声干扰的标准方法是使用如图 20-18a 所示的比较器。输入信号加在反相输入端。因为反馈电压使输入电压增强，所以是正反馈。这种采用正反馈的比较器通常称为**施密特触发器**。

当比较器正向饱和时，正电压被反馈到同相输入端，正反馈电压使输出保持在高电平。类似地，当输出电压负向饱和，负电压被反馈到同相输入端，并使输出保持在低电平。无论哪种情况下，该正反馈使输出所处的状态得到增强。

反馈系数为：

$$B = \frac{R_1}{R_1 + R_2} \tag{20-4}$$

当输出正向饱和时，加到同相端的参考电压为：

$$v_{ref} = +BV_{sat} \tag{20-5a}$$

当输出负向饱和时，参考电压为：

$$v_{ref} = -BV_{sat} \tag{20-5b}$$

在输入电压超过该状态下的参考电压之前，输出的电压将保持在给定的状态。例如，如果输出正向饱和，参考电压为 $+BV_{sat}$。输入电压只有增加到大于 $+BV_{sat}$ 时才能使比较器的输出由正电压变为负电压，如图 20-18b 所示。当输出为负向饱和时，它将保持这个状态直到输入电压比 $-BV_{sat}$ 更低。此时输出从负电压转换为正电压。

20.3.4 迟滞特性

图 20-18b 所示的特殊的响应特性称为**迟滞**特性。为了理解这个概念，将

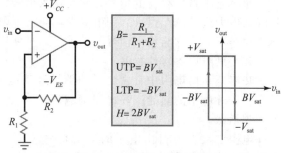

a）反相施密特触发器 b）具有迟滞特性的输入–输出响应

图 20-18 反相施密特触发器及其特性

手指放在图线上端的 $+V_{\text{sat}}$ 处。假设这就是当前的输出电压。将手指沿水平方向向右移动。在这个方向上，输入电压发生变化，而输出电压始终等于 $+V_{\text{sat}}$。当手指到达右上角时，v_{in} 等于 $+BV_{\text{sat}}$。当 v_{in} 略大于 $+BV_{\text{sat}}$ 时，输出电压进入高低状态之间的转换区域。

如果将手指沿垂直线向下移动，将模拟输出电压由高到低的变换过程。当手指到达下面的横线时，输出电压达到负向饱和，等于 $-V_{\text{sat}}$。

为了转换回高电平状态，移动手指直到左下角。在这里，v_{in} 等于 $-BV_{\text{sat}}$。当 v_{in} 比 $-BV_{\text{sat}}$ 略低时，输出电压将进入由低到高的转换区域。如果将手指沿垂直方向向上移动，将模拟输出电压由低变高的变换过程。

在图 20-18b 中，翻转电压被定义为使输出电压发生状态改变的两个输入电压值。高值翻转点（UTP）的值为：

$$\text{UTP} = BV_{\text{sat}} \tag{20-6}$$

低值翻转点（LTP）的值为：

$$\text{LTP} = -BV_{\text{sat}} \tag{20-7}$$

两个翻转点之差定义为迟滞（也称死区）：

$$H = \text{UTP} - \text{LTP} \tag{20-8}$$

利用式（20-6）和（20-7），得到：

$$H = BV_{\text{sat}} - (-BV_{\text{sat}})$$

其值等于：

$$H = 2BV_{\text{sat}} \tag{20-9}$$

正反馈导致了图 20-18b 所示的迟滞特性。如果没有正反馈，B 将等于零，迟滞便会消失，因为翻转点等于零。

施密特触发器需要迟滞特性，以防止噪声引起错误触发。如果噪声峰值电压小于迟滞电压，则噪声不会导致误触发。例如，若 UTP $= +1\ \text{V}$、LTP $= -1\ \text{V}$、$H = 2\ \text{V}$，此时，只要噪声峰峰值小于 $2\ \text{V}$，施密特触发器将不会发生误触发。

20.3.5　同相电路

图 20-19a 所示是同相施密特触发器。其输入-输出响应有一个迟滞回路，如图 20-19b 所示。它的工作原理如下：当图 20-19a 电路的输出正向饱和时，反馈到同相输入端的电压是正的，使正向饱和进一步加强。同理，如果输出负向饱和，反馈到同相输入端的是负电压，使负向饱和进一步加强。

假设输出负向饱和，反馈电压将使输出保持在该状态直至输入电压比 UTP 更

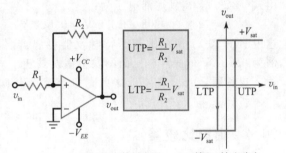

a）同相施密特触发器　　b）输入-输出响应

图 20-19　同相施密特触发器及其特性

高。此时，输出由负向饱和转换为正向饱和。在正向饱和时，输出状态保持直至输入电压比 LTP 更低时，输出再次转换回到负向状态。

同相施密特触发器的翻转点公式如下：

$$\text{UTP} = \frac{R_1}{R_2}V_{\text{sat}} \tag{20-10}$$

$$\text{LTP} = -\frac{R_1}{R_2}V_{\text{sat}} \tag{20-11}$$

R_1 与 R_2 的比值决定了施密特触发器迟滞电压的大小。可以设计足够大的迟滞电压以避免

噪声的误触发。

知识拓展　一些集成比较器具有内置的迟滞电压。例如，TI3501 具有 6 mV 的内置迟滞电压。使用这些比较器时，如果需要，仍然可以应用外部迟滞元件。

20.3.6　加速电容

正反馈可以抑制噪声的影响，同时还可以加速输出状态的转换。当输出电压开始变化时，这个变化量也反馈到同相输入端并被放大，驱使输出更快地转换。有时将一个电容 C_2 与电阻 R_2 并联，如图 20-20 所示。该电容作为**加速电容**，可以抵消 R_1 两端寄生电容引起的旁路效应。该寄生电容必须在同相输入端电压变化之前被充电，加速电容使充电速度更快。

为了抵消寄生电容，加速电容的最小值应为：

$$C_2 = \frac{R_1}{R_2} C_1 \qquad (20\text{-}12)$$

只要 C_2 大于等于式（20-12）给出的值，输出将会以最大的速率转换。因为设计时需要估算寄生电容 C_1，通常 C_2 的取值至少为式（20-12）给出值的两倍。典型电路中，C_2 取值在 10～100 pF 之间。

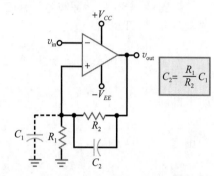

图 20-20　加速电容对寄生电容的补偿

应用实例 20-6　如果图 20-21 电路中的 $V_{\text{sat}} = 13.5$ V，求翻转点和迟滞电压。

解：由式（20-4），得反馈系数为：

$$B = \frac{1 \text{ k}\Omega}{48 \text{ k}\Omega} = 0.0208$$

由式（20-6）和式（20-7），得到翻转点电压为：

$$\text{UTP} = 0.0208 \times 13.5 \text{ V} = 0.281 \text{ V}$$
$$\text{LTP} = -0.0208 \times 13.5 \text{ V} = -0.281 \text{ V}$$

由式（20-9），得到迟滞电压为：

$$H = 2 \times 0.0208 \times 13.5 \text{ V} = 0.562 \text{ V}$$

这说明图 20-21 所示的施密特触发器可以容忍峰峰值为 0.562 V 的噪声电压而不发生错误翻转。　◀

自测题 20-6　将 47 kΩ 的电阻改为 22 kΩ，重新计算例 20-6。

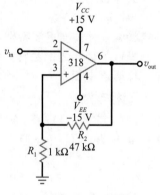

图 20-21　举例

20.4　窗口比较器

普通比较器所显示的是当输入电压超过某个限定值或阈值时的状态。**窗口比较器**（也称双端限幅检测器）检测的是处于两个限定值之间的输入电压，这个中间区域称为窗口。为了实现窗口比较器，需要使用两个具有不同阈值电压的比较器。

20.4.1　限定值内的输出为低电平

图 20-22a 所示的窗口比较器电路中，当输入电压处于下限和上限电压之间时，输出为低电平。该电路的两个阈值为 LTP 和 UTP。参考电压可以通过由齐纳二极管或其他电路构成的分压器产生。图 20-22b 所示是窗口比较器的输入/输出响应。当 v_{in} 小于 LTP 或大于 UTP 时，输出为高电平。当 v_{in} 在 LTP 和 UTP 之间时，输出为低电平。

下面是其工作原理。假设正翻转电压为：LTP=3 V，UTP=4 V。当 $v_{\text{in}}<3$ V 时，比较器 A_1 的输出为正，A_2 的输出为负。二极管 D_1 导通，D_2 截止。因此，输出电压为高

电平。同理，当 $v_{in}>4$ V 时，比较器 A_1 的输出为负，A_2 的输出为正。二极管 D_1 截止，D_2 导通，输出电压为高电平。当 3 V$<v_{in}<4$ V 时，A_1 的输出为负，A_2 的输出也为负，二极管 D_1 和 D_2 都截止，则输出电压为低电平。

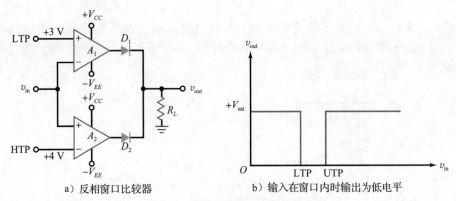

a) 反相窗口比较器　　　　b) 输入在窗口内时输出为低电平

图 20-22　反相窗口比较器及其特性

20.4.2　限定值内的输出为高电平

图 20-23a 所示是另一个窗口比较器。该电路使用了一个 LM339，它是一个四芯比较器，需要外接上拉电阻。当上拉电源为 $+5$ V 时，其输出可以驱动 TTL 电路。图 20-23b 为输入/输出响应。可以看到，当输入处于两个限定值之间时的输出为高电平。

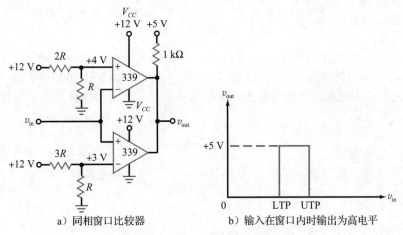

a) 同相窗口比较器　　　　b) 输入在窗口内时输出为高电平

图 20-23　同相窗口比较器及其特性

这里假设参考电压与上一节中相同。当输入电压小于 3 V 时，下方的比较器将输出下拉到零。当输入电压高于 4 V 时，上方的比较器将输出下拉到零。当输入处于 $3\sim4$ V 之间时，每个比较器中的输出晶体管均截止，故输出被上拉到 $+5$ V。

20.5　积分器

积分器是可以实现数学中积分操作的电路。积分器最常见的用途就是产生斜坡电压，即线性上升或下降的电压。积分器有时称为密勒积分器，这是为了纪念它的发明者。

20.5.1　基本电路

图 20-24a 所示是一个运放积分器。可以看到，反馈电容取代了反馈电阻。通常的输入是如图 20-24b 所示的方波。方波的脉宽为 T。当脉冲为低时，$v_{in}=0$。当脉冲为高时，

$v_{in}=V_{in}$。直观分析，当脉冲加到 R 左端，由于反相输入端虚地，输入高电压将产生输入
电流：

$$I_{in}=\frac{V_{in}}{R}$$

所有的输入电流都流入电容。因此，电容开始充电且两端的电压按照图 20-24a 所示的极
性增加。虚地意味着输出电压等于电容两端的电压。对于正的输入电压，输出电压将负向
增加，如图 20-24c 所示。

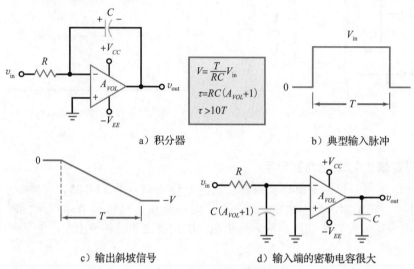

a）积分器
b）典型输入脉冲
c）输出斜坡信号
d）输入端的密勒电容很大

图 20-24　积分器及其特性

因为流入电容的电流是恒定值，电荷 Q 随时间线性增加，即电容电压线性增长，等
效于输出负向上升的斜坡电压，如图 20-24c 所示。当图 20-24b 脉冲周期结束时，输入电压
变回到零且电容停止充电。因为电容上的电荷保持不变，故输出电压保持负电压－V不变。
该电压的幅度为：

$$V=\frac{T}{RC}V_{in} \tag{20-13}$$

因为密勒效应，可以将反馈电容分裂为两个等效的电容，如图 20-24d 所示。输入回
路时间常数 τ 为：

$$\tau=RC(A_{VOL}+1) \tag{20-14}$$

为了使积分器正常工作，回路时间常数应远大于输入脉冲的宽度（至少 10 倍以上），公式
表示为：

$$\tau>10T \tag{20-15}$$

在典型的运放积分器中，回路时间常数非常大，所以这个条件很容易满足。

20.5.2　消除输出失调

图 20-24a 所示电路需要经过微小的修改才能使用。因为电容对直流信号开路，所以
在零频时没有负反馈。因为没有负反馈，电路会将输入失调电压作为有效的输入电压，使
电容充电，并使输出达到正向或负向饱和，结果是不确定的。

减小输入失调电压影响的方法之一是减小零频时的电压增益。可以加入一个与电容并
联的电阻，如图 20-25a 所示。该电阻应至少比输入电阻大 10 倍。如果增加的电阻为 $10R$，
闭环电压增益为 10，输出失调电压下降到可以容忍的范围内。当输入信号有效时，附加电
阻对电容的充电没有影响，故输出电压仍是理想的斜坡信号。

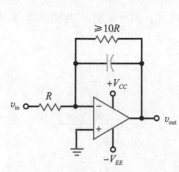 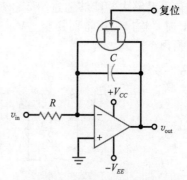

a) 跨接在电容上的电阻可减小输出失调电压   b) 结型场效应晶体管用来使积分器复位

图 20-25   消除输出失调

消除输入失调电压影响的另一个方法是使用一个结型场效应晶体管作开关，如图 20-25b 所示。结型管栅极的复位电压为 0 V 或 $-V_{CC}$，足以使该管关断。可以在积分器空闲时将 JFET 置成低阻态，在积分器有效时将其置为高阻态。

JFET 使电容放电，为下一个输入脉冲做准备。下一个输入脉冲到来之前，复位电压置为 0 V，电容放电。当下一个脉冲到来的同时，复位电压置为 $-V_{CC}$，使 JFET 关断。积分器便可以产生斜坡输出电压。

知识拓展   图 20-25 中的反馈电阻也可以分成两个等效电阻。在输入端，$z_{in} = R_f/(1+A_{VOL})$。

应用实例 20-7   图 20-26 电路在输入脉冲结束时的输出电压是多少？如果 741C 的开环电压增益是 100 000，则积分器的回路时间常数是多少？

解： 由式（20-13）得到输入脉冲结束时输出负电压的幅值是：

$$V = \frac{1\text{ ms}}{2\text{ k}\Omega \times 1\text{ μF}} \times 8\text{ V} = 4\text{ V}$$

由式（20-14）得回路时间常数为：

$$\tau = RC(A_{VOL}+1) = 2\text{ k}\Omega \times 1\text{ μF} \times 100\ 001$$
$$= 200\text{s}$$

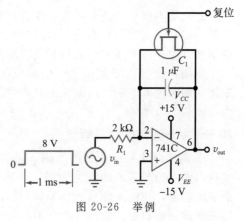

图 20-26   举例

因为 1 ms 的脉冲宽度远小于回路时间常数，所以只在电容充电的最初时间段是指数关系。而指数项的初始部分近似线性，故输出电压是近乎理想的斜坡电压。示波器中的线性扫描电压就是通过积分器产生的线性斜坡信号。 ◀

自测题 20-7   将图 20-26 电路中的 2 kΩ 电阻改为 10 kΩ，重新计算例 20-7。

20.6   波形变换

可以使用运算放大器将正弦波转化为方波或将方波转化为三角波等。本节将介绍一些将输入波形转化成不同输出波形的基本电路。

20.6.1   正弦波转化为方波

图 20-27a 所示是一个施密特触发器，图 20-27b 是其输入-输出关系曲线。当输入信号是周期性（循环重复）信号时，施密特触发器的输出将产生如图 20-27b 所示的方波。这

里假设输入信号足够大并能够通过图 20-27c 所示的两个翻转点。当输入电压在正半周上升时超过 UTP 时，输出电压将切换至 $-V_{sat}$。在随后的半个周期，当输出电压比 LTP 更负时，输出切换回 $+V_{sat}$。

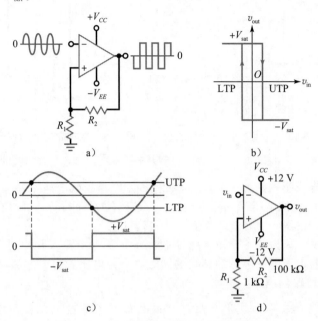

图 20-27 施密特触发器的输出是矩形波

无论输入信号的波形如何，施密特触发器总是产生方波输出。换句话说，输入信号不需要一定是正弦波。只要波形是周期性的且幅度大于翻转点电压，就可以从施密特触发器中得到方波。该方波与输入信号具有相同的频率。

例如，图 20-27d 展示了一个翻转点约为 UTP＝＋0.1 V，LTP＝－0.1 V 的施密特触发器。如果输入电压是周期性的且峰峰值大于 0.2 V，则输出电压是方波，其峰峰值大约为 $2V_{sat}$。

20.6.2 方波转化为三角波

图 20-28a 电路中积分器的输入是方波。因为输入信号的直流分量或均值为零，所以其输出的直流分量或均值也为零。如图 20-28b 所示，在输入信号的正半周期输出为下降的斜坡信号，在输入信号的负半周期输出为上升的斜坡信号。因此，输出是与输入同频率的三角波。可以看到输出三角波的峰峰值为：

$$V_{out(pp)} = \frac{T}{2RC} V_p \tag{20-16}$$

式中，T 是信号周期。用频率表示的公式为：

$$V_{out(pp)} = \frac{V_p}{2fRC} \tag{20-17}$$

式中，V_p 是输入电压峰值，f 是输入信号频率。

20.6.3 三角波转化为脉冲波

图 20-29a 所示是将三角波转化为方波的电路。通过改变 R_2，可以改变输出脉冲的宽度，相当于改变占空比。图 20-29b 中，W 表示脉冲宽度，T 是周期。如前所述，占空比 D 是脉宽与周期的比值。

在某些应用中，需要使占空比发生改变。图 20-29a 所示的可调幅值检测器可以实现这个功能。将该电路的翻转点从零移动到一个正电压，当输入三角波电压超过翻转点时，输出为高电平，如图 20-29c 所示。因为 v_{ref} 可调，可以改变输出脉冲的宽度，相当于改变占空比。使用该电路可以使占空比改变的范围近似为 0~50%。

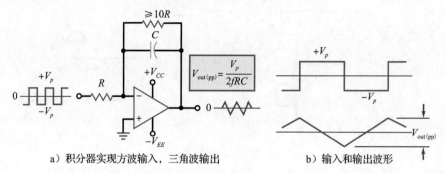

a）积分器实现方波输入，三角波输出　　　　b）输入和输出波形

图 20-28　方波转化为三角波

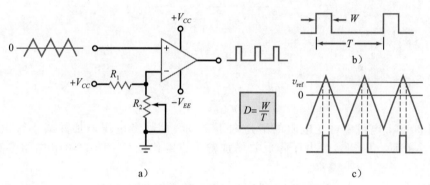

a）

b）

$$D = \frac{W}{T}$$

c）

图 20-29　幅值检测器实现三角波输入、方波输出

应用实例 20-8　当图 20-30 电路中输入频率为 1 kHz 时，其输出电压是什么？

解： 利用式（20-17）求得输出三角波的峰峰值为：

$$V_{\text{out(pp)}} = \frac{5\,\text{V}}{2 \times 1\,\text{kHz} \times 1\,\text{k}\Omega \times 10\,\mu\text{F}}$$
$$= 0.25\,\text{V（峰峰值）} \quad \blacktriangleleft$$

自测题 20-8　若使图 20-30 电路产生 1 V（峰峰值）的输出电压，电容值应为多少？

应用实例 20-9　20-31a 所示电路的输入是

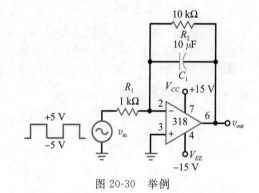

图 20-30　举例

三角波。可变电阻的最大值为 10 kΩ。如果输入三角波的频率为 1 kHz，当可变电阻的滑片在中点位置时，输出的占空比是多少？

解： 当滑片在中点位置时，电阻值为 5 kΩ。则参考电压为：

$$v_{\text{ref}} = \frac{5\,\text{k}\Omega}{15\,\text{k}\Omega} \times 15\,\text{V} = 5\,\text{V}$$

信号的周期为：

$$T = \frac{1}{1\,\text{kHz}} = 1000\,\mu\text{s}$$

该值显示于图 20-31b。输入电压从 −7.5 V 增加到 +7.5 V 需要 500 μs，相当于半个周期的时间。比较器的翻转电压是 +5 V，则其输出脉冲的宽度为 W，如图 20-31b 所示。

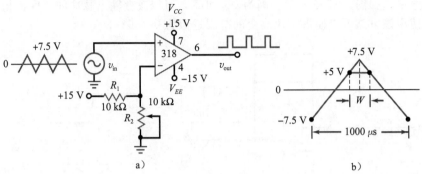

图 20-31 举例

根据图 20-31b 所示的几何关系，可以在电压和时间之间建立比例关系为：

$$\frac{W/2}{500\mu s} = \frac{7.5\ V - 5\ V}{15\ V}$$

解得：

$$W = 167\mu s$$

占空比为：

$$D = \frac{167\mu s}{1000\mu s} = 0.167$$

将图 20-31a 电路中可变电阻的滑片向下移动，使参考电压增加并减小输出占空比。将滑片向上移动，则使参考电压降低并增加输出占空比。对于图 20-31a 电路参数，可使输出占空比从 0 变化到 50%。 ◀

自测题 20-9　当输入频率为 2 kHz 时，重新计算例 20-9。

20.7　波形发生器

利用正反馈可以实现**振荡器**，即在没有外加输入信号的情况下产生某种输出信号的电路。本节讨论一些可以产生非正弦信号的运放电路。

20.7.1　张弛振荡器

图 20-32a 所示电路中没有输入信号，但是能产生矩形波输出信号。该输出是在 $-V_{sat} \sim +V_{sat}$ 之间变化的方波。原理如下：假设图 20-32a 中的输出正向饱和，反馈电阻 R 使电容呈指数规律充电到 $+V_{sat}$，如图 20-32b 所示。但是电容电压不可能达到 $+V_{sat}$，当该电压超过 UTP 时，输出将转换至 $-V_{sat}$。

此时的输出处于负向饱和，电容开始放电，如图 20-32b 所示。当电容电压过零时，电容开始负向充电至 $-V_{sat}$。当电压经过 LTP 时，输出转换至 $+V_{sat}$。这个过程将周而复始。

因为电容连续地充放电，输出是一个占空比为 50% 的矩形波。分析电容指数充放电的过程，可以推导出矩形波输出的周期为：

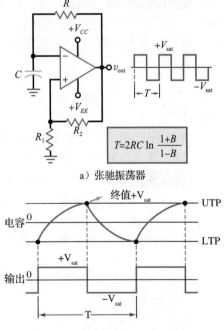

$$T = 2RC \ln \frac{1+B}{1-B}$$

a）张弛振荡器

b）电容充放电波形与输出波形

图 20-32　张弛振荡器及其特性

$$T = 2RC\ln\frac{1+B}{1-B} \tag{20-18}$$

式中，B 是反馈系数，其表达式如下：

$$B = \frac{R_1}{R_1 + R_2}$$

式（20-18）使用了自然对数，它以 e 作为对数基底。该方程必须使用自然对数的科学计算器或者表格。

图 20-32a 所示电路被称为**张弛振荡器**，指的是所产生的输出信号频率取决于电容充放电的电路。如果增加 RC 时间常数，电容电压充电至翻转点需要更长的时间。因此，频率更低。通过对 R 的调节，可以得到 $50:1$ 的调谐范围。

20.7.2　产生三角波

将一个张弛振荡器和一个积分器级联，可以得到如图 20-33 所示的三角波产生电路。张弛振荡器的矩形波输出驱动积分器，使其产生三角波输出。该矩形波在 $+V_{sat} \sim -V_{sat}$ 之间变化。可以通过式（20-18）计算其周期，三角波的周期和频率与张驰振荡器相同。由式（20-16）可计算输出峰峰值。

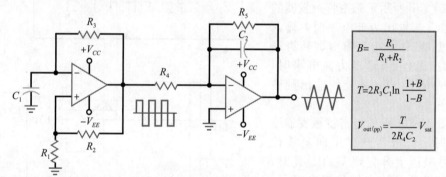

图 20-33　张弛振荡器驱动积分器产生三角波输出

应用实例 20-10 图 20-34 电路输出信号的频率是多少？　　　　　　　　　IIII Multisim

解： 反馈系数为：

$$B = \frac{18\ \text{k}\Omega}{20\ \text{k}\Omega} = 0.9$$

由式（20-18）得：

$$T = 2RC\ln\frac{1+B}{1-B} = 2 \times 1\ \text{k}\Omega \times 0.1\ \mu\text{F} \times \ln\frac{1+0.9}{1-0.9} = 589\mu\text{s}$$

频率为：

$$f = \frac{1}{589\mu\text{s}} = 1.7\ \text{kHz}$$

图 20-34 电路的输出方波频率为 $1.7\ \text{kHz}$，峰峰值 $2V_{sat}$ 约为 27 V。　　　◀

自测题 20-10 将图 20-34 电路中的 $18\ \text{k}\Omega$ 电阻改为 $10\ \text{k}\Omega$，重新计算输出频率。

应用实例 20-11 图 20-33 所示电路中使用例 20-10 中的张弛振荡器驱动积分器。假设振荡器输出的峰值电压为 13.5 V。如果积分器中 $R_4 = 10\ \text{k}\Omega$，$C_2 = 10\ \mu\text{F}$，则

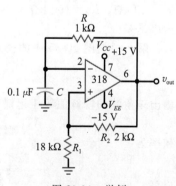

图 20-34　举例

输出三角波的峰峰值是多少?

解:可以使用图 20-33 中的公式进行电路分析。在例 20-10 中,计算出反馈系数为 0.9,周期为 589 μs。这里计算输出三角波的峰峰值为:

$$V_{out(pp)} = \frac{589 \mu s}{2 \times 10 \text{ k}\Omega \times 10 \text{ } \mu F} \times 13.5 \text{ V} = 39.8 \text{mV(峰峰值)}$$

该电路产生方波的峰峰值大约为 27 V,三角波的峰峰值为 39.8 mV。

✎ **自测题 20-11** 将图 20-34 电路中的 18 kΩ 电阻改为 10 kΩ,重新计算例 20-11。

20.8 典型的三角波发生器

图 20-35a 所示同相施密特触发器的输出是矩形波,作为积分器的输入。积分器的输出是三角波,该三角波反馈回来驱动施密特触发器。这样得到一个非常有趣的电路:第一级驱动第二级,而第二级又驱动第一级。

图 20-35b 所示是施密特触发器的传输特性。当输出为低电平时,输入必须超过 UTP 才能使输出翻转为高电平。类似地,当输出为高电平时,输入必须低于 LTP 才能使输出翻转为低电平。

当图 20-35c 中的施密特触发器输出为低时,积分器产生正向斜坡信号,信号电压上升直到 UTP。此时,施密特触发器的输出转换至高电平,使三角波改变方向。当负向斜坡信号下降到 LTP 时,施密特触发器的输出再次发生改变。

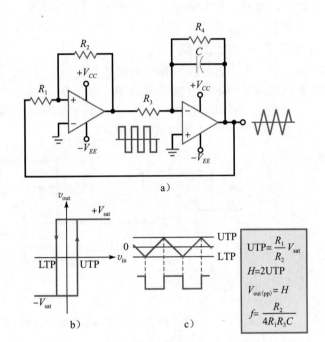

图 20-35 施密特触发器与积分器产生方波和三角波

图 20-35c 电路中三角波的峰峰值等于 UTP 和 LTP 之差。可以得到频率的表达式:

$$f = \frac{R_2}{4R_1 R_3 C} \qquad (20-19)$$

图 20-35 给出了该式及其他方程。

应用实例 20-12 图 20-35a 所示的三角波发生器的电路参数为:$R_1 = 1$ kΩ,$R_2 = 100$ kΩ,$R_3 = 10$ kΩ,$R_4 = 100$ kΩ,$C = 10$ μF。当 $V_{sat} = 13$ V 时,输出的峰峰值是多少?三角波的频率是多少?

解:根据图 20-35 中的公式,可得 UTP 的值为:

$$\text{UTP} = \frac{1 \text{ k}\Omega}{100 \text{ k}\Omega} \times 13 \text{ V} = 0.13 \text{ V}$$

输出三角波的峰峰值等于迟滞电压:

$$V_{out(pp)} = H = 2\text{UTP} = 2 \times 0.13 \text{ V} = 0.26 \text{ V}$$

频率为:

$$f = \frac{100 \text{ k}\Omega}{4 \times 1 \text{ k}\Omega \times 10 \text{ k}\Omega \times 10 \text{ } \mu F} = 250 \text{ Hz}$$

自测题 20-12 将图 20-35 电路中的 R_1 改为 $2\,k\Omega$，C 改为 $1\,\mu F$。计算 $V_{\text{out(pp)}}$ 和输出频率。

20.9 有源二极管电路

运算放大器可以增强二极管电路的性能。一方面，带有负反馈的运放可以减小阈值电压的影响，实现对信号的整形、峰值检测和低电压信号（幅度小于阈值电压）的钳位。另一方面，由于运放的缓冲作用，可以减小信号源和负载对二极管电路的影响。

20.9.1 半波整流器

图 20-36 所示是一个**有源半波整流器**。当输入信号为正值时，输出为正且二极管导通。此时电路类似一个电压跟随器，且负载电阻上呈现正半周波形。当输入为负值时，运放输出为负且二极管截止。因为二极管开路，所以负载电阻上没有电压输出。最终的输出近似为理想的半波信号。

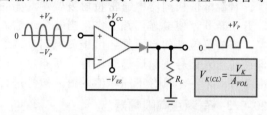

图 20-36 有源半波整流器

电路有两种工作模式或工作区域。第一种：当输入电压为正时，二极管导通，工作在线性区。此时，输出电压反馈到输入，形成负反馈。第二种：当输入电压为负时，二极管不导通且反馈环路开路。此时，运放的输出与负载电阻相互隔离。

运放的高开环电压增益几乎消除了阈值电压的影响。例如，若阈值电压为 0.7 V，且 A_{VOL} 为 100 000，则使二极管导通的输入电压仅为 7 μV。

闭环阈值电压由下式决定：

$$V_{K(CL)} = \frac{V_K}{A_{VOL}}$$

硅二极管的 $V_K = 0.7\,V$。因为闭环阈值电压很小，所以有源半波整流器可以工作在 μV 量级的低电压信号场合。

20.9.2 有源峰值检测器

对于小信号的峰值检测，可以采用图 20-37a 所示的**有源峰值检测器**。这里的闭环阈值电压也是 μV 量级，即可以对低压信号进行峰值检测。当二极管导通时，负反馈产生的戴维南输出阻抗接近零。这意味着充电时间常数很小，电容可以迅速被充电至正峰值。当二极管截止时，电容通过 R_L 放电。放电时间常数 $R_L C$ 可以比输入信号周期长很多，因此能够对小信号进行近似理想的峰值检测。

电路工作在两种不同的工作区。第一种：当输入电压为正时，二极管导通，工作在线性区。此时，电容充电至输入信号的峰值。第二种：当输入电压为负

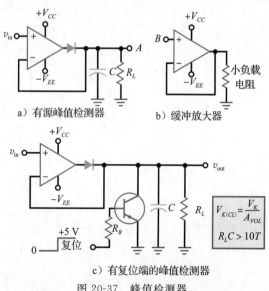

a）有源峰值检测器　　b）缓冲放大器

c）有复位端的峰值检测器

图 20-37 峰值检测器

值时，二极管不导通，且反馈环路开路。此时，电容通过负载电阻放电。只要放电时间常数远大于信号周期，则输出电压与输入信号的峰值近似相等。

如果峰值检测信号驱动的负载较小，可以使用运放缓冲器以避免负载效应。例如，将图 20-37a 所示电路的 A 点与图 20-37b 所示电路的 B 点连接起来，则负载小电阻和峰值检测器被电压跟随器隔离，从而防止负载小电阻使电容过快放电。

R_LC 时间常数的最小值应当至少比输入信号最慢周期 T 大 10 倍。表示为：

$$R_LC > 10T \tag{20-20}$$

如果该条件满足，输出电压的误差将在峰值输出的 5% 以内。例如，如果最低频率为 1 kHz，其周期为 1 ms，此时，R_LC 时间常数至少应为 10 ms，以使误差小于 5%。

有源峰值检测器中通常包含复位端，如图 20-37c 所示。当复位端输入低电平时，晶体管开关断开，使电路正常工作。当复位端输入高电平时，晶体管开关闭合，使电容迅速放电。需要复位端的原因是：由于放电时间常数很长，电容上的电荷将保持很长一段时间，即使在输入信号去除后仍然保持。而通过复位端输入高电平，可以使电容迅速放电，以便准备好对下一个具有不同峰值的输入信号进行检测。

20.9.3　有源正向限幅器

图 20-38a 所示是一个**有源正向限幅器**。当滑片在最左端时，v_{ref} 为零且同相输入端接地。当 v_{in} 为正时，运放的输出为负，且二极管导通。由于二极管的阻抗很低，即反馈电阻接近于零，所以形成较强的负反馈。这种情况下，对于 v_{in} 的所有正值，输出节点都是虚地的。

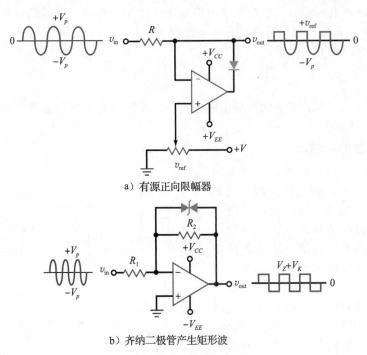

a）有源正向限幅器

b）齐纳二极管产生矩形波

图 20-38　正向及双向限幅器

当 v_{in} 为负时，运放的输出为正，使二极管截止，且使回路开路。当回路开路时，虚地点消失，v_{out} 与输入电压的负半周相等。因此，可以看到图 20-38a 中所示的负半周波形。

可以通过移动滑片来调整限幅电平，从而得到不同的 v_{ref} 值。这样，可以得到如图 20-38a 所示的输出波形。参考电压的变化范围是 $0 \sim +V$。

图 20-38b 所示的是在两个半周期都进行钳位的有源电路。反馈回路中的两个齐纳二极管背靠背连接。当输出小于齐纳电压时，电路的闭环增益为 R_2/R_1。当输出超过齐纳电压与一个正向二极管的压降之和时，齐纳二极管就会击穿，同时输出电压为虚地电压加上 V_Z+V_K。从而得到如图 20-38b 所示的输出波形。

20.9.4 有源正向钳位器

图 20-39 所示是一个**有源正向钳位器**。该电路将一个直流分量加在输入信号上，使得输出与输入信号的大小和形状都相同，只是具有直流的偏移。

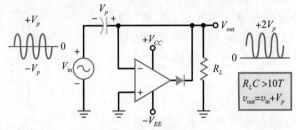

图 20-39 有源正向钳位器

工作原理如下：输入的第一个负半周信号通过未充电的电容耦合到输入端，使运放产生正的输出，并使二极管导通。由于虚地，电容被充电至输入负半周期的峰值电压，极性如图 20-39 所示。当输入比负峰值稍大时，二极管截止，环路处于开路状态，虚地消失。此时，输出电压是输入电压与电容电压之和：

$$v_{out}=v_{in}+V_p \qquad (20\text{-}21)$$

由于 V_p 被叠加到正弦输入电压上，因此最终的输出波形将正向平移 V_p，如图 20-39 所示。被正向钳位的输出波形摆幅从 $0\sim +2V_p$，即其峰峰值为 $2V_p$，与输入相同。同时，负反馈将阈值电压减小为原来的 $1/A_{VOL}$ 左右，说明电路实现了对低电平输入的理想钳位。

图 20-39 给出运放的输出。在信号周期的大部分时间里，运放工作在负饱和状态。但是在负输入的峰值处，运放产生一个尖锐的正脉冲，它补偿了钳位电容在负输入峰值之间的电荷损失。

20.10 微分器

微分器是可以实现微分运算的电路。其输出电压与输入电压的瞬时变化率成正比。微分器通常用于检测矩形脉冲的前沿和后沿，或是由斜坡输入生成矩形输出。

20.10.1 RC 微分器

图 20-40a 所示的 RC 电路可以用来对输入信号进行微分。典型的输入信号是矩形脉冲，如图 20-40b 所示。电路的输出是一系列正、负尖峰脉冲。正尖峰出现在输入的前沿，负尖峰出现在输入的后沿。这些尖峰脉冲是很有用的信号，它们指示出矩形脉冲的起点和终点。

图 20-40c 有助于理解 RC 微分器的工作原理。当输入电压从 0 变化到 $+V$ 时，电容开始以指数规律充电。经过 5 个时间常数的时间，电容电压与最终值的差在 1% 以内。根据基尔霍夫电压定律，图 20-40a

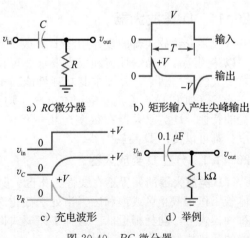

a）RC微分器　　b）矩形输入产生尖峰输出

c）充电波形　　d）举例

图 20-40 RC 微分器

中电阻上的电压为：

$$v_R = v_{\text{in}} - v_C$$

由于 v_C 的初始值为 0，输出电压从 0 跳变至 V，然后以指数下降，如图 20-40b 所示。同理，矩形脉冲的后沿产生负的尖峰脉冲。图 20-40b 中的尖峰值约为 V，等于电压阶跃值。

　　如果用 RC 微分器来产生窄脉冲，则时间常数应小于脉冲宽度 T 的 1/10：

$$RC < 10T$$

如果脉冲宽度是 1 ms，则 RC 时间常数应小于 0.1 ms。图 20-40d 所示是一个时间常数为 0.1 ms 的 RC 微分器。如果该电路的输入是周期大于 1 ms 的矩形脉冲，其输出将得到一系列正、负尖峰脉冲。

20.10.2　运放微分器

　　图 20-41a 所示是运放微分器。它与运放积分器很相似，区别在于电阻和电容交换了位置。由于虚地点的存在，电容电流经过反馈电阻，并在电阻上产生压降。电容电流的公式为：

$$i = C \frac{dv}{dt}$$

式中，dv/dt 的值等于输入电压的斜率。

　　运放微分器通常用于产生非常窄的脉冲，如图 20-41b 所示。与简单 RC 微分器相比，运放微分器的优势在于尖峰脉冲来自低阻抗信号源，更易于驱动典型电阻负载。

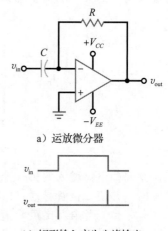

a）运放微分器

b）矩形输入产生尖峰输出

图 20-41　运放微分器

20.10.3　实际的运放微分器

　　图 20-41a 所示的运放微分器有可能发生振荡。为避免振荡，实际的运放微分器往往包含与电容串联的电阻，如图 20-42 所示。附加电阻的典型值为 $0.01R \sim 0.1R$。有了这个电阻，闭环电压增益为 $10 \sim 100$。这样可以限制高频时的闭环电压增益，从而避免该频段中出现的振荡。

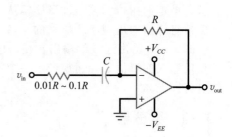

图 20-42　输入串联电阻以防止振荡

20.11　D 类放大器

　　很多音频放大器的设计中将 B 类或 AB 类放大器作为主要选择，这种线性放大器结构可以达到通常所需的性能和成本要求。现在的 LCD 电视、等离子电视、台式 PC 等产品要求更大的输出功率，并要求其功耗性能因子保持不变或有所降低，且成本不增加。便携功率器件（如 PDA、手机及笔记本电脑）均要求更高的电路效率。由于具有高效率和低功耗的特性，D 类放大器在很多应用中优于 AB 类放大器。在前面讨论过的很多电路应用中，都可以使用 D 类放大器。

20.11.1　分立 D 类放大器

　　D 类放大器的偏置不在线性工作区，其输出晶体管处于开关工作状态，这使得每个晶体管工作在截止区或饱和区。当处于截止时，电流为 0。当处于饱和时，其压降很低。在每种模式下，功耗都很低。这种工作模式提高了电路的效率，所需的电源功率更低，放大器的散热片也更小。

采用半桥结构的基本 D 类放大器电路如图 20-43 所示，包含一个用作比较器的运放以及两个用作开关的 MOS 管。比较器有两个输入信号，一个是音频信号 V_A，另一个是频率很高的三角波 V_T。比较器的输出电压 V_C 约为 $+V_{DD}$ 或 $-V_{SS}$。当 $V_A > V_T$ 时，$V_C = +V_{DD}$；当 $V_A < V_T$ 时，$V_C = -V_{SS}$。

比较器输出的正电压或负电压驱动两个互补的共源 MOS 管。当 V_C 为正时，Q_1 导通而 Q_2 截止。当 V_C 为负时，Q_2 导通而 Q_1 截止。每个晶体管的输出电压略小于电源电压值 $+V$ 和 $-V$。L_1 和 C_1 构成低通滤波器。当选择适当的参数值时，该滤波器将开关晶体管输出的平均值传输到扬声器。如果音频输入信号 V_A 为 0，V_O 将是一个均值为 0 的对称方波。

图 20-44 显示了电路的工作原理。1 kHz 的正弦信号加到输入端为 V_A，20 kHz 的三角波信号加到输入端为 V_T。实际三角波信号的频率会比这里所显示的高很多。常用的频率是 250~300 kHz。这个频率与 L_1C_1 的截止频率 f_c 相比应尽可能高，以使输出失真最小。同时 V_A 的最大电压约为 V_T 的 70%。

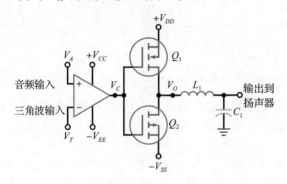

图 20-43　基本 D 类放大器

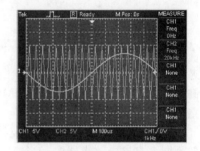

图 20-44　输入波形

开关晶体管的输出 V_O 是**脉冲宽度调制**（PWM）波形。由波形的占空比产生的输出电压均值跟随音频输入信号变化，如图 20-45 所示。当 V_A 处于正峰值时，输出脉冲的宽度为正值最大，产生高的正值平均输出。当 V_A 处于负峰值时，输出脉冲宽度为负值最大，产生高的负值平均输出。当 V_A 为零时，输出是正值和负值相等，使得平均值为零。

图 20-46 所示是采用全桥（H 桥）结构的 D 类放大器的例子。该结构也称为桥系荷载（Bridge-Tied Load，BTL）。全桥需要两个半桥向滤波器提

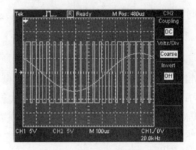

图 20-45　输出波形跟随
输入信号变化

供极性相反的脉冲。对于给定的 V_{DD} 和 V_{SS} 电源，这意味着与半桥结构相比，全桥结构可以提供两倍的输出信号和四倍的输出功率。虽然半桥结构电路更简单，且其栅极驱动电路复杂度较低，但全桥结构电路可以获得更好的音频性能。桥式拓扑的差分输出结构具有消除偶阶谐波失真和直流失调的能力。全桥结构的另一个优点是，它可以采用单电源（V_{DD}）工作，而不需要大的耦合电容。

在半桥拓扑结构中，部分输出能量在开关过程中从放大器泵回电源。该部分能量主要是存储在低通滤波器的线圈中，这导致总线电压的波动和输出的失真。全桥结构的互补开关支路能够收集另一侧的能量，从而减少输送回电源的能量。

对于任意一种拓扑结构，开关时间的误差都可能导致 PWM 信号的非线性。为了防止击穿，必须限定一个小的"死区时间"来确保 H 桥某一支路上的两个功率 FET 管不同时

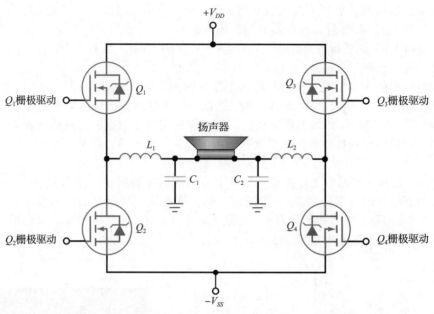

图 20-46　全桥 D 类输出

导通。如果这个时间间隔太大，会导致输出的总谐波失真（THD）显著增加。输出电路的高频开关也会产生电磁干扰（EMI）。因此，使引脚、电路走线及连接线尽可能短是非常重要的。

有一种 D 类放大器称为无滤波器 D 类放大器。这种放大器使用的调制技术与前面讨论的不同。在这个放大器中，当输入信号为正时，输出是一串 PWM 脉冲，它们在零和 $+V_{DD}$ 之间切换。当输入信号为负时，输出调制脉冲在零和 $-V_{SS}$ 之间切换。当输入信号为零时，输出为零而不是对称方波，这样扬声器就不需要连接低通滤波器了。

20.11.2　集成 D 类放大器

对于低功耗 D 类放大器，将所有电路全部在一个集成电路中实现具有许多优点。LM48511 是 D 类集成电路放大器的一个例子，其中集成了开关电流升压转换器，以及高效率的 D 类音频放大器。D 类放大器可为 8 Ω 扬声器提供 3 W 的连续功率，采用低噪声 PWM 结构，输出端无须 LC 低通滤波器。LM48511 是专门为便携式设备设计的，如 GPS、移动电话和 MP3 播放器。它具有 80% 5 V 的效率，与 AB 类放大器相比，可以延长电池寿命。下面分析该集成电路的工作原理。

图 20-47 所示为 LM48511 应用于音频放大器的简化框图。图中显示了集成电路的几个内部功能模块，以及特殊输入信号的控制连接，这些模块需要一个 +3.0～+5.5 V 的外部电源 V_{DD}，还有少量必要的外部元件。

LM48511 的上半部分构成开关稳压器。这种类型的稳压器称为升压转换器，因为它能将电源电压 V_{DD} 升高。开关稳压器的细节将在后续的章节中解释，这里只分析基本原理。

开关升压稳压器由内部振荡器、调制器、FET 管，以及外部元件 L_1、D_1、C_2 和由 $R_1 \sim R_3$ 构成的分压网络组成。上方的振荡器模块给调制器提供 1 MHz 频率的驱动信号。调制器产生占空比可变的 1 MHz 波形输出到内部开关 FET 管，反馈到调制器的信号 FB 使占空比根据输出电压的需要而变化。当 FET 管导通时，电流通过 L_1，能量存储在磁场中。当 FET 管截止时，L_1 周围的磁场转换为电压，该电压与输入电压 V_{DD} 串联。电容

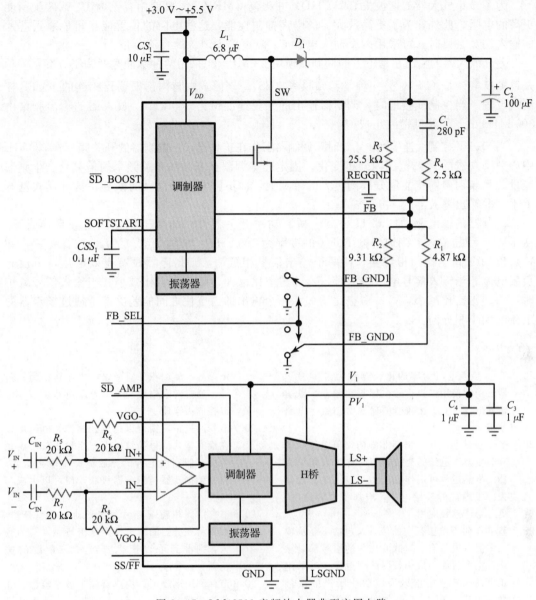

图 20-47 LM48511 音频放大器典型应用电路

C_2 通过肖特基二极管 D_1 充电至 $(V_{DD} + V_L) + V_{diode}$ 的值。电压被提升的值取决于反馈电阻采用的是 R_1 还是 R_2,该电压由 C_2 滤波并连接到放大器输入端 V_1 和 PV_1。当 V_{DD} 为 5 V 时,升压输出电压约为 7.8 V。为了节省电池的功耗,可以通过信号控制调制器将升压电路关闭。当需要输出的电压很小时,就应该将升压电路关闭,而不需要升压。由于开关频率高,建议使用等效串联电阻(ESR)较低的多层陶瓷电容器,C_2 为单片低 ESR 的钽电容。

如图 20-47 所示,LM48511 的下半部分为 D 类放大器。该芯片的输入和输出采用全差分放大器,其典型的共模抑制比(CMRR)为 73 dB。差分放大器的增益由四个外接电阻确定,即输入电阻 R_5 和 R_7,以及反馈电阻 R_6 和 R_8。电压增益表示为:

$$A_r = 2x \frac{R_f}{R_{in}}$$

　　为了减小放大器的谐波失真（THD）并提高 CMRR，需要使用容差为 1％或匹配精度更高的电阻。此外，为了提高放大器的噪声抑制性能，这些电阻的位置应尽可能靠近芯片的输入端。必要时，可采用两个输入电容 C_{in} 隔离输入声源的直流分量。

　　差分放大器的输出驱动下方的调制器模块。LM48511 采用两种脉冲宽度调制方案：一种是固定频率模式（FF），另一种是扩频模式（SS）。该模式由与内部振荡器相连的 SS/$\overline{FF}$ 控制线设置。当控制线接地时，调制器输出的开关速度恒为 300 kHz。放大器的输出频谱由 300 MHz 的基频及其谐波组成。

　　当 SS/$\overline{FF}$ 控制线连接到 $+V_{DD}$ 时，调制器工作在扩频模式。调制器的开关频率在 330 kHz 中心频率左右的 10％范围内随机变化。固定频率调制在基频和开关频率的倍频处产生频谱能量。扩频调制则将能量分散到更大的带宽上，而不影响音频信号的恢复。这种模式基本上不需要输出滤波器。

　　调制器的输出驱动内部 H 桥（全桥）功率开关器件。如果工作在固定频率模式下，从 $PV1$（稳压输入）到地的输出开关的频率为 300 kHz。当输入信号为 0 时，输出 V_{LS+} 和 V_{LS-} 以 50％占空比同相切换，使两个输出信号相抵消，则扬声器没有有效电压，也没有负载电流。当输入信号电压增加时，V_{LS+} 占空比增大，V_{LS-} 占空比减小。当输入信号减小时，V_{LS+} 占空比减小，V_{LS-} 占空比增大。每个输出的占空比之间的差决定了通过扬声器的电流的大小和方向。

总结

20.1 节　参考电压为零的比较器称为过零检测器。经常使用二极管钳位保护比较器，以防输入电压过大。比较器的输出常与数字电路连接。

20.2 节　在某些应用中需要非零的阈值电压，具有非零参考电压的比较器有时称为限幅检测器。虽然运放可用作比较器，但集成比较器去掉了内部的补偿电容，增加了翻转速度，更适合于这种应用。

20.3 节　任何不希望存在的信号，包括不能从输入中提取或与输入的谐波相关的信号都是噪声。噪声可能导致比较器的误触发。可采用正反馈来产生迟滞效应以防止噪声的误触发。正反馈同时可以加速输出状态间的翻转。

20.4 节　窗口比较器也称双端限幅检测器，用于检测两个限幅电压之间的输入信号。可以采用翻转点不同的两个比较器来产生窗口。

20.5 节　积分器可以用来将矩形脉冲转换成线性斜坡信号。由于输入密勒电容较大，只有充电的最初阶段是指数特性。而这个起始阶段几乎是线性的，所以输出的斜坡信号几乎是理想的。积分器可用于产生示波器的扫描线。

20.6 节　可以使用施密特触发器将正弦波转换为矩形波。使用积分器可以将方波转换为三角波。通过对限幅检测器的电阻进行调节，可以控制占空比。

20.7 节　通过正反馈可以构成振荡器。电路可以在没有输入信号的情况下产生输出信号。张弛振荡器利用电容的充放电产生输出信号。将张弛振荡器与积分器级联，便可以生成三角波。

20.8 节　用同相施密特触发器驱动一个积分器。如果将积分器的输出作为施密特触发器的输入，则得到可以产生方波和三角波的振荡器。

20.9 节　利用运放可以构成有源半波整流器、峰值检测器、削波器和钳位器。在这些电路中，闭环阈值电压等于阈值电压除以开环电压增益。因此可以用于对低电压信号的处理。

20.10 节　当 RC 微分器的输入是方波时，输出是一系列窄的正、负尖峰脉冲。利用运放可以改善微分特性并得到较低的输出阻抗。

20.11 节　D 类放大器采用处于开关工作状态的输出晶体管。这些晶体管不是工作在线性区，而是被比较器的输出驱动至饱和区和截止区。D 类放大器的电路效率非常高，并且普遍应用于便携式音频放大设备中。

重要公式

1. 迟滞特性

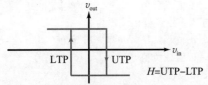

$H=\text{UTP}-\text{LTP}$

这里省略详细的推导，请参见本章中相应的图示。

2. 迟滞特性

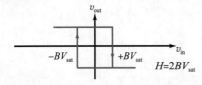

$H=2BV_{\text{sat}}$

3. 加速电容

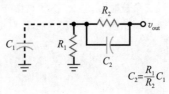

$$C_2=\frac{R_1}{R_2}C_1$$

相关实验

实验 52
有源二极管电路和比较器
实验 53
波形整形电路

系统应用 6
电源监控电路

选择题

1. 在非线性运放电路中
   - a. 运放不会饱和
   - b. 反馈环不会开路
   - c. 输出与输入波形相同
   - d. 运放可能饱和

2. 要检测输入信号何时大于某个特定值时，可选用
   - a. 比较器
   - b. 钳位器
   - c. 限制器
   - d. 张弛振荡器

3. 施密特触发器的输出电压是
   - a. 低电平
   - b. 高电平
   - c. 低电平或高电平
   - d. 正弦波

4. 滞回特性可以防止下列哪种因素引起的误触发？
   - a. 正弦输入
   - b. 噪声电压
   - c. 寄生电容
   - d. 翻转点

5. 如果积分器的输入是矩形脉冲，其输出是
   - a. 正弦波
   - b. 方波
   - c. 斜坡信号
   - d. 矩形脉冲

6. 当施密特触发器的输入是幅度较大的正弦波时，其输出是
   - a. 矩形波
   - b. 三角波
   - c. 整流正弦波
   - d. 一系列斜坡信号

7. 如果脉冲宽度减小而周期保持不变，那么占空比
   - a. 减小
   - b. 保持不变
   - c. 增加
   - d. 为 0

8. 张弛振荡器的输出是
   - a. 正弦波
   - b. 方波
   - c. 斜坡信号
   - d. 尖峰脉冲

9. 如果 $A_{VOL}=100\,000$，硅二极管的闭环阈值电压为
   - a. $1\,\mu\text{V}$
   - b. $3.5\,\mu\text{V}$
   - c. $7\,\mu\text{V}$
   - d. $14\,\mu\text{V}$

10. 若峰值检波器的输入是峰峰值为 8 V、均值为 0 的三角波，其输出为
    - a. 0
    - b. 4 V
    - c. 8 V
    - d. 16 V

11. 若正限制器的输入是峰峰值为 8 V、均值为 0 的三角波，参考电压为 2 V，则输出峰峰值为
    - a. 0
    - b. 2 V
    - c. 6 V
    - d. 8 V

12. 若峰值检测器的放电时间常数为 100 ms，那么可用的最低频率应为
    - a. 10 Hz
    - b. 100 Hz
    - c. 1 kHz
    - d. 10 kHz

13. 翻转点为 0 的比较器又称为
    - a. 阈值检测器
    - b. 过零检测器
    - c. 正相限制检测器
    - d. 半波检测器

14. 为了能正常工作，许多集成比较器需要一个外接的
    - a. 补偿电容
    - b. 上拉电阻
    - c. 旁路电路
    - d. 输出级

15. 施密特触发器采用
    - a. 正反馈
    - b. 负反馈

c. 补偿电容　　　　　　d. 上拉电阻

16. 施密特触发器
    a. 是过零检测器　　　　b. 有两个翻转点
    c. 生成三角波输出　　　d. 为了被噪声电压触发

17. 张弛振荡器依赖于下列哪个元件对电容的充放电?
    a. 电阻　　　　　　　　b. 电感
    c. 电容　　　　　　　　d. 同相输入

18. 斜坡电压
    a. 总是上升　　　　　　b. 是矩形脉冲
    c. 线性上升或下降　　　d. 由迟滞电路产生

19. 运放实现的积分器利用了
    a. 电感　　　　　　　　b. 密勒效应
    c. 正弦输入　　　　　　d. 迟滞

20. 比较器的翻转点是指能引起下列哪种现象的输入电压?
    a. 电路振荡
    b. 检测到输入信号的峰值
    c. 输出改变状态
    d. 发生钳位

21. 在运放积分器中,电流通过输入电阻流入
    a. 反相输入端　　　　　b. 同相输入端
    c. 旁路电容　　　　　　d. 反馈电容

22. 有源半波整流器的拐点电压为
    a. V_K　　　　　　　　b. 0.7 V
    c. 大于 0.7 V　　　　　d. 远小于 0.7 V

23. 有源峰值检测器的放电时间常数
    a. 远大于周期
    b. 远小于周期
    c. 等于周期

d. 与充电时间常数相同

24. 如果参考电压为零,则有源正限制器的输出为
    a. 正值　　　　　　　　b. 负值
    c. 正值或负值　　　　　d. 斜坡信号

25. 有源正钳位器的输出为
    a. 正值　　　　　　　　b. 负值
    c. 正值或负值　　　　　d. 斜坡信号

26. 正钳位器
    a. 在输入叠加了一个正的直流电压
    b. 在输入叠加了一个负的直流电压
    c. 在输出叠加了一个交流信号
    d. 增加一个翻转点

27. 窗口比较器
    a. 只有一个有用的阈值
    b. 利用迟滞特性加快响应
    c. 对输入正相钳位
    d. 检测处于两个限幅电压之间的输入电压

28. RC 微分器电路的输出与输入的哪个参数的瞬时变化率相关?
    a. 电流　　　　　　　　b. 电压
    c. 电阻　　　　　　　　d. 频率

29. 运放微分器用来产生
    a. 方波输出　　　　　　b. 正弦波输出
    c. 尖峰电压输出　　　　d. 直流电平输出

30. D 类放大器效率很高,因为
    a. 输出晶体管工作在截止区或饱和区
    b. 不需要直流电源
    c. 利用了 RF 调谐级
    d. 传输 360° 的输入信号

习题

20.1 节

20-1　图 20-1a 中比较器的开环电压增益为 106 dB,当电源电压为 ±20 V 时,使输出达到正向饱和的输入电压是多少?

20-2　如果图 20-2a 中的输入电压为 50 V,当 $R=10$ kΩ 时,通过左端钳位二极管的电流大约是多少?

20-3　图 20-7a 中每个齐纳二极管均为 1N4736A,当电源电压为 ±15 V 时,输出电压是多少?

20-4　将图 20-7b 中的双电源减至 ±12 V,二极管反向,求输出电压。

20-5　如果将图 20-9 中的二极管反向,电源减至 ±9 V,当选通开关分别为高、低电平时,求输出电压。

20.2 节

20-6　图 20-11a 电路中,双电源电压为 ±15 V,

$R_1=47$ kΩ,$R_2=12$ kΩ,参考电压是多少?如果旁路电容为 0.5 μF,截止频率是多少?

20-7　在图 20-11c 中,电源电压为 ±12 V,$R_1=15$ kΩ,$R_2=7.5$ kΩ,参考电压是多少?如果旁路电容为 1.0 μF,截止频率是多少?

20-8　图 20-12 电路中的 $V_{CC}=9$ V,$R_1=22$ kΩ,$R_2=4.7$ kΩ,当输入是峰值为 7.5 V 的正弦波,其输出的占空比是多少?

20-9　图 20-48 电路中,若输入是峰值为 5 V 的正弦波,输出占空比是多少?

20.3 节

20-10　图 20-18a 电路中的 $R_1=2.2$ kΩ,$R_2=18$ kΩ,$V_{sat}=14$ V,求翻转点和迟滞电压。

20-11　若图 20-19a 电路中的 $R_1=1$ kΩ,$R_2=20$ kΩ,$V_{sat}=15$ V,在不出现误触发的情况下,电路所能承受的最大噪声峰峰值是多少?

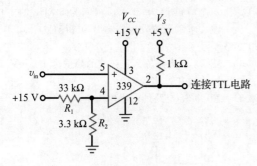

图 20-48

20-12 图 20-20 中施密特触发器的 $R_1 = 1\,\text{k}\Omega$，$R_2 = 18\,\text{k}\Omega$，如果 R_1 上的寄生电容为 3.0 pF，则需要多大的加速电容？

20-13 若图 20-49 电路中的 $V_{\text{sat}} = 13.5\,\text{V}$，求翻转点和迟滞电压。

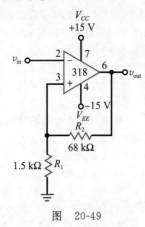

图 20-49

20-14 若图 20-50 电路中的 $V_{\text{sat}} = 14\,\text{V}$，求翻转点和迟滞电压。

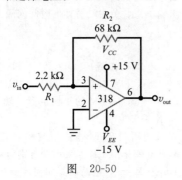

图 20-50

20.4 节

20-15 若图 20-22a 电路中的 LTP 与 UTP 分别为 $+3.5\,\text{V}$ 和 $+4.75\,\text{V}$，$V_{\text{sat}} = 12\,\text{V}$，输入是峰值为 10 V 的正弦波，输出电压波形是什么？

20-16 若将图 20-23a 电路中的 2R 电阻改为 4R，3R 电阻改为 6R，求新的参考电压。

20.5 节

20-17 当图 20-51 电路的输入脉冲为高电平时，电容充电电流是多少？

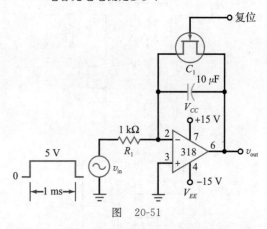

图 20-51

20-18 图 20-51 电路的输出电压在输入脉冲到来之前被复位，当脉冲过后输出电压是多少？

20-19 图 20-51 电路的输入电压从 5 V 改为 0.1 V，电容分别取 $0.1\,\mu\text{F}$、$1\,\mu\text{F}$、$10\,\mu\text{F}$、$100\,\mu\text{F}$，输出电压在输入脉冲到来之前被复位，则在脉冲过后其输出电压分别是多少？

20.6 节

20-20 求图 20-52 电路的输出电压。

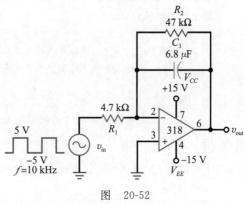

图 20-52

20-21 将图 20-52 电路中的电容改为 $0.068\,\mu\text{F}$，那么输出电压是多少？

20-22 如果图 20-52 电路中的频率改为 5 kHz 和 20 kHz，输出电压分别是多少？

20-23 ⅢⅢ Multisim若图 20-53 电路中滑片在顶端和底端时，占空比分别是多少？

20-24 ⅢⅢ Multisim若图 20-53 电路中滑片在中间位置时，占空比是多少？

20.7 节

20-25 ⅢⅢ Multisim图 20-54 电路输出信号的频率是多少？

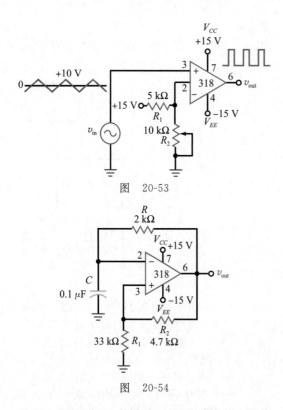

图 20-53

图 20-54

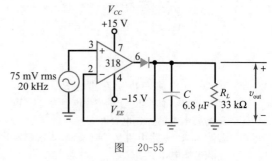

一个峰峰值为 28 V，频率为 5 kHz 的方波，求三角波发生器输出的峰峰值。

20.9 节

20-30　图 20-36 电路输入正弦波的峰值为 100 mV，输出电压是多少？

20-31　图 20-55 电路的输出电压是多少？

图 20-55

20-26　▥▥ Multisim如果图 20-54 电路中的电阻值加倍，输出信号频率将如何变化？

20-27　如果将图 20-54 电路中的电容改为 0.47 μF，输出信号频率是多少？

20.8 节

20-28　图 20-35a 电路中的 $R_1 = 2.2$ kΩ，$R_2 = 22$ kΩ，$V_{sat} = 12$ V，求施密特触发器的翻转点和迟滞电压。

20-29　图 20-35a 电路中的 $R_3 = 2.2$ kΩ，$R_4 = 22$ kΩ，$C = 4.7$ μF，如果施密特触发器的输出是

20-32　图 20-55 电路的最低频率应是多少？

20-33　假设图 20-55 电路中的二极管反向，输出电压是多少？

20-34　图 20-55 电路的输入电压从 75 mV（方均根值）变为 150 mV（峰峰值），输出电压是多少？

20-35　若图 20-39 电路输入电压的峰值为 100 mV，输出电压是多少？

20-36　图 20-39 所示正向钳位器中的 $R_L = 10$ kΩ，$C = 4.7$ μF，最低频率应是多少？

20.10 节

20-37　图 20-40 电路的输入电压是 10 kHz 方波，微分器在 1s 内将产生多少个正、负尖峰脉冲？

20-38　图 20-41 电路的输入电压是 1 kHz 方波，求输出正、负尖峰脉冲的时间间隔。

思考题

20-39　若要得到 1 V 参考电压，图 20-48 电路应如何修改？

20-40　图 20-48 所示电路中跨接在输出端的寄生电容为 50 pF，求输出波形从低转换为高的上升时间。

20-41　在图 20-48 所示电路中 3.3 kΩ 电阻上并联一个 47 μF 的旁路电容，求该旁路电路的截止频率。若电源的纹波为 1 V（方均根值），则反相输入端的最大纹波是多少？

20-42　如果图 20-14a 电路的输入是峰值为 5 V 的正弦波，$R_1 = 33$ kΩ，$R_2 = 3.3$ kΩ，求通过 1 kΩ 电阻的平均电流。

20-43　图 20-49 电路中电阻的容差为 ±5%，最小迟滞电压是多少？

20-44　图 20-23a 电路的 LTP 与 UTP 分别为 +3.5 V 和 +4.75 V，当 $V_{sat} = 12$ V，输入是峰值为 10 V 的正弦波时，输出的占空比是多少？

20-45　如果利用图 20-51 电路生成斜坡信号，摆幅从 0 变化到 +10 V 的时间分别为 0.1 ms、1 ms、10 ms，电路需要如何改变？（可有多种答案。）

20-46　如果使图 20-54 电路的输出为 20 kHz，则电路需要如何改变？

20-47　图 20-48 电路的输入噪声可能达到 1 V（峰峰值），如何避免噪声电压的影响？请提出一种或多种改进方法。

20-48　XYZ 公司大批量生产张弛振荡器，假设输出

电压至少为 10 V（峰峰值），请提供一些方法用来检测每个元件的输出是否不低于 10 V（峰峰值）。（思考尽可能多的方法，可以利用本章和之前章节学过的器件或电路。）

20-49　设计一个电灯控制电路，当环境光线暗时打开电灯，当环境光线充足时关闭电灯。（利用本章和之前章节所学内容，寻找尽可能多的方法。）

20-50　有些电子设备在电力线电压过低时会发生故障。设计一种或多种方案，实现当电压低于 105 V（方均根值）时的声音警报。

20-51　雷达波的传播速度为 186 000mi/s，从地球向月球发射雷达波，其回波反射回地球。将图 20-51 电路中的 1 kΩ 电阻改为 1 MΩ，在雷达波向月球发出的同时输入矩形脉冲，当接收到回波时脉冲结束。如果输出的斜坡电压从 0 下降至 −1.23 V，试计算地球到月球的距离。

故障诊断

针对图 20-56 回答以下问题。A～E 每个测试点的波形均由示波器显示，基于电路和波形的信息，确定最可能出现故障的模块。先熟悉一下常用的操作和正确的测量方法，然后解答下列问题。

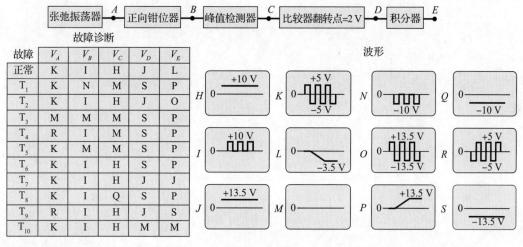

图　20-56

20-52　确定故障 1 和 2。
20-53　确定故障 3～5。

20-54　确定故障 6 和 7。
20-55　确定故障 8～10。

求职面试问题

1. 画出过零检测器的草图，并描述其工作原理。
2. 如何防止输入噪声对比较器的触发？画出必要的电路图和波形。
3. 说明积分器的工作原理，并画出电路图和波形。
4. 已知一种大批量生产的电路，其直流输出在 3～4 V 之间。应该选择那种比较器？如何将绿色或红色的 LED 连接到比较器的输出以指示产品测试是否合格？
5. 解释限幅输出的含义。如何用简单的方法实现？

6. 施密特触发器与过零检测器有什么不同？
7. 如何防止比较器的输入电压过大？
8. 集成比较器与普通运放有何区别？
9. 如果积分器的输入是矩形脉冲，会得到怎样的输出？
10. 有源二极管电路对阈值电压有什么作用？
11. 张弛振荡器有什么作用？简述其工作原理。
12. 如果微分器的输入是矩形脉冲，输出会是怎样的？

选择题答案

1. d　2. a　3. c　4. b　5. c　6. a　7. a　8. b　9. c　10. b　11. c　12. b　13. b　14. b　15. a
16. b　17. a　18. c　19. b　20. c　21. d　22. d　23. a　24. b　25. a　26. a　27. d　28. b　29. c　30. a

自测题答案

20-4　$V_{ref}=7.5$ V

　　　$f_C=0.508$ Hz

20-6　$B=0.0435$

　　　UTP$=0.587$ V

　　　LTP$=-0.587$ V

　　　$H=1.17$ V

20-7　$V=0.800$ V

　　　时间常数$=1000$s

20-8　$C=2.5$ μF

20-9　$W=83.3$ μs

　　　$D=0.167$

20-10　$T=479$ μs

　　　$f=2.1$ kHz

20-11　$V_{out(pp)}=32.3$ mV（峰峰值）

20-12　$V_{out(pp)}=0.52$ V

　　　$f=2.5$ kHz

第21章

振 荡 器

　　RC 振荡器可以用来产生频率在 1 MHz 以下的近乎完美的正弦波。这些低频振荡器的振荡频率由运放和 RC 谐振电路来确定。当频率在 1 MHz 以上时，则主要采用 LC 振荡器。这些高频振荡器由晶体管和 LC 谐振电路构成。本章将讨论一种常用的芯片——555 定时器。这种芯片多用来实现延时、压控振荡器，以及对输出信号的调制。本章还将讨论一种重要的通信电路——锁相环（PLL）。最后介绍常用的 XR-2206 函数发生器芯片。

目标

在学习完本章后，你应该能够：

- 说明环路增益和相位的含义，并指出它们与正弦波振荡器的关系；
- 描述 RC 正弦波振荡器的工作原理；
- 描述 LC 正弦波振荡器的工作原理；
- 说明晶振对振荡器的控制原理；
- 说明 555 定时器芯片的性能、工作原理及构成振荡器的方法；
- 解释锁相环的工作原理；
- 解释函数发生器 XR-2206 芯片的工作原理。

关键术语

阿姆斯特朗振荡器（Armstrong oscillator）

非稳态（astable）

双稳态多谐振荡器（bistable multivibrator）

捕获范围（capture range）

载波（carrier）

克莱普振荡器（Clapp oscillator）

考毕兹振荡器（Colpitts oscillator）

调频（frequency modulation，FM）

移频键控（frequency-shift keying，FSK）

基频（fundamental frequency）

哈特莱振荡器（Hartley oscillator）

超前-滞后电路（lead-lag circuit）

锁定范围（lock range）

调制信号（modulating signal）

单稳态（monostable）

封装电容（mounting capacitance）

多谐振荡器（multivibrator）

自然对数（natural logarithm）

陷波滤波器（notch filter）

鉴相器（phase detector）

锁相环（phase-locked loop，PLL）

相移式振荡器（phase-shift oscillator）

皮尔斯晶体振荡器（Pierce crystal oscillator）

压电效应（piezoelectric effect）

脉冲位置调制（pulse-position modu-lation，PPM）

脉冲宽度调制（pulse-width modu-lator，PWM）

石英晶体振荡器（quartz-crystal oscillator）

谐振频率（resonant frequency，f_r）

双 T 型振荡器（twin-T oscillator）

压控振荡器（voltage-controlled osci-llator，VCO）

电压－频率转换器（voltage-to-frequency converter）

文氏电桥振荡器（Wien-bridge oscillator）

21.1　正弦波振荡原理

　　为了实现正弦波振荡器，需要利用带有正反馈的放大器，这样能够用反馈信号代替输入信号。只要反馈信号足够大并且具有正确的相位，即使没有外部输入信号，振荡器也能够产生输出信号。

21.1.1　环路增益和相位

图 21-1a 电路中放大器的输入是交流电压源。其输出电压为：

$$v_{\text{out}} = A_v v_{\text{in}}$$

该电压驱动反馈电路，通常是谐振电路，可以在某个频率点得到最大的反馈值。在图 21-1a 电路中 x 点的反馈电压为：

$$v_f = A_v B v_{\text{in}}$$

式中，B 是反馈系数。

如果信号通过放大器和反馈网络后的相移为 0°，则 $A_v B v_{\text{in}}$ 与 v_{in} 同相。

假设将 x 点与 y 点相连接，同时

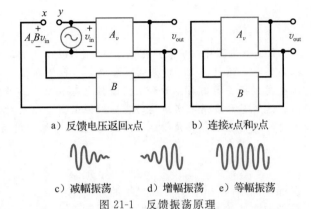

a）反馈电压返回x点　　b）连接x点和y点

c）减幅振荡　　d）增幅振荡　　e）等幅振荡

图 21-1　反馈振荡原理

去掉电压源 v_{in}，那么反馈电压 $A_v B v_{\text{in}}$ 将作为放大器的输入信号，如图 21-1b 所示。

下面来看输出电压。如果 $A_v B < 1$，$A_v B v_{\text{in}} < v_{\text{in}}$，则输出信号将衰减并消失，如图 21-1c 所示。而当 $A_v B > 1$ 时，$A_v B v_{\text{in}} > v_{\text{in}}$，则输出信号幅度逐渐增加（见图 21-1d）。当 $A_v B = 1$ 时，$A_v B v_{\text{in}} = v_{\text{in}}$，则输出电压是一个稳定的正弦波，如图 21-1e 所示。此时，电路自身提供了输入信号。

在电路刚上电时，振荡器的环路增益都是大于 1 的，输入端的一个小的启动电压，就会使输出电压建立起来，如图 21-1d 所示。当输出电压达到一定值时，$A_v B$ 将自动降回到 1，此后输出信号的峰峰值将是一个常数（见图 21-1e）。

> **知识拓展**　多数振荡器中的反馈电压是输出电压的一部分。此时，电压增益 A_v 必须足够大，保证 $A_v B = 1$。或者说，放大器的电压增益至少应足以克服反馈网络的损耗。然而，如果放大器是射极跟随器，则反馈网络必须要有较小的增益以保证 $A_v B = 1$。例如，若射极跟随器的增益为 0.9，则 B 必须等于 1/0.9，即 1.11。射频通信电路的振荡器中有时会采用射极跟随器作为放大器。

21.1.2　起始电压是热噪声

引起振荡的起始电压是从哪里来的？如第 20 章所述，电阻包含自由电子，受周围温度影响，这些自由电子向不同的方向随机运动，并在电阻两端产生噪声电压。由于运动的随机性，噪声能覆盖高达 1000 GHz 的频率范围。可以将每个电阻想象成一个包含所有频率的小的交流电压源。

在图 21-1b 电路中发生的现象为：当电源刚打开时，系统中仅有的信号是电阻产生的热噪声电压。这些热噪声电压被放大后出现在输出端口。放大后的噪声中包含所有频率分量，并作为谐振反馈电路的驱动。可以在设计中有意使环路增益在谐振点处大于 1，且相移为 0°。这样反馈电路便会在谐振点建立起振荡。

21.1.3　$A_v B$ 降为 1

使得 $A_v B$ 降为 1 的途径有两种：A_v 降低或者 B 降低。在一些振荡器中，信号幅度可以持续增加，直至进入饱和或截止限幅区，这相当于降低了电压增益 A_v。在其他振荡器中，信号增幅振荡并且使 B 在发生限幅之前下降。这两种情况都使 $A_v B$ 的乘积下降为 1。

以下是任意反馈振荡器的基本原理：

1. 初始时，环路增益 $A_v B$ 在环路相移为 0° 的频率处应大于 1；
2. 当达到一定输出幅度后，必须通过 A_v 或者 B 的降低使 $A_v B$ 减小为 1。

21.2 文氏电桥振荡器

文氏电桥振荡器是标准的中低频振荡电路，频率范围在 5 Hz～1 MHz。文氏电桥振荡器可用于绝大部分商用音频信号发生器，在其他低频应用中也经常使用。

21.2.1 延时电路

图 21-2 电路的旁路电压增益为：

$$\frac{v_{\text{out}}}{v_{\text{in}}} = \frac{X_C}{\sqrt{R^2 + X_C^2}}$$

相位角为：

$$\phi = -\arctan\frac{R}{X_C}$$

这里 ϕ 是输入和输出信号之间的相位差。

相位公式中包含一个负号，表示输出电压滞后于输入电压，如图 21-2b 所示。因此，旁路电路也称为延时电路。图 21-2b 中的半圆表示输出电压矢量的可能位置，可见输出矢量可能滞后于输入矢量的相位在 0°～−90°之间。

21.2.2 超前电路

图 21-3a 所示是耦合电路，其电压增益为：

$$\frac{v_{\text{out}}}{v_{\text{in}}} = \frac{R}{\sqrt{R^2 + X_C^2}}$$

相位角为：

$$\phi = \arctan\frac{X_C}{R}$$

这里的相位是正值，说明输出电压超前于输入电压，如图 21-3b 所示。因此，耦合电路也称为超前电路。图 21-3b 中的半圆表示输出电压矢量可能出现的位置，可见输出矢量可能超前于输入矢量的相位在 0°～90°之间。

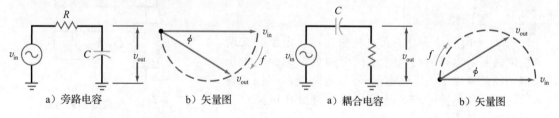

| a）旁路电容 | b）矢量图 | a）耦合电容 | b）矢量图 |

图 21-2　滞后电路　　　　　　图 21-3　超前电路

耦合电路和旁路电路只是相移电路的例子。这些电路使输出信号相对于输入信号的相位为正（超前）或为负（滞后）。正弦波振荡器通常采用某种相移电路产生单一频率的振荡。

21.2.3 超前-滞后电路

在文氏电桥振荡器中所采用的谐振反馈电路称作**超前-滞后电路**（见图 21-4）。当频率很低时，串联电容对于输入信号开路，没有输出信号。当频率很高时，并联电容近似短路，也没有输出。输出电压在这两个区域之间达到最大值（见图 21-5a）。输出达到最大值的频率是**谐振频率** f_r。在该频率处，

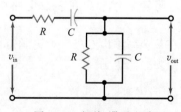

图 21-4　超前-滞后电路

反馈系数 B 达到最大值 $1/3$。

图 21-5b 所示是输出电压相对于输入电压的相位角。当频率很低时，相位角为正值（超前）；当频率很高时，相位角为负值（滞后）。在谐振频率处的相移为 $0°$。输入和输出电压的矢量图如图 21-5c 所示。矢量图的端点可以在虚线圆圈的任意处。因此，相位角可以在 $+90°\sim-90°$ 之间变化。

图 21-4 所示的超前-滞后电路的工作类似于谐振电路。在谐振频率 f_r 处，反馈系数 B 达到最大值 $1/3$，相位角等于 $0°$。当频率大于或小于谐振频率时，反馈系数小于 $1/3$，相位角不等于 $0°$。

21.2.4 谐振频率公式

通过对图 21-4 电路进行复数域分析，可以得到以下两个公式：

$$B = \frac{1}{\sqrt{9-(X_C/R-R/X_C)^2}} \tag{21-1}$$

$$\phi = \arctan\frac{X_C/R-R/X_C}{3} \tag{21-2}$$

上述两个公式的图形化表示如图 21-5a 和 图 21-5b 所示。

式（21-1）中反馈系数在谐振频率处获得最大值，此时 $X_C=R$：

$$\frac{1}{2\pi f_r C}=R$$

解得 f_r 为：

$$f_r = \frac{1}{2\pi RC} \tag{21-3}$$

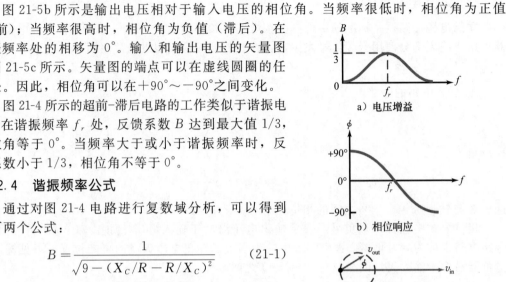

a) 电压增益

b) 相位响应

c) 矢量图

图 21-5　特性曲线和矢量图

21.2.5 工作原理

图 21-6 所示是一个文氏电桥振荡器。由于存在两条反馈路径，电路同时具有正反馈和负反馈。其中正反馈路径是从输出端通过超前-滞后电路返回到同相输入端；而负反馈路径则是从输出端通过分压电路返回到反相输入端。

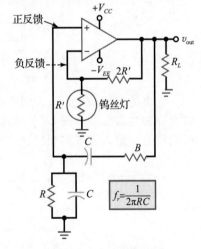

图 21-6　文氏电桥振荡器

当电路初始导通时，正反馈强于负反馈，如前所述，电路能够建立振荡。当输出信号达到一定幅度后，负反馈增强，使得环路增益 A_vB 降为 1。

增益 A_vB 能降为 1 的主要原因：刚上电时，钨丝灯表现出低电阻，负反馈比较小。因此环路增益大于 1，振荡器在谐振频率处建立起振荡；随着振荡的建立，钨丝灯渐渐变热且电阻随之增加。在多数电路中，流过灯丝的电流不足以使之发光，但可使其电阻增加。

在某个高输出电压时，钨丝灯的电阻为 R'。此时，从同相输入端到输出的闭环电压增益降为：

$$A_{v(CL)} = \frac{2R'}{R'}+1=3$$

由于超前-滞后电路的 B 为 $1/3$，所以环路增益为：

$$A_{v(CL)}B = 3 \times \frac{1}{3} = 1$$

当电源刚接通时，钨丝灯的电阻小于 R'。这使得从同相输入端到输出的闭环电压增益大于 3，且 $A_{v(CL)}$ $B > 1$。

随着振荡的建立，输出的峰峰值增大到足以使钨丝的电阻提高；当钨丝电阻达到 R' 时，环路增益恰好等于 1。振荡在该点达到稳定，输出电压具有恒定的峰峰值。

21.2.6　初始条件

刚上电时，输出电压为 0，且钨丝灯的电阻小于 R'，如图 21-7 所示。当输出电压增加时，钨丝电阻随之增大。当钨丝灯两端电压达到 V' 时，其电阻为 R'。这意味着 $A_{v(CL)}$ 的值为 3，环路增益值为 1。此后，输出电压幅度将停止增长并且保持恒定。

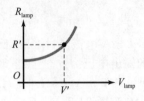

图 21-7　钨丝灯的电阻

21.2.7　陷波滤波器

图 21-8 所示是文氏电桥振荡器的另一种形式。其中，左半部分是超前-滞后电路，右半部分是分压器。这个交流电桥称为文氏电桥，它在振荡器以外的其他电路中也经常使用。该电桥的输出是误差电压。当电桥达到平衡时，误差电压为 0。

文氏电桥就像一个**陷波滤波器**，在特定频率处输出为 0。对于文氏电桥，陷波频率等于：

$$f_r = \frac{1}{2\pi RC} \tag{21-4}$$

由于运放所需的误差电压非常小，所以文氏电桥可以达到近似理想的平衡状态，且振荡频率非常接近于 f_r。

应用实例 21-1　计算图 21-9 电路的最高振荡频率和最低振荡频率。其中两个可变电阻是配套的，即两者的值随滑片的位置调节同时发生变化，并且数值相同。

解：由式（21-4），得最低振荡频率为：

$$f_r = \frac{1}{2\pi \times 101 \text{ k}\Omega \times 0.01 \text{ }\mu\text{F}} = 158 \text{ Hz}$$

最高振荡频率为：

$$f_r = \frac{1}{2\pi \times 1 \text{ k}\Omega \times 0.01 \text{ }\mu\text{F}} = 15.9 \text{ Hz} \quad \blacktriangleleft$$

自测题 21-1　当输出频率为 1000 Hz 时，确定图 21-9 电路中可变电阻的值。

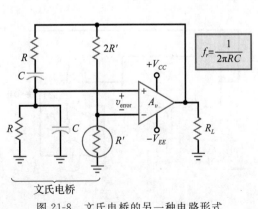

图 21-8　文氏电桥的另一种电路形式

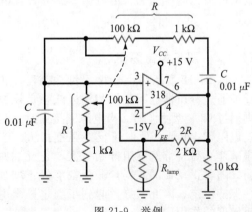

图 21-9　举例

应用实例 21-2 图 21-10 所示是图 21-9 电路中灯丝电阻与其两端电压的关系曲线。如果灯丝两端电压表示为有效值，那么振荡器的输出电压是多少？

解：图 21-9 电路中的反馈电阻为 2 kΩ。因此，当灯丝电阻等于 1 kΩ 时，振荡器输出信号变为定值，此时闭环增益为 3。

图 21-10 电路中灯丝电阻等于 1 kΩ 时对应的电压为 2 V(rms)。则流过它的电流为：

$$I_{lamp} = \frac{2\,V}{1\,k\Omega} = 2\,mA$$

这个 2 mA 电流流过 2 kΩ 反馈电阻，则振荡器的输出电压为：

$$V_{out} = 2\,mA(1\,k\Omega + 2\,k\Omega) = 6V(rms) \blacktriangleleft$$

✎ **自测题 21-2** 将反馈电阻值改为 3 kΩ，重新计算例 21-2。

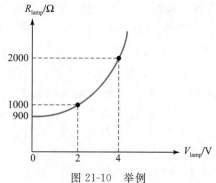

图 21-10 举例

21.3 其他 *RC* 振荡器

虽然文氏电桥振荡器是 1 MHz 以下频率的工业标准，但其他 *RC* 振荡器也会在不同的场合中使用。本节将讨论两种基本电路：**双 T 型振荡器**和**相移式振荡器**。

21.3.1 双 T 型滤波器

图 21-11a 所示是一个双 T 型滤波器。对该电路进行数学分析发现它类似一个超前-滞后电路，且相位角可以改变，如图 21-11b 所示。当相移为 0°时，其频率为 f_r。图 21-11c 显示，电压增益在低频和高频时都为 1；在两者之间存在一个电压增益降为 0 的频率 f_r。

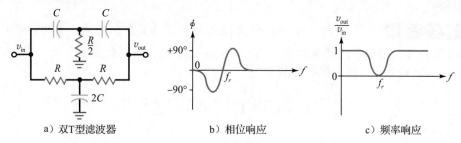

a）双 T 型滤波器　　　b）相位响应　　　c）频率响应

图 21-11 双 T 型滤波器及其频响特性

双 T 型滤波器是陷波振荡器的一个例子，它可以使频率在 f_r 附近的信号衰减。双 T 型滤波器的谐振频率与文氏电桥振荡器中的表达式相同：

$$f_r = \frac{1}{2\pi RC}$$

21.3.2 双 T 型振荡器

图 21-12 所示为一个双 T 型振荡器。正反馈通过分压器返回到同相输入端，负反馈则通过双 T 型滤波器。当电源刚接通时，灯丝电阻 R_2 很低，此时正反馈强度最大。当振荡建立后，灯丝电阻开始变大，正反馈减弱。随着正反馈的减弱，振荡幅度停止增加并保持恒定。因此，灯丝起到了稳定输出电压幅度的作用。

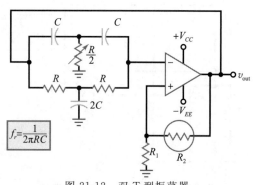

$$f_r = \frac{1}{2\pi RC}$$

图 21-12 双 T 型振荡器

在双 T 型滤波器中，电阻 $R/2$ 是可调的。因为电路的振荡频率与谐振频率有微小的偏差，所以需要电阻可调。为了保证振荡频率接近陷波频率，分压器的电阻 $R_2 \gg R_1$。R_2/R_1 的参考值范围在 10～1000 之间，这样可使振荡器的工作频率在陷波频率附近。

T 型振荡器并不常用，因为它只能在一个频点正常工作，不像文氏电桥振荡器那样可以在较大的频率范围内调节。

21.3.3　相移式振荡器

图 21-13 所示是一个相移式振荡器，其反馈回路中含有三个超前电路。每个超前网络产生 0～90°的相移，相移大小取决于频率。在某一频率下，三个超前电路的总相移可达到 180°（大约每个 60°）。有些相移式振荡器采用四级超前电路来产生 180°的相移。由于信号输入到放大器的反相输入端，还有另外 180°的相移。所以整个环路的最终相移为 360°（0°）。如果 A_vB 在此特定频率下大于 1，则振荡器将会起振。

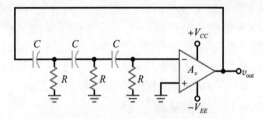

图 21-13　含有三个超前电路的相移式振荡器

图 21-14 所示是一种备选设计方案。它采用三个滞后电路，工作原理类似。放大器产生 180°相移，滞后电路在更高的频率处贡献 −180°相移，使得环路总相移为 0°。如果在该频率下 $A_vB>1$，则振荡器将会起振。相移式振荡器并不是常用的电路。该电路的主要问题也是不易于实现大频率范围内的调节。

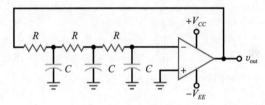

图 21-14　含有三个滞后电路的相移式振荡器

21.4　考毕兹振荡器

虽然文氏电桥振荡器在低频时特性很好，但并不适用于高频（1 MHz 以上）。主要问题是它受到运放有限带宽（f_{unity}）的限制。

21.4.1　LC 振荡器

产生高频振荡的一种方法是采用 LC 振荡器，它可用于频率在 1～500 MHz 的应用。该频率范围超过了大多数运放的带宽（f_{unity}）。因此通常采用双极型晶体管或场效应晶体管作为放大器。利用一个放大器和 LC 振荡电路，可以将具有正确幅度和相位的信号反馈回来，以维持振荡。

对于高频振荡器的分析与设计是比较困难的。因为在高频时，分布电容和导线电感对于振荡频率、反馈系数、输出功率及其他交流参数的影响变得非常明显。所以设计者通常利用计算机进行初始的近似设计，然后对可以建立起振荡的电路做进一步调节，达到所需的性能指标。

21.4.2　共发射极连接

图 21-15 所示是一个**考毕兹振荡器**。其中分压器确定了静态工作点。射频扼流圈的感抗值很高，对于交流信号呈开路。电路的低频电压增益为 r_c/r'_e，其中 r_c 为集电极交流电阻。由于射频扼流圈对交流信号开路，集电极交流电阻是

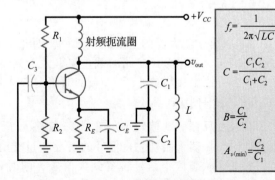

图 21-15　考毕兹振荡器

谐振电路交流电阻的主要部分。该交流电阻在谐振频率处达到最大值。

考毕兹振荡器有很多种变换形式。识别考毕兹振荡器的一种方法是观察其是否包含由 C_1 和 C_2 组成的电容分压器。电容分压器提供振荡所需的反馈电压，其他类型振荡器的反馈电压是通过变压器、感性分压器或其他器件构成的。

21.4.3　交流等效电路

图 21-16 所示是考毕兹振荡器的简化交流等效电路，其中谐振环路电流经过电容 C_1 和 C_2 串联的支路。输出电压 v_{out} 等于电容 C_1 两端的交流电压；反馈电压 v_f 等于电容 C_2 两端的交流电压。这一反馈电压驱动基极并且维持着谐振电路的振荡，使电路在振荡频率处获得足够的电压增益。由于发射极交流接地，所以该电路是共发射极连接方式。

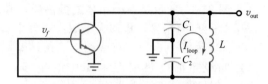

图 21-16　考毕兹振荡器的等效电路

21.4.4　谐振频率

多数 LC 振荡器采用 Q 值大于 10 的振荡电路，其谐振频率近似为：

$$f_r = \frac{1}{2\pi\sqrt{LC}} \tag{21-5}$$

当 Q 值大于 10 时，该计算结果的误差低于 1%。

式（21-5）中用到的电容是振荡电路中电流经过的等效电容。在图 21-16 所示的考毕兹振荡器中，环路电流流过 C_1 和 C_2 串联的支路，所以其等效电容为：

$$C = \frac{C_1 C_2}{C_1 + C_2} \tag{21-6}$$

例如，如果 C_1 和 C_2 各为 100 pF，则根据式（21-6）可知式（21-5）中的电容 C 为 50 pF。

　　知识拓展　对于图 21-15 所示电路，重要的是使 LC_2 支路在谐振频率点的净电抗呈现感性，而且 LC_2 支路的感性净电抗等于 C_1 的容性电抗。

21.4.5　启动条件

任何振荡器的启动条件都是振荡电路在谐振频率处 $A_v B > 1$，相当于 $A_v > 1/B$。图 21-16 电路中，输出电压出现在 C_1 两端而反馈电压出现在 C_2 两端，此类振荡器的反馈系数为：

$$B = \frac{C_1}{C_2} \tag{21-7}$$

为了使振荡能够启动，所需的最小电压增益为：

$$A_{v(\min)} = \frac{C_2}{C_1} \tag{21-8}$$

A_v 取决于放大器的上限截止频率。对于双极晶体管放大器，在基极和集电极之间存在旁路电路。如果旁路电路的截止频率大于振荡频率，则 $A_v \approx r_c/r_e'$。如果截止频率低于振荡频率，则电压增益小于 r_c/r_e'，且经过放大器会产生附加相移。

21.4.6　输出电压

在轻度反馈（B 值较小）时，A_v 仅略大于 $1/B$，此时近似为 A 类工作模式。当电源刚接通时，振荡开始建立，信号的摆幅超过交流负载线的程度逐渐增加。随着摆幅增大，电路的工作状态从小信号转变到大信号。同时，电路的电压增益略有下降。在轻度反馈时，$A_v B$ 的值可以在不限幅的条件下降低到 1。

在深度反馈（B 值较大）时，图 21-15 电路中较大的反馈信号驱动基极，使之进入饱和并截止，从而使电容 C_3 充电，在基极产生负的直流钳位电压。负的钳位电压自动将 A_vB 调整为 1。如果反馈深度过大，则由于寄生功率的损失，会导致一部分输出电压的损失。

在实现振荡器时，可以通过调整反馈得到最大的输出电压，即通过足够强的反馈使得电路能够在所有条件下（不同的晶体管、温度和电压等）启动。但反馈不要太深，以免输出电压的损失太多。设计高频振荡器具有挑战性，大多数设计者使用计算机来建立高频振荡器的模型。

知识拓展　由于图 21-15 电路中 LC_2 支路的净电抗是感性的，该支路上的电流在谐振频率点滞后于谐振电压 90°。此外，由于 C_2 上的电压必然滞后其电流 90°，所以反馈电压滞后振荡电压（集电极交流电压）180°。可见，反馈网络产生了所需的相对于 v_{out} 的 180°相移。

21.4.7　负载耦合

精确的振荡频率取决于电路的 Q 值，可以由下式来计算：

$$f_r = \frac{1}{2\pi\sqrt{LC}}\sqrt{\frac{Q^2}{Q^2+1}} \tag{21-9}$$

当 Q 值大于 10 时，该式可以简化为式（21-5）。如果 Q 值小于 10，振荡频率将低于理想值。而且低 Q 值会阻止电路的起振，这是因为低 Q 值可能会使高频电压增益低于起振值 $1/B$。

图 21-17a 所示是将振荡信号耦合到负载电阻的一种方式。如果负载电阻较大，只会给谐振回路施加很小的负载，并且回路的 Q 值将大于 10。但是如果负载电阻较小，Q 值降为 10 以下，电路可能会不起振。解决低负载电阻问题的一种方法是采用一个小电容 C_4，使其阻抗 X_C 大于负载电阻。这样可以防止谐振回路的负载过重。

图 21-17b 所示是链接耦合，是另一种将振荡信号耦合到小负载电阻的方式。链接耦合使用二次绕组匝数较少的射频变压器。这种轻度耦合保证了不会出现由于负载电阻而降低振荡电路在起振点的 Q 值所导致的不起振。

无论是电容耦合还是链接耦合，都是使负载效应尽可能小。这样，振荡电路的高 Q 值就可以保证无失真的正弦波输出和可靠的起振。

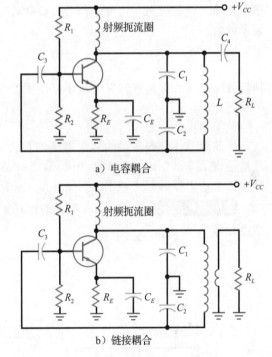

a) 电容耦合

b) 链接耦合

图 21-17　负载的耦合方式

21.4.8　共基极连接

当振荡器的反馈信号驱动晶体管基极时，输入端存在一个很大的密勒电容。这将导致相对较低的截止频率，这使得谐振频率处的电压增益过低。

为了得到较大的截止频率，电路中的反馈信号可加到发射极，如图 21-18 所示。电容

C_3 将基极交流接地，使得晶体管共基极工作。由于高频增益大于共发射极振荡器，这种电路可以振荡在较高的频率点。输出端采用链接耦合，振荡电路的负载较轻，其谐振频率可以由式（21-5）来计算。

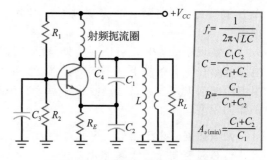

图 21-18 共基极振荡器比共发射极振荡器的工作频率更高

　　共基极振荡器的反馈系数略有不同。它的输出电压出现在串联的电容 C_1 和 C_2 两端，反馈电压出现在电容 C_2 两端。理想情况下，反馈系数为：

$$B = \frac{C_1}{C_1 + C_2} \qquad (21\text{-}10)$$

为了能够起振，A_v 必须大于 $1/B$，近似为：

$$A_{v(\min)} = \frac{C_1 + C_2}{C_1} \qquad (21\text{-}11)$$

这里只是估算，忽略了与电容 C_2 并联的发射极输入阻抗。

　　知识拓展　电容式接近传感器利用的原理是所接近的物体引起电容变化从而引起振荡器频率的变化。更多内容参见第 23 章。

21.4.9　场效应晶体管考毕兹振荡器

　　图 21-19 所示是一个场效应晶体管构成的考毕兹振荡器，其中反馈信号加在栅极。由于栅极输入电阻很高，这种振荡器的负载效应要比双极晶体管振荡器小得多。该电路的反馈系数为：

$$B = \frac{C_1}{C_2} \qquad (21\text{-}12)$$

使场效应晶体管振荡器起振的最小电压增益为：

$$A_{v(\min)} = \frac{C_2}{C_1} \qquad (21\text{-}13)$$

　　场效应晶体管振荡器的低频电压增益为 $g_m r_d$。当频率高于放大器的截止频率时，电压增益将下降。在式（21-13）中，$A_{v(\min)}$ 是振荡频率处的电压增益。一般会尽量使振荡频率低于放大器的截止频率。否则，放大器的附加相移可能会阻碍振荡器正常起振。

　　应用实例 21-3　求图 21-20 电路的振荡频率和反馈系数。该电路起振所需的最小电压增益是多少？

▌▌▌▌ Multisim

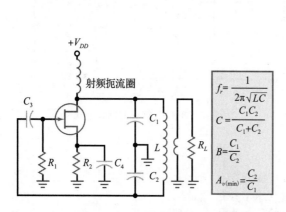

图 21-19　结型场效应晶体管谐振回路的负载效应较小

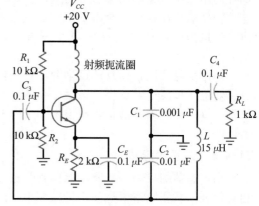

图 21-20　举例

解：这是共发射极考毕兹振荡器。由式（21-6）得到等效电容为：

$$C = \frac{0.001\,\mu\text{F} \times 0.01\,\mu\text{F}}{0.001\,\mu\text{F} + 0.01\,\mu\text{F}} = 909\,\text{pF}$$

电感值为 15 μH。由式（21-5）可得振荡频率为：

$$f_r = \frac{1}{2\pi\sqrt{15\,\mu\text{H} \times 909\,\text{pF}}} = 1.36\,\text{MHz}$$

根据式（21-7）得到反馈系数为：

$$B = \frac{0.001\,\mu\text{F}}{0.01\,\mu\text{F}} = 0.1$$

为正常起振，电路所需的最小电压增益为：

$$A_{v(\min)} = \frac{0.01\,\mu\text{F}}{0.001\,\mu\text{F}} = 10 \qquad \blacktriangleleft$$

自测题 21-3 当输出频率为 1 MHz 时，图 21-20 电路中 15 μH 电感应近似取值多少？

21.5 其他 LC 振荡器

考毕兹振荡器是应用最为广泛的 LC 振荡器，其谐振电路中的容性分压器可以方便地提供反馈电压。在实际应用中也会使用其他类型的振荡器。

21.5.1 阿姆斯特朗振荡器

图 21-21 所示是**阿姆斯特朗振荡器**。该电路中，集电极驱动一个 LC 谐振回路。反馈信号由一个小的二次绕组提供并且反馈到基极。变压器的相移为 180°，即环路总相移为 0°。如果忽略基极的负载效应，则反馈系数为：

$$B = \frac{M}{L} \qquad (21\text{-}14)$$

式中，M 为两线圈的互感，L 是一次绕组。为了使阿姆斯特朗振荡器能够起振，电压增益必须大于 1/B。

阿姆斯特朗振荡器利用变压器耦合来产生反馈信号，可以此来识别此类基本电路的各种变换形式。其中小的二次绕组有时称为反馈电感，它反馈了用来维持振荡的信号。谐振频率由式（21-5）得到，使用图 21-21 中的 L 和 C。在设计中通常会尽量避免采用变压器，所以阿姆斯特朗振荡器很少使用。

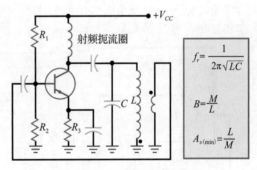

图 21-21 阿姆斯特朗振荡器

21.5.2 哈特莱振荡器

图 21-22 所示是**哈特莱振荡器**。当 LC 回路谐振时，回路电流经过 L_1 和 L_2 的串联支路。式（21-5）中所用的等效电感为：

$$L = L_1 + L_2 \qquad (21\text{-}15)$$

在哈特莱振荡器中，反馈电压由感性分压器 L_1 和 L_2 提供。由于输出电压出现在 L_1 两端，反馈电压出现在 L_2 两端，所以反馈系数为：

$$B = \frac{L_2}{L_1} \qquad (21\text{-}16)$$

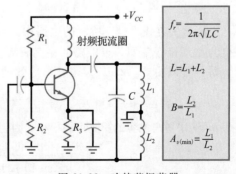

图 21-22 哈特莱振荡器

通常忽略基极的负载效应。为了能够起振，电压增益必须大于 $1/B$。

　　哈特莱振荡器经常采用中央抽头的电感而不是两个分立的电感。另一个变化是将反馈信号返回到发射极而不是基极。也可以用场效应晶体管取代双极晶体管。输出信号可以采用电容耦合也可以采用链接耦合。

21.5.3　克莱普振荡器

　　图 21-23 所示的**克莱普振荡器**是考毕兹振荡器的改进型电路。如前文所述，反馈信号由容性分压器产生，另一个电容 C_3 与电感串联。由于环路电流经过 C_1、C_2 和 C_3 的串联支路，用来计算谐振频率的等效电容为：

$$C = \frac{1}{1/C_1 + 1/C_2 + 1/C_3} \tag{21-17}$$

在克莱普振荡器中 C_3 比 C_1 和 C_2 小得多；这使得 C 近似等于 C_3，谐振频率为：

$$f_r \approx \frac{1}{2\pi\sqrt{LC_3}} \tag{21-18}$$

这一点很重要，因为 C_1、C_2 与晶体管和其他分布电容并联，这些额外的电容会略微改变 C_1 和 C_2 的电容值。在考毕兹振荡器中，谐振频率由晶体管和分布电容决定。但在克莱普振荡器中，晶体管和分布电容对 C_3 没有影响，其振荡频率更加稳定和精确。因此，偶尔也会看到克莱普振荡器在实际中的应用。

　　知识拓展　在考毕兹振荡器中，通过调整谐振回路的电感来改变振荡频率；而在哈特莱振荡器中，是通过调整电容来改变振荡频率。

21.5.4　晶体振荡器

　　当振荡频率的精确度和稳定性比较重要时，就需要采用**石英晶体振荡器**。在图 21-24 所示电路中，反馈信号来源于电容抽头。后续章节中将要讨论到，晶体（缩写为 XTAL）的作用类似于一个与小电容串联的电感（类似于克莱普振荡器）。因此，谐振频率与晶体管和分布电容几乎无关。

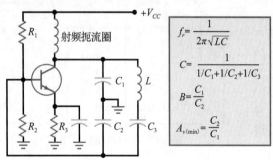

$$f_r = \frac{1}{2\pi\sqrt{LC}}$$

$$C = \frac{1}{1/C_1 + 1/C_2 + 1/C_3}$$

$$B = \frac{C_1}{C_2}$$

$$A_{v(\min)} = \frac{C_2}{C_1}$$

图 21-23　克莱普振荡器

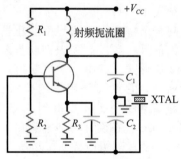

图 21-24　晶体振荡器

例 21-4　在图 21-20 所示的电路中，若加入一个 50 pF 电容与 15 μH 电感串联，电路将变为克莱普振荡器。求电路的振荡频率。　　▊▊▊Multisim

　　解：可以由式（21-17）来计算等效的电容：

$$C = \frac{1}{1/0.001\ \mu F + 1/0.01\ \mu F + 1/50\ pF} \approx 50\ pF$$

1/50 pF 这项对总电容的影响可能很小，因为 50 pF 要比其他电容值小很多。振荡器的频率为：

$$f_r = \frac{1}{2\pi\sqrt{15\ \mu H \times 50\ pF}} = 5.81\ MHz$$　　◀

　　自测题 21-4　将 50 pF 换成 120 pF，重新计算例 21-4。

21.6　石英晶体振荡器

当对振荡频率的精确度和稳定性要求较高时，会选择石英晶体振荡器，它的晶振能提供精确的时钟频率，所以广泛用于电子手表和其他要求精确时间的应用中。

21.6.1　压电效应

研究发现，自然界中有些晶体会产生**压电效应**。在它的两端施加交流电压时，晶体会随电压频率而振动。相反地，如果通过力学手段使其振动时，便会产生同频率的交流电压。能产生压电效应的材料主要包括石英、罗谢尔盐⊖和电气石。

罗谢尔盐的压电活性最强。对给定的交流电压，它比石英和电气石的振动更剧烈。但从力学上讲，它易碎，是最脆弱的。罗谢尔盐已被用来制作传声器、留声机唱针头、头戴耳机以及扬声器。电气石的压电活性最弱，但强度最高，它是最贵的，偶尔会在较高频率的场合使用。

石英的压电活性和强度介于罗谢尔盐和电气石之间。由于价格不贵且易于开采，所以石英被广泛应用于射频振荡器和滤波器中。

21.6.2　晶振片

石英晶体天然的形状是带锥尖的六棱柱形（见图 21-25a）。为了从中得到能使用的晶体，制造厂家将天然晶体切割成矩形片。图 21-25b 所示的矩形片厚度为 t。从一块天然石英晶体中所能切割出来的矩形片的数量取决于片的尺寸以及切割的角度。

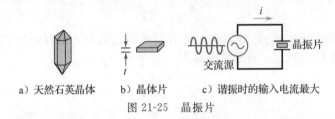

a）天然石英晶体　　b）晶体片　　c）谐振时的输入电流最大

图 21-25　晶振片

为了在电路中使用，晶振片必须固定在两个金属板之间，如图 21-25c 所示。该电路中晶体振动的次数取决于外加电压的频率。通过改变电压频率，可以找到晶体振动最强的谐振频率。由于振动的能量是由交流电源提供的，所以交流电流在谐振频率处达到最大。

21.6.3　基频和谐波

多数情况下，在切割和安装晶体时最好使其在谐振频率处振动，通常选择**基频**，或称最低谐振频率。那些较高的谐振频率称为谐波，是基频的整数倍。例如，一个基频为 1 MHz 的晶体，它的第一个谐波约为 2 MHz，第二个谐波约为 3 MHz，依次类推。

晶体的基频可以用如下公式来计算：

$$f = \frac{K}{t} \tag{21-19}$$

式中，K 是常数，t 是晶体的厚度。由于基频值与晶体的厚度成反比，所以基频的最大值是受限的。晶体越薄越脆弱，振动时越容易损坏。

基频为 10 MHz 以下的石英晶体的工作性能良好。当频率更高时，可以使用晶体的谐波频率，使频率达到 100 MHz。当频率更高时，偶尔也会使用较贵且强度较好的电气石。

21.6.4　交流等效电路

晶体为什么可以被看作交流源呢？当图 21-26a 中晶体不振动时，可等效为一个电容

⊖ Rochelle salts，又名罗氏盐、酒石酸钾钠。——译者注

C_m，因为它有两个金属极板，中间有电介质隔离。该电容称为**封装电容**。

当晶体振动时，它的作用就像一个谐振电路。图 21-26b 所示是晶体在基频振动时的等效电路。其典型值 L 为几亨，C_s 为零点几皮法，R 为几百欧姆，C_m 为皮法量级。例如，一个晶体等效电路参数值为 $L = 3$ H，$C_s = 0.05$ pF，$R = 2$ kΩ，$C_m = 10$ pF。

晶体的 Q 值非常高，上述例子中电路参数对应的 Q 值近 4000。晶体的 Q 值经常超过 10 000，如此高的 Q 值意味着晶振的频率稳定度非常高。通过谐振频率表达式（21-9），可以证明这一点：

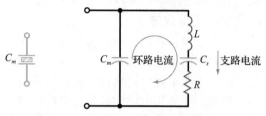

a）封装电容　　b）晶体振动时的交流等效电路

图 21-26　晶振的交流等效电路

$$f_r = \frac{1}{2\pi\sqrt{LC}}\sqrt{\frac{Q^2}{Q^2+1}}$$

当 Q 值近似为无穷大时，谐振频率接近由 L 和 C 确定的理想值。晶体中的 L 和 C 是精确的，比较而言，考毕兹振荡器中的 L 和 C 有很大的容差，其频率的精度较低。

21.6.5　串联谐振与并联谐振

晶体的串联谐振频率 f_s 是图 21-26b 中 LCR 支路的谐振频率。在该频率下，因为 L 和 C_s 谐振，所以支路电流达到最大值。谐振频率为：

$$f_s = \frac{1}{2\pi\sqrt{LC_s}} \tag{21-20}$$

晶体的并联谐振频率 f_p 是图 21-26b 中环路电流达到最大值时的频率。由于该环路电流必须流经串联的 C_s 和 C_m，其等效电容为：

$$C_p = \frac{C_m C_s}{C_m + C_s} \tag{21-21}$$

并联谐振频率为：

$$f_p = \frac{1}{2\pi\sqrt{LC_p}} \tag{21-22}$$

对于任意晶体，C_s 比 C_m 小得多。所以 f_p 只比 f_s 略大一点。当晶体用于如图 21-27 所示的交流等效电路时，电路中存在与 C_m 并联的附加电容，因此振荡频率在 f_p 和 f_s 之间。

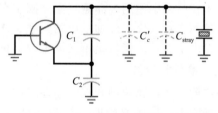

图 21-27　分布电容与封装电容并联

21.6.6　晶体的稳定性

任何振荡器的频率都会随时间发生微小的改变。这种漂移是由温度、老化程度及其他因素造成的。晶体振荡器的频率漂移很小，每天的漂移量通常小于 $1/10^6$。这样的稳定度对于电子手表很重要，因为其中的时间基准器件采用的是石英晶体振荡器。

将晶振置于恒温箱中，可以得到小于 $1/10^{10}$ 的日频率漂移。采用这种漂移参数的时钟每 300 年产生 1s 的误差。这样的稳定度对于频率和时间基准来说是必要的。

21.6.7　晶体振荡器

图 21-28a 所示是考毕兹晶体振荡器。容性分压器提供反馈到晶体管基极的反馈电压。晶体的工作类似一个电感与电容 C_1 和 C_2 发生谐振。振荡频率在晶体的串联和并联谐振频率之间。

图 21-28b 所示是考毕兹晶体振荡器的一种变换形式。反馈信号输入到发射极，而不是基极。这种变化使电路可以工作在更高的谐振频率。

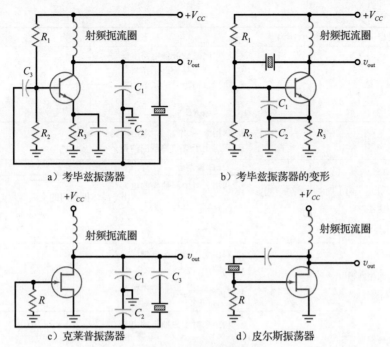

a) 考毕兹振荡器　　　　b) 考毕兹振荡器的变形

c) 克莱普振荡器　　　　d) 皮尔斯振荡器

图 21-28　晶体振荡器

图 21-28c 所示是一个场效应晶体管克莱普振荡器，目的是通过减小分布电容的影响改善频率稳定性。图 21-28d 所示的电路是皮尔斯晶体振荡器。它的主要优点是电路简单。

例 21-5 若晶体的参数值为：$L = 3\ \text{H}$，$C_s = 0.05\ \text{pF}$，$R = 2\ \text{k}\Omega$，$C_m = 10\ \text{pF}$，求晶振的串联和并联谐振频率。

解：式（21-20）给出串联谐振频率为：

$$f_s = \frac{1}{2\pi\sqrt{3\ \text{H} \times 0.05\ \text{pF}}} = 411\ \text{kHz}$$

由式（21-21）得到并联等效电容为：

$$C_p = \frac{10\ \text{pF} \times 0.05\ \text{pF}}{10\ \text{pF} + 0.05\ \text{pF}} = 0.0498\ \text{pF}$$

由式（21-22）求得并联谐振频率为：

$$f_p = \frac{1}{2\pi\sqrt{3\ \text{H} \times 0.0498\ \text{pF}}} = 412\ \text{kHz}$$

可见，晶体的串联谐振频率和并联谐振频率非常接近。当晶体用于振荡器时，振荡频率将在 411～412 kHz 之间。◀

自测题 21-5 若 $C_s = 0.1\ \text{pF}$，$C_m = 15\ \text{pF}$，重新计算例 21-5。

表 21-1 列出了一些 RC 振荡器和 LC 振荡器的特性。

表 21-1　振荡器

类型	特性
RC 振荡器	
文氏电桥振荡器	• 利用超前-滞后反馈电路 • 需要配套的 R_s 进行调谐 • 5 Hz～1 MHz 范围内低失真输出（带宽受限） • $f_r = \dfrac{1}{2\pi RC}$

（续）

类型	特性
双 T 型振荡器	• 利用陷波滤波器电路 • 只在一个频率点工作良好 • 宽频带输出时的调节困难 • $f_r = \dfrac{1}{2\pi RC}$
相移式振荡器	• 利用 3～4 个超前-滞后电路 • 不能用于宽频带范围的调节
LC 振荡器	
考毕兹振荡器	• 利用一对中间抽头的电容 • $C = \dfrac{C_1 C_2}{C_1 + C_2}$　$f_r = \dfrac{1}{2\pi \sqrt{LC}}$ • 应用广泛
阿姆斯特朗振荡器	• 利用变压器作为反馈 • 不常用 • $f_r = \dfrac{1}{2\pi \sqrt{LC}}$
哈特莱振荡器	• 利用一对中央抽头的电感 • $L = L_1 + L_2$　$f_r = \dfrac{1}{2\pi \sqrt{LC}}$
克莱普振荡器	• 利用一对中间抽头的电容、一个电容和一个电感串联 • 输出稳定且精确 • $C = \dfrac{1}{\dfrac{1}{C_1} + \dfrac{1}{C_2} + \dfrac{1}{C_3}}$　$f_r = \dfrac{1}{2\pi \sqrt{LC}}$
晶体振荡器	• 利用石英晶体 • 非常稳定且精确 • $f_p = \dfrac{1}{2\pi \sqrt{LC_p}}$　$f_s = \dfrac{1}{2\pi \sqrt{LC_s}}$

21.7　555 定时器

NE555（LM555，CA555 和 MC555）是广泛使用的集成定时器，它可以在两种模式下工作：**单稳态**（有一种稳定状态）或**非稳态**（不稳定状态）。在单稳态模式下，它可以产生从几微秒到几小时范围内的准确延时；在非稳态模式，可以产生占空比可变的方波。

21.7.1　单稳态工作模式

图 21-29 显示了 555 定时器在单稳态模式的工作情况。555 定时器在初始状态下的输出是低电压，并维持该输出不变。当它在 *A* 时刻接收到一个触发信号时，输出电压从低电平变为高电平。输出电压在高电平维持一段时间，在经过延时 *W* 后返回到低电平。然后输出维持低电平直至下一个触发信号到来。

多谐振荡器是一个具有"0"和"1"或两个稳定输出状态的双态电路。555 定时器工作在单稳态模式时，只有一个稳态，常被称作单稳态多谐振荡器。555 定时器在输出低电平时是稳定的，当接收到触发输入信号后，输出电压会暂时变为高电平。当脉冲结束后输出还是会返回到低电平，所以输出高电平时并不是稳态。

当工作在单稳态模式时，555 定时器常被看作单发多谐振荡器，这是因为每次输入触发只产生一个输出脉冲。这个输出脉冲的持续时间可由外部电阻和电容来精确控制。

555 定时器是一个 8 引脚的集成电路芯片。
图 21-29 显示了其中的 4 个引脚。引脚 1 与地
相连，引脚 8 与正电源电压相连。555 定时器
的电源电压可以在 +4.5 ～ +18 V 之间。触发
信号从引脚 2 输入，引脚 3 是输出。其他引脚
在这里没有显示，它们与一些决定输出脉冲宽
度的外部元件相连。

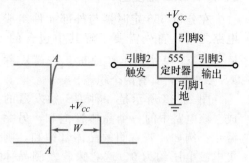

图 21-29　工作在单稳态（单次
触发）的 555 定时器

21.7.2　非稳态工作模式

555 定时器也可以连接成一个非稳态多谐
振荡器。在该模式下没有稳定状态，即任一状
态都不能无限保持。或者说，当 555 定时器工
作在非稳态时会产生振荡，并输出方波信号。

图 21-30 所示是 555 定时器在非稳态模式
的应用。可见，其输出是一系列的方波脉冲。
由于输出的产生不需要输入信号触发，工作在
非稳态模式的 555 定时器有时也称为自由振荡
多谐振荡器。

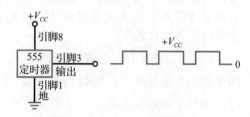

图 21-30　非稳态（自由振荡）模式
工作的 555 定时器

21.7.3　功能框图

555 定时器的电路图非常复杂，包含 20 多
个元件，如二极管、电流镜和晶体管。图 21-31
所示是 555 定时器的功能框图，这个框图包含
了分析中所需的所有关键部分。

如图 21-31 所示，555 定时器包含一个分压
器、两个比较器、一个 RS 触发器和一个 npn
晶体管。由于分压器中的电阻都相等，上方比
较器的翻转电压为：

$$\text{UTP} = \frac{2V_{CC}}{3} \qquad (21\text{-}23)$$

下方比较器的翻转电压为：

$$\text{LTP} = \frac{V_{CC}}{3} \qquad (21\text{-}24)$$

在图 21-31 中，引脚 6 连接到上方比较器。
引脚 6 的电压称为阈值，该电压产生于图中未
显示的外部元件。当阈值电压高于 UTP 时，
上方比较器输出高电平。

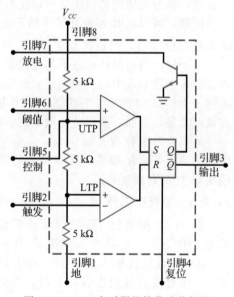

图 21-31　555 定时器的简化功能框图

引脚 2 连接到下方比较器，该引脚上的电压称为触发电压，它是 555 定时器在单稳态
模式下的触发电压。当定时器未被触发时，触发电压为高电平。当触发电压降至 LTP 以
下时，下方比较器输出高电平。

引脚 4 可以用来使输出电压置零，引脚 5 可以在 555 定时器工作在非稳态时控制输出
频率。在很多应用中并不使用这两个引脚，其连接状态为：引脚 4 连接到 +V_{CC}，引脚 5
通过一个电容短接到地。后文将讨论引脚 4 和 5 在高性能电路中的应用。

21.7.4 RS 触发器

在分析 555 定时器与外部元件组成的电路之前，首先需要了解其中包含的 S、R、Q、$\overline{Q}$ 模块的工作原理。该模块称为 RS 触发器，具有两个稳态。

图 21-32 所示是一种 RS 触发器的构成。该电路中的一个晶体管饱和，另一个截止。例如，若右侧的晶体管饱和，则其集电极电压约为 0。这意味着左侧晶体管没有基极电流。所以左侧晶体管截止，使集电极产生高电压。该集电极的高电压使右侧晶体管产生较大的基极电流，从而使之维持在饱和状态。

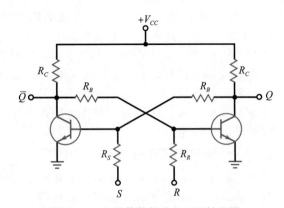

图 21-32　由晶体管构成的 RS 触发器

RS 触发器具有两个输出，Q 和 $\overline{Q}$。它们都是双态输出，即低电平或高电平，而且这两个输出总是相反的。当 Q 为低时 $\overline{Q}$ 为高，Q 为高时 $\overline{Q}$ 为低。$\overline{Q}$ 称为 Q 的互补输出端。$\overline{Q}$ 上面的一条横杠表示它与 Q 是互补的。

输出的状态可以通过 R 和 S 输入端来控制。如果 S 端施加较大的正电压，则左侧晶体管进入饱和，使得右侧晶体管截止。此时，Q 将为高而 $\overline{Q}$ 为低，而且 S 端的高电平可以去掉，因为左侧饱和晶体管可以使右侧管保持在截止状态。

同理，可以在 R 端施加较大的正电压，使右侧晶体管饱和，左侧晶体管截止。此时，Q 为低而 $\overline{Q}$ 为高。当该状态建立后，R 端的高电平就不再需要，可以去掉。

由于该电路在两种状态下均能稳定，所以有时也称作**双稳态多谐振荡器**。双稳态多谐振荡器可以将双态中的一种锁定。S 端的高输入电压会驱使 Q 进入高电平状态；而 R 端高电压会使 Q 回到低电平状态。输出电压在被触发翻转之前，会保持在给定的状态。

S 端有时也称为置位输入，它将输出 Q 置为高电平；R 端称为复位输入，它将输出 Q 复位到低电平。

21.7.5 单稳态工作

图 21-33 所示的 555 定时器连接成单稳态工作方式。电路外接电阻 R 和电容 C。电容两端电压输入到引脚 6 作为阈值电压。当触发信号到达引脚 2 时，电路将在引脚 3 输出一个矩形脉冲。

下面介绍工作原理。初始状态时，RS 触发器的 Q 输出为高，晶体管饱和，并将电容两端电压钳制在地电位。电路将保持该状态直至触发信号到来。由于分压器的存在，翻转点电压如前所述：$\text{UTP} = 2V_{CC}/3$，$\text{LTP} = V_{CC}/3$。

当触发信号降到比 $V_{CC}/3$ 略低时，下方比较器使触发器复位。由于 Q 被复位到

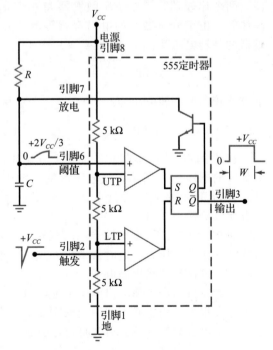

图 21-33　用作单稳态的 555 定时器

低电平，晶体管截止，使电容进行充电。与此同时，$\overline{Q}$ 变为高电平，电容将按指数充电，如图 21-33 所示。当电容电压升高到比 $2V_{CC}/3$ 略高时，上方比较器使触发器置位。Q 端的高电压使晶体管导通，电容上的电荷几乎在瞬间放电。同时，$\overline{Q}$ 回到低电平状态，输出脉冲结束。$\overline{Q}$ 将保持低电平直至下一个触发信号到来。

引脚 3 输出互补信号 $\overline{Q}$。矩形脉冲的宽度取决于通过电阻 R 给电容充电的时间。时间常数越大，电容两端电压到达 $2V_{CC}/3$ 所需时间越长。在一倍时间常数内，电容能够充电到电源电压 V_{CC} 的 63.2%。由于 $2V_{CC}/3$ 相当于 V_{CC} 的 66.7%，所以需要略大于一倍时间常数的时间。通过求解指数充电方程，可以得到关于脉冲宽度的公式：

$$W = 1.1RC \tag{21-25}$$

图 21-34 所示是通常情况下 555 定时器工作在单稳态的电路图，图中只画出了引脚和外部元件。引脚 4（复位端）连接至 $+V_{CC}$。如前文所述，这样可避免引脚 4 对电路的影响。在有些应用中，引脚 4 可以临时接地，使电路停止工作。当引脚 4 接到高电平时，则恢复工作状态。后续的讨论将具体描述这种复位方式的用法。

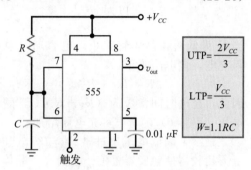

图 21-34 单稳态定时电路

引脚 5（控制端）是特殊的输入端，可以用来改变 UTP，从而改变脉冲宽度。后文将讨论脉冲宽度调制，即通过在引脚 5 施加外部电压改变脉冲宽度。图 21-33 中将引脚 5 对地旁路，通过将引脚 5 交流接地，防止电磁噪声对 555 定时器的工作造成干扰。

总之，非稳态工作的 555 定时器可以产生单脉冲，其脉冲宽度由外部 R 和 C 确定，如图 21-34 所示。脉冲的起始点是输入触发信号的上升沿，这种单次触发在数字和开关电路中有很多应用。

例 21-6 在图 21-34 电路中，$V_{CC} = 12$ V，$R = 33$ kΩ，$C = 0.47$ μF，产生输出脉冲所需的最小触发电压为多少？最大电容电压为多少？输出脉冲宽度为多少？ **||||Multisim**

解： 如图 21-33 所示，下方比较器的翻转点为 LTP。引脚 2 的输入触发信号需要从 $+V_{CC}$ 下降到比 LTP 略低。由图 21-34 中所给的公式得：

$$\text{LTP} = \frac{12\ \text{V}}{3} = 4\ \text{V}$$

当触发信号到来后，电容从 0 V 充电到最大值 UTP：

$$\text{UTP} = \frac{2 \times 12\ \text{V}}{3} = 8\ \text{V}$$

单次输出脉冲的宽度为：

$$W = 1.1 \times 33\ \text{kΩ} \times 0.47\ \text{μF} = 17.1\ \text{ms}$$

这说明输出脉冲的下降沿出现在触发信号到来 17.1 ms 之后。可以把这 17.1 ms 作为延时，输出脉冲的下降沿可用来触发其他电路。   ◀

✎ **自测题 21-6** 将图 21-34 电路中的 V_{CC} 变为 15 V，R 变为 100 kΩ，重新计算例 21-6。

例 21-7 如果 $R = 10$ MΩ，$C = 470$ μF，那么图 21-34 电路的脉冲宽度为多少？

解：

$$W = 1.1 \times 10\ \text{MΩ} \times 470\ \text{μF} = 5170\text{s} = 86.2\ \text{min} = 1.44\ \text{h}$$

这里得到的脉冲宽度大于 1 小时，此脉冲的下降沿发生在 1.44 小时之后。   ◀

21.8　555 定时器的非稳态工作模式

很多应用中需要产生从几微秒到几小时的延时。555 定时器也可以用于非稳态或自由振荡多谐振荡器。在该模式下，需要两个外接电阻和一个电容来确定振荡频率。

21.8.1　非稳态模式

图 21-35 所示的 555 定时器工作在非稳态。翻转点电压与单稳态相同：

$$\text{UTP} = \frac{2V_{cc}}{3}$$

$$\text{LTP} = \frac{V_{cc}}{3}$$

当 Q 为低时，晶体管截止，电容通过总电阻充电，该电阻等于：

$$R = R_1 + R_2$$

因此，充电时间常数为 $(R_1 + R_2)C$。阈值电压（引脚 6）随着电容充电而增加。

最终，阈值电压超过 $+2V_{cc}/3$。这时，上方比较器使触发器置位，Q 为高，晶体管饱和，引脚 7 接地，电容通过 R_2 放电。放电时间常数为 R_2C。当电容电压下降到比 $V_{cc}/3$ 略低时，下方比较器使触发器复位。

图 21-36 显示了波形。电容电压在 UTP 和 LTP 之间按指数上升和下降。输出是摆幅在 $0 \sim V_{cc}$ 之间的方波。由于充电时间常数比放电时间常数大，所以输出是不对称的。占空比在 $50\% \sim 100\%$ 之间，取决于电阻 R_1 和 R_2。

通过对充放电方程的分析，得到下列公式，脉冲宽度为：

$$W = 0.693(R_1 + R_2)C \qquad (21\text{-}26)$$

输出脉冲的周期为：

$$T = 0.693(R_1 + 2R_2)C \qquad (21\text{-}27)$$

周期的倒数为频率：

$$f = \frac{1.44}{(R_1 + 2R_2)C} \qquad (21\text{-}28)$$

脉冲宽度与周期的比即为占空比：

$$D = \frac{R_1 + R_2}{R_1 + 2R_2} \qquad (21\text{-}29)$$

当 R_1 远小于 R_2 时，占空比接近 50%。反之，当 R_1 远大于 R_2 时，占空比接近 100%。

图 21-37 所示是常见的 555 定时器非稳态工作的电路图。引脚 4（复位端）连接到电源电压，引脚 5（控制端）通过 $0.01\ \mu\text{F}$

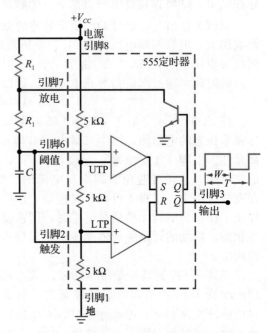

图 21-35　555 定时器的非稳态工作

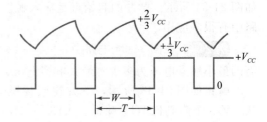

图 21-36　非稳态电路中电容电压和输出电压的波形

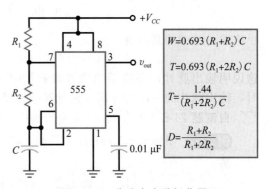

图 21-37　非稳态多谐振荡器

电容旁路到地。

可以将图 21-37 电路进行修改，使占空比小于 50%。将一个二极管与 R_2 并联（正极接引脚 7），电容将通过 R_1 和二极管高效充电，并通过 R_2 放电。因此，得到占空比为：

$$D = \frac{R_1}{R_1 + R_2} \tag{21-30}$$

21.8.2　压控振荡器模式

图 21-38a 所示是一个**压控振荡器**（VCO），是 555 定时器的另一种应用。该电路有时也称作**电压-频率转换器**，因为它可将输入电压转换为输出频率。

电路的工作原理如下。引脚 5 连接到上方比较器的反相输入端（见图 21-31）。通常引脚 5 是通过电容对地旁路的，所以 UTP 等于 $+2V_{CC}/3$。在图 21-38a 中，用一个准电位计替代内部电压。或者说，UTP 等于 V_{con}。通过调节电位计电压，可以使 UTP 在 $0 \sim V_{CC}$ 之间变化。

图 21-38b 显示了定时电容上的电压波形。波形中的最小值为 $+V_{con}/2$，最大值为 $+V_{con}$。如果增加 V_{con}，则电容的充放电时间会增加，从而使频率

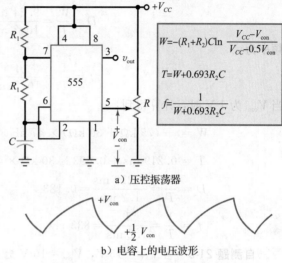

a）压控振荡器

b）电容上的电压波形

图 21-38　由 555 定时器构成的压控振荡器

降低。所以，可以通过改变控制电压来改变电路的输出频率。控制电压可以是如图所示的电位计，也可以是晶体管电路、运放或其他器件的输出。

通过对电容充放电方程的分析，得到以下公式：

$$W = -(R_1 + R_2)C \ln \frac{V_{CC} - V_{con}}{V_{CC} - 0.5V_{con}} \tag{21-31}$$

上述公式需要用到**自然对数**，对数的底为 e。如果有科学计算器，可使用 ln 键进行计算。周期为：

$$T = W + 0.693R_2C \tag{21-32}$$

频率为：

$$f = \frac{1}{W + 0.693R_2C} \tag{21-33}$$

例 21-8　图 21-37 所示 555 定时器电路中的 $R_1 = 75$ kΩ，$R_2 = 30$ kΩ，$C = 47$ nF。输出信号的频率为多少？占空比为多少？

解：由图 21-37 中所给公式得到：

$$f = \frac{1.44}{(75 \text{ k}\Omega + 60 \text{ k}\Omega) \times 47 \text{ nF}} = 227 \text{ Hz}$$

$$D = \frac{75 \text{ k}\Omega + 30 \text{ k}\Omega}{75 \text{ k}\Omega + 60 \text{ k}\Omega} = 0.778$$

相当于 77.8%。

自测题 21-8　在 $R_1 = R_2 = 75$ kΩ 的情况下，重新计算例 21-8。

例 21-9　图 21-38a 所示 VCO 电路中的 R_1、R_2 以及 C 与例 21-8 中的相同，那么在控

制电压 V_{con} 为 11 V 时，输出频率和占空比分别为多少？当 V_{con} 为 1 V 时，频率和占空比又为多少？

解：利用图 21-38 中的公式，解得：

$$W = -(75 \text{ k}\Omega + 30 \text{ k}\Omega) \times 47 \text{ nF} \times \ln \frac{12 \text{ V} - 11 \text{ V}}{12 \text{ V} - 5.5 \text{ V}} = 9.24 \text{ ms}$$

$$T = 9.24 \text{ ms} + 0.693 \times 30 \text{ k}\Omega \times 47 \text{ nF} = 10.2 \text{ ms}$$

占空比为：

$$D = \frac{W}{T} = \frac{9.24 \text{ ms}}{10.2 \text{ ms}} = 0.906$$

频率为：

$$f = \frac{1}{T} = \frac{1}{10.2 \text{ ms}} = 98 \text{ Hz}$$

当 V_{con} 为 1 V 时，计算得到：

$$W = -(75 \text{ k}\Omega + 30 \text{ k}\Omega) \times 47 \text{ nF} \times \ln \frac{12 \text{ V} - 1 \text{ V}}{12 \text{ V} - 0.5 \text{ V}} = 0.219 \text{ ms}$$

$$T = 0.219 \text{ ms} + 0.693 \times 30 \text{ k}\Omega \times 47 \text{ nF} = 1.2 \text{ ms}$$

$$D = \frac{W}{T} = \frac{0.219 \text{ ms}}{1.2 \text{ ms}} = 0.183$$

$$f = \frac{1}{T} = \frac{1}{1.2 \text{ ms}} = 833 \text{ Hz}$$

◀

自测题 21-9 当 $V_{CC} = 15$ V，$V_{con} = 10$ V 时，重新计算例 21-9。

21.9 555 电路的应用

555 定时器的输出级可以提供 200 mA 的电流，即在高电压输出时可以提供高达 200 mA 的负载电流（拉电流）。因此，555 定时器可以驱动相对较重的负载，如继电器、灯和扬声器。555 定时器的输出级同样也可以吸收 200 mA 的电流，即当低电压输出时可以承受最高 200 mA 的对地电流（灌电流）。例如，用 555 定时器驱动 TTL 负载，当输出为高时，对外输出负载电流；当输出为低时，从外部吸收负载电流。本节中将讨论 555 定时器的一些应用。

21.9.1 启动和复位

图 21-39 所示是一个在前文所述单稳态定时器基础上进行修改后的电路。首先，触发信号输入端（引脚 2）由一个按钮式开关（启动）控制。此开关在通常情况下是断开的，引脚 2 处于高电平，电路不工作。

当按下并释放启动开关时，引脚 2 暂时被拉到地电位。此时，输出变为高且 LED 点亮。如前文所述，电容 C_1 正向充电，充电时间常数随电阻 R_1 而改变。可通过这种方式得到从几秒到几小时的延时。当电容电压比 $2V_{CC}/3$ 略高时，电路复位且输出电压变为低。同时，LED 熄灭。

下面来看复位开关。它可以在脉冲输出的任意时刻将电路复位。此开关通常情况下是断开的，引脚 4 为高，且对定时器的工作没有影响。当复位开关闭合时，引

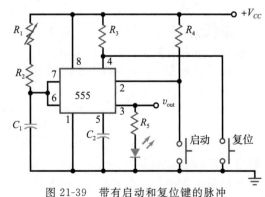

图 21-39 带有启动和复位键的脉冲宽度可调的单稳态定时器

脚 4 被下拉到地电位，输出被复位到零。设置复位开关使得用户可以在需要时终止高电平输出。例如，当输出脉冲宽度被设置成 5 分钟时，用户可以在预置时间之前通过按下复位键停止此脉冲。

21.9.2　鸣笛和报警

图 21-40 所示是将非稳态 555 定时器用作报警器的电路。通常情况下，报警开关是闭合的，它将引脚 4 下拉到地电位。此时，555 定时器未被激活且没有输出。当报警开关断开后，电路将产生方波输出，且其频率由 R_1、R_2 和 C_1 决定。

引脚 3 的输出通过电阻 R_4 驱动扬声器，该电阻的大小取决于电源电压和扬声器的阻抗。电阻 R_4 和扬声器所在的支路电阻应该将输出电流限制在 200 mA 或更小，因为这是 555 定时器所能提供的最大电流。

可以对图 21-40 电路加以改进，使之可以向扬声器输出更大的功率。例如，可以利用引脚 3 的输出来驱动一个 B 类推挽功率放大器，用放大器的输出驱动扬声器。

21.9.3　脉冲宽度调制器

图 21-41 所示是用作脉冲宽度调制（PWM）的电路。其中，555 定时器处于单稳态工作模式，R、C、UTP 和 V_{cc} 的值决定了输出的脉冲宽度：

$$W = -RC\ln\left(1 - \frac{\text{UTP}}{V_{cc}}\right) \tag{21-34}$$

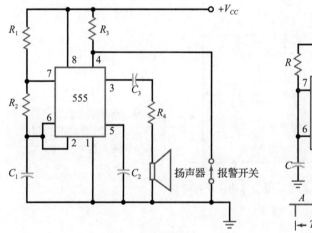
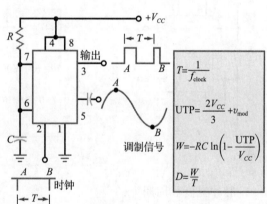

图 21-40　用作鸣笛或报警的非稳态 555 电路　　　图 21-41　555 定时器用于脉冲宽度调制器

一个称为**调制信号**的低频信号通过电容耦合输入到引脚 5，该调制信号是语音或计算机数据。由于引脚 5 控制着 UTP 的值，v_{mod} 就附加到静态的 UTP 上。因此 UTP 的瞬时值可以表示为：

$$\text{UTP} = \frac{2V_{cc}}{3} + v_{\text{mod}} \tag{21-35}$$

例如，当 $V_{cc} = 12$ V 且调制信号的峰值为 1 V 时，由式（21-31）得到：

$$\text{UTP}_{\max} = 8\text{V} + 1\text{V} = 9\text{V}$$
$$\text{UTP}_{\min} = 8\text{V} - 1\text{V} = 7\text{V}$$

这说明 UTP 的瞬时值是在 7～9 V 之间变化的正弦波。

引脚 2 输入的是一个的触发信号序列，称为时钟。每一个触发信号产生一个脉冲输出。由于触发信号的周期为 T，输出信号将是周期为 T 的方波脉冲序列。调制信号对周期 T 没有影响，但它可以改变每一个输出脉冲的宽度。如图 21-41 所示，在 A 点，即调制信号的正向峰值点，输出脉冲较宽；在 B 点，即调制信号的负向峰值点，输出脉冲较窄。

　　PWM 常用于通信领域。用低频调制信号（声音或数据）改变高频信号的脉冲宽度，该高频信号称为**载波**。被调制的载波可以通过铜导线、光缆或空间传输到接收器。接收器恢复出调制信号并驱动扬声器（声音）或计算机（数据）。

21.9.4　脉冲位置调制

　　PWM 改变脉宽，但周期并不改变，因为周期由触发信号的频率决定。由于周期固定，所以每一个脉冲的位置是相同的，即脉冲前沿出现的时间间隔总是固定的。

　　脉冲位置调制（PPM）则不同。在这种调制中，每个脉冲的位置（前沿）是变化的。对于 PPM，脉冲宽度和周期都随调制信号变化。

　　图 21-42a 所示是脉冲位置调制器电路。与前文中所述的 VCO 类似，由于调制信号耦合到引脚 5，UTP 的瞬时值由式（21-35）给出：

$$UTP = \frac{2V_{CC}}{3} + v_{mod}$$

当调制信号增加时，UTP 和脉冲宽度均增加。当调制信号减小时，UTP 和脉冲宽度均减小。因此，其脉冲宽度发生如图 21-42b 所示的变化。

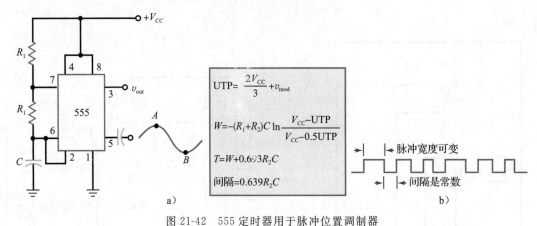

图 21-42　555 定时器用于脉冲位置调制器

脉冲宽度和周期为：

$$W = -(R_1 + R_2)C \quad \ln \frac{V_{CC} - UTP}{V_{CC} - 0.5UTP} \tag{21-36}$$

$$T = W + 0.693R_2C \tag{21-37}$$

在式（21-37）中，第二项是两个脉冲之间的间隔；

$$间隔 = 0.693R_2C \tag{21-38}$$

该间隔是脉冲的下降沿与下一个脉冲上升沿之间的时间。由于 V_{con} 未出现在公式（21-38）中，所以脉冲的时间间隔是常数，如图 21-42b 所示。

　　由于间隔是固定的，所以脉冲前沿的位置取决于脉冲的宽度。这种调制称作脉冲位置调制。PWM 和 PPM 用于通信系统中对声音和数据的传输。

21.9.5　斜坡信号的产生

　　通过电阻对电容充电，可以产生指数波形。如果用恒定电流源代替电阻对电容充电，则电容上产生的是斜坡电压。这就是图 21-43a 电路的工作原理。这里将单稳态电路中的电阻替换为 pnp 电流源，产生恒定的充电电流：

$$I_C = \frac{V_{CC} - V_E}{R_E} \tag{21-39}$$

当图 21-43a 电路中的触发信号使单稳态 555 启动后，pnp 电流源迫使恒定电流向电容充电。电容上便会产生斜坡电压，如图 21-43b 所示。该斜坡电压的斜率为：

$$S = \frac{I_C}{C} \tag{21-40}$$

由于电容电压在放电前所能达到的最大值是 $2V_{CC}/3$，斜坡的峰值电压如图 21-43b 所示：

$$V = \frac{2V_{CC}}{3} \tag{21-41}$$

斜坡的持续时间为：

$$T = \frac{2V_{CC}}{3S} \tag{21-42}$$

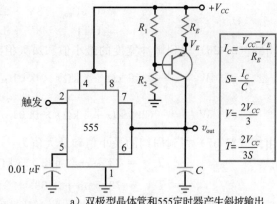

$$I_C = \frac{V_{CC} - V_E}{R_E}$$
$$S = \frac{I_C}{C}$$
$$V = \frac{2V_{CC}}{3}$$
$$T = \frac{2V_{CC}}{3S}$$

a）双极型晶体管和555定时器产生斜坡输出

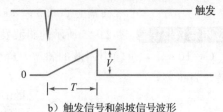

b）触发信号和斜坡信号波形

图 21-43　斜坡信号产生电路

应用实例 21-10 图 21-41 中脉冲宽度调制器的 $V_{CC} = 12$ V，$R = 9.1$ kΩ，$C = 0.01$ μF，时钟频率为 2.5 kHz，调制信号的峰值为 2 V。分别求输出脉冲的周期、静态脉冲宽度、脉宽的最大和最小值、占空比的最大和最小值。

解： 输出脉冲的周期等于时钟周期：

$$T = \frac{1}{2.5\ \text{kHz}} = 400\mu s$$

静态脉冲宽度为：

$$W = 1.1RC = 1.1 \times 9.1\ \text{k}\Omega \times 0.01\ \mu\text{F} = 100\ \mu s$$

由式（21-35）计算 UTP 的最小值和最大值为：

$$\text{UTP}_{\min} = 8\text{V} - 2\ \text{V} = 6\ \text{V}$$
$$\text{UTP}_{\max} = 8\text{V} + 2\ \text{V} = 10\ \text{V}$$

由式（21-34）计算脉宽的最小值和最大值为：

$$W_{\min} = -9.1\ \text{k}\Omega \times 0.01\ \mu\text{F} \times \ln\left(1 - \frac{6\ \text{V}}{12\ \text{V}}\right) = 63.1\ \mu s$$

$$W_{\max} = -9.1\ \text{k}\Omega \times 0.01\ \mu\text{F} \times \ln\left(1 - \frac{10\ \text{V}}{12\ \text{V}}\right) = 163\ \mu s$$

占空比的最小值和最大值为：

$$D_{\min} = \frac{63.1\ \mu s}{400\ \mu s} = 0.158$$

$$D_{\max} = \frac{163\ \mu s}{400\ \mu s} = 0.408$$

◀

自测题 21-10 参照例 21-10，将 V_{CC} 变为 15 V，计算最大脉冲宽度和最大占空比。

应用实例 21-11 图 21-42 所示脉冲位置调制器中的 $V_{CC} = 12$ V，$R_1 = 3.9$ kΩ，$R_2 = 3$ kΩ，$C = 0.01$ μF。输出脉冲的静态宽度和周期为多少？如果调制信号峰值为 1.5 V，那么脉冲宽度的最小和最大值分别为多少？脉冲之间的间隔为多少？

解： 在不加调制信号时，输出脉冲的静态周期就是 555 定时器用作非稳态多谐振荡器时的周期。根据式（21-26）和（21-27），计算脉冲静态宽度和周期如下：

$$W = 0.693(3.9\,\text{k}\Omega + 3\,\text{k}\Omega) \times 0.01\,\mu\text{F} = 47.8\,\mu\text{s}$$
$$T = 0.693(3.9\,\text{k}\Omega + 6\,\text{k}\Omega) \times 0.01\,\mu\text{F} = 68.6\,\mu\text{s}$$

由式（21-35）计算得到 UTP 的最小值和最大值为：

$$\text{UTP}_{\min} = 8\text{V} - 1.5\,\text{V} = 6.5\,\text{V}$$
$$\text{UTP}_{\max} = 8\text{V} + 1.5\,\text{V} = 9.5\,\text{V}$$

由式（21-26）得到脉冲宽度的最小值和最大值为：

$$W_{\min} = -(3.9\,\text{k}\Omega + 3\,\text{k}\Omega) \times 0.01\,\mu\text{F} \times \ln\frac{12\text{V} - 6.5\,\text{V}}{12\,\text{V} - 3.25\,\text{V}} = 32\,\mu\text{s}$$

$$W_{\max} = -(3.9\,\text{k}\Omega + 3\,\text{k}\Omega) \times 0.01\,\mu\text{F} \times \ln\frac{12\text{V} - 9.5\,\text{V}}{12\,\text{V} - 4.75\,\text{V}} = 73.5\,\mu\text{s}$$

由式（21-37）得到周期的最小值和最大值为：

$$T_{\min} = 32\,\mu\text{s} + 0.693 \times 3\,\text{k}\Omega \times 0.01\,\mu\text{F} = 52.8\,\mu\text{s}$$
$$T_{\max} = 73.5\,\mu\text{s} + 0.693 \times 3\,\text{k}\Omega \times 0.01\,\mu\text{F} = 94.3\,\mu\text{s}$$

任意一个脉冲的下降沿与下一个脉冲的上升沿的间隔为：

$$\text{间隔} = 0.693 \times 3\,\text{k}\Omega \times 0.01\,\mu\text{F} = 20.8\,\mu\text{s} \qquad \blacktriangleleft$$

应用实例 21-12 图 21-43 所示的斜波发生器具有恒定的集电极电流 1 mA。如果 $V_{CC} = 15\,\text{V}$，$C = 100\,\text{nF}$，求输出斜波的斜率、峰值和持续时间。

解：斜率为：

$$S = \frac{1\,\text{mA}}{100\,\text{nF}} = 10\,\text{V/ms}$$

峰值为：

$$V = \frac{2 \times 15\,\text{V}}{3} = 10\,\text{V}$$

斜坡的持续时间为：

$$T = \frac{2 \times 15\,\text{V}}{3 \times 10\,\text{V/ms}} = 1\,\text{ms} \qquad \blacktriangleleft$$

自测题 21-12 如果图 21-43 电路中的 $V_{CC} = 12\,\text{V}$，$C = 0.2\,\mu\text{F}$，重新计算例 21-12。

21.10 锁相环

锁相环（PLL）电路包含鉴相器、直流放大器、低通滤波器和压控振荡器（VCO）。当锁相环的输入信号频率为 f_m 时，其 VCO 将输出一个频率等于 f_m 的信号。

21.10.1 鉴相器

图 21-44a 所示是一个**鉴相器**，它是 PLL 中的第一级。该电路产生一个正比于两个输入信号相位差的输出电压。例如，图 21-44b 所示是相位差为 $\Delta\phi$ 的两个输入信号。鉴相器根据该相位差产生一个与 $\Delta\phi$ 成正比的直流输出电压，如图 21-44c 所示。

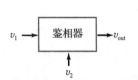

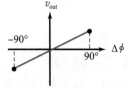

a）鉴相器具有两个输入和一个输出　　b）具有相位差的等频率正弦波　　c）鉴相器的输出与输入的相位差成正比

图 21-44　鉴相器

如图 21-44b 所示，如果 v_1 超前于 v_2，$\Delta\phi$ 为正值；如果 v_1 滞后于 v_2，$\Delta\phi$ 则为负值。典型的鉴相器在 $-90°\sim+90°$ 之间具有线性响应特性，如图 21-44c 所示。可见，当 $\Delta\phi=0°$ 时，鉴相器的输出为 0；当 $\Delta\phi$ 在 $0°\sim90°$ 之间时，输出为正电压；当 $\Delta\phi$ 在 $-90°\sim0°$ 之间时，输出为负电压。鉴相器的关键特性是产生的输出电压与两个输入信号的相位差成正比。

21.10.2 压控振荡器

在图 21-45a 中，VCO 的输入电压 v_{in} 决定了输出信号的频率 f_{out}。典型 VCO 的频率变化范围是 10∶1，而且变化是线性的，如图 21-45b 所示。当 VCO 的输入电压为 0 时，VCO 在静态频率 f_0 处自由振荡。当输入电压为正时，VCO 的输出频率高于 f_0；当输入电压为负时，VCO 的频率低于 f_0。

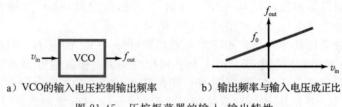

a）VCO的输入电压控制输出频率　　b）输出频率与输入电压成正比

图 21-45　压控振荡器的输入-输出特性

21.10.3 锁相环的原理框图

图 21-46 是 PLL 的原理框图。其中鉴相器输出一个正比于两输入信号相位差的直流电压。鉴相器的输出电压通常很小，所以第二级是一个直流放大器。放大后的相位差经滤波后输入到 VCO。VCO 的输出最终反馈回鉴相器。

图 21-46　PLL 原理框图

知识拓展　VCO 的传输函数或转换增益 K 可以表示为每单位直流输入电压变化 ΔV 时的频偏量 Δf。数学表示为 $K=\Delta f/\Delta V$，其中 K 是输入-输出传输函数，量纲为 Hz/V。

21.10.4 输入频率等于自由振荡频率

为了理解 PLL 的工作原理，首先分析输入频率等于 f_0 的情况，f_0 是 VCO 的自由振荡频率。此时，鉴相器的两个输入信号具有相同的频率和相位。因此相位差 $\Delta\phi$ 为 0，且鉴相器的输出为 0。VCO 的输入电压为 0，即 VCO 在 f_0 频率下自由振荡。只要输入信号的频率和相位保持相同，VCO 的输入电压将一直为 0。

21.10.5 输入频率不等于自由振荡频率

假设输入信号和 VCO 自由振荡频率都为 10 kHz，如果输入频率上升到 11 kHz，这个增加将会带来相位的增加，因为 v_1 在第一个循环结尾处超前于 v_2，如图 21-47a 所示。由于输入信号超前于 VCO 信号，$\Delta\phi$ 为正值。此时，图 21-46 中的鉴相器将产生正的输出电压，经过放大和滤波之后，这个正电压将使 VCO 的频

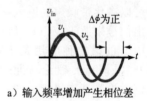

a）输入频率增加产生相位差

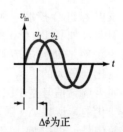

b）VCO频率增加后仍存在相位差

图 21-47　鉴相器输入信号的相位差

率提高。

VCO 的频率持续增加直至与输入信号频率 11 kHz 相等。当 VCO 频率等于输入信号频率时，VCO 将与输入信号保持锁定。即使鉴相器的两个输入信号频率都为 11 kHz，但它们仍存在相位差，如图 21-47b 所示。这个正相位差将产生一个电压以维持 VCO 的频率比自由振荡频率略高。

如果输入频率继续增加，VCO 的频率也随之增加以维持频率的锁定。例如，当输入频率增加至 12 kHz 时，VCO 也将增加为 12 kHz。鉴相器的两个输入信号之间的相位差将相应增加以产生正确的电压对 VCO 进行控制。

21.10.6 锁定范围

PLL 的**锁定范围**指的是 VCO 能够锁定到输入信号的最大频率范围，它与可检测的最大相位差有关。假设鉴相器可以对 $-90°\sim+90°$ 之间的相位差 $\Delta\phi$ 产生输出电压，鉴相器在相位差的极限处将产生最大的输出电压，其值可为正或负。

如果输入的频率过低或过高，相位差将超出 $-90°\sim+90°$ 的范围。因此，鉴相器将不能产生维持 VCO 锁定的控制电压。PLL 将在极限处失去对输入信号的锁定能力。

锁定范围通常定义为 VCO 频率的百分比。例如，若 VCO 自由振荡频率在 10 kHz，锁定范围为 $\pm20\%$，则 PLL 能够锁定的频率范围在 $8\sim12$ kHz 之间。

21.10.7 捕获范围

捕获范围与锁定范围有所不同。假设输入的频率在锁定范围之外，那么 VCO 在 10 kHz 自由振荡。假设输入频率向 VCO 频率方向改变，PLL 在某一时刻将能够锁定到输入频率上。PLL 能够建立起锁定的输入频率范围称为**捕获范围**。

捕获范围用自由振荡频率的百分比来描述。如果 $f_0 = 10$ kHz，且捕获范围为 $\pm5\%$，则 PLL 能够锁定的输入频率在 $9.5\sim10.5$ kHz 之间。通常捕获范围小于锁定范围，原因是捕获范围取决于低通滤波器的截止频率。截止频率越低，捕获范围越小。

低通滤波器的截止频率应保持较低，以防止高频成分，如噪声或其他无用信号进入VCO。滤波器的截止频率越低，驱动 VCO 的信号越纯净。因此，设计时需要在捕获范围和低通滤波器带宽之间进行折中选择，以便为 VCO 提供纯净的信号。

21.10.8 应用

PLL 有两种主要的应用。第一种是用来锁定输入信号，使输出频率等于输入频率。优点是可以净化带噪声的输入信号，因为低通滤波器可以滤除高频噪声和其他无用成分。由于输出信号来源于 VCO，所以最终的输出信号是稳定且几乎无噪声的。

PLL 的第二种应用是 FM 解调器。**频率调制**（FM）的理论在通信课程中讲授，这里仅讨论其基本思想。图 21-48a 中的 *LC* 振荡器中包含一个可变电容。如果调制信号对该电容进行控制，则振荡器的输出被频率调制，如图 21-48b 所示。可以看到调频波的频率是如何随着调制信号的峰值从最小变化到最大的。

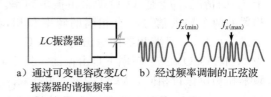

a）通过可变电容改变*LC* b）经过频率调制的正弦波
振荡器的谐振频率

图 21-48　频率调制

如果调频信号是 PLL 的输入，VCO 的频率将锁定到该调频信号上。由于 VCO 的频率是变化的，所以 $\Delta\phi$ 随着调制信号变化。于是，鉴相器的输出是将原始调制信号复原了的低频信号。可以将 PLL 用作 FM 解调器，一种能从调频波中将调制信号恢复出来的电路。

PLL 可以制作成单片集成电路。例如，NE565 就是一个包含鉴相器、VCO 和直流放大器的 PLL。用户通过连接外部元件，如定时电阻和电容，来设定 VCO 的自由振荡频率。另一个外部电容可以决定低通滤波器的截止频率。NE565 可用于调频信号解调器、频率综合器、遥测接收器、调制解调器和音频解码器等。

21.11 函数发生器芯片

特殊函数发生器 IC 结合了众多前文中所讨论过的独立电路的功能。这些 IC 电路能够生成的波形包括正弦波、方波、三角波、斜坡信号以及脉冲信号等。输出波形的幅度和频率可以通过改变外部电阻和电容或施加外部电压来改变。外部电压使这些 IC 能够实现电压-频率转换（V/F）、调幅和调频信号产生、压控振荡器（VCO）和频移键控（FSK）等功能。

21.11.1 XR-2206

XR-2206 是特殊函数发生器 IC 的一个实例。通过外部控制，该单片 IC 可以得到从 0.01 Hz～1 MHz 以及更高的频率。IC 的原理框图如图 21-49 所示。框图中含有四个主要的功能模块，包括 VCO、模拟相乘器、正弦波形成器、单位增益缓冲放大器以及一系列电流开关。

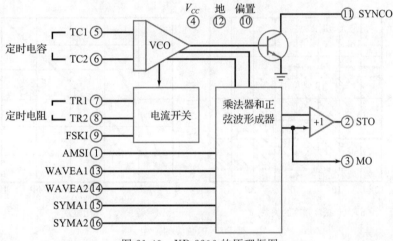

图 21-49　XR-2206 的原理框图

VCO 的输出频率与输入电流成正比，输入电流由一系列外部定时电阻决定。这些电阻分别连接到引脚 7、8 和地。由于有两个定时引脚，所以可以得到两个独立的频率。输入到引脚 9 的信号的高低控制着电流开关的通断，再由电流开关选择定时电阻。如果引脚 9 的输入信号在高与低之间交替变化，VCO 的输出频率将在不同频率点之间切换。这一过程称为**频移键控**（FSK），常用于电子通信领域。

VCO 的输出驱动乘法器和正弦波形成器及一个输出开关管。输出开关管工作在截止区和饱和区，从引脚 11 输出方波信号。乘法器和正弦波形成器的输出连接到单位增益缓冲放大器，它决定了整个 IC 的输出电流能力以及输出电阻。引脚 2 的输出可能是正弦波也可能是三角波。

21.11.2 正弦波和三角波输出

图 21-50a 所示是生成正弦波和三角波的外部电路连接和内部元件。振荡频率 f_o 是由连接到引脚 7 或 8 的定时电阻 R 和跨接在引脚 5、6 之间的外部电容 C 确定的。通过计算得到振荡频率为：

$$f_o = \frac{1}{RC}$$

(21-43)

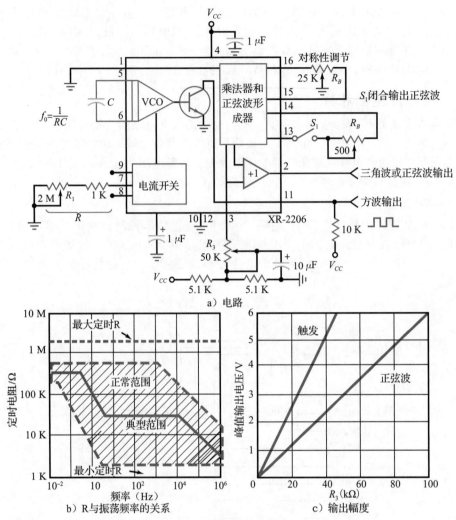

图 21-50　正弦波的产生

虽然电阻 R 可以取到 2 MΩ，但最大的温度稳定区域在 4 kΩ $<R<$ 200 kΩ。图 21-50b 给出了 R 与振荡频率的关系图。电容 C 的推荐取值范围是 1000 pF～100 μF。

在图 21-50a 中，当开关 S_1 闭合时，引脚 2 的输出为正弦波。引脚 7 处的电位计 R_1 可以对所需的频率进行调节。可调电阻 R_A 和 R_B 用来改变输出信号波形，以调节对称性和失真度。当 S_1 打开时，引脚 2 处的输出信号从正弦波转换为三角波。接在引脚 3 上的电阻 R_3 控制着输出波形的幅度。如图 21-50c 所示，输出信号的幅度与电阻 R_3 成正比。对于给定的电阻 R_3，三角波的幅度大约为正弦波的 2 倍。

21.11.3　脉冲信号和斜波信号的产生

图 21-51 给出了用来产生锯齿波（斜坡）和脉冲输出时的外部电路连接。引脚 11 输出的方波与引脚 9 的 FSK 端短接，这使得电路能够自动在两个独立频率之间切换。当引脚 11 的输出由高变为低或由低变为高时，频率发生切换。解得输出频率为：

$$f = \frac{2}{C}\left(\frac{1}{R_1 + R_2}\right) \tag{21-44}$$

电路中信号的占空比为：

$$D = \frac{R_1}{R_1 + R_2} \tag{21-45}$$

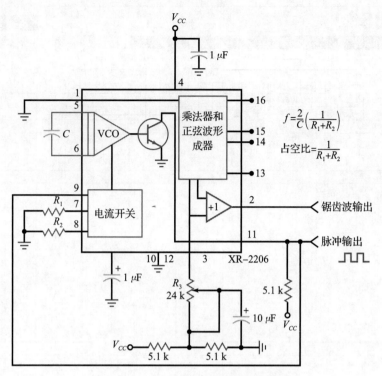

图 21-51　脉冲信号和斜波信号的产生

$$f=\frac{2}{C}\left(\frac{1}{R_1+R_2}\right)$$

$$占空比=\frac{1}{R_1+R_2}$$

图 21-52 所示是 XR-2206 的数据手册。如果工作在单一正电源电压下，电源电压范围可在 10～26 V 之间。如果是双电源电压，则电压范围是 ±5 V～±13 V。图 21-52 中也给出了产生最大和最小频率时所建议的 R 和 C 的取值，典型的参数扫描范围为 2000：1。三角波和正弦波的输出阻抗为 600 Ω，所以 XR-2206 函数发生器 IC 在很多电子通信应用中都非常适合。

应用实例 21-13　在图 21-50 中，$R=10$ kΩ，$C=0.01$ μF。当 S_1 闭合时，引脚 2 和 11 的输出波形是什么？输出频率是多少？

解：由于 S_1 闭合，引脚 2 的输出是正弦波，而引脚 11 的输出是方波。两个输出的频率是相同的，可以计算如下：

$$f_0=\frac{1}{RC}=\frac{1}{10\ \text{k}\Omega\times0.01\ \mu\text{F}}=10\ \text{kHz}\quad\blacktriangleleft$$

自测题 21-13　当 $R=20$ kΩ，$C=0.01$ μF，且 S_1 打开时，重新计算例题 21-13。

应用实例 21-14　在图 21-51 中，$R_1=1$ kΩ，$R_2=2$ kΩ，$C=0.1$ μF，计算方波的输出频率和占空比。

解：利用式（21-32）得到引脚 11 输出信号的频率为：

$$f=\frac{2}{0.1\ \mu\text{F}}\left(\frac{1}{1\ \text{k}\Omega+2\ \text{k}\Omega}\right)=6.67\ \text{kHz}$$

由式（21-33）得到占空比为：

$$D=\frac{1\ \text{k}\Omega}{1\ \text{k}\Omega+2\ \text{k}\Omega}=0.333\quad\blacktriangleleft$$

自测题 21-14　当 $R_1=R_2=2$ kΩ，且 $C=0.2$ μF 时，重新计算例题 21-14。

XR-2206

EXAR

直流电气特性

测试环境：$V_{CC}=12\,V$，$T_A=25\,℃$，$C=0.01\,\mu F$，$R_1=100\,k\Omega$，$R_2=10\,k\Omega$，$R_3=25\,k\Omega$。
除非另外说明，S_1 打开时输出三角波，S_1 闭合时输出正弦波。

参数	XR-2206M/P			XR-2206CP/D			单位	条件
	最小值	典型值	最大值	最小值	典型值	最大值		
基本特性								
单电源电压	**10**		**26**	10		26	V	
双电源电压	**±5**		**±13**	±5		±13	V	
电源电流		12	**17**		14	20	mA	$R_1\geqslant10\,k\Omega$
振荡器部分								
最高工作频率	**0.5**	1		0.5	1		MHz	$C=1000\,pF$ $R_1=1\,k\Omega$
最低实际频率		0.01			0.01		Hz	$C=50\,\mu F$ $R_1=2\,M\Omega$
频率精确度		±1	±4		±2		$f_0\%$	$f_0=1/R_1C$
频率的温度稳定度		±10	±50		±20		ppm/℃	$0\,℃\leqslant T_A\leqslant70\,℃$ $R_1=R_2=20\,k\Omega$
正弦波幅度稳定度[1]		4800			4800		ppm/℃	
电源灵敏度		0.01	**0.1**		0.01		%/V	$V_{LOW}=10\,V$ $V_{HIGH}=20\,V$ $R_1=R_2=20\,k\Omega$
扫描范围	1000：1	2000：1			2000：1		$f_H=f_L$	$f_H@R_1=1\,k\Omega$ $f_L@R_1=2\,M\Omega$
扫描线性度								
10：1 扫描		2			2		%	$f_L=1\,kHz$, $f_H=10\,kHz$
1000：1 扫描		8			8		%	$f_L=100\,Hz$, $f_H=100\,kHz$
调频失真		0.1			0.1		%	±10％偏差
推荐的定时元件								
定时电容：C	**0.001**		100	0.001		100	μF	
定时电阻：R_1 & R_2	**1**		2000	1		2000	$k\Omega$	
三角波和正弦波输出[2]								
三角波幅度		160			160		mV/kΩ	S_1 打开
正弦波幅度	**40**	60	80		60		mV/kΩ	S_1 闭合
最大输出摆幅		6			6		V（峰峰值）	
输出阻抗		600			600		Ω	
三角波线性度		1			1		%	
幅度稳定度		0.5			0.5		dB	对于 1000：1 的扫描
正弦波失真								
未校准		2.5			2.5		%	$R_1=30\,k\Omega$
校准后		0.4	**1.0**		0.5	1.5	%	
幅度调制								
输入电阻	50	100		50	100		kΩ	
调制范围		100			100		%	
载波抑制		55			55		dB	
线性度		2			2		%	对于 95％的调制
方波输出								
幅度		12			12		V（峰峰值）	在引脚 11 测得
上升时间		250			250		ns	$C_L=10\,pF$
下降时间		50			50		ns	$C_L=10\,pF$
饱和电压		0.2	**0.4**		0.2	0.6	V	$I_L=2\,mA$
泄漏电流		0.1	**20**		0.1	100	μA	$V_{CC}=26\,V$
FSK 键控电压（引脚9）	0.8	1.4	**2.4**	0.8	1.4	2.4	V	参见电路控制部分
参考旁路电压	2.9	3.1	**3.3**	2.5	3	3.5	V	在引脚 10 测得

说明：
1. 为了得到最大限度的稳定度，R_3 应该是拥有正温度系数的电阻；
2. 输出幅度正比于引脚 3 处的电阻 R_3；
3. 加粗的参数是经过产品测试检验的并且在工作温度范围内得到保证的。

Rev. 1.03

图 21-52　XR-2206 数据手册

总结

21.1 节 为了实现正弦波振荡器，需要采用带有正反馈的放大器。为了使振荡器能够起振，环路增益必须在相移为 0°时大于 1。

21.2 节 文氏电桥振荡器是 5 Hz～1 MHz 低中频段的标准振荡器，能产生几乎理想的正弦波。常用钨丝灯或其他非线性电阻将环路增益降低到 1。

21.3 节 双 T 型振荡器利用放大器和 RC 电路在谐振频率点提供所需的环路增益和相移。它能在一个频率点良好工作，但却不适用于频率可调的振荡器。相移式振荡器也是利用放大器和 RC 电路来产生振荡。放大器的工作类似于相移振荡器，因为为其每一级存在寄生的超前和滞后电路。

21.4 节 RC 振荡器通常不能工作在 1 MHz 以上频率，原因是放大器内部引入了附加相移。因此在 1～500 MHz 时常用 LC 振荡器。这一频率范围超过了大多数放大器的单位增益带宽 f_{unit}，所以常采用双极晶体管或场效应晶体管作为放大器。考毕兹振荡器是最常用的 LC 振荡器之一。

21.5 节 阿姆斯特朗振荡器通过一个变压器来产生反馈信号。哈特莱振荡器是利用感性的分压器来产生反馈信号。克莱普振荡器在电感支路串联一个小电容，能够减小分布电容对谐振频率的影响。

21.6 节 一些晶体表现出压电效应，这种效应使振动的晶体像一个具有很高 Q 值的 LC 谐振电路。石英是用来产生压电效应的最重要的晶体。它常被用于对频率的精度和稳定性要求较高的晶体振荡器中。

21.7 节 555 定时器包含两个比较器、一个 RS 触发器和一个 npn 晶体管，具有高、低两个翻转点。处于单稳态模式工作时，输入的触发信号必须低于 LTP 才能启动定时器。当电容电压略高于 UTP 时，放电晶体管导通，使电容放电。

21.8 节 当 555 定时器在非稳态模式工作时，产生的方波输出信号的占空比在 50%～100% 之间。电容在 $V_{cc}/3～2V_{cc}/3$ 之间充电。当采用控制电压时，它将 UTP 变为 V_{con}。该控制电压决定了输出频率。

21.9 节 555 定时器可用于产生延时、报警及斜坡信号。用 555 定时器实现脉冲宽度调制器时，将调制信号加在控制信号输入端，并在触发端输入一系列的负向触发信号。555 定时器还可以用作脉冲位置调制器，在定时器非稳态工作模式下，将调制信号加到控制输入端。

21.10 节 锁相环包含鉴相器、直流放大器、低通滤波器和压控振荡器（VCO）。鉴相器产生与输入信号相位差成正比的控制电压，控制电压经过放大和滤波后改变 VCO 的输出频率，使之锁定到输入信号频率。

21.11 节 函数发生器 IC 能够产生正弦波、方波、三角波、脉冲及锯齿波。输出波形的频率和幅度可以通过外部电阻和电容进行调节。这类 IC 还可以实现一些特殊功能，包括产生 AM/FM 信号、电压-频率转换以及频移键控等。

重要公式

1. 超前-滞后电路的反馈系数和相位角

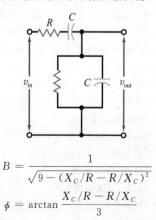

$$B = \frac{1}{\sqrt{9 - (X_C/R - R/X_C)^2}}$$

$$\phi = \arctan \frac{X_C/R - R/X_C}{3}$$

2. 精确的谐振频率

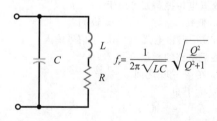

$$f_r = \frac{1}{2\pi\sqrt{LC}} \sqrt{\frac{Q^2}{Q^2+1}}$$

3. 晶体的频率

$$f = \frac{K}{t}$$

4. 晶体的串联谐振

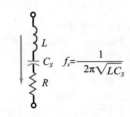

$$f_s = \frac{1}{2\pi\sqrt{LC_s}}$$

5. 并联等效电容

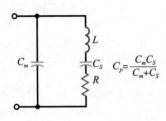

$$C_p = \frac{C_m C_s}{C_m + C_s}$$

6. 晶体的并联谐振

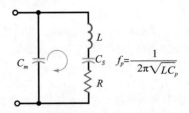

$$f_p = \frac{1}{2\pi\sqrt{LC_p}}$$

7. 555 定时器的翻转点

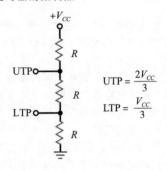

$$UTP = \frac{2V_{CC}}{3}$$

$$LTP = \frac{V_{CC}}{3}$$

相关实验

实验 54
文氏电桥振荡器
实验 55
LC 振荡器
实验 56
运算放大器应用：信号发生器

实验 57
555 定时器
实验 58
555 定时器应用

选择题

1. 振荡器中通常要求放大器具有
   a. 正反馈　　　　　　b. 负反馈
   c. 两种反馈　　　　　d. LC 谐振电路

2. 振荡器的启动电压是由下列哪项产生的?
   a. 电源电压的波动
   b. 电阻的噪声电压
   c. 来自信号源的输入信号
   d. 正反馈

3. 文式电桥振荡器可用于
   a. 低频　　　　　　　b. 高频
   c. LC 谐振电路　　　 d. 小信号输入

4. 滞后电路的相位角
   a. 在 0°~90°之间
   b. 大于 90°
   c. 在 0°~-90°之间
   d. 与输入电压相同

5. 耦合电路是
   a. 滞后电路　　　　　b. 超前电路
   c. 超前-滞后电路　　 d. 谐振电路

6. 超前电路的相位角
   a. 在 0°~90°之间　　 b. 大于 90°

   c. 在 0°~-90°之间　　d. 与输入电压相同

7. 文式电桥振荡器采用了
   a. 正反馈　　　　　　b. 负反馈
   c. 两种反馈　　　　　d. LC 谐振电路

8. 文式电桥在初始时的环路增益为
   a. 0　　　　　　　　b. 1
   c. 低　　　　　　　　d. 高

9. 文式电桥有时被称为
   a. 陷波滤波器　　　　b. 双 T 型振荡器
   c. 相移器　　　　　　d. 惠斯通电桥

10. 可以通过改变下列哪个量来实现对文式电桥
    频率的改变?
    a. 一个电阻　　　　　b. 两个电阻
    c. 三个电阻　　　　　d. 一个电容

11. 相移式振荡器通常具有
    a. 两个超前或滞后电路
    b. 三个超前或滞后电路
    c. 一个超前-滞后电路
    d. 一个双 T 型滤波器

12. 为使振荡器电路能够起振，环路增益必须在
    相移达到何值时为 1?

a. 90°   b. 180°

c. 270°   d. 360°

13. 应用最广泛的 LC 振荡器是

   a. 阿姆斯特朗振荡器

   b. 克莱普振荡器

   c. 考毕兹振荡器

   d. 哈特莱振荡器

14. LC 振荡器中的深度反馈，可以

   a. 阻止电路起振

   b. 引起饱和与截止

   c. 产生最大输出电压

   d. 说明 B 比较小

15. 当考毕兹振荡器的 Q 值降低时，振荡频率将

   a. 下降   b. 保持不变

   c. 增加   d. 不定

16. 链接耦合是指

   a. 电容耦合   b. 变压器耦合

   c. 电阻耦合   d. 功率耦合

17. 哈特莱振荡器使用了

   a. 负反馈   b. 两个电感

   c. 钨丝灯   d. 反馈绕组

18. 为改变 LC 振荡器的频率，可以通过改变下列哪一项来实现？

   a. 一个电阻   b. 两个电阻

   c. 三个电阻   d. 一个电容

19. 在下列振荡器中，频率最稳定的是

   a. 阿姆斯特朗振荡器

   b. 克莱普振荡器

   c. 考毕兹振荡器

   d. 哈特莱振荡器

20. 具有压电效应的材料为

   a. 石英晶体   b. 罗谢尔盐

   c. 电气石   d. 上述所有材料

21. 晶体具有非常

   a. 低的 Q 值   b. 高的 Q 值

   c. 小的电感   d. 大的电阻

22. 晶体的并联和串联谐振频率

   a. 非常接近   b. 相距很远

c. 相等   d. 在低频

23. 电子手表中的振荡器属于

   a. 阿姆斯特朗振荡器

   b. 克莱普振荡器

   c. 考毕兹振荡器

   d. 石英晶体振荡器

24. 单稳态的 555 定时器有几个稳态？

   a. 0   b. 1

   c. 2   d. 3

25. 非稳态的 555 定时器有几个稳态？

   a. 0   b. 1

   c. 2   d. 3

26. 在下列哪种情况下，单触发多谐振荡器的脉冲宽度将会增加？

   a. 电源电压增加   b. 定时电阻值降低

   c. UTP 下降   d. 定时电容增加

27. 555 定时器的输出波形为

   a. 正弦波   b. 三角波

   c. 方波   d. 椭圆波

28. 在脉冲宽度调制器中保持不变的量为

   a. 脉冲宽度   b. 周期

   c. 占空比   d. 间隔

29. 在脉冲位置调制器中保持不变的量为

   a. 脉冲宽度   b. 周期

   c. 占空比   d. 间隔

30. 当 PLL 锁定到输入频率时，VCO 的频率

   a. 略低于 f_o b. 高于 f_o

   c. 等于 f_o d. 等于 f_{in}

31. PLL 中的低通滤波器带宽决定了

   a. 捕获范围   b. 锁定范围

   c. 自由振荡频率   d. 相位差

32. XR-2206 的输出频率可以通过调节下列哪项来改变？

   a. 外部电阻   b. 外部电容

   c. 外部电压   d. 上述任意一种

33. FSK 是对下列哪个参数进行控制的一种方法？

   a. 功能   b. 幅度

   c. 频率   d. 相位

习题

21.2 节

21-1 图 21-53a 所示文氏电桥振荡器中采用了特性如图 21-53b 的灯丝。其输出电压为多少？

21-2 图 21-53a 电路中，开关位于 D 时振荡器的频率范围最大。可以通过调节配套的可变电阻来改变其频率。求振荡器在该范围内的最小频率和最大频率。

21-3 计算图 21-53a 电路中开关在各位置时的最小和最大频率。

21-4 为了将图 21-53a 电路中输出电压变为6 V(rms)，可以怎样实现？

21-5 在图 21-53a 电路中，带有负反馈的放大器的截止频率至少为振荡器的最高频率的 10 倍，求它的截止频率。

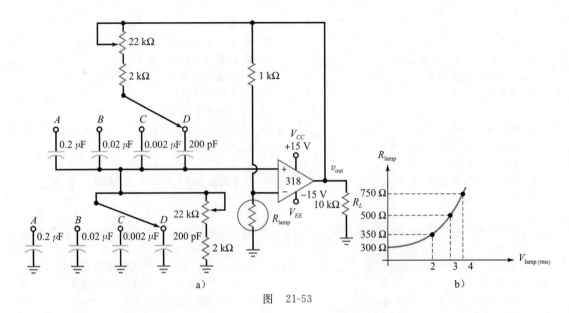

图　21-53

21.3 节

21-6　图 21-12 电路中双 T 型振荡器的 $R = 10$ kΩ，$C = 0.01$ μF，求振荡频率。

21-7　如果将题 21-6 中的数值加倍，则振荡频率将如何变化？

21.4 节

21-8　图 21-54 电路中发射极的直流电流约为多少？集电极到发射极之间的电压为多少？

21-9　图 21-54 电路的振荡频率约为多少？反馈系数 B 的数值为多少？起振所需的 A_v 的最小值为多少？

21-10　如果将图 21-54 电路中的振荡器重新设计为类似图 21-18 电路中的共基极放大器，那么反馈系数为多少？

21-11　如果将图 21-54 电路中的电感值加倍，则振荡器的工作频率为多少？

21-12　为了使图 21-54 电路的振荡频率加倍，其中的电感将如何改变？

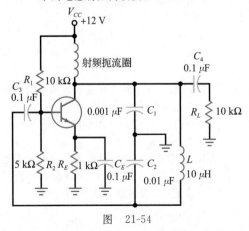

图　21-54

21.5 节

21-13　如果将图 21-54 电路中 47 pF 电容与 10 μH 电感串联，电路将变为克莱普振荡器，求它的振荡频率。

21-14　图 21-22 所示哈特莱振荡器中的 $L_1 = 1$ μH，$L_2 = 0.2$ μH，其反馈系数为多少？如果 $C = 1000$ pF，那么振荡频率为多少？起振所需的最小电压增益为多少？

21-15　阿姆斯特朗振荡器中 $M = 0.1$ μH，$L = 3.3$ μH，其反馈系数为多少？起振所需的最小电压增益为多少？

21.6 节

21-16　一个晶体的基频为 5 MHz，那么它的第一个、第二个和第三个谐波的频率分别约为多少？

21-17　设晶体的厚度为 t，如果将它减小 1%，那么频率将如何变化？

21-18　一个晶体的参数如下：$L = 1$ H，$C_s = 0.01$ pF，$R = 1$ kΩ，$C_m = 20$ pF，串联谐振频率和并联谐振频率分别为多少？每个频率下的 Q 值分别为多少？

21.7 节

21-19　将 555 定时器连接成单稳态工作模式，如果 $R = 10$ kΩ，$C = 0.047$ μF，求输出脉冲的宽度。

21-20　若图 21-34 电路中的 $V_{CC} = 10$ V，$R = 2.2$ kΩ，$C = 0.2$ μF，产生输出脉冲所需的最小触发电压为多少？电容上的最大电压为多少？输出脉冲的宽度为多少？

21.8 节

21-21　一个非稳态的 555 定时器电路中的 $R_1 =$

$10\,k\Omega$，$R_2 = 2\,k\Omega$，$C = 0.0022\,\mu F$，它的频率是多少？

21-22　图 21-37 所示 555 定时器电路中的 $R_1 = 20\,k\Omega$，$R_2 = 10\,k\Omega$，$C = 0.047\,\mu F$，输出信号的频率为多少？占空比为多少？

21.9 节

21-23　图 21-41 所示的脉冲宽度调制器中，$V_{CC} = 10\,V$，$R = 5.1\,k\Omega$，$C = 1\,nF$，时钟频率为 $10\,kHz$，如果调制信号的峰值为 $1.5\,V$，那么输出脉冲周期和静态脉冲宽度分别为多少？脉冲宽度的最大值和最小值分别为多少？占空比的最大值和最小值分别为多少？

21-24　图 21-42 所示的脉冲位置调制器中，$V_{CC} = 10\,V$，$R_1 = 1.2\,k\Omega$，$R_2 = 1.5\,k\Omega$，$C = 4.7\,nF$，输出脉冲的静态宽度和周期分别为多少？如果调制信号的峰值为 $1.5\,V$，那么脉冲宽度的最大和最小值分别为多少？脉冲之间的间隔为多少？

21-25　图 21-43 所示的斜坡信号发生器电路中，恒定集电极电流为 $0.5\,mA$，如果 $V_{CC} = 10\,V$，$C = 47\,nF$，那么输出斜坡的斜率为多少？斜坡的峰值和持续时间分别为多少？

21.11 节

21-26　图 21-50 电路中的 S_1 闭合，且 $R = 20\,k\Omega$，$R_3 = 40\,k\Omega$，$C = 0.1\,\mu F$，求引脚 2 的输出波形、频率和幅度。

21-27　图 21-50 电路中的 S_1 断开，且 $R = 10\,k\Omega$，$R_3 = 40\,k\Omega$，$C = 0.01\,\mu F$，求引脚 2 的输出波形、频率和幅度。

21-28　图 21-51 电路中的 $R_1 = 2\,k\Omega$，$R_2 = 10\,k\Omega$，$C = 0.1\,\mu F$，求引脚 11 的输出频率和占空比。

故障诊断

21-29　文氏电桥振荡器（见图 21-53a）中，当下列故障发生时，其输出电压将如何变化（增大、减小或保持不变）？

a. 灯丝断开

b. 灯丝短路

c. 上方的电位计短路

d. 电源电压降低 20%

e. $10\,k\Omega$ 电阻断开

21-30　如果图 21-54 所示的考毕兹振荡器不能起振，请找出至少三种可能的故障。

21-31　假设在设计和实现一个放大器时，发现它能够放大输入信号，但在示波器上看到的输出波形是混乱的。当触摸电路时，杂波消失，显示出理想信号。那么问题可能是什么？应怎样解决？

思考题

21-32　设计一个类似图 21-53a 中的文式电桥振荡器。满足以下条件：输出电压为 $5\,V\,(rms)$ 时，其频率覆盖范围为 $20\,Hz \sim 20\,kHz$ 的三个十倍频程。

21-33　选择图 21-54 电路中电感 L 的值，使之得到 $2.5\,MHz$ 的振荡频率。

21-34　图 21-55 所示为一个由运放构成的相移式振荡器。如果 $f_{2(CL)} = 1\,kHz$，那么环路相移在 $15.9\,kHz$ 处为多少？

21-35　设计一个 555 定时器，使其自由振荡频率为 $1\,kHz$，且占空比为 75%。

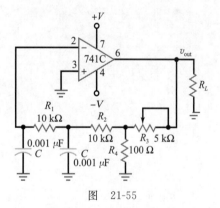

图　21-55

求职面试问题

1. 正弦波振荡器是如何在没有输入信号的情况下产生输出信号的？

2. 在 $5\,Hz \sim 1\,MHz$ 频率范围应用的是哪种振荡器？为什么输出波形是正弦波而不是限幅波？

3. 哪种振荡器在 $1 \sim 500\,MHz$ 频段最常用？

4. 为了得到准确和稳定的振荡频率，最常用的是哪种振荡器？

5. 555 定时器在一般的应用中被广泛用于定时，其在单稳态和非稳态模式工作时的电路连接有什么不同？

6. 画出 PLL 的简单框图，并且解释它锁定输入频率的基本原理。

7. 脉冲宽度调制是什么意思？脉冲位置调制是什么意思？画出波形进行解释。

8. 假设实现一个三级放大器。测试时发现在未加输入信号的情况下有输出信号产生，请解释原因，并找到消除这些无用信号的方法。

9. 振荡器在没有输入信号的情况下是如何起振的？

选择题答案

1. a　2. b　3. a　4. c　5. b　6. b　7. c　8. d　9. a　10. b　11. b　12. d　13. c　14. b　15. a
16. b　17. b　18. d　19. b　20. d　21. b　22. a　21. d　24. b　25. a　26. d　27. c　28. b　29. d　30. d
31. a　32. d　33. c

自测题答案

21-1　$R = 14.9 \text{ k}\Omega$

21-2　$R_{lamp} = 1.5 \text{ k}\Omega$；$I_{lamp} = 2 \text{ mA}$；$v_{out} = 9 \text{ V(rms)}$

21-3　$L = 28 \mu\text{H}$

21-4　$C = 106 \text{ pF}$；$f_r = 4 \text{ MHz}$

21-5　$f_s = 291 \text{ kHz}$；$f_p = 292 \text{ kHz}$

21-6　LPT $= 5 \text{ V}$；UTP $= 10 \text{ V}$；$W = 51.7 \text{ ms}$

21-8　$f = 136 \text{ Hz}$；$D = 0.667$ 或 66.7%

21-9　$W = 3.42 \text{ ms}$；$T = 4.4 \text{ ms}$
　　　$D = 0.778$；$f = 227 \text{ Hz}$

21-10　$W_{max} = 146.5 \mu\text{s}$；$D_{max} = 0.366$

21-12　$S = 5 \text{ V/ms}$；$V = 8 \text{ V}$；$T = 1.6 \text{ ms}$

21-13　引脚 2 为三角波；引脚 11 为方波。两种波的频率均为 500 Hz

21-14　$f = 2.5 \text{ kHz}$；$D = 0.5$

第 22 章

稳压电源

利用齐纳二极管可以构造简单的稳压器。本章将讨论负反馈对稳压性能的改善作用。首先介绍线性稳压器，其中的稳压器件工作在线性区。然后讨论两种形式的线性稳压器：并联式和串联式。最后介绍开关式稳压器，其中的稳压器件工作在开关模式以提高功率效率。

目标

在学习完本章后，你应该能够：

■ 解释并联式稳压器的工作原理；

■ 解释串联式稳压器的工作原理；

■ 解释集成稳压器的工作原理和特性；

■ 解释 DC-DC 转换器的工作原理；

■ 说明电流增强和限流的功能和用途；

■ 描述开关式稳压器的三种基本结构。

关键术语

升压式稳压器（boost regulator）

升压-降压式变换器（buck-boost regulator）

降压式稳压器（buck regulator）

电流增强（current booster）

限流（current limiting）

电流检测电阻（current-sensing resistor）

DC-DC 转换器（dc-to-dc converter）

电磁干扰（electromagnetic inference，EMI）

压差（dropout voltage）

转折电流限制（foldback current limiting）

电压幅度余量（headroom voltage）

集成稳压器（IC voltage regulator）

电源电压调整率（line regulation）

负载调整率（load regulation）

片外晶体管（outboard transistor）

传输晶体管（pass transistor）

分相器（phase splitter）

射频干扰（radio-frequency interference，RFI）

短路保护（short-circuit protection）

并联式稳压器（shunt regulator）

开关式稳压器（switching regulator ）

热关断（thermal shutdown）

拓扑结构（topology）

22.1　电源特性

决定电源质量的参数有负载调整率、电源电压调整率和输出电阻等，它们是器件手册中描述电源特性的常用参量，本节将对相关特性进行分析。

22.1.1　负载调整率

图 22-1 所示是一个带有电容输入滤波器的桥式整流器。改变负载电阻将会改变负载电压。如果负载电阻减小，则变压器线圈和二极管上将产生更大的纹波和额外压降。所以负载电流的增加通常会使负载电压降低。

负载调整率表示的是当负载电流变化时负载电压的变化情况，它的定义为：

$$负载调整率 = \frac{V_{NL} - V_{FL}}{V_{FL}} \times 100\% \qquad (22\text{-}1)$$

式中，V_{NL}＝无负载电流时的负载电压，V_{FL}＝满负载电流时的负载电压。

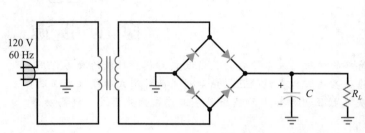

图 22-1　带电容输入滤波器的桥式整流器

在该定义中，负载电流为零时负载电压为 V_{NL}，负载电流为设计最大值时负载电压为 V_{FL}。

例如，假设图 22-1 中的电源参数如下：

当 $I_L = 0$ 时，$V_{NL} = 10.6\ V$；

当 $I_L = 1$ 时，$V_{FL} = 9.25\ V$。

由式（22-1）得到：

$$负载调整率 = \frac{10.6\ V - 9.25\ V}{9.25\ V} \times 100\% = 14.6\%$$

负载调整率越小，电源的特性越好。例如，一个稳压特性良好的电源的负载调整率低于 1%。即当负载电流的变化量达到满量程时，负载电压的变化小于 1%。

22.1.2　电源电压调整率

在图 22-1 中，输入电源电压的标称值为 120 V。实际上从电源插座出来的电压的有效值在 105～125 V 之间变化，具体数值取决于时间、地点和其他因素。由于二次电压与电源电压成正比，所以图 22-1 中的负载电压随着电源电压的变化而变化。

描述电源质量的另一个量是**电源电压调整率**，其定义如下：

$$电源电压调整率 = \frac{V_{HL} - V_{LL}}{V_{LL}} \times 100\% \tag{22-2}$$

式中，V_{HL} 为最高电源电压时的负载电压，V_{LL} 为最低电源电压时的负载电压。

例如，假设图 22-1 中电源的测量值如下：

当电源电压 $= 105\ V(rms)$ 时，$V_{LL} = 9.2\ V$；

当电源电压 $= 125\ V(rms)$ 时，$V_{HL} = 11.2\ V$。

由式（22-2）可得：

$$电源电压调整率 = \frac{11.2\ V - 9.2\ V}{9.2\ V} \times 100\% = 21.7\%$$

与负载调整率一样，电源电压调整率越小，电源的特性越好。例如，一个稳压性能良好的电源的电源电压调整率可以低于 0.1%。即电源电压的有效值在 105～125 V 之间变化时，负载电压的变化小于 0.1%。

22.1.3　输出电阻

负载调整率由电源的戴维南电阻或输出电阻决定。如果电源的输出电阻较小，它的负载调整率也较低。计算输出电阻的方法如下：

$$R_{TH} = \frac{V_{NL} - V_{FL}}{I_{FL}} \tag{22-3}$$

例如，前文得到图 22-1 电路的参数如下：

当 $I_L = 0$ A 时，$V_{NL} = 10.6$ V；

当 $I_L = 1$ A 时，$V_{FL} = 9.25$ V。

则该电源的输出电阻为：

$$R_{TH} = \frac{10.6 \text{ V} - 9.25 \text{ V}}{1 \text{ A}} = 1.35 \ \Omega$$

知识拓展 式（22-3）也可以表示为 $R_{TH} = \dfrac{V_{NL} - V_{FL}}{V_{FL}/R_L}$。

图 22-2 所示是负载电压与负载电流的关系曲线。可以看到，负载电压随着负载电流的增加而减小。负载电压的变化量（$V_{NL} - V_{FL}$）除以负载电流 I_{FL} 等于电源的输出电阻。输出电阻与曲线的斜率相关，曲线越平，输出电阻越小。

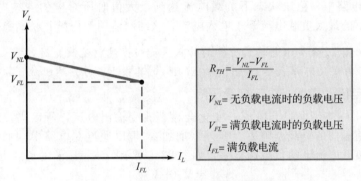

图 22-2 负载电压与负载电流的关系曲线

如图 22-2 所示，当负载电流 I_{FL} 达到其最大值时，负载电阻最小。所以，负载调整率的等价表达式为：

$$负载调整率 = \frac{R_{TH}}{R_{L(\min)}} \times 100\% \tag{22-4}$$

例如，如果电源的输出电阻为 1.5 Ω，最小负载电阻为 10 Ω，则它的负载调整率为：

$$负载调整率 = \frac{1.5 \ \Omega}{10 \ \Omega} \times 100\% = 15\%$$

22.2 并联式稳压器

对于大多数应用来说，未经稳压的电源的电源电压调整率和负载调整率是过大的。如果在电源和负载之间加入稳压器，可以有效地改善电源电压调整率和负载调整率。线性稳压器采用的是工作在线性区的器件来保持负载电压的恒定，它的两种基本形式是并联和串联。在并联式中，稳压器件与负载是并联的。

22.2.1 齐纳稳压器

图 22-3 所示的齐纳二极管电路是最简单的**并联式稳压器**。齐纳二极管工作在击穿区，产生的输出电压与齐纳电压相等。当负载电流变化时，齐纳电流相应增大或减小以保持通过 R_S 的电流不变。对于并联式稳压器，负载电流的变化通过相反变化的并联电流得到补偿。如果负载电流增加 1 mA，则并联电流减小 1 mA。反之，如果负载电流减小 1 mA，则并联电流增加 1 mA。

如图 22-3 所示，流过串联电阻的电流公式为：

$$I_S = \frac{V_{\text{in}} - V_{\text{out}}}{R_S}$$

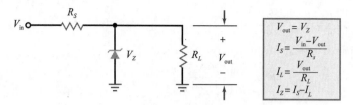

图 22-3　齐纳稳压器是并联式稳压器

　　串联电流等于并联式稳压器的输入电流。当输入电压恒定时，输入电流在负载电流改变时也几乎是恒定的。该特性可作为对并联式稳压器的识别依据，即负载电流的改变对输入电流几乎没有影响。

　　在图 22-3 电路中，稳压状态下负载电流达到最大值时所对应的齐纳电流几乎为零，所以稳压状态下的最大负载电流等于输入电流。该结论适用于任何并联式稳压器。

　　知识拓展　图 22-3 所示电路最重要的特点是：当齐纳电流改变时，V_{out} 的变化非常小。V_{out} 的变化可以表示为 $\Delta V_{out} = \Delta I_Z R_Z$，其中 R_Z 为齐纳阻抗。

22.2.2　齐纳电压上增加一个二极管压降

　　由于图 22-3 中齐纳电阻上电流的变化会显著改变输出电压，所以当负载电流进一步增加时，齐纳稳压器的负载调整率会变差（增加）。可以通过在电路中增加一个晶体管的方法来改善大负载电流下的负载调整率，如图 22-4 所示。该稳压器的负载电压等于：

$$V_{out} = V_Z + V_{BE} \tag{22-5}$$

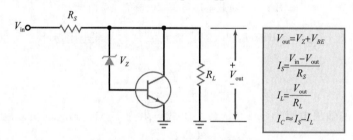

图 22-4　改进的并联式稳压器

　　该电路的原理如下：如果输出电压增大，其增量通过齐纳二极管耦合到三极管的基极。基极电压的增加使流过 R_S 的集电极电流增加，从而使 R_S 上产生更大的压降，这将会抵消输出电压的大部分增量。所以负载电压只有微小的增加。

　　反之，如果输出电压下降，反馈到基极的电压使集电极电流减小，从而使 R_S 上的压降减小。这样，输出电压的变化被串联电阻压降的相反变化所抵消。输出电压也只表现出微小的下降。

22.2.3　更高的输出电压

　　图 22-5 所示是另一种并联式稳压器，该电路的优点是可以采用低温度系数的齐纳电压（5～6 V 之间）。稳压输出的温度系数与齐纳二极管的近似相同，但电压值更高。

　　负反馈机理与前面的稳压器相似。输出电压的变化会反馈到晶体管，作用的结果几乎将输出电压的变化完全抵消。所以输出电压的变化比没有负反馈时小很多。

　　基极电压为：

$$V_B \approx \frac{R_1}{R_1 + R_2} V_{out}$$

　　这只是近似值，没有包括基极电流对分压器的负载效应。基极电流通常很小，可以忽

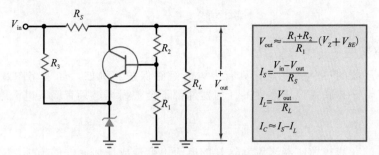

图 22-5 输出电压较高的并联式稳压器

略。求解上述方程,得到输出电压为:

$$V_{out} \approx \frac{R_1 + R_2}{R_1} V_B$$

图 22-5 电路中,基极电压等于齐纳电压加上一个 V_{BE} 压降:

$$V_B = V_Z + V_{BE}$$

带入前一个公式,得:

$$V_{out} \approx \frac{R_1 + R_2}{R_1}(V_Z + V_{BE}) \tag{22-6}$$

图 22-5 中给出了分析该电路的公式。集电极电流的表达式中没有包含通过分压器(R_1 和 R_2)的电流,所以是近似值。为了使稳压器具有尽可能高的效率,通常将 R_1 和 R_2 的值设计得远大于负载电阻。分压器的电流一般比较小,在初步分析中可以忽略。

该稳压器的不足是 V_{BE} 的微小变化会转变为输出电压的变化。虽然图 22-5 所示的电路可以直接用于较简单的应用,但还可以做进一步改进。

22.2.4 改进的稳压器

图 22-6 所示的并联式稳压器可以减小 V_{BE} 对输出电压的影响。其中齐纳二极管使运放反相输入端的电压保持恒定。由 R_1 和 R_2 组成的分压器对负载电压采样,并将反馈电压返回正相输入端。运放的输出作为并联晶体管的基极输入。由于是负反馈,输出电压几乎不随电源电压和负载发生变化。

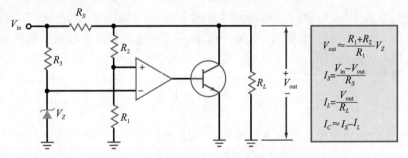

图 22-6 具有深度负反馈的并联式稳压器

例如,如果负载电压增加,则反馈到正相输入端的反馈信号也将增加。这样使得运放输出到基极的信号增强,从而使集电极电流增加。通过 R_S 的集电极电流增大,导致 R_S 上的电压增加,该电压抵消了负载电压的大部分增量。当负载电压降低时也会产生类似的校正过程。总之,负反馈抵消了输出电压的变化。

由于图 22-6 电路中运放的高电压增益,公式(22-6)中没有出现 V_{BE}(与第 20 章中所述的有源二极管电路的情况类似)。因此,负载电压可表示如下:

$$V_{\text{out}} = \frac{R_1 + R_2}{R_1} V_Z \qquad (22\text{-}7)$$

22.2.5 短路保护

并联式稳压器的一个优点是它具有内置的**短路保护**。例如，如果将图 22-6 所示电路的负载端短路，该并联式稳压器中的任何器件都不会被损坏。只有输入电流增加为：

$$I_S = \frac{V_{\text{in}}}{R_S}$$

对于通常的并联式稳压器来说，这样的电流不会造成任何元件的损坏。

22.2.6 效率

在对不同稳压器进行比较时，会用到一个指标：**效率**。其定义如下：

$$\text{效率} = \frac{P_{\text{out}}}{P_{\text{in}}} \times 100\% \qquad (22\text{-}8)$$

式中，P_{out} 表示负载功率 ($V_{\text{out}} I_L$)，P_{in} 表示输入功率 ($V_{\text{in}} I_{\text{in}}$)。$P_{\text{out}}$ 和 P_{in} 的差 P_{reg} 是消耗在稳压器元件中的功率：

$$P_{\text{reg}} = P_{\text{in}} - P_{\text{out}}$$

在图 22-4～图 22-6 所示的并联式稳压器中，R_S 和晶体管的功耗占稳压器功耗中的大部分。

例 22-1 图 22-4 电路中的 $V_{\text{in}} = 15\,\text{V}$，$R_S = 10\,\Omega$，$V_Z = 0.8\,\text{V}$，$R_L = 40\,\Omega$。它的输出电压、输入电流、负载电流和集电极电流分别是多少？　**IIII Multisim**

解：根据图 22-4 中给出的公式，得到：

$$V_{\text{out}} = V_Z + V_{BE} = 9.1\,\text{V} + 0.8\,\text{V} = 9.9\,\text{V}$$

$$I_S = \frac{V_{\text{in}} - V_{\text{out}}}{R_S} = \frac{15\,\text{V} - 9.9\,\text{V}}{10\,\Omega} = 510\,\text{mA}$$

$$I_L = \frac{V_{\text{out}}}{R_L} = \frac{9.9\,\text{V}}{40\,\Omega} = 248\,\text{mA}$$

$$I_C \approx I_S - I_L = 510\,\text{mA} - 248\,\text{mA} = 262\,\text{mA} \qquad \blacktriangleleft$$

自测题 22-1 当 $V_{\text{in}} = 12\,\text{V}$，$V_Z = 6.8\,\text{V}$ 时，重新计算例 22-1。

例 22-2 图 22-5 所示并联式稳压器的电路参数为：$V_{\text{in}} = 15\,\text{V}$，$R_S = 10\,\Omega$，$V_Z = 6.2\,\text{V}$，$V_{BE} = 0.81\,\text{V}$，$R_L = 40\,\Omega$。如果 $R_1 = 750\,\Omega$，$R_2 = 250\,\Omega$，求输出电压、输入电流、负载电流和集电极电流的近似值。

解：由图 22-5 中的公式得：

$$V_{\text{out}} \approx \frac{R_1 + R_2}{R_1}(V_Z + V_{BE}) = \frac{750\,\Omega + 250\,\Omega}{750\,\Omega}(6.2\,\text{V} + 0.81\,\text{V}) = 9.35\,\text{V}$$

由于 R_2 上有基极电流，所以实际输出电压比这个值略高。电流近似为：

$$I_S = \frac{V_{\text{in}} - V_{\text{out}}}{R_S} = \frac{15\,\text{V} - 9.35\,\text{V}}{10\,\Omega} = 565\,\text{mA}$$

$$I_L = \frac{V_{\text{out}}}{R_L} = \frac{9.35\,\text{V}}{40\,\Omega} = 234\,\text{mA}$$

$$I_C \approx I_S - I_L = 565\,\text{mA} - 234\,\text{mA} = 331\,\text{mA} \qquad \blacktriangleleft$$

自测题 22-2 当 $V_Z = 7.5\,\text{V}$ 时，重新计算例 22-2。

例 22-3 求例题 22-2 电路的效率近似值和稳压器的功耗。

解：负载电压近似为 $9.35\,\text{V}$，负载电流近似为 $234\,\text{mA}$。负载功率为：

$$P_{\text{out}} = V_{\text{out}} I_L = 9.35 \text{ V} \times 234 \text{ mA} = 2.19 \text{ W}$$

图 22-5 电路的输入电流为：

$$I_{\text{in}} = I_S + I_3$$

对于任何设计良好的稳压器，为了保持高效率，I_S 要比 I_3 大得多。所以输入功率等于：

$$P_{\text{in}} = V_{\text{in}} I_{\text{in}} \approx V_{\text{in}} I_S = 15 \text{ V} \times 565 \text{ mA} = 8.48 \text{ W}$$

稳压器的效率为：

$$效率 = \frac{P_{\text{out}}}{P_{\text{in}}} \times 100\% = \frac{2.19 \text{ W}}{8.48 \text{ W}} \times 100\% = 25.8\%$$

与后面将要讨论的其他稳压器（串联式稳压器和开关式稳压器）相比，它的效率偏低。效率低是并联式稳压器的缺点，主要原因是串联电阻和并联晶体管的功率消耗较大，其值为：

$$P_{\text{reg}} = P_{\text{in}} - P_{\text{out}} \approx 8.84 \text{ W} - 2.19 \text{ W} = 6.29 \text{ W} \qquad \blacktriangleleft$$

自测题 22-3 当 $V_Z = 7.5$ V 时，重新计算例 22-3。

例 22-4 图 22-6 所示并联式稳压器的参数如下：$V_{\text{in}} = 15$ V，$R_S = 10 \ \Omega$，$V_Z = 6.8$ V，$R_L = 40 \ \Omega$。如果 $R_1 = 7.5$ kΩ，$R_2 = 2.5$ kΩ，求输出电压、输入电流、负载电流和集电极电流的近似值。

解： 根据图 22-6 中所示的公式，有：

$$V_{\text{out}} \approx \frac{R_1 + R_2}{R_1} V_Z = \frac{7.5 \text{ k}\Omega + 2.5 \text{ k}\Omega}{7.5 \text{ k}\Omega} \times 6.8 \text{ V} = 9.07 \text{ V}$$

$$I_S = \frac{V_{\text{in}} - V_{\text{out}}}{R_S} = \frac{15 \text{ V} - 9.07 \text{ V}}{10 \ \Omega} = 593 \text{ mA}$$

$$I_L = \frac{V_{\text{out}}}{R_L} = \frac{9.07 \text{ V}}{40 \ \Omega} = 227 \text{ mA}$$

$$I_C \approx I_S - I_L = 593 \text{ mA} - 227 \text{ mA} = 366 \text{ mA} \qquad \blacktriangleleft$$

自测题 22-4 将例 22-4 中的 V_{in} 改为 12 V，计算晶体管集电极电流的近似值。并求 R_S 的功耗近似值。

例 22-5 分别计算例 22-1、例 22-2、例 22-4 电路的最大负载电流。

解： 如前文所述，并联式稳压器的最大负载电流近似等于通过 R_S 的电流。在例 22-1、例 22-2、例 22-4 中已经求得 I_S，那么它们的最大负载电流等于：

$$I_{\text{max}} = 510 \text{ mA}$$
$$I_{\text{max}} = 565 \text{ mA}$$
$$I_{\text{max}} = 593 \text{ mA} \qquad \blacktriangleleft$$

例 22-6 对图 22-5 所示的并联式稳压器进行测试，得到以下数值：$V_{NL} = 9.91$ V，$V_{FL} = 9.81$ V，$V_{HL} = 9.94$ V，$V_{LL} = 9.79$ V。求负载调整率和电源电压调整率。

解：

$$负载调整率 = \frac{9.91 \text{ V} - 9.81 \text{ V}}{9.81 \text{ V}} \times 100\% = 1.02\%$$

$$电源电压调整率 = \frac{9.94 \text{ V} - 9.79 \text{ V}}{9.79 \text{ V}} \times 100\% = 1.53\% \qquad \blacktriangleleft$$

自测题 22-6 当电路参数为 $V_{NL} = 9.91$ V，$V_{FL} = 9.70$ V，$V_{HL} = 10.0$ V，$V_{LL} = 9.68$ V 时，重新计算例 22-6。

22.3 串联式稳压器

并联式稳压器的缺点是效率低，原因是串联电阻和并联晶体管上的功耗较大。这种稳压器的优点是结构简单，可用于对效率指标要求不高的场合。

知识拓展 相对于开关式稳压器，串联式和并联式稳压器一般指的是线性稳压器，因为有源半导体器件通常工作在线性区。

22.3.1 效率更高

当效率成为重要指标要求时，就需要采用串联式稳压器或开关式稳压器。在所有稳压器中，开关式稳压器的效率是最高的。它的全负载效率大约在 $75\%\sim95\%$ 之间。但是开关式稳压器是有噪声的，因为晶体管开关工作的频率约为 $10\sim100\,\mathrm{kHz}$，会产生**射频干扰** (RFI)。开关式稳压器的另一个缺点是设计及实现的复杂度最高。

串联式稳压器则是无噪声的，因为它的晶体管始终工作在线性区。而且，相对于开关式稳压器，串联式稳压器更易于设计和实现。串联式稳压器的全负载效率在 $50\%\sim70\%$ 之间。对于负载功率在 $10\,\mathrm{W}$ 以内的大部分应用来说已经足够了。

由于上述原因，串联式稳压器在负载功率不太高的应用中是首选结构。它相对简单、噪声低，且晶体管的功耗在可接受范围，所以该稳压器的应用较广。下面将详细讨论串联式稳压器。

22.3.2 齐纳跟随器

图 22-7 所示的齐纳跟随器是最简单的串联式稳压器。齐纳二极管工作在击穿区，齐纳电压作为电路中的基极电压。晶体管连接成射极跟随器形式。负载电压等于：

$$V_{\mathrm{out}} = V_Z - V_{BE} \qquad (22\text{-}9)$$

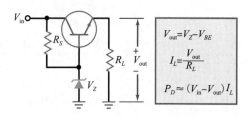

图 22-7 齐纳跟随器是串联式稳压器

如果电源电压或负载电流变化，齐纳电压和发射结电压只有微小改变。因此，当电源电压或负载电流的变化较大时，输出电压的变化比较小。

对于串联式稳压器，负载电流约等于输入电流。因为流过 R_S 的电流通常很小，在做初步分析时可忽略。由于全部负载电流都流过晶体管，所以该晶体管被称作**传输晶体管**。

因为用传输晶体管代替了串联电阻，所以串联式稳压器比并联式稳压器的效率更高。电路中功耗较大的只有晶体管。由于串联式稳压器的效率较高，它比并联式稳压器更适合于在负载电流较大时使用。

当负载电流改变时，并联式稳压器的输入电流总是稳定的。而串联式稳压器则不同，它的输入电流与负载电流几乎相等。当串联式稳压器的负载电流发生变化时，其输入电流会发生相同的变化。可以此作为判别并联式或串联式稳压器的依据。在并联式稳压器中，输入电流在负载电流变化时保持稳定；而在串联式稳压器中，输入电流随着负载电流的改变而改变。

22.3.3 双晶体管稳压器

图 22-8 所示是之前讨论过的双晶体管串联式稳压器。如果 V_{out} 由于电源电压或负载电阻的增加而增加，则更大的电压将会被反馈到 Q_1 的基极。这将使流过 R_4 的 Q_1 集电极电流增大，同时 Q_2 基极电压减小。Q_2 基极电压的减小使得该射极跟随器的输出几乎可以抵消输出电压的增加量。

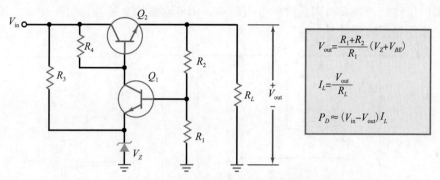

图 22-8 分立器件构成的串联式稳压器

$$V_{out} = \frac{R_1 + R_2}{R_1}(V_Z + V_{BE})$$

$$I_L = \frac{V_{out}}{R_L}$$

$$P_D \approx (V_{in} - V_{out})I_L$$

同理，如果输出电压由于电源电压或负载电阻的降低而降低，在 Q_1 的基极将会产生一个较小的反馈电压。这将使 Q_2 的基极电压增加，从而增加输出电压，并几乎完全抵消输出电压的减少量。总体来看，输出电压的降低很小。

22.3.4 输出电压

图 22-8 电路的输出电压为：

$$V_{out} = \frac{R_1 + R_2}{R_1}(V_Z + V_{BE}) \tag{22-10}$$

在与图 22-8 类似的串联式稳压器中，可以使用较低的齐纳电压（5～6 V），其温度系数近似为零。输出电压与齐纳电压的温度系数近似相等。

22.3.5 电压幅度余量、功耗和效率

在图 22-8 电路中，**电压幅度余量**定义为输入和输出电压之差：

$$电压幅度余量 = V_{in} - V_{out} \tag{22-11}$$

图 22-8 电路中流过传输晶体管的电流等于：

$$I_C = I_L + I_2$$

其中 I_2 是流过 R_2 的电流。为保持高效率，设计时使 I_2 远小于 I_L 的全负载。所以，在负载电流较大时，可以忽略 I_2：

$$I_C \approx I_L$$

在大负载电流时，传输晶体管上的功耗等于电压幅度余量与负载电流的乘积。

$$P_D \approx (V_{in} - V_{out})I_L \tag{22-12}$$

在某些串联式稳压器中，传输晶体管的功耗非常大。此时需要使用大的散热片，有时还需要使用风扇来驱散器件内部的热量。

在全负载电流情况下，稳压器的大部分功耗在传输晶体管中。由于传输晶体管中的电流近似等于负载电流，所以效率为：

$$效率 \approx \frac{V_{out}}{V_{in}} \times 100\% \tag{22-13}$$

在这种近似下，当输出电压近似等于输入电压时，效率达到最高。这说明电压幅度余量越小，效率越高。

为改进串联式稳压器，常采用达林顿连接作为传输晶体管。这样可以使用低功率晶体管来驱动功率管。在达林顿连接时可以使用阻值较大的 $R_1 \sim R_4$ 来提高效率。

22.3.6 调整率的改进

图 22-9 所示电路利用运放来提高调整率。如果输出电压增加，则反馈到反相输入端的电压增大。这将使运放的输出降低，从而导致传输晶体管的基极电压和输出电压降低。

如果输出电压降低，则反馈回运放的电压减小，使传输晶体管的基极电压增加，这样几乎可以抵消输出电压的降低量。

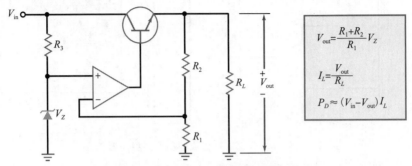

图 22-9 带有深度负反馈的串联式稳压器

输出电压的推导与图 22-8 所示稳压器几乎完全相同，区别在于运放的高电压增益使得 V_{BE} 不出现在等式中。所以，负载电压表示为：

$$V_{out} = \frac{R_1 + R_2}{R_1} V_Z \qquad (22\text{-}14)$$

图 22-9 电路中的运放被用作正向放大器，其闭环电压增益为：

$$A_{v(CL)} = \frac{R_2}{R_1} + 1 \qquad (22\text{-}15)$$

被放大的输入电压是齐纳电压，所以有时式（22-14）可表示为：

$$V_{out} = A_{v(CL)} V_Z \qquad (22\text{-}16)$$

例如，如果 $A_{v(CL)} = 2$，$V_Z = 5.6\,\text{V}$，则输出电压等于 11.2 V。

22.3.7 限流

与并联式稳压器不同，图 22-9 所示的串联式稳压器没有短路保护。如果将负载端短路，则负载电流将会无限增大，损坏传输晶体管，也可能会损坏稳压器中由未稳压的电源所驱动的二极管。为避免负载的意外短路，串联式稳压器通常包含某种**限流**措施。

图 22-10 给出了一种能将负载电流限制在安全范围内的方法。R_4 是一个小电阻，称为**电流检测电阻**。这里使用的是一个 $1\,\Omega$ 电阻。负载电流必须通过 R_4，从而形成 Q_1 的 V_{BE}。

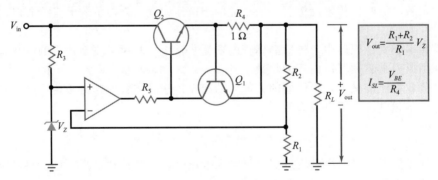

图 22-10 带有限流的串联式稳压器

当负载电流小于 600 mA 时，R_4 上的电压小于 0.6 V。此时，Q_1 截止，稳压器的工作如前文所述。当负载电流在 600～700 mA 之间时，R_4 上的电压在 0.6～0.7V 之间，Q_1 导通。Q_1 的集电极电流流过 R_5，使得 Q_2 的基极电压降低，继而减小了负载电压和负载电流。

当负载短路时，Q_1 导通电流很大，将 Q_2 的基极电压拉低大约 1.4 V($2V_{BE}$)。通过传输晶体管的电流通常被限制在 700 mA，也可能略大或略小，取决于两个晶体管的特性。

有时，会在电路中增加电阻 R_5。运放的输出阻抗很低（通常是 75 Ω），如果没有 R_5，电流检测电阻的电压增益很小，不足以产生明显的电流限制。设计时将选择足够大的 R_5 使电流检测晶体管产生电压增益，但也不要太高，以免运放不能正常驱动传输管。通常 R_5 的值为几百到几千欧姆之间。

图 22-11 显示了限流的特性。图中近似地将 0.6 V 作为限流的起始电压，0.7 V 作为短路负载下的电压。当负载电流较小时，输出电压被稳压在 V_{reg}。当 I_L 增加时，负载电压保持恒定直至 V_{BE} 约为 0.6 V。当超过该点后，Q_1 导通，限流机制开始工作。I_L 继续增加时，负载电压降低，稳压失效。当负载短路时，负载电流被限制在 I_{SL}，该电流是负载短路时的负载电流。

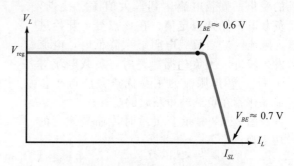

图 22-11　简单限流情况下负载电压与负载电流的关系

当图 22-10 电路的负载端短路时，负载电流如下：

$$I_{SL} = \frac{V_{BE}}{R_4} \tag{22-17}$$

其中 V_{BE} 近似等于 0.7 V。对于大负载电流，电流检测晶体管的 V_{BE} 可能更高一些。这里 R_4 采用 1 Ω。通过改变 R_4 的值，可以任意改变限流的起始点。例如，当 $R_4 = 10$ Ω 时，则会在负载电流大约为 60 mA 时开始限流，其负载短路电流约为 70 mA。

知识拓展　在商用稳压电源中，图 22-10 中的 R_4 通常是可变电阻。以便用户可针对特定应用对最大输出电流进行设置。

22.3.8　转折电流限制

限流可以明显改善电路性能。当负载端意外短路时，限流可以保护传输晶体管和整流二极管。但缺点是当负载端短路时，几乎所有的输入电压都加载在传输晶体管上，所以传输晶体管的功耗很大。

为避免负载短路时传输管的功耗过大，可以设计一个**转折电流限制**（见图 22-12）。电流检测电阻 R_4 上的电压经过分压器（R_6 和 R_7）后驱动 Q_1 的基极。在负载电流的大部分区间内，Q_1 的基极电压小于发射极电压，V_{BE} 是负值，使 Q_1 保持在截止状态。

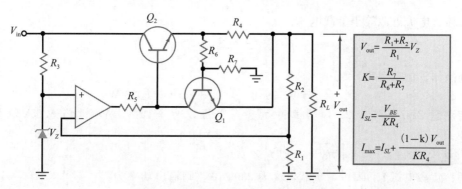

图 22-12　采用转折限流的串联式稳压器

当负载电流足够大时，Q_1 的基极电压将大于发射极电压。当 V_{BE} 在 $0.6 \sim 0.7$ V 之间时，开始进入限流区。超出该点后，负载电阻的进一步降低将导致电流发生转折（降低）。从而使得短路电流比没有转折限流时小得多。

图 22-13 显示了输出电压随负载电流的变化。负载电流达到最大值 $I_{\max}$ 之前，负载电压保持恒定值。在该点处，开始进入限流区。当负载电阻继续降低时，电流发生转折。当负载端短路时，负载电流等于 I_{SL}。转折限流的主要优点是降低了传输晶体管在负载端短路时的功耗。

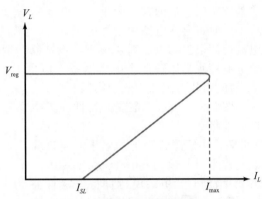

图 22-13　转折限流时的负载电压与负载电流的关系曲线

图 22-13 显示全负载时传输晶体管的功率为：

$$P_D = (V_{\text{in}} - V_{\text{reg}}) I_{\max}$$

负载短路时，其功耗约为：

$$P_D \approx V_{\text{in}} I_{SL}$$

在通常的设计中 I_{SL} 为 $I_{\max}$ 的 $1/3 \sim 1/2$，这样可以保证传输管的功耗比全负载情况下低。

例 22-7　计算图 22-14 电路输出电压的近似值，并求传输晶体管的功率。 ▊▊▊ **Multisim**

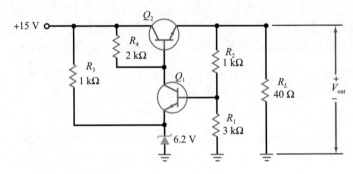

图 22-14　举例

解： 根据图 22-8 中的公式，可得：

$$V_{\text{out}} = \frac{3 \text{ k}\Omega + 1 \text{ k}\Omega}{3 \text{ k}\Omega} (6.2 \text{ V} + 0.7 \text{ V}) = 9.2 \text{ V}$$

晶体管电流近似等于负载电流：

$$I_C = \frac{9.2 \text{ V}}{40 \ \Omega} = 230 \text{ mA}$$

则晶体管的功率为：

$$P_D = (15 \text{ V} - 9.2 \text{ V}) \times 230 \text{ mA} = 1.33 \text{ W}$$　◀

自测题 22-7　将图 22-14 电路中的输入电压改为 $+12$ V，V_Z 改为 5.6 V，求 V_{out} 和 P_D。

例 22-8　例 22-7 电路的效率近似为多少？

解： 负载电压为 9.2 V，负载电流为 230 mA，则输出功率为：

$$P_{\text{out}} = 9.2 \text{ V} \times 230 \text{ mA} = 2.12 \text{ W}$$

输入电压为 15 V，输入电流约等于负载电流的值，为 230 mA。所以，输入功率为：

$$P_{in} = 15 \text{ V} \times 230 \text{ mA} = 3.45 \text{ W}$$

效率为：

$$效率 = \frac{2.12 \text{ W}}{3.45 \text{ W}} \times 100\% = 61.4\%$$

也可以采用式（22-13）来计算串联式稳压器的效率：

$$效率 \approx \frac{V_{out}}{V_{in}} \times 100\% = \frac{9.2 \text{ V}}{15 \text{ V}} \times 100\% = 61.3\%$$

这个值比例 22-3 中并联式稳压器 25.8% 的效率要高得多。通常，串联式稳压器的效率是并联式稳压器的两倍。◀

自测题 22-8 将输入电压改为 +12 V，V_Z 改为 5.6 V，重新计算例 22-8。

应用实例 22-9 图 22-15 电路的输出电压近似为多少。为什么要采用达林顿管？

▌▌▌ **Multisim**

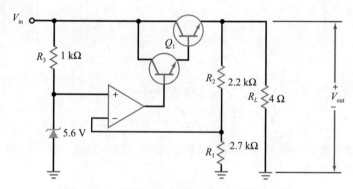

图 22-15 采用达林顿晶体管的串联式稳压器

解： 由图 22-9 中的公式可得：

$$V_{out} = \frac{2.7 \text{ k}\Omega + 2.2 \text{ k}\Omega}{2.7 \text{ k}\Omega} \times 5.6 \text{ V} = 10.2 \text{ V}$$

负载电流为：

$$I_L = \frac{10.2 \text{ V}}{4 \text{ }\Omega} = 2.55 \text{ A}$$

如果采用电流增益为 100 的普通晶体管作为传输晶体管，则所需基极电流为：

$$I_B = \frac{2.55 \text{ A}}{100} = 25.5 \text{ mA}$$

该输出电流对于典型的运放来说过大。如果采用达林顿管，传输管的基极电流将会减小很多。例如，电流增益为 1000 的达林顿管的基极电流仅为 2.55 mA。◀

自测题 22-9 若将图 22-15 电路中的齐纳电压改为 6.2 V，求输出电压。

应用实例 22-10 搭建图 22-15 所示的串联式稳压器并进行测试。测得数据如下：$V_{NL} = 10.16$ V，$V_{FL} = 10.15$ V，$V_{HL} = 10.16$ V，$V_{LL} = 10.17$ V。求负载调整率和电源电压调整率。

解：

$$负载调整率 = \frac{10.16 \text{ V} - 10.15 \text{ V}}{10.15 \text{ V}} \times 100\% = 0.0985\%$$

$$电源电压调整率 = \frac{10.16 \text{ V} - 10.07 \text{ V}}{10.07 \text{ V}} \times 100\% = 0.894\%$$

该例题说明了负反馈可以有效减小电源和负载变化的影响。这两种情况下，稳压后输出电压的变化均小于1%。

应用实例 22-11 电路如图 22-16 所示。V_{in} 在 $17.5 \sim 22.5\ V$ 间变化，求最大齐纳电流、稳压输出电压的最大值和最小值。如果稳压输出为 $12.5\ V$，限流开始启动时的负载电阻为多少？短路电流的近似值为多少？

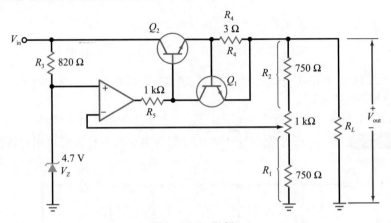

图 22-16 举例

解：当输入电压为 $22.5\ V$ 时，齐纳电流达到最大值，为：

$$I_Z = \frac{22.5\ V - 4.7\ V}{820\ \Omega} = 21.7\ mA$$

当 $1\ k\Omega$ 滑动变阻器的滑片在最高位置时，稳压输出达到最小值。此时，$R_1 = 1750\ \Omega$，$R_2 = 750\ \Omega$，输出电压为：

$$V_{out} = \frac{1750\ \Omega + 750\ \Omega}{1750\ \Omega} \times 4.7\ V = 6.71\ V$$

当滑动变阻器的滑片在最低位置时，稳压输出达到最大值。此时，$R_1 = 750\ \Omega$，$R_2 = 1750\ \Omega$，输出电压为：

$$V_{out} = \frac{1750\ \Omega + 750\ \Omega}{750\ \Omega} \times 4.7\ V = 15.7\ V$$

当限流电阻上的电压约等于 $0.6\ V$ 时，限流电路开始工作。此时的负载电流为：

$$I_L = \frac{0.6\ V}{3\ \Omega} = 200\ mA$$

当输出电压为 $12.5\ V$ 时，限流电路开始工作，此时的负载阻抗近似为：

$$R_L = \frac{12.5\ V}{200\ mA} = 62.5\ \Omega$$

当负载端短路时，电流检测电阻上的电压约为 $0.7\ V$，负载短路电流为：

$$I_{SL} = \frac{0.7\ V}{3\ \Omega} = 233\ mA$$

自测题 22-11 设齐纳电压为 $3.9\ V$，电流检测电阻为 $2\ \Omega$，重新计算例 22-11。

22.4 单片线性稳压器

线性**集成稳压器**的种类繁多，引脚数从 3 到 14 不等。它们都属于串联式稳压器，因为串联式稳压器比并联式稳压器的效率更高。有些在特殊场合应用的集成稳压器可以通过外接电阻来对限流和输出电压等进行设置。应用最广泛的是三端集成稳压器，三个引脚分别为：电压输入端、稳压输出端和接地端。

　　三端稳压器有塑封和金属封装，由于价格便宜且使用方便，应用非常广泛。除了两个可选的旁路电容之外，不需要任何额外的元件。

22.4.1　集成稳压器的基本类型

　　大部分集成稳压器的输出电压为下列形式之一：固定正向输出、固定反向输出或可调输出。固定正向或反向输出集成稳压器的输出电压值由制造厂家设置，通常为 5～24 V 之间的固定值。可调输出集成稳压器的输出范围一般是 2～40 V。

　　集成稳压器也可划分为标准、低功率和低压差三种类型。标准集成稳压器用于一些简单的应用中。标准集成稳压器在使用散热片时，负载电流可以大于 1 A。

　　如果 100 mA 的负载电流能够满足要求，则可以采用 TO-92 封装的低功率集成稳压器，它与小信号晶体管（如 2N3904）的大小相同。这种稳压器不需要散热片，所以使用起来非常便捷。

　　集成稳压器的**压差**定义为稳压所需的最小电压幅度余量。例如，标准集成稳压器的压差为 2～3 V。意思是为了保证芯片能够实现特定的稳压值，输入电压至少应比输出稳压值大 2～3 V。在不能提供 2～3 V 压差的应用中，就需要使用低压差集成稳压器。在负载电流为 100 mA 时，这类稳压器的压差通常为 0.15 V，负载电流为 1 A 时的压差为 0.7 V。

22.4.2　板级稳压与单点稳压

　　使用单点稳压时，需要用一个大的稳压电源，将其稳压输出分配到系统中不同的电路板上（印制电路板）。这会带来一些问题。首先，单稳压器需要提供很大的负载电流，等于所有电路板的电流之和。其次，稳压电源和电路板之间的连接线会引入噪声或其他**电磁干扰**（EMI）。

　　由于集成稳压器价格低廉，由多个电路板构成的电路系统通常使用板级稳压。即每个电路板上都有各自的三端稳压器来提供该板上器件所需要的电压。使用板级稳压可以将未经稳压的电源电压分配到每个电路板上，再由局部稳压器提供各电路板的稳压电压。这样可以避免单点稳压的大负载电流和噪声。

22.4.3　负载调整率和电源电压调整率的重新定义

　　此前使用的是电源电压调整率和负载调整率的原始定义。固定输出集成稳压器的制造厂家通常更愿意给出在负载电压和电源电压幅度余量内的输出电压变化量。下面是固定输出稳压器的数据手册中对负载和电源电压调整率的定义：

$$负载调整率 = 负载电流变化范围内的 \Delta V_{out}$$
$$电源电压调整率 = 输入电压变化范围内的 \Delta V_{out}$$

　　例如，LM7815 是固定输出正 15 V 电压的集成稳压器。数据手册中列出了典型的负载调整率和电源电压调整率：

$$负载调整率 = 12 \text{ mV}，I_L = 5 \text{ mA} \sim 1.5 \text{ A 时}$$
$$电源电压调整率 = 4 \text{ mV}，V_{in} = 17.5 \text{ V} \sim 30 \text{ V 时}$$

　　负载调整率取决于测试条件。前面给出的负载调整率是在 $T_J = 25 \ ^{\circ}\text{C}$、$V_{in} = 23 \text{ V}$ 条件下测得的。类似的，前面给出的电源电压调整率是在 $T_J = 25 \ ^{\circ}\text{C}$、$I_L = 500 \text{ mA}$ 条件下得到的。两种情况下器件的结温均为 25 ℃。

22.4.4　LM7800 系列

　　LM78XX 系列（这里的 XX＝05、06、08、10、12、15、18 或 24）是典型的三端集成稳压器。7805 的输出是＋5 V，7806 的输出是＋6 V，7808 的输出是＋8 V，以此类推，7824 的输出是＋24 V。

　　图 22-17 所示是 78XX 系列的原理框图。内建参考电压 V_{ref} 驱动运放的同相输入端。

稳压器和前文中的类似。由 R_1' 和 R_2' 组成的分压器对输出电压采样并将电压反馈到高增益运放的反相输入端。输出电压为：

$$V_{out} = \frac{R_1' + R_2'}{R_1'} V_{ref}$$

式中，参考电压相当于前文中的齐纳电压。R_1' 和 R_2' 右上角的标号表示它们是集成电路的内部电阻，而不是外部电阻。在 78XX 系列中，这些电阻由厂家调整好以得到不同的输出电压（5～24 V）。输出电压的容差为 ±4%。

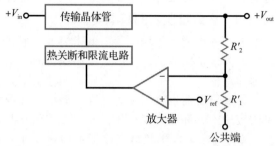

图 22-17　三端集成稳压器的原理框图

LM78XX 系列包括一个传输晶体管，该管在有散热条件下能处理 1 A 负载电流。同时也包括热关断和限流电路。**热关断**是指当内部温度过高，达到 175 ℃ 左右时，芯片会自动关断。这是防止功耗过大的预防措施，取决于环境温度、散热形式和其他可变因素。由于具有限流和热关断功能，78XX 系列的内部器件几乎不会损坏。

22.4.5　固定输出稳压器

图 22-18a 所示是一个连接成固定输出稳压器的 LM7805。引脚 1 是输入端，引脚 2 是输出端，引脚 3 是接地端。LM7805 的输出电压为 +5 V，最大负载电流大于 1 A。在负载电流为 5 mA～1.5 A 时，其典型负载调整率是 10 mV。当输入电压为 7～25 V 时，其典型电源电压调整率是 3 mV。它的纹波抑制比为 80 dB，即可以将输入波纹减小 10 000 倍。它的输出电阻近似为 0.01 Ω，所以在允许的电流范围内，LM7805 对所有负载来说是一个准理想电压源。

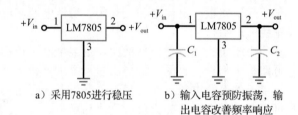

a）采用7805进行稳压　　b）输入电容预防振荡，输出电容改善频率响应

图 22-18　举例

当集成芯片与未经稳压的电源滤波电容之间的距离超过 6 英寸时，连线电感可能会使芯片内部电路产生振荡。所以厂家会建议在引脚 1 加一个旁路电容 C_1（见图 22-18b）。为改善稳压输出的瞬态响应，有时会在引脚 2 增加旁路电容 C_2。每个旁路电容的典型值为 0.1～1 μF。78XX 系列的数据手册中建议输入电容采用 0.22 μF，输出电容采用 0.1 μF。

78XX 系列稳压器的压差为 2～3 V，取决于输出电压的大小。即输入电压应比输出电压大 2～3 V。否则，芯片将失去稳压功能。同时，为了避免过大的功耗，芯片有最大输入电压的限制。例如，LM7805 能够稳压的输入电压范围约为 8～20 V。78XX 系列的数据手册中给出了在其他预置输出电压下，其输入电压的最大值和最小值。

22.4.6　LM79XX 系列

LM79XX 系列是反向电压稳压器，预置电压分别为 −5、−6、−8、−10、−12、−15、−18 和 −24 V。例如，LM7905 的输出稳压值为 −5 V，LM7924 的输出稳压值为 −24 V。79XX 系列在使用散热器时，负载电流可以超过 1 A。LM79XX 系列与 78XX 系列相似，具有限流、热关断和良好的纹波抑制特性。

22.4.7　双电源稳压

将 LM78XX 和 LM79XX 组合起来，就可以实现对双电源输出的稳压，如图 22-19 所示。LM78XX 稳定正电压输出，LM79XX 稳定负电压输出。输入电容用来防止振荡，输出电容用来改善瞬态响应。厂家的数据手册中建议增加两个二极管,以保证两个稳压器在任何条件下都可以工作。

　　双电源的一种替代方法是采用双通道稳压器,即在一个集成电路封装中包含了正压和负压两个稳压器。当该稳压器可调时,可以用一个可变电阻来改变两个电源电压。

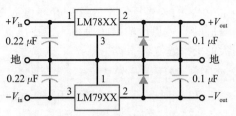

图 22-19　采用 LM78XX 和 LM79XX 实现双电压输出

22.4.8　可调稳压器

　　很多集成稳压器(LM317、LM337、LM338和 LM350)都是可调的。它们的最大负载电流在 1.5~5 A 之间。例如,LM317 是一个正值三端稳压器,在输出为 1.25~37 V 可调范围内可提供 1.5 A 的负载电流。其纹波抑制比为 80 dB,即输出纹波比输入纹波小 10 000 倍。

　　为了适应集成稳压器的特性,厂家对负载调整率和电源电压调整率作了重新定义。可调稳压器的数据手册中对负载调整率和电源电压调整率的定义如下:

$$负载调整率 = 在负载电流变化范围内,V_{out} 的变化百分比$$

$$电源电压调整率 = 输入电压每发生单位伏特变化时,V_{out} 的变化百分比$$

例如,LM317 的数据手册中列出了典型的负载调整率和电源电压调整率,为:

$$负载调整率 = 0.3\%, 当 I_L = 10 \text{ mA} \sim 1.5 \text{ A 时}$$

$$电源电压调整率 = 0.02\%/\text{V}$$

由于输出电压在 1.25~37 V 之间可调,将负载调整率定义为百分比是有意义的。例如,若稳压值为 10 V,上述负载调整率说明,当负载电流从 10 mA 变化到 1.5 A 时,输出电压的变化不会超过 10 V 的 0.3%(或 30 mV)。

　　电源电压调整率为 0.02%/V,意思是输入电压变化 1 V 时输出电压只变化 0.02%。如果稳压输出设置为 10 V,当输入电压增大 3 V 时,输出电压将会增大 0.06%,即 60 mV。

　　图 22-20 所示的是用未经稳压的电源驱动 LM317 的电路。LM317 的数据手册中给出了输出电压的公式:

$$V_{out} = \frac{R_1 + R_2}{R_1} V_{ref} + I_{ADJ} R_2 \quad (22\text{-}18)$$

式中,V_{ref} 的值为 1.25 V,I_{ADJ} 的典型值为 50 μA。在图 22-20 电路中,I_{ADJ} 是流经中间引脚(在输入和输出引脚之间的引脚)的电流。因为该电流会随着温度、负载电流和其他因素发生变化,通常在设计时使式(22-18)中的第一项远大于第二项。因此可以用如下公式对 LM317 进行初步分析:

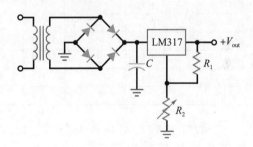

图 22-20　采用 LM317 实现稳压输出

$$V_{out} = \frac{R_1 + R_2}{R_1} \times 1.25 \text{ V} \quad (22\text{-}19)$$

　　知识拓展　图 22-20 电路中滤波器电容 C 的值要足够大,从而当 V_{out} 和 I_L 同时达到最大值时,保证 V_{in} 比 V_{out} 大 2~3 V。即 C 必须是一个很大的滤波电容。

22.4.9　纹波抑制比

　　集成稳压器的纹波抑制比很高,约为 65~80 dB。这是一个极大的优势,不需要在电源上使用大的 LC 滤波器来减小纹波,只需要一个电容输入滤波器将未经稳压的电源电压纹波的峰峰值减小到 10%。

例如，LM7805 的纹波抑制比的典型值为 80 dB。如果桥式整流器和电容输入滤波器产生 10 V 的未稳压输出的纹波峰峰值为 1 V，可以采用 LM7805 来产生只有 0.1 mV 纹波峰峰值的 5 V 稳压输出。使用集成稳压器的额外好处是不需要在未经稳压的电源电压上使用大的 *LC* 滤波器。

22.4.10 稳压器一览表

表 22-1 列出了一些广泛使用的集成稳压器。第一组是 LM78XX 系列，固定正输出电压为 5～24 V。在有散热器的情况下，负载电流可以高达 1.5 A。它们的负载调整率在 10～12 mV 之间。电源电压调整率在 3～18 mV 之间。纹波抑制比的最好情况是在电压最小时（80 dB），最坏情况是在电压最高时（66 dB）。全系列产品的压差都是 2 V。当输出电压在最小值和最大值之间变化时，输出阻抗从 8 mΩ 变化到 28 mΩ。

表 22-1 常用集成稳压器的典型参数（25 ℃）

型号	V_{out}/V	I_{max}/A	负载调整率/mV	电源电压调整率/mV	纹波抑制比/dB	压差/V	R_{out}/mΩ	I_{SL}/A
LM7805	5	1.5	10	3	80	2	8	2.1
LM7806	6	1.5	12	5	75	2	9	0.55
LM7808	8	1.5	12	6	72	2	16	0.45
LM7812	12	1.5	12	4	72	2	18	1.5
LM7815	15	1.5	12	4	70	2	19	1.2
LM7818	18	1.5	12	15	69	2	22	0.20
LM7824	24	1.5	12	18	66	2	28	0.15
LM78L05	5	100 mA	20	18	80	1.7	190	0.14
LM78L12	12	100 mA	30	30	80	1.7	190	0.14
LM2931	3～24	100 mA	14		80	0.3	200	0.14
LM7905	5	1.5	10	3	80	2	8	2.1
LM7912	12	1.5	12	4	72	2	18	1.5
LM7915	15	1.5	12	4	70	2	19	1.2
LM317	1.2～37	1.5	0.3%	0.02%/V	80	2	10	2.2
LM337	−1.2～−37	1.5	0.3%	0.01%/V	77	2	10	2.2
LM338	−1.2～−32	5	0.3%	0.02%/V	75	2.7	5	8

LM78L05 和 LM78L12 是分别与 LM7805 和 LM7812 相对应的低功耗型号。这些低功耗集成稳压器可以用 TO-92 封装，不需要散热片。如表 22-1 所示，LM78L05 和 LM78L12 的负载电流可达 100 mA。

表中的 LM2931 是一款低压差稳压器。该可调稳压器可以产生 3～24 V 之间的输出电压，负载电流可达 100 mA。它的压差只有 0.3 V，即输入电压只需要比稳压输出大 0.3 V。

LM7905、LM7912 和 LM7915 是应用广泛的负值稳压器。它们的参数与 LM78XX 系列相应稳压器的参数类似。LM317 和 LM337 分别为可调的正、负稳压器，可以提供 1.5 A 的负载电流。LM338 是一个可调正稳压器，可提供 1.2～32 V 之间的稳压输出，负载电流高达 5 A。

表 22-1 列出的所有稳压器都具有热关断功能。这意味如果芯片温度过高，稳压器将会使导通晶体管截止，电路停止工作。当器件冷却下来，稳压器将会尝试重新启动。如果导致温度过高的问题解决了，则稳压器将会正常工作。如果没有解决，稳压器将再次关

断。热关断是单片稳压器的一个优点，是芯片安全工作所必需的。

应用实例 22-12 求图 22-21 电路中的负载电流和输出纹波。　**||||| Multisim**

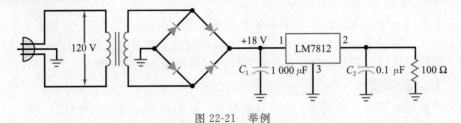

图 22-21　举例

解： LM7812 产生 +12 V 的稳压输出。所以负载电流为：

$$I_L = \frac{12\text{ V}}{100\ \Omega} = 120\text{ mA}$$

可以利用第 4 章给出的公式计算输入纹波的峰峰值，为：

$$V_R = \frac{I_L}{fC} = \frac{120\text{ mA}}{120\text{ Hz} \times 1000\ \mu\text{F}} = 1\text{ V}$$

表 22-1 中给出 LM7812 纹波抑制比的典型值为 72 dB。如果将 72 dB 进行简单转换（60 dB + 12 dB），其值大约为 4000。利用科学计算器，得到精确的波纹抑制比为：

$$RR = \text{antilog}\ \frac{72\text{ dB}}{20} = 3981$$

输出纹波的峰峰值约为：

$$V_R = \frac{1\text{ V}}{4000} = 0.25\text{ mV} \qquad \blacktriangleleft$$

自测题 22-12 若采用稳压器 LM7815 和 2000 μF 的电容，重新计算例题 22-12。

应用实例 22-13 如果图 22-20 电路中的 $R_1 = 2\text{ k}\Omega$，$R_2 = 22\text{ k}\Omega$，其输出电压为多少？如果 R_2 增加到 46 kΩ，输出电压又是多少？

解： 由式（22-19）可知：

$$V_{\text{out}} = \frac{2\text{ k}\Omega + 22\text{ k}\Omega}{2\text{ k}\Omega} \times 1.25\text{ V} = 15\text{ V}$$

当 R_2 增加到 46 kΩ 时，输出电压增加到：

$$V_{\text{out}} = \frac{2\text{ k}\Omega + 46\text{ k}\Omega}{2\text{ k}\Omega} \times 1.25\text{ V} = 30\text{ V} \qquad \blacktriangleleft$$

自测题 22-13 若图 22-20 电路中的 $R_1 = 330\ \Omega$，$R_2 = 2\text{ k}\Omega$，求输出电压。

应用实例 22-14 当输入电压在 7.5～20 V 之间时，LM7805 可以使输出稳压在特定值。求它的最大效率。

解： LM7805 产生 5 V 的输出，由式（22-13）可知，最大效率为：

$$效率 \approx \frac{V_{\text{out}}}{V_{\text{in}}} \times 100\% = \frac{5\text{ V}}{7.5\text{ V}} \times 100\% = 67\%$$

因为电压幅度余量接近压差，所以这样的高效率是有可能的。

另外，当输入电压最大时效率最小。此时，电压幅度余量最大，导通晶体管的功耗最大。它的最小效率为：

$$效率 \approx \frac{5\text{ V}}{20\text{ V}} \times 100\% = 25\%$$

由于未经稳压的输入电压一般处于输入电压的两个极值中间，可以估计 LM7805 的效率在 40%～50% 之间。

22.5　电流增强电路

虽然表 22-1 中列出的 78XX 系列稳压器的最大负载电流为 1.5 A，但数据手册中的许多参数是在 1 A 情况下测量的。例如，在 1 A 负载电流下测量电源电压调整率、波纹抑制比和输出阻抗。所以，在使用 78XX 系列器件时，负载电流的实际极限值是 1 A。

22.5.1　片外晶体管

使用**电流增强**技术可以获得更大的负载电流。需要提高运放输出电流时，可以用运放给外部晶体管提供基极电流，使之产生更大的输出电流。这里采用的方法也很类似。

图 22-22 所示是利用外部晶体管来提高输出电流的方法。这个晶体管是功率晶体管，又称**片外晶体管**。R_1 是 0.7 Ω 的电流检测电阻。这里使用的电阻是 0.7 Ω 而不是 0.6 Ω，原因是功率晶体管比小信号晶体管（前文中所采用的）需要更大的基极电压。

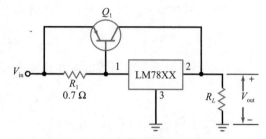

图 22-22　片外晶体管增加负载电流

当负载电流小于 1 A 时，电流检测电阻上的电压小于 0.7 V，晶体管截止。当负载电流大于 1 A 时，晶体管导通，所增加的 1 A 以上的负载电流几乎全部由该晶体管提供。所以当负载电流增加时，通过 78XX 的电流增加得很少。这使得电流检测电阻上的电压增大，导致片外晶体管的导通电流更大。

对于大负载电流，片外晶体管的基极电流很大。78XX 芯片除了要提供一部分负载电流，还需要提供这个基极电流。当提供较大基极电流有困难时，片外晶体管可以采用达林顿连接方式。此时，电流检测电压约为 1.4 V，则电阻 R_1 需要增大到约 1.4 Ω。

22.5.2　短路保护

图 22-23 所示的电路增加了短路保护。采用两个电流检测电阻，一个用于驱动片外晶体管 Q_2，另一个用于使 Q_1 导通从而提供短路保护。负载电流大于 1 A 时 Q_2 导通，大于 10 A 时 Q_1 提供短路保护。

该电路工作原理如下：当负载电流大于 1 A 时，电阻 R_1 上的电压大于 0.7 V，使得片外晶体管 Q_2 导通。该晶体管提供了所有大于 1 A 的负载电流。片外电流需要通过电阻 R_2。因为电阻 R_2 只有 0.07 Ω，所以只要片外电流小于 10 A，它两端的电压就小于 0.7 V。

当片外电流为 10 A 时，电阻 R_2 上的电压为：

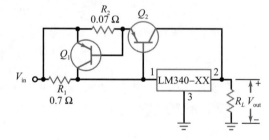

图 22-23　用于限流的片外晶体管

$$V_2 = 10\ \text{A} \times 0.07\ \Omega = 0.7\ \text{V}$$

这时限流晶体管 Q_1 处于导通的边缘。当片外电流大于 10 A 时，Q_1 充分导通。由于 Q_1 的集电极电流经过 78XX，当器件过热时将导致热关断。

使用片外晶体管不会改善串联式稳压器的效率。在典型的电压幅度余量内，效率在 40%～50% 之间。如果希望在较大电压变化时获得更高的效率，则需要采用完全不同的方法来实现稳压。

22.6 DC-DC 转换器

有时需要将直流电压从某个值转换成另一个值。例如，对于一个+5 V 电源系统，可以用一个 **DC-DC 转换器**将+5 V 转换为+15 V 输出。这样该系统就可以有两个电源电压：+5V 和+15 V。

DC-DC 转换器的效率非常高。因为其中的晶体管工作在开关状态，使其功耗大为减小，典型的效率为 65%~85%。本节讨论未稳压的 DC-DC 转换器。下一节将讨论利用脉冲宽度调制进行稳压的 DC-DC 转换器。这些 DC-DC 转换器通常叫作**开关式稳压器**。

22.6.1 基本原理

在典型的未稳压的 DC-DC 转换器中，直流电压作为方波振荡器的输入。方波的峰峰值正比于输入电压。方波驱动变压器的一次绕组，如图 22-24 所示。频率越高，变压器和滤波器的元件尺寸越小。如果频率过高，则很难通过垂直变换产生方波。方波频率一般在 10~100 kHz 之间。

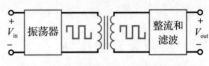

图 22-24 未稳压 DC-DC 转换器的功能框图

为了改善效率，一种特殊的变压器被用于更昂贵的 DC-DC 转换器中。这种变压器有一个具有方形磁滞回线的环状铁心，使二次电压为方波。二次电压经过整流和滤波便得到直流输出电压。通过选择不同的匝数比，可以使二次电压升高或降低。这样便可以实现将输入电压升高或降低的 DC-DC 转换器。

一种常见的 DC-DC 转换是将+5 V 转换为±15 V。在数字系统中，大多数集成电路的标准电源电压是+5 V，而在运放等线性集成电路中可能需要±15 V。在这种情况下，可以通过低功率 DC-DC 转换器将+5 V 的直流输入转换为±15 V 的双路直流输出。

22.6.2 设计举例

DC-DC 转换器的设计方法有很多种，其决定因素包括采用器件的类型（双极型、功率场效应晶体管）、转换频率、对输入电压的变换方式（升高、降低）等。图 22-25 所示是一个采用双极型功率管的例子。在电路中，一个张弛振荡器产生方波，方波的频率由 R_3 和 C_2 确定。该频率在 kHz 量级，典型值为 20 kHz。

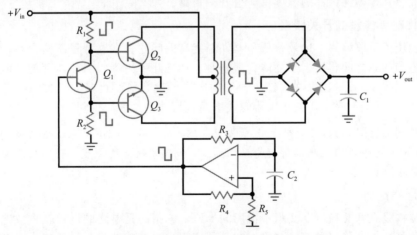

图 22-25 未稳压的 DC-DC 转换器

方波驱动**分相器** Q_1，产生幅度相同、相位相反的方波。这些方波作为 B 类推挽开关晶体管的 Q_2 和 Q_3 的输入。Q_2 管导通半个周期，Q_3 管导通另外半个周期。变压器的一次绕组电流为方波，如前文所述，二次绕组也会产生方波。

二次绕组输出的方波电压作为桥式整流器和电容滤波器的输入。由于信号是经整流的 kHz 方波，所以很容易滤波。最终得到与输入不同的直流输出电压。

22.6.3 商用 DC-DC 转换器

图 22-25 所示 DC-DC 转换器的输出是未经稳压的，这是典型的 DC-DC 转换器，它的价格便宜，效率从 65% 到 85% 以上不等。例如，便宜的 DC-DC 转换器适用于 375 mA 电流下 +5 V 到 ±12 V 的转换，200 mA 电流下 +5 V 到 +9 V 的转换，250 mA 电流下 ±12 V 到 ±5 V 的转换……所有这些转换器都需要固定的输入电压，因为它们不包含稳压器。而且，它们的开关频率在 10~100 kHz 之间。因此，它们带有 RFI 屏蔽罩。有些元件的 MTBF（故障平均间隔时间）高达 200 000 小时。

22.7 开关式稳压器

开关式稳压器属于 DC-DC 转换器，因为它将直流输入电压转换为另一个较低或较高的直流输出电压。但是开关稳压器包含稳压部分，通常利用脉冲宽度调制控制晶体管的开关时间。通过改变占空比，可以使开关稳压器在电源电压和负载变化的情况下保持输出电压的恒定。

知识拓展 开关式稳压器的设计很复杂。有些设计工具，如德州仪器的 WEBENCH，可以在输入所需规格后提供完整的设计。

22.7.1 传输晶体管

在串联式稳压器中，传输晶体管的功耗近似等于电压幅度余量乘以负载电流：

$$P_D = (V_{in} - V_{out})I_L$$

如果电压幅度余量等于输出电压，稳压器的效率近似为 50%。例如，7805 芯片的输入为 10 V，负载电压为 5 V，那么效率是 50% 左右。

三端串联式稳压器非常流行，因为它们使用方便，且在负载功耗小于 10 W 情况下能够满足大部分需求。当负载功耗等于 10 W 且效率为 50% 时，传输晶体管的功耗也是 10 W。这表明有大量功率被浪费了，同时还有器件内部产生的热量。当负载功耗接近 10 W 时，需要很大的散热片，器件内部的温度可能会升得很高。

22.7.2 传输晶体管的开关转换

开关稳压器可以解决上述效率低和器件温度高的问题。在这种稳压器中，传输晶体管在截止和饱和状态之间转换。当晶体管截止时，功耗几乎为零。当晶体管饱和时，功耗仍然非常低，因为 $V_{CE(sat)}$ 比串联式稳压器中的电压幅度余量小得多。开关稳压器的效率从约 75% 到 95% 以上不等。开关稳压器的效率高且尺寸小，因此得到了广泛应用。

知识拓展 HEMT 器件被用于开关电源电路，如 SiC 和 GaN 场效应晶体管。由于 HEMT 器件具有极低的导通电阻 $R_{DS(on)}$ 和较高的开关速度，可以实现更高效率和更小体积。

22.7.3 拓扑结构

拓扑结构是在开关稳压器文献中常用的术语，它指的是电路的设计技术或电路的基础连接。开关稳压器有许多种拓扑结构，在某种应用中，有些结构会优于其他结构。

表 22-2 列出了开关稳压器的拓扑结构。前三种是最基本的，所需元件最少，而且能够提供高达 150 W 的负载功率。它们的复杂度低，因此应用广泛，尤其是集成开关稳压器。

表 22-2 开关稳压器的拓扑结构

拓扑结构	稳压方向	扼流圈	变压器	二极管	晶体管	功耗/W	复杂度
降压	降低	有	没有	1	1	0~150	低
升压	升高	有	没有	1	1	0~150	低
升压-降压	双向	有	没有	1	1	0~150	低
回扫	双向	没有	有	1	1	0~150	中等
半前向	双向	有	有	1	1	0~150	中等
推挽	双向	有	有	2	2	100~1000	高
半桥	双向	有	有	4	2	100~500	高
全桥	双向	有	有	4	4	400~2000	非常高

在采用变压器隔离时，回扫和半前向结构可用于负载功率小于 150 W 的情况。当负载功率在 150~2000 W 时，需要采用推挽、半桥和全桥拓扑结构。最后三种结构需要的元件较多，因此电路复杂度较高。

22.7.4 降压式稳压器

图 22-26a 所示是**降压式稳压器**，它是最基本的开关式稳压器结构。降压式稳压器的作用是将电压降低，用一个晶体管、双极型晶体管或功率场效应晶体管作为开关器件。脉冲宽度调制器输出的方波信号控制开关的通断，比较器控制脉冲的占空比。例如，脉冲宽度调制器可能是一个单触发多谐振荡器，由比较器作为控制输入。如第 21 章所述的单稳态 555 定时器，控制电压的增加使占空比增加。

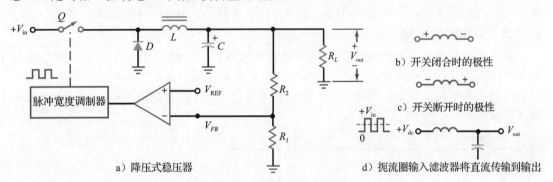

a）降压式稳压器　　　　　　　　　　d）扼流圈输入滤波器将直流传输到输出

图 22-26 降压式稳压器及分析

当脉冲为高电平时，开关闭合，二极管反偏。所有的输入电流经过电感，在电感附近产生磁场。储存在磁场中的能量为：

$$能量 = 0.5Li^2 \tag{22-20}$$

流过电感的电流对电容充电，并给负载提供电流。当开关闭合时，电感两端的电压极性如图 22-26b 所示。当流过电感的电流增加时，储存在磁场中的能量增加。

当脉冲为低时，开关断开。在断开的瞬间，电感周围的磁场开始减弱，使得电感上感应出反向电压，如图 22-26c 所示。这个反向电压叫作感应反冲。因为感应反冲的存在，使二极管正向偏置，电流通过电感继续向同一方向流动。此时，电感向电路释放出其储存的能量。换言之，电感充当了电源，继续向负载提供电流。

电感中一直有电流流过，直至其所有能量都释放到电路中（非连续模式）或开关再次关闭（连续模式）。在任一种情况下，电容器依然会在开关断开的部分时间中提供负载电流。这样，负载上的波动就被最小化。

开关不断地闭合和断开，频率从 10 kHz 到 100 kHz 以上不等（有些集成稳压器的开关频率超过 1 MHz）。流过电感的电流方向始终不变，在工作周期的不同时间段，电流经过开关或二极管。

对于准理想输入电压和理想二极管，扼流圈送到滤波器输入端的电压是矩形波（见图 22-26d）。扼流圈输入滤波器的输出等于滤波器输入的直流分量或平均值。这个平均值与占空比相关，公式如下：

$$V_{\text{out}} = DV_{\text{in}} \tag{22-21}$$

占空比越大，直流输出电压越大。

当电源刚接通时，没有输出电压，R_1 和 R_2 构成的分压器上也没有反馈电压。因此，比较器输出电压很大，使占空比接近 100%。然而，随着输出电压的增大，反馈电压 V_{FB} 使比较器输出减小⊖，从而使占空比减小。在某一时刻，输出电压达到平衡，此时由反馈电压产生的占空比与输出电压相同。

因为比较器的高增益，它的输入端虚短意味着：

$$V_{FB} \approx V_{\text{REF}}$$

由此，可以推导出输出电压的表示式：

$$V_{\text{out}} = \frac{R_1 + R_2}{R_1} V_{\text{REF}} \tag{22-22}$$

在达到平衡之后，由电源电压或负载的变化所引起的输出电压的任何改变，几乎都会被负反馈完全抵消。例如，若输出电压增加，则反馈电压使比较器输出减小。从而减小了占空比和输出电压。结果输出电压只是有微小的增加，比没有负反馈的情况小很多。

类似地，若输出电压由于电源或负载的变化而减小，则反馈电压减小，比较器输出增大。使得占空比增加，从而使输出电压增加，几乎抵消了输出电压的初始减小量。

22.7.5　升压式稳压器

升压式稳压器是开关式稳压器的另一种基本拓扑结构，如图 22-27a 所示。升压式稳压器的作用是将输入电压抬高，其工作原理与降压式稳压器在某些方面类似，但在另外一些方面却非常不同。例如，当脉冲为高时，开关闭合，能量储存在磁场中，这一点与之前描述的相同。

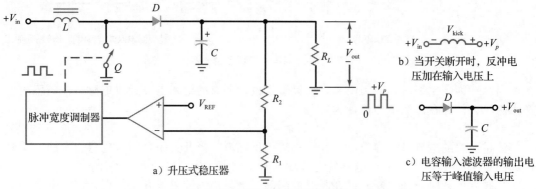

a）升压式稳压器

b）当开关断开时，反冲电压加在输入电压上

c）电容输入滤波器的输出电压等于峰值输入电压

图 22-27　升压式稳压器及分析

当脉冲为低时，开关断开。电感周围的磁场减弱，同时在电感上感应出反向电压，如图 22-27b 所示。注意，这时的输入电压需要与感应反冲电压相加，即电感右端的峰值电压为：

$$V_p = V_{\text{in}} + V_{\text{kick}} \tag{22-23}$$

感应反冲电压取决于磁场中储存的能量多少，即 V_{kick} 与占空比成正比。

⊖　当比较器两输入端电压差很小时，比较器的输出幅度会降低。——译者注

对于准理想输入电压，图 22-27c 所示电容输入滤波器的输入端电压是矩形波形。因此，输出稳压值约等于式（22-23）给出的峰值电压。由于 V_{kick} 总是大于零，则 V_p 总是大于 V_{in}。所以升压式稳压器总是将电压抬高。

除了使用电容输入滤波器而不是扼流圈输入滤波器之外，这种升压拓扑结构的稳压器与降压结构的稳压器相类似。由于比较器的高增益，反馈电压几乎等于参考电压。因此，输出稳压值仍可以由式（22-22）得出。如果输出电压增加，则反馈电压增大，使比较器输出减小，从而占空比减小，感应反冲也减小。这样使得峰值电压降低，抵消了输出电压的初始增加量。如果输出电压减小，则反馈电压减小，导致峰值电压增加，抵消了输出电压的初始减小量。

22.7.6 降压-升压式稳压器

图 22-28a 所示的**降压-升压式稳压器**是开关式稳压器的第三种最基本的拓扑结构。降压-升压式稳压器在正输入电压驱动时，输出电压总是负的。当 PWM 输出为高时，开关闭合，能量储存在磁场中。此时，电感上的电压等于 V_{in}，极性如图 22-28b 所示。

当脉冲为低时，开关断开。电感周围的磁场减弱，电感上感应出反冲电压，如图 22-28c 所示。反冲电压与储存在磁场中的能量成正比，其大小受占空比控制。如果占空比小，则反冲电压接近于零。如果占空比大，则反冲电压可能大于 V_{in}，电压大小取决于储存在磁场中的能量的多少。

图 22-28d 电路中，峰值电压的幅度可以小于输入电压，也可以大于输入电压。经过二极管和电容输入滤波器后产生的输出电压等于 $-V_p$。由于该输出电压的幅度可比输入电压大或小，所以这种拓扑结构又叫作"降压-升压"结构。

图 22-28a 电路中使用了一个反向放大器，将反馈电压反向后再输入比较器。稳压工作过程如前文所述。输出电压的增加会使占空比减小，从而减小峰值电压，反之，输出电压的减小会使占空比增加。任一情况下，负反馈都会使得输出电压基本保持恒定。

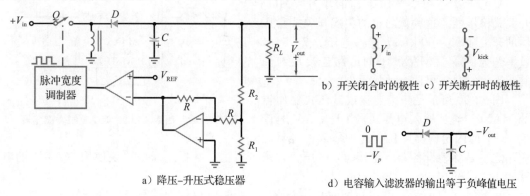

a）降压-升压式稳压器

b）开关闭合时的极性 c）开关断开时的极性

d）电容输入滤波器的输出等于负峰值电压

图 22-28　降压-升压式稳压器及分析

22.7.7 单片降压式稳压器

一些集成开关式稳压器只有 5 个外部引脚。例如，LT1074 是一个降压结构的双极型单片开关式稳压器，它包含了上述大部分元件，如 2.21 V 的参考电压、开关器件、内部振荡器、脉冲宽度调制器和比较器。它工作时的开关频率是 100 kHz，能够处理 $+8$ V～$+40$ V 的输入电压，当负载电流为 1～5 A 时的效率为 75%～90%。

图 22-29 所示是连接成的降压式稳压器的 LT1074。引脚 1(FB) 连接反馈电压，引脚 2(COMP) 用于防止高频振荡的频率补偿，引脚 3(GND) 接地，引脚 4(OUT) 是内部开关器件的开关输出，引脚 5(IN) 用于直流电压输入。

D_1、L_1、C_1、R_1 和 R_2 的功能与前文讨论的降压式稳压器相同。这里使用了肖特基

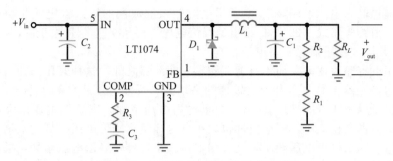

图 22-29　用 LT1074 实现降压式稳压器

二极管来提高稳压器的效率，因为肖特基二极管的阈值电压较低，浪费的功率较少。LT1074 的数据手册中建议在输入端增加一个 $200\sim470\ \mu F$ 的电容 C_2 来进行电源滤波。同时建议使用一个 $2.7\ k\Omega$ 的电阻 R_3 和一个 $0.01\ \mu F$ 的电容 C_3 来稳定反馈环路（防止振荡）。

　　LT1074 的应用很广泛。原因如图 22-29 所示，开关稳压器是分立电路中最难设计和实现的电路之一，而这个电路却异常简单。LT1074 的集成电路已经完成了所有困难的工作，除了不能集成的元件（扼流圈和滤波器电容）和留给用户选择的元件（R_1 和 R_2）之外的所有元件全部集成在芯片内。通过选择 R_1 和 R_2 的值，可以得到 $2.5\sim38\ V$ 的稳压输出。由于 LT1074 的参考电压是 $2.21\ V$，其输出电压为：

$$V_{out} = \frac{R_1 + R_2}{R_1} \times 2.21\ V \tag{22-24}$$

　　电压幅度余量至少应为 $2\ V$，因为内部开关器件含有一个 npn 管和 pnp 管构成的达林顿结构。总开关的压降在大电流时可达 $2\ V$。

22.7.8　单片升压式稳压器

　　MAX631 是一个升压结构的单片 CMOS 开关式稳压器。这种低功率的集成开关式稳压器的开关频率为 $50\ kHz$，输入电压为 $2\sim5\ V$，效率约为 80%。MAX631 的电路连接最为简单，因为它只需要两个外接元件。

　　图 22-30 所示是一个连接成升压式稳压器的 MAX631，当输入电压为 $+2\sim+5\ V$ 时产生 $+5\ V$ 的固定输出电压。这种集成稳压器的

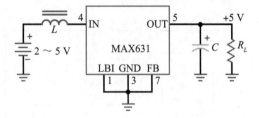

图 22-30　用 MAX631 实现升压式稳压器

应用之一是移动设备，因此其输入电压通常来自电池。数据手册中建议使用 $330\ \mu H$ 的电感和 $100\ \mu F$ 的电容。

　　MAX631 是一种 8 引脚的器件，其未使用的引脚可以接地或悬空。在图 22-30 中，引脚 1(LB1) 可以用作电压探测，也可接地。尽管 MAX631 通常被用作固定输出稳压器，也可以通过一个外部分压器来提供反馈电压送入引脚 7(FB)。当引脚 7 接地时，输出电压是厂家预置的 $+5\ V$。

　　除了 MAX631 以外，还有输出电压为 $+12\ V$ 的 MAX632 和输出电压为 $+15\ V$ 的 MAX633。MAX631～MAX633 系列稳压器包含引脚 6，称为电荷泵，是一个低阻抗的缓冲器，可以产生矩形输出信号。该信号在振荡频率处的输出摆幅为 $0\sim V_{out}$，也可以被负向钳位并通过峰值探测获得负的输出电压。

　　例如，图 22-31a 所示是 MAX633 利用电荷泵来获得约 $-12\ V$ 输出的电路。C_1 和 D_1 是负向钳位器，C_2 和 D_2 是负峰值探测器。电荷泵的工作原理如下。图 22-31b 所示是引脚 6 输出的理想电压波形，因为负钳位器的存在，D_1 上的理想电压是经负向钳位的波形，

如图 22-31c 所示。该波形驱动负峰值探测器产生约 $-12\,\text{V}$ 的输出电压，其电流为 $20\,\text{mA}$。该电压的幅度约比输出电压低 $3\,\text{V}$，包括两个二极管的压降（D_1 和 D_2），以及缓冲器（约 $30\,\Omega$）输出阻抗上的压降。

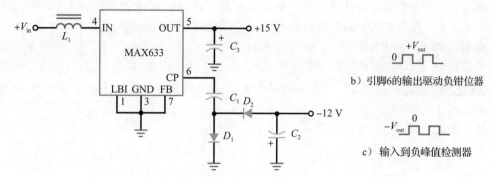

a）使用MAX633的电荷泵来产生负输出电压

b）引脚6的输出驱动负钳位器

c）输入到负峰值检测器

图 22-31 举例

如果采用电池作为线性稳压器的输入电压，那么输出电压会减小一些。升压式稳压器不仅比线性稳压器的效率更高，而且可以在电池供电系统中实现升压作用。这一点非常重要，也是单片升压式稳压器应用如此广泛的原因。随着低成本可充电电池的出现，单片升压式稳压器已成为电池供电系统的标准选择。

MAX631～MAX633 系列器件的内部参考电压是 $1.31\,\text{V}$。当这些开关稳压器与一个外部分压器共同使用时，其稳压输出的公式如下：

$$V_{\text{out}} = \frac{R_1 + R_2}{R_1} \times 1.31\,\text{V} \tag{22-25}$$

22.7.9 单片降压-升压式稳压器

LT1074 的内部设计能够支持降压-升压式的外部连接。图 22-32 所示的是一个连接成降压-升压式稳压器的 LT1074。这里使用了肖特基二极管来提高效率。如前文所述，当内部开关闭合时，能量储存在电感的磁场中。当开关断开时，磁场减弱，并将二极管正偏。电感上的负向反冲电压经电容输入滤波器峰值检测后，产生 $-V_{\text{out}}$。

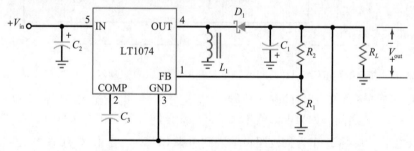

图 22-32 用 LT1074 实现降压-升压式稳压器

在之前讨论的降压-升压拓扑结构中（见图 22-28a），使用了一个反向放大器来获得正反馈电压，这是因为从分压器采样得到的输出电压是负的。LT1074 在内部设计中考虑了这个问题。数据手册中建议将 GND 引脚返回到负输出电压，如图 22-32 所示。这样可以产生正确的电压差作为比较器的输入，控制脉冲宽度调制器。

应用实例 22-15 图 22-29 所示降压式稳压器中的 $R_1 = 2.21\,\text{k}\Omega$，$R_2 = 2.8\,\text{k}\Omega$。其输出电压是多少？在此输出电压下可使用的最小输入电压是多少？

解：由式（22-24），可以计算：

$$V_{out} = \frac{R_1 + R_2}{R_1} V_{REF} = \frac{2.21 \text{ k}\Omega + 2.8 \text{ k}\Omega}{2.21 \text{ k}\Omega} \times 2.21 \text{ V} = 5.01 \text{ V}$$

因为 LT1074 中开关元件的压降，输入电压最少应比 5 V 输出电压高 2 V，即最小输入电压为 7 V。若需要更大的电压幅度余量，可以使用 8 V 的输入电压。◀

自测题 22-5 将 R_2 改为 5.6 kΩ，重新计算例题 22-15。当 $R_1 = 2.2 \text{ k}\Omega$ 时，若使输出电压为 10 V，R_2 的取值应为多少？

应用实例 22-16 在图 22-32 所示的降压-升压式稳压器中，$R_1 = 1 \text{ k}\Omega$，$R_2 = 5.79 \text{ k}\Omega$，求输出电压。

解：由式（22-24），可以计算：

$$V_{out} = \frac{R_1 + R_2}{R_1} V_{REF} = \frac{1 \text{ k}\Omega + 5.79 \text{ k}\Omega}{1 \text{ k}\Omega} \times 2.21 \text{ V} = 15 \text{ V}$$
◀

自测题 22-16 如果图 22-32 电路中的 $R_1 = 1 \text{ k}\Omega$，$R_2 = 4.7 \text{ k}\Omega$，求输出电压。

22.7.10 LED 驱动的应用

单片 DC-DC 转换器可用于各种应用场合。应用之一就是对 LED 的高效驱动。CAT4139 是一个升压转换器，也称为 DC/DC 升压转换器，用于在驱动 LED 链时提供恒定的电流。图 22-33 显示了 CAT4139 的简化框图。该 LED 驱动器只需要 5 个引脚连接和最少的外部元件，能够提供的开关电流高达 750 mA，可以驱动 LED 链的电压高达 22 V。

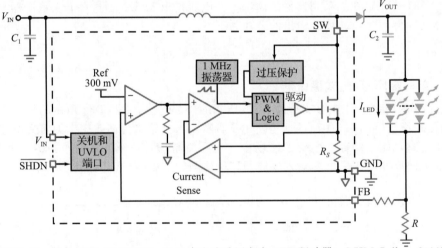

图 22-33 简化框图（CAT4139：22 V 高电流升压白光 LED 驱动器。SCILLC dba，2016）

下面来分析一下该 IC 芯片的基本功能。V_{IN} 连接 IC 的电源输入端。恒流输出时输入电压可在 2.8~5.5 V 之间。如果 V_{IN} 低于 1.9 V，就会进入欠压锁定（UVLO），器件停止工作。逻辑低电平（0.4 V）作为关机逻辑输入到引脚 $\overline{\text{SHDN}}$ 上，使 CAT4139 进入关机模式。在此期间，芯片从输入电源中索取的电流几乎为零。当 $\overline{\text{SHDN}}$ 引脚电压高于 1.5 V 时，器件进入工作状态。$\overline{\text{SHDN}}$ 的输入也可以由 PWM 信号作为驱动，控制输出电流在正常输出电流 I_{LED} 的 0% 到 100% 之间变化。GND 是接参考地的引脚，应直接连接到该表面贴装器件的印制电路板的接地线上。

开关引脚 SW 连接到内部 MOS 管开关的漏极以及串联电感与肖特基二极管的连接点。MOS 管开关频率为 1 MHz，占空比可变，并由 PWM 和逻辑模块控制。电流感应电阻 R_S 连接到 MOS 管的源极引脚。MOS 管电流在电阻上产生的电压降与平均电流成比例。该电压在电流感应运算放大器中用于限流和控制。因为该芯片是一个升压变换器，所以在 SW 引脚的电压将高于输入电源电压。当该电压达到 24 V 时，过电压保护电路将使器件进入低压工作模式，以防止 SW 电压超过最大额定值 40 V。

在图 22-33 中，串联电阻连接在 LED 负载链的负极节点和地之间，通过该电阻的电压加在芯片的反馈引脚 FB 上。该电压与 300 mV 的内部参考电压相比较。可以调节和控制内部开关的开/关占空比，以保持该电阻上的电压恒定。由于通过 LED 的电流也流过这个串联电阻，输出电流可以通过以下公式得到：

$$I_{OUT} = \frac{0.3\ V}{R} \tag{22-26}$$

例如，当串联电阻为 10 Ω 时，输出电流为 30 mA。如果电阻变为 1 Ω，则输出电流变为 300 mA。

CAT4139 的典型应用如图 22-34 所示。V_{IN} 端的输入电压为 5 V。4.7 μF 的输入电容 C_1 连接在尽可能靠近输入电压引脚的位置。1 μF 的电容 C_2 与肖特基二极管的输出端相连接。对于 C_1 和 C_2，推荐使用 X5R 或 X7R 级别的陶瓷电容，因为它们的温度范围稳定。图 22-34 中所示的 22 μH 电感必须能够承受超过 750 mA 的电流，且具有较低的串联直流电阻。所采用的肖特基二极管必须能够安全地承受通过它的峰值电流。为了实现电路的高效率，二极管的正向导通压降必须要低，且其频率响应特性能够满足 1 MHz 开关频率的要求。

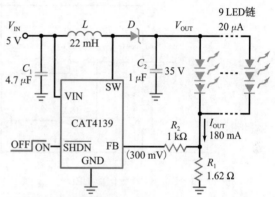

L:Sumida CDRH6D28-220
D:Central CMSH1-40（额定40 V）

图 22-34　典型应用电路（CAT4139:22 V 高电流升压白光 LED 驱动器。SCILLC dba，2016）

如图 22-34 所示，当 LED 作负载时，可以将几个 LED 链按串联或并联排列。在本例中，使用了 9 条 LED 链。每条 LED 链需要 20 mA 的电流，总负载电流为 180 mA。由公式（22-26）可以推导出串联电阻 R_1 的值为：

$$R_1 = \frac{0.3\ V}{I_{OUT}} = \frac{0.3\ V}{180\ mA} = 1.66\ \Omega$$

在图 22-34 中，采用了 1.62 Ω 的电阻。除可用于 20 mA 的 LED 串并联阵列以外，这种升压转换器也可以提供数百毫安的电流以驱动中等功率及大功率 LED。

知识拓展　超级电容（SC）是一种双层电化学电容，具有很高的电容和很低的电压。一个电池的典型电压为 2.7 V。随着超级电容结构的进步和稳压器的改进，SC 可以堆叠并可循环使用数千次，可应用的范围很广：小到起搏器，大到混合动力汽车。

应用实例 22-17　图 22-35 所示的电路功能是什么？　**|||| Multisim**

解：图 22-35 的电路是太阳能 LED 灯的应用。它使用太阳能面板给电池充电。电池作为电源输入，CAT4139 给 LED 链提供恒定的电流驱动。下面分析该电路的工作原理。

太阳能板包含一个由 10 个串联单元组成的太阳能模块。每个单元产生大约 0.5~1.0 V 的电压，与周围的光线情况有关。在空载情况下，可在 SOLAR＋与地（GND）之间产生 5~10 V 的输出电压。

当太阳能模块的输出足够高时，它通过二极管 D_2 给锂离子电池充电 3.7 V。锂离子电池（如有需要也可采用并联电池）内置对过充电流/电压或放电电流的保护电路。在 SOLAR＋端的电压同时为晶体管 Q_1 提供输入基极偏置。Q_1 导通时，R_1 上的电压下降将集电极拉向地电位，使 CAT4139 转换器进入关机模式。

当环境光线较弱时，太阳能模块的输出明显下降。SOLAR＋端较低的输出电压不再使 Q_1 正向偏置。该晶体管截止，它的集电极电压上升到 BAT＋端的电压。当锂离子电池充电电压足够高时，转换器进入开关模式，BAT＋端的电压通过引脚 VIN 为转换器提供输入电压。在此期间，D_2 可以防止从电池到太阳能模块的反向电流。这样，DC-DC 升压转换器则为 LED 链提供了所需的输出电压和电流。LED 的恒定电流由电阻 R_4 控制，这里 $I_{LED}=0.3\ \text{V}/3.3\ \Omega=91\ \text{mA}$。　◀

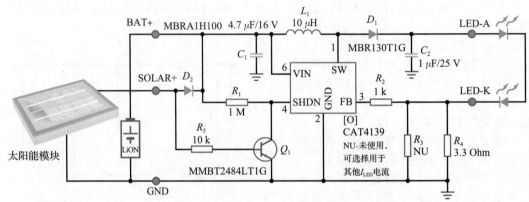

图 22-35　CAT4139 太阳能 LED 灯原理图（经 SCILLC dba ON Semiconductor 许可使用）

表 22-3 列出了几种稳压器及它们的一些特性。

表 22-3　稳压器

类型	特性
齐纳并联式稳压器	• $V_{out}=V_Z$ • 实现简单 • $\Delta V_{out}=\Delta I_Z R_Z$
晶体管并联式稳压器	• $V_{out}=\dfrac{R_1+R_2}{R_1}(V_Z+V_{BE})$ • 改进的稳压方式 • 内置短路保护 • 效率低
晶体管串联式稳压器	• $V_{out}=\dfrac{R_1+R_2}{R_1}(V_Z+V_{BE})$ • 比并联式稳压器效率高 • $Q_2 P_D\approx(V_{in}-V_{out})I_L$ • 需要加短路保护

（续）

类型	特性
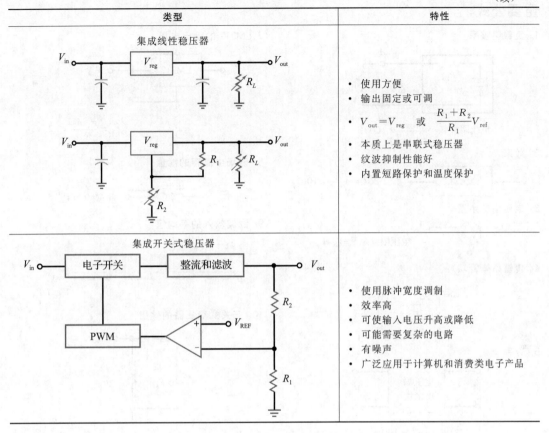 集成线性稳压器	• 使用方便 • 输出固定或可调 • $V_{out} = V_{reg}$ 或 $\dfrac{R_1 + R_2}{R_1} V_{ref}$ • 本质上是串联式稳压器 • 纹波抑制性能好 • 内置短路保护和温度保护
集成开关式稳压器	• 使用脉冲宽度调制 • 效率高 • 可使输入电压升高或降低 • 可能需要复杂的电路 • 有噪声 • 广泛应用于计算机和消费类电子产品

总结

22.1 节 负载调整率指的是当负载电流变化时，输出电压的变化情况。电源电压调整率指的是当电源电压变化时，负载电压的变化情况。输出电阻决定了负载调整率。

22.2 节 齐纳稳压器是最简单的并联式稳压器。通过增加晶体管和运放，可以实现具有良好电源电压调整率和负载调整率的并联式稳压器。该稳压器的主要缺点是效率低，原因是串联电阻和并联晶体管的功耗较大。

22.3 节 如果使用传输晶体管来代替串联电阻，便可实现比并联式稳压器效率更高的串联式稳压器。齐纳跟随器是最简单的串联式稳压器。通过增加晶体管运放，可以实现具有良好电源电压调整率、负载调整率和限流功能的串联式稳压器。

22.4 节 集成稳压器具有三种电压输出形式：固定正电压，固定负电压和可调电压。集成稳压器也可分为标准、低功耗、低压差三种类型。LM78XX 系列是一种标准的、输出电压

为 5~24 V 的固定输出稳压器。

22.5 节 为了增大如 78XX 系列集成稳压器的稳压负载电流，可以采用片外晶体管来承担大部分 1 A 以上的电流。通过增加另一个晶体管，可以实现短路保护。

22.6 节 当希望将输入直流电压转换为另一数值的直流输出电压时，需要使用 DC-DC 转换器。未经稳压的 DC-DC 转换器包含一个振荡器，其输出电压与输入电压成正比。晶体管的推挽式结构和变压器通常可以使电压升高或降低，再经过整流和滤波，就可以得到与输入电压不同的输出电压。

22.7 节 开关式稳压器是使用脉冲宽度调制对输出电压进行稳压的 DC-DC 转换器。通过使传输晶体管导通和截止，可获得 70%~95% 的效率。基本拓扑结构有降压式、升压式和降压-升压式。这种稳压器普遍用于计算机和移动电子系统。

重要公式

1. 负载调整率

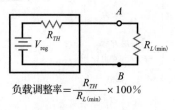

$$负载调整率 = \frac{R_{TH}}{R_{L(\min)}} \times 100\%$$

2. 效率

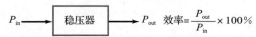

$$效率 = \frac{P_{out}}{P_{in}} \times 100\%$$

3. 电压幅度余量

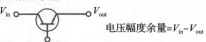

电压幅度余量 $= V_{in} - V_{out}$

4. 传输晶体管功耗

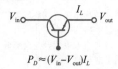

$$P_D \approx (V_{in} - V_{out}) I_L$$

5. 效率

$$效率 \approx \frac{V_{out}}{V_{in}} \times 100\%$$

6. 短路负载电流

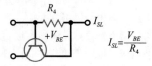

$$I_{SL} = \frac{V_{BE}}{R_4}$$

7. LM317 的输出电压

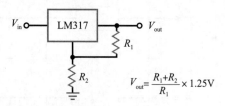

$$V_{out} = \frac{R_1 + R_2}{R_1} \times 1.25V$$

8. 磁场中储存的能量

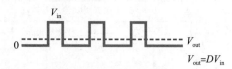

能量 $= 0.5 Li^2$

9. 滤波输入的平均值

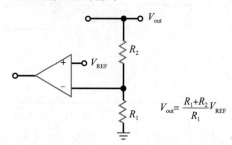

$$V_{out} = D V_{in}$$

10. 开关式稳压器的输出

$$V_{out} = \frac{R_1 + R_2}{R_1} V_{REF}$$

11. 提升的峰值电压

$$V_p = V_{in} + V_{kick}$$

相关实验

实验 59
并联式稳压器
实验 60
串联式稳压器

实验 61
三端集成稳压器

选择题

1. 稳压器通常使用
   a. 负反馈
   b. 正反馈
   c. 无反馈
   d. 相位限制

2. 稳压过程中，传输晶体管的功耗等于 V_{BE} 乘以
   a. 基极电流
   b. 负载电流
   c. 齐纳电流
   d. 转折电流

3. 在没有限流的情况下，短路负载可能会
   a. 产生零负载电流

   b. 损坏二极管和晶体管
   c. 负载电压等于齐纳电压
   d. 负载电流太小

4. 电流检测电阻通常
   a. 为零
   b. 很小
   c. 很大
   d. 开路

5. 简单限流时，产生过多热量的是
   a. 齐纳二极管
   b. 负载电阻

c. 传输晶体管　　　　　d. 周围空气

6. 在采用转折限流时，负载电压接近于零，负载电流接近于
    a. 一个很小的值　　b. 无穷大
    c. 齐纳电流　　　　d. 破坏性的程度

7. 在分立稳压器中，需要采用电容来避免
    a. 负反馈　　　　　b. 过大的负载电流
    c. 振荡　　　　　　d. 电流检测

8. 当负载电流在最小值和最大值之间变化时，稳压器的输出电压在 14.7~15 V 之间变化，那么它的负载调整率为
    a. 0　　　　　　　b. 1%
    c. 2%　　　　　　d. 5%

9. 当电源电压在限定范围内变化时，稳压器的输出在 19.8~20 V 之间变化，那么它的电源电压调整率为
    a. 0　　　　　　　b. 1%
    c. 2%　　　　　　d. 5%

10. 稳压器的输出阻抗
    a. 很小
    b. 很大
    c. 等于负载电压除以负载电流
    d. 等于输入电压除以输出电流

11. 与稳压器的输入波纹相比，它的输出波纹
    a. 数值相等　　　　b. 大得多
    c. 小得多　　　　　d. 无法确定

12. 一个稳压器的纹波抑制比为 −60 dB，如果输入纹波为 1 V，那么输出纹波为
    a. −60 mV　　　　b. 1 mV
    c. 10 mV　　　　　d. 1000 V

13. 集成稳压器会发生热关断的情况是
    a. 功耗过低
    b. 内部温度过高
    c. 通过器件的电流过低
    d. 以上任何一种情况

14. 如果一个线性集成三端稳压器与滤波电容的距离大于几英寸，芯片内部可能会发生振荡，除非
    a. 采用限流措施
    b. 在输入引脚上增加一个旁路电容
    c. 在输出引脚上增加一个耦合电容
    d. 采用经稳压的输入电压

15. 78XX 系列稳压器产生的输出电压是
    a. 正的　　　　　　b. 负的
    c. 或正或负　　　　d. 未经稳压的

16. LM7812 产生的稳压输出是
    a. 3 V　　　　　　b. 4 V
    c. 12 V　　　　　　d. 78 V

17. 用于电流增强的晶体管是
    a. 与集成稳压器串联
    b. 与集成稳压器并联
    c. 串联或并联
    d. 与负载并联

18. 要使电流增强器件工作，可以用下列哪个元件上的电压来作为基极–发射极端口的驱动？
    a. 负载电阻　　　　b. 齐纳阻抗
    c. 另一个晶体管　　d. 电流检测电阻

19. 分相器产生的两个输出电压
    a. 相位相同　　　　b. 幅度不同
    c. 相位相反　　　　d. 很小

20. 串联式稳压器属于
    a. 线性稳压器　　　b. 开关式稳压器
    c. 并联式稳压器　　d. DC-DC 转换器

21. 为了使降压式开关稳压器的输出电压更大，必须要
    a. 减小占空比　　　b. 降低输入电压
    c. 增大占空比　　　d. 增加开关频率

22. 增加电源的输入电压通常会
    a. 减小负载电阻
    b. 增加负载电压
    c. 降低效率
    d. 减少整流二极管的功耗

23. 对于输出阻抗较低的电源，下列哪项参数较低？
    a. 负载调整率　　　b. 限流
    c. 电源电压调整率　d. 效率

24. 齐纳二极管稳压器是
    a. 并联式稳压器　　b. 串联式稳压器
    c. 开关式稳压器　　d. 齐纳跟随器

25. 并联式稳压器的输入电流是
    a. 可变的
    b. 恒定的
    c. 等于负载电流
    d. 用于在磁场中储存能量

26. 并联式稳压器的一个优点是
    a. 有内置短路保护　b. 传输晶体管的功耗低
    c. 效率高　　　　　d. 浪费的功率少

27. 在什么情况下稳压器的效率高？
    a. 输入功率低　　　b. 输出功率高
    c. 功率浪费少　　　d. 输入功率高

28. 并联式稳压器的效率不高，是因为
    a. 功率的浪费
    b. 使用了串联电阻和并联晶体管
    c. 输出功率与输入功率的比值低
    d. 以上都对

29. 开关式稳压器
    a. 无噪声　　　　　b. 有噪声

c. 效率低　　　　　　　d. 是线性的

30. 齐纳跟随器是
    a. 升压式稳压器
    b. 并联式稳压器
    c. 降压式稳压器
    d. 串联式稳压器

31. 串联式稳压器比并联式稳压器的效率更高，是因为
    a. 它有串联电阻
    b. 它可以升高电压
    c. 用传输晶体管代替了串联电阻
    d. 传输晶体管在开关状态转换

32. 线性稳压器在什么情况下效率较高？
    a. 电压幅度余量低　　b. 传输晶体管的功耗高
    c. 齐纳电压低　　　　d. 输出电压低

33. 如果负载短路，当稳压器具有下列哪种功能时，传输晶体管的功耗最小？
    a. 转折限流　　　　　b. 低效率
    c. 降压拓扑结构　　　d. 高齐纳电压

34. 标准单片线性稳压器的压差接近于
    a. 0.3 V　　　　　　b. 0.7 V
    c. 2 V　　　　　　　d. 3.1 V

35. 在降压式稳压器中，输出电压的滤波是通过
    a. 扼流圈输入滤波器
    b. 电容输入滤波器
    c. 二极管
    d. 分压器

36. 效率最高的稳压器是
    a. 并联式稳压器　　　b. 串联式稳压器
    c. 开关式稳压器　　　d. DC-DC 转换器

37. 在升压式稳压器中，输出电压的滤波是通过
    a. 扼流圈输入滤波器
    b. 电容输入滤波器
    c. 二极管
    d. 分压器

38. 降压-升压式稳压器也是
    a. 降压稳压器　　　　b. 升压稳压器
    c. 反向稳压器　　　　d. 以上都是

习题

22.1 节

22-1　电源的 $V_{NL}=15$ V，$V_{FL}=14.5$ V，它的负载调整率是多少？

22-2　电源的 $V_{HL}=20$ V，$V_{LL}=19$ V，它的电源电压调整率是多少？

22-3　如果电源电压的变化是 $108\sim135$ V，负载电压的变化是 $12\sim12.3$ V，该电源的电源电压调整率是多少？

22-4　电源的输出电阻是 2 Ω，如果最小负载电阻是 50 Ω，那么负载调整率是多少？

22.2 节

22-5　图 22-4 电路中的 $V_{in}=25$ V，$R_S=22$ Ω，$V_Z=18$ V，$V_{BE}=0.75$ V，$R_L=17$ Ω。求输出电压、输入电流、负载电流和集电极电流。

22-6　图 22-5 中并联式稳压器的电路参数如下：$V_{in}=25$ V，$R_S=15$ Ω，$V_Z=5.6$ V，$V_{BE}=0.77$ V，$R_L=80$ Ω。如果 $R_1=330$ Ω，$R_2=680$ Ω，求输出电压、输入电流、负载电流和集电极电流的近似值。

22-7　图 22-6 中并联式稳压器的电路参数如下：$V_{in}=25$ V，$R_S=8.2$ Ω，$V_Z=5.6$ V，$R_L=50$ Ω. 如果 $R_1=2.7$ kΩ，$R_2=6.2$ kΩ，求输出电压、输入电流、负载电流和集电极电流的近似值。

22.3 节

22-8　图 22-8 电路中的 $V_{in}=20$ V，$V_Z=4.7$ V，

$R_1=2.2$ kΩ，$R_2=4.7$ kΩ，$R_3=1.5$ kΩ，$R_4=2.7$ kΩ，$R_L=50$ Ω。那么输出电压是多少？传输晶体管中的功耗是多少？

22-9　题 22-8 中的效率约为多少？

22-10　将图 22-15 电路中的齐纳电压改为 6.2 V，其输出电压约为多少？

22-11　图 22-16 电路中的 V_{in} 可以在 $20\sim30$ V 之间变化，齐纳电流的最大值是多少？

22-12　如果将图 22-16 电路中的 1 kΩ 电位器改为 1.5 kΩ，那么最小和最大稳压输出分别是多少？

22-13　如果图 22-16 电路的稳压输出是 8 V，那么开始限流工作时的负载电阻是多少？短路负载电流约为多少？

22.4 节

22-14　图 22-36 中的负载电流是多少？电压幅度余量是多少？LM7815 的功耗是多少？

22-15　图 22-33 电路的输出纹波是多少？

22-16　如果图 22-20 电路中的 $R_1=2.7$ kΩ，$R_2=20$ kΩ，那么输出电压是多少？

22-17　LM7815 的输入电压可以在 $18\sim25$ V 间变化，求效率的最大值和最小值。

22.6 节

22-18　DC-DC 转换器的输入电压是 5 V，输出电压是 12 V，如果输入电流是 1 A，输出电流是 0.25 A，则该 DC-DC 转换器的效率是多少？

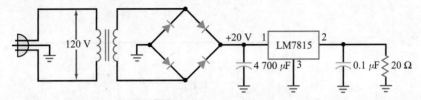

图 22-36 举例

22-19 DC-DC 转换器的输入电压是 12 V，输出电压是 5 V，如果输入电流是 2 A，效率是 80％，其输出电流是多少？

22.7 节

22-20 降压式稳压器的 $V_{REF} = 2.5$ V，$R_1 = 1.5$ kΩ，$R_2 = 10$ kΩ，其输出电压是多少？

22-21 如果占空比是 30％，输入到扼流圈输入滤波器的脉冲峰值是 20 V，其稳压输出是多少？

22-22 升压式稳压器的 $V_{REF} = 1.25$ V，$R_1 = 1.2$ kΩ，$R_2 = 15$ kΩ，其输出电压是多少？

22-23 降压-升压式稳压器的 $V_{REF} = 2.1$ V，$R_1 = 2.1$ kΩ，$R_2 = 12$ kΩ，其输出电压是多少？

思考题

22-24 图 22-37 所示是具有电子关断功能的 LM317 稳压器。当关断电压为零时，晶体管截止，对电路没有影响。当关断电压约为 5 V 时，晶体管饱和。求当关断电压为零时，输出电压的可调范围。当开关电压为 5 V 时，输出电压等于多少？

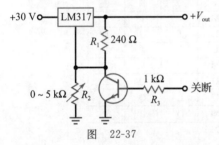

图 22-37

22-25 当图 22-37 电路中的晶体管截止时。为了获得 18 V 的输出电压，可调电阻的值应为多少？

22-26 当桥式整流器和电容输入滤波器作为稳压器的输入时，电容电压在放电过程中是近似理想的斜坡电压。为什么得到的是斜坡电压而不是通常的指数波形？

22-27 如果负载调整率是 5％，无负载电压是 12.5 V，那么满负载电压是多少？

22-28 如果电源电压调整率是 3％，低电源电压是 16 V，那么高电源电压是多少？

22-29 电源的负载调整率是 1％，最小负载电阻是 10 Ω，它的输出电阻是多少？

22-30 图 22-6 中并联式稳压器的输入电压是 35 V，集电极电流是 60 mA，负载电流是 140 mA。如果串联电阻是 100 Ω，求负载电阻。

22-31 若希望图 22-10 电路在约 250 mA 处开始限流。R_4 的取值应为多少？

22-32 图 22-12 电路的输出电压是 10 V，如果限流晶体管的 $V_{BE} = 0.7$ V，$K = 0.7$，$R_4 = 1$ Ω。求短路负载电流和负载电流的最大值。

22-33 图 22-35 电路中的 $R_5 = 7.5$ kΩ，$R_6 = 1$ kΩ，$R_7 = 9$ kΩ，$C_3 = 0.001$ μF，求降压式稳压器的开关频率。

22-34 图 22-16 电路中滑动变阻器的滑片处于中心位置时，输出电压是多少？

故障诊断

针对图 22-38 回答下列问题，完成开关式稳压器的故障诊断。在开始之前，观察故障列表中的"正常"一行，了解正常的波形及其正确的峰值电压。在这项练习中，多数故障都属于集成电路的问题而不是电阻的问题。当集成电路出现故障时，任何状况都可能发生，如引脚可能内部开路、短路等。无论集成电路内部发生什么故障，最为常见的现象就是输出固定。这是指输出电压固定在正饱和或负饱和状态。如果输入信号没问题，则必须更换输出固定的集成电路。下列问题中的故障是输出被固定在 +13.5 V 或 -13.5 V 的情况。

22-35 确定故障 1。

22-36 确定故障 2。

22-37 确定故障 3。

22-38 确定故障 4。

22-39 确定故障 5。

22-40 确定故障 6。

22-41 确定故障 7。

22-42 确定故障 8。

22-43 确定故障 9。

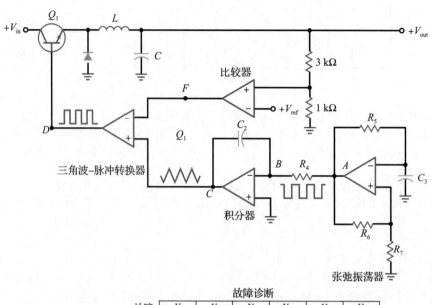

故障	V_A	V_B	V_C	V_D	V_E	V_F
正常	N	I	M	J	K	H
T_1	P	I	U	T	I	L
T_2	T	L	V	O	R	O
T_3	N	Q	M	V	I	T
T_4	P	N	L	T	Q	L
T_5	P	V	L	T	I	L
T_6	N	Q	M	O	R	T
T_7	P	I	U	I	Q	L
T_8	P	I	U	L	Q	V
T_9	N	Q	M	O	R	V

故障诊断

波形

图 22-38

求职面试问题

1. 画出任意一种并联式稳压器并说明其工作原理。
2. 画出任意一种串联式稳压器并说明其工作原理。
3. 解释为什么串联式稳压器比并联式稳压器的效率高。
4. 开关式稳压器的三种基本类型是什么？哪一种可使电压升高？哪一种是由正输入电压产生负输出电压？哪一种可使电压降低？
5. 在串联式稳压器中，电压幅度余量的含义是什么？它与效率的关系如何？
6. LM7806 和 LM7912 的区别是什么？
7. 解释电源电压调整率和负载调整率的含义。对于高质量电源，这两个指标应该是高还是低？
8. 电源的戴维南电阻或输出电阻与负载调整率有什么关系？高质量电源的输出电阻应该是高还是低？
9. 简单限流和转折限流有什么区别？
10. 热关断是什么意思？
11. 三端稳压器的厂家建议，当芯片与未稳压电源的距离大于 6 英寸时，应在输入端使用旁路电容。该电容的作用是什么？
12. LM78XX 系列的典型压差是多少？它的含义是什么？

选择题答案

1. a 2. b 3. b 4. b 5. c 6. a 7. c 8. c 9. b 10. a 11. c 12. b 13. b 14. b 15. a
16. c 17. b 18. d 19. c 20. a 21. c 22. b 23. a 24. a 25. b 26. a 27. c 28. d 29. b 30. d
31. c 32. a 33. a 34. c 35. a 36. c 37. b 38. d

自测题答案

22-1 $V_{out}=7.6$ V；$I_S=440$ mA；$I_L=190$ mA；$I_C=250$ mA

22-2 $V_{out}=11.1$ V；$I_S=392$ mA；$I_L=277$ mA；$I_C=115$ mA

22-3 $P_{out}=3.07$ W；$P_{in}=5.88$ W；效率$=52.2\%$

22-4 $I_C=66$ mA；$P_D=858$ mW

22-6 负载调整率$=2.16\%$；电源调整率$=3.31\%$

22-7 $V_{out}=8.4$ V；$P_D=756$ mW

22-8 效率$=70\%$

22-9 $V_{out}=11.25$ V

22-11 $I_Z=22.7$ mA；$V_{out(min)}=5.57$ V；$V_{out(max)}=13$ V；$R_L=41.7\ \Omega$；$I_{SL}=350$ mA

22-12 $I_L=150$ mA；$V_R=198\ \mu$V

22-13 $V_{out}=7.58$ V

22-15 $V_{out}=7.81$ V；$R_2=7.8$ kΩ

22-16 $V_{out}=7.47$ V

第23章
工业4.0背景下的智能传感器

在当今的制造业环境中，通过智能传感器进行数据采集对于制造流程中的决策环节起着关键作用。智能传感器的构成包括传感器、模拟接口、微处理器以及数据交换模块。传感器可以是有源的或者无源的，模拟接口包括一个具有高电压增益和高输入阻抗的放大器，同时包括采用有源滤波器的信号调理部分。微处理器具有现场决策能力，以及模/数转换功能。最后的模块中的电路和软件具有与其他智能传感器、可编程逻辑控制单元及中央计算机系统共享数据的功能。

目标
在学习完本章后，你应该能够：
- 了解每次工业革命的重要意义以及其中的关键技术；
- 画出智能传感器的框图并对各部分进行标注；
- 解释有源传感器和无源传感器之间的区别；
- 描述电阻式温度检测器（RTD）的功能并给出其测量温度的机理；
- 描述如何使用惠斯通电桥和带缓冲输入的差分放大器，利用RTD的电特性来检测基于电阻变化的温度变化；
- 描述非过零比较器电路是如何利用压电晶体电特性检测物体动作的；
- 了解光电传感器感知物体存在的三种方法，并举例说明每种方法的应用场景；
- 了解超声传感器的工作原理；
- 利用超声传感器的数据计算物体距离；
- 了解电容式接近传感器的工作原理；
- 了解模拟信号是如何转换成数字信号的；
- 了解在传感器、机器、可编程逻辑控制器和中央计算机系统之间数据交换的不同方法。

关键术语
有源射频识别标签（active RFID tag）

有源传感器（active sensor）

模/数转换器（analog to digital converter, ADC）

抗混叠滤波器（anti aliasing filter）

条形码读取器（bar code reader）

电容式接近传感器（capacitive proximity sensor）

漫反射式（diffuse method）

工业物联网（Industrial Internet of Things, IIoT）

机器间通信（machine-to-machine communication, M2M）

奈奎斯特率（Nyquist rate）

无源RFID标签（passive RFID tag）

无源传感器（passive sensor）

光电传感器（photoelectric sensor）

压电转换器（piezoelectric transducer）

可编程逻辑控制器（programmable logic controller）

射频识别（RFID）读卡器（radio-frequency identification reader, RFID reader）

电阻式温度检测器（resistance temperature detector, RTD）

回归反射式（retroreflective method）

RFID信标（RFID beacon）

RFID读卡器（RFID reader）

RFID应答器（RFID transponder）

智能传感器（smart sensor）　　　　　超声波传感器（ultrasonic sensor）
对射式（through-beam method）　　　　视觉系统（vision system）

23.1　工业 4.0 概述

在当今的制造业环境下，电子电路系统比以往任何时候都必不可少。制造业流程中的所有环节都可以通过集成在自动化系统中的智能技术进行实时监控和调整。智能传感器在制造流程中采集数据，可编程逻辑控制器可根据这些数据对制造流程进行微调，将流程中每个智能传感器的数据汇编为大型数据集，这些大型数据集用于智能决策。智能传感器内部的数据处理系统可以使传感器本身具有自我检测以及误差校准能力。基于大数据分析的预测性维护可以帮助制造商对制造过程中可能出现的故障提前进行检修。

工业革命进展

图片来源：Hein Nouwens/Shutterstock

图片来源：Photo Researchers/Science History Images/Alamy Stock Photo

图片来源：Doris Thomas/Fairfax Media Archives/Getty Images

图片来源：Olga Serdyuk/Microolga/123RF

23.1.1　第一次工业革命

每一次工业革命中所采用的技术都提高了产品的质量和生产效率。在第一次工业革命中，产品制造开始中心化。原先由家庭手工作坊制造的产品开始由工厂统一生产。1712年由 Thomas Newcomen 发明的蒸汽机改变了产品的生产方式，工人不再手工完成所有的工作，他们可以利用蒸汽机的动力来辅助产品的生产。

23.1.2　第二次工业革命

第二次工业革命发生在 20 世纪初，由于有了电，动力的来源可以不再依赖蒸汽机。在生产流程中电动机取代了蒸汽机。此外，Henry Ford 提出了一个新概念，即工人仅负责装配线上某个任务而不是执行全过程。待加工的产品沿着装配线移动，而工人们则在产品经过时执行特定任务。Henry Ford 被认为是引进流水线的第一人，这项技术缩短了产品的生产时间，从而降低了生产成本。

23.1.3　第三次工业革命

随着工业自动化的兴起，20 世纪 60 年代末发生了第三次工业革命。计算机数控

（CNC）机床提高了加工过程的效率和精度。在接下来的 50 年中，自动化水平不断提高，但仍然只是针对特定的机器或流程。可编程逻辑控制器（PLC）是一种工业计算机，可接收传感器信号并通过开关操作来控制设备，无论过去与现在，它仍然是自动化工业流程的控制中心。这种控制系统对于设备和工业流程来说是局部控制。可编程控制器针对工业流程进行设置并连续运行。图 23-1 展示了一个可编程逻辑控制器。

图片来源：Xmentoys/Shutterstock

图 23-1　可编程逻辑控制器

　　机器人单元也是在这一时期发展起来的。整个制造过程可以在特定的机器人单元内完成，然后产品被传递到另一个机器人单元。然而，这些机器人单元之间几乎没有通信。由于自动化过程的设置是耗时的，所以它只用于大型生产运行。在可编程逻辑控制器被编程之后，机器人单元仍然需要操作员来监督制造过程，以确保设备的正常运行。

23.1.4　第四次工业革命

　　当前的传感器技术水平及机器人单元在整个制造环境中的共享数据的能力，引领了第四次工业革命（工业 4.0）。智能传感器使得可编程控制单元能够从传感器中获得实时数据，而且可编程控制单元也可以实时调节传感器并检查其是否正常工作。获得的数据可用于监控机器的工作状况及跟踪生产的各个方面情况，从而提高机器的正常运行时间。这些大型数据集被称为大数据。对于大型制造工厂来说，每次操作产生数百吉字节的数据是很常见的。

　　机器人单元的智能传感器之间的互连使得可编程控制器能够实时地更改自动化生产线上的制造参数。例如，在特定印制电路板的生产流程之后，拾取机器人和各种材料处理机器人可以根据不同尺寸的印制电路板以及不同的组件要求进行自动重新配置。自动化生产线前端的物料搬运机器人通过条形码阅读器、射频识别（RFID）阅读器或视觉系统检测印制电路板的新尺寸和类型。可编程逻辑控制器检测来自前端物料搬运机器人的数据，将新印制电路板的新组件放置要求发送给拾取机器人。新型印制电路板的参数也与其他物料搬运机器人和相关的输送系统共享。输送系统自动调整，以方便新的印制电路板的运输。整个过程中的视觉系统也会实时更新参数以确保元件放置正确。

　　机器间通信（M2M）网络、工业物联网（IIoT）或两种方法的结合促进了机器人单元的互连。这些互连方法实现了制造过程中的分布式智能控制。

23.2　智能传感器

　　传感器是一种检测物理环境中某种特性（例如温度、压力、相对位置、运动和环境光线）的设备或电路。传感器的输出可以是电阻、电压或电流。这三种电参量作为原始量输入到电路中再被转换为可供其他电子系统使用的信号。智能传感器中有对信号的放大和调理电路。调理后的信号在微处理器中进行数字化处理。数字信号可以与网络上的其他设备共享，并由内部微处理器用于监测传感器参数的设置。智能传感器的框图如图 23-2 所示。

　　准理想电压源的重要性已在 1.2 节中首次介绍。为使电压源特性近似理想，其负载阻抗应该比源内阻至少大 100 倍。使用高输入阻抗放大器作为接收传感器信号的输入级，传感器的输出阻抗和放大器的输入阻抗形成分压器。放大器的高输入阻抗保证了传感器是一个准理想电压源，使其信号全部被传输到放大器中。模拟信号进入电路后，经过放大、滤波并转换为数字信号。内部微处理器使用数字信号来检测传感器的工作状况。此外，这些数字信号也会通过工业互联网共享给可编程逻辑控制器。智能传感器与可编程逻辑控制

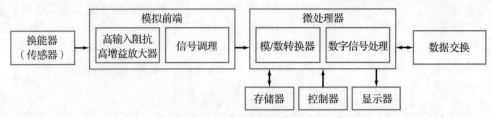

图 23-2　智能传感器的框图

器之间的通信是双向的。可编程逻辑控制器可以根据从传感器接收到的数据和它自己的内部程序来调整传感器参数。

家庭中使用智能传感器的一个例子是智能恒温器。恒温器中的传感器检测室内环境温度。如果用户将温度设置得比室温更高，则加热器启动并运行，直到恒温器周围的空气升温至预设的温度值，此时加热器关闭，等待温度降为设定值以下时再启动，并自动循环。然而，如果在温度降至预设值以下时立即重新启动加热，则加热器将会连续重复开关动作。这会缩短加热器的寿命。因此，设计师在控制单元的设计中利用了迟滞效应。迟滞量是指在加热器的开启和关闭时间之间可接受的温度波动量。智能恒温器通过安全的互联网与计算机、智能手机或平板电脑进行通信。基于互联网的应用可以满足用户在远程实时监测居室温度并控制供暖或制冷的需求。智能恒温器还有一个输入屏幕，用于本地控制设置。来自智能传感器的数据可用于构建这些需求的历史记录以进行分析。

23.3　传感器的类型

传感器可以分为两类：无源传感器和有源传感器。无源传感器不需要电源就可以工作，因此无源传感器的电特性会一直存在。例如，电阻式温度检测器（RTD）会根据温度不同改变电阻，而不需要外部电源。电阻的变化一般采用惠斯通电桥来进行检测。惠斯通电桥在 18.4 节中介绍过了。

有源传感器需要电压源才能工作，如光电传感器中的发光二极管和光电晶体管需要电压源以使二极管发光并对光电晶体管进行正确偏置。一些智能传感器可能使用无源传感器作为其输入，但由于包含了微处理器，所以也可以归类为有源传感器。

23.4　无源传感器

23.4.1　电阻式温度检测器

电阻式温度检测器（RTD）是一种温度传感器，可以根据温度改变电阻。由于其测量的准确性和持续可重复性，RTD 多年来一直是温度测量的主流。该传感器结构简单，可用于多种环境。

RTD 通常由缠绕在陶瓷或玻璃芯上的导线制成，如图 23-3 所示。导线的电阻与温度呈线性关系，因此其对应值的推测准确性高。RTD 中常用的材料有铂、镍和铜。因为铂的精确性和可重复性高，所以铂是最常用的金属。将细铂丝缠绕在芯上，然后覆盖一个保护外壳。外壳可以保护传感器免受磨损，同时也可以使传感器能够浸入水、液体或化学物质中。

知识拓展　一些电阻式温度检测器的测量温度可达 600 ℃。

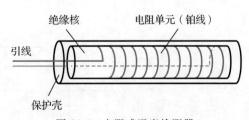

图 23-3　电阻式温度检测器

惠斯通电桥如图 23-4 所示，已在 18.4 节中介绍过。该电路用来检测 RTD 的电阻。电阻 R_1 和 RTD 构成了一个分压器，R_2 和 R_3 也构成了分压器。电压 V_A 是 RTD 两端的电压，而 V_B 是 R_3 两端的电压，如式（23-1）和式（23-2）所示。输出电压 V_{AB} 是点 A 与点 B 之间的电压差，如式（23-3）所示。

$$V_A = V_1 \left(\frac{\text{RTD}}{R_1 + \text{RTD}} \right) \tag{23-1}$$

$$V_B = V_1 \left(\frac{R_3}{R_2 + R_3} \right) \tag{23-2}$$

$$V_{AB} = V_A - V_B$$

$$V_{AB} = V_1 \left(\frac{\text{RTD}}{R_1 + \text{RTD}} \right) - V_1 \left(\frac{R_3}{R_2 + R_3} \right) \tag{23-3}$$

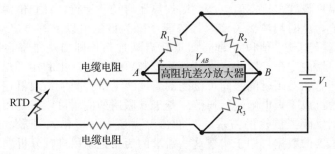

图 23-4　惠斯通电桥

RTD 可以采用两线或三线连接模式。RTD 的工作原理是基于电阻随温度变化的能力。为保证精度，连接 RTD 和控制电路的电缆上的电阻不应改变测量电阻。在两线连接模式中，电缆的电阻会全部加到 RTD 的阻值中。由于电缆的长度可根据传感器的位置而变化，因此这种方法不常用。

当不计电缆电阻影响时，RTD 两端的电压 V_{AB} 可由式（23-3）进行计算。当 $R_2 = R_3$ 时，式（23-3）可以简化，此时差分放大器输入端的电压（V_{AB}）计算如式（23-4）所示。

$$V_{AB} = V_1 \left(\frac{\text{RTD}}{R_1 + \text{RTD}} \right) - V_1 \left(\frac{R_3}{R_2 + R_3} \right)$$

$$R_2 = R_3$$

$$V_{AB} = V_1 \left(\frac{\text{RTD}}{R_1 + \text{RTD}} \right) - V_1 \left(\frac{1}{2} \right) \tag{23-4}$$

例 23-1　设 $V_1 = 10$ V，$R_1 = 100\ \Omega$，$R_3 = 100\ \Omega$，且 RTD 在 0 ℃～100 ℃ 温度变化中阻值从 100 Ω 变化至 138.5 Ω。忽略电缆电阻，针对图 23-5 所示电路，求 20 ℃ 时 V_{AB} 的值，此时 RTD=107.79 Ω。同时求解 100 ℃、RTD=138.5 Ω 时 V_{AB} 的值。

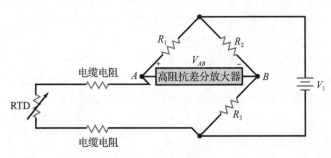

图 23-5　两线模式

温度＝20 ℃

$V_{AB} = V_A - V_B$

$V_{AB} = V_1 \left(\dfrac{\text{RTD}}{R_1 + \text{RTD}} \right) - V_1 \left(\dfrac{R_3}{R_2 + R_3} \right)$

$R_2 = R_3 \therefore$

$V_{AB} = V_1 \left(\dfrac{\text{RTD}}{R_1 + \text{RTD}} \right) - V_1 \left(\dfrac{1}{2} \right)$

$V_{AB} = 10 \text{ V} \left(\dfrac{107.79 \ \Omega}{100 \ \Omega + 107.79 \ \Omega} \right) - 10 \text{ V} \left(\dfrac{1}{2} \right)$

$V_{AB} = 187.45 \text{ mV}$

温度＝100 ℃

$V_{AB} = V_A - V_B$

$V_{AB} = V_1 \left(\dfrac{\text{RTD}}{R_1 + \text{RTD}} \right) - V_1 \left(\dfrac{R_3}{R_2 + R_3} \right)$

$R_2 = R_3 \therefore$

$V_{AB} = V_1 \left(\dfrac{\text{RTD}}{R_1 + \text{RTD}} \right) - V_1 \left(\dfrac{1}{2} \right)$

$V_{AB} = 10 \text{ V} \left(\dfrac{138.5 \ \Omega}{100 \ \Omega + 138.5 \ \Omega} \right) - 10 \text{ V} \left(\dfrac{1}{2} \right)$

$V_{AB} = 807.13 \text{ mV}$

自测题 23-1　忽略电缆阻抗。针对图 23-5 所示电路，求 25 ℃时 V_{AB} 的值，此时 RTD＝109.73 Ω；求 50 ℃时 V_{AB} 的值，此时 RTD＝119.42 Ω。

如果考虑电缆电阻，则式（23-4）需要修正为式（23-5）：

$$V_{AB} = V_1 \left(\frac{\text{RTD} + R_{\text{Cable}}}{R_1 + \text{RTD} + R_{\text{Cable}}} \right) - V_1 \left(\frac{1}{2} \right) \tag{23-5}$$

例 23-2　假设电缆有两种不同的长度，长度为 A 的电缆电阻值为 15 Ω，长度为 B 的电缆电阻值为 30 Ω。在 20 ℃下，RTD 的电阻为 107.79 Ω。则图 23-5 所示电路考虑电缆电阻影响时，V_{AB} 的计算如下：

温度＝20 ℃，长度为 A 的电缆电阻值＝15 Ω

$V_{AB} = V_A - V_B$

$V_{AB} = V_1 \left(\dfrac{\text{RTD} + R_{\text{Cable}}}{R_1 + \text{RTD} + R_{\text{Cable}}} \right) - V_1 \left(\dfrac{R_3}{R_2 + R_3} \right)$

$R_2 = R_3 \therefore$

$V_{AB} = V_1 \left(\dfrac{\text{RTD} + R_{\text{Cable}}}{R_1 + \text{RTD} + R_{\text{Cable}}} \right) - V_1 \left(\dfrac{1}{2} \right)$

$V_{AB} = 10 \text{ V} \left(\dfrac{107.79 \ \Omega + 15 \ \Omega}{100 \ \Omega + 107.79 \ \Omega + 15 \ \Omega} \right) - 10 \text{ V} \left(\dfrac{1}{2} \right)$

$V_{AB} = 511.47 \text{ mV}$

温度＝20 ℃，长度为 B 的电缆电阻值＝30 Ω

$V_{AB} = V_A - V_B$

$V_{AB} = V_1 \left(\dfrac{\text{RTD} + R_{\text{Cable}}}{R_1 + \text{RTD} + R_{\text{Cable}}} \right) - V_1 \left(\dfrac{R_3}{R_2 + R_3} \right)$

$R_2 = R_3 \therefore$

$V_{AB} = V_1 \left(\dfrac{\text{RTD} + R_{\text{Cable}}}{R_1 + \text{RTD} + R_{\text{Cable}}} \right) - V_1 \left(\dfrac{1}{2} \right)$

$V_{AB} = 10 \text{ V} \left(\dfrac{107.79 \ \Omega + 30 \ \Omega}{100 \ \Omega + 107.79 \ \Omega + 30 \ \Omega} \right) - 10 \text{ V} \left(\dfrac{1}{2} \right)$

$V_{AB} = 794.61 \text{ mV}$

自测题 23-2　假设电缆有两种不同的长度，长度为 A 的电缆电阻值为 20 Ω，长度为

B 的电缆电阻值为 35 Ω。求图 23-5 所示电路在 25 ℃下的 V_{AB},其中 RTD 阻值为 109.73 Ω。

由于电缆长度会随着 RTD 与控制单元之间的距离变化而变化,控制单元测量出的电压也会随之变化。因此,我们希望能优化连接模式使其与电缆长度无关。

图 23-6 所示的三线模式通过将连线电阻放置在电桥的两个支路上,消除了连线电阻,从而减小了连线电阻的影响。这里假定三根导线的电阻基本相似。由于三根导线的长度相同,因此这个假设是保险的。这种三线模式需要差分放大器具有高输入阻抗。A 点和 B 点之间的电压差通过差分放大器进行放大。

2 号连线(A-B 间差分放大器所在的支路连线)是电压检测导线,由于差分放大器的输入阻抗高,因此没有电流通过。三线模式用于传感器与控制单元有一定距离的工业应用场景。

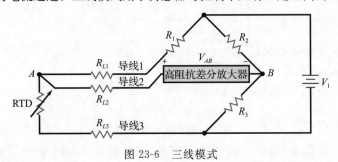

图 23-6　三线模式

应用实例 23-3 图 23-7 所示 RTD 在 0 ℃～100 ℃的阻抗变化范围为 1～1.1 kΩ。图 23-7 中运算放大器(741)的参数为 $A_{VOL}=100\,000$,$R_{\mathrm{in}}=2$ MΩ,$R_{CM}=200$ Ω。利用 18.4 节中介绍的带输入缓冲级的差分放大器,确定缓冲放大器的闭环输入阻抗以及 100 ℃下差分输出电压。

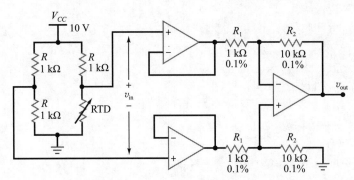

图 23-7　由输入缓冲差分放大器驱动的 RTD 电桥

解: 缓冲放大器为差分放大器提供了高输入阻抗。利用式(17-8),闭环输入阻抗是

$$z_{\mathrm{in(CL)}} = (1+A_{VOL}B)R_{\mathrm{in}} \parallel R_{CM}$$

在电压跟随器中,反馈系数"B"为 1。因此上式可以简化为

$$z_{\mathrm{in(CL)}} = (1+A_{VOL})R_{\mathrm{in}} \parallel R_{CM}$$

将 741 运算放大器中的 A_{VOL},R_{in} 和 R_{CM} 代入式中,可得

$$z_{\mathrm{in(CL)}} = (1+100\,000)2 \text{ MΩ} \parallel 200 \text{ MΩ}$$

$$z_{\mathrm{in(CL)}} = \cfrac{1}{\cfrac{1}{200 \text{ GΩ}}+\cfrac{1}{200 \text{ MΩ}}} = 199.8 \text{ MΩ}$$

$$z_{\mathrm{in(CL)}} \cong R_{CM}$$

传感器中 $\Delta R = 100\ \Omega$，电桥电阻值为 1 kΩ。

$$4 \times R = 4\ \text{k}\Omega$$

$$2 \times \Delta R = 200\ \Omega$$

$$\frac{4R}{2\Delta R} = \frac{4 \times 1\ \text{k}\Omega}{2 \times 100\ \Omega} = 20$$

由于 $4R$ 仅为 $2\Delta R$ 的 20 倍，因此由式（18-12）得到输入电压：

$$v_{\text{in}} = \frac{\Delta R}{4R + 2\Delta R} V_{\text{CC}}$$

代入图 23-7 中的电阻值，得

$$v_{\text{in}} = \frac{100\ \Omega}{4 \times 1\ \text{k}\Omega + 2 \times 100\ \Omega} \times 10\ \text{V} = 238.1\ \text{mV}$$

由式（18-4）得到放大器的差分电压增益为

$$A_v = \frac{-R_2}{R_1}$$

$$A_v = \frac{-10\ \text{k}\Omega}{1\ \text{k}\Omega} = -10$$

差分放大器的电压增益为 -10。差分输出电压可以用放大器电压增益与差分输入电压相乘得到：

$$v_{\text{out}} = A_v \times v_{\text{in}}$$

$$v_{\text{out}} = -10 \times 238.1\ \text{mV} = -2.381\ \text{V}$$

◀

自测题 23-3　图 23-7 所示的 RTD 在 0～200 ℃ 时电阻变化为 1～1.2 kΩ。741 运算放大器参数为 $A_{\text{VOL}} = 100\ 000$，$R_{\text{in}} = 2\ \text{M}\Omega$，$R_{\text{CM}} = 200\ \text{M}\Omega$。求缓冲放大器的闭环输入阻抗，以及 200 ℃ 时的差分输出电压。

23.4.2　压电传感器

在 1880 年 Jacques 和 Pierre Curie 发现了某些晶体矿石（如石英，电气石或者罗谢尔盐）在挤压或者受迫形变的状态下会产生电极化现象，如图 23-8 所示。极化作用使得晶体表面产生电压。而后来他们又发现了相反

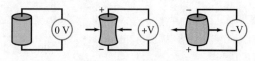

图 23-8　压电效应

的现象，即晶体在电流加载的状态下会产生形变。这种独特的性质使得石英晶体最早被用于压电传感器。

压电传感器是一种能够将压力转换为电信号的设备。最早用于制作压电传感器的材料是石英晶体。晶体上的压力或者张力会产生极性相反的电压。后来石英晶体逐渐被其他压电材料所替代，这是因为压电材料在同等作用力下产生的电压更大。两种常见的压电材料是压电陶瓷和柔性聚偏二氯乙烯（PVDC）聚合物薄膜。

知识拓展　压电传感器产生小的电压和微电流。因此需要使用高输入阻抗的电压放大器，以保证传感器是准理想电压源。

可以将压电传感器放置在机器的关键部位附近，并监测其在运行过程中的振动程度。例如，使用压电传感器对机器的过度振动进行检测可用于预测各种问题，包括轴承磨损、润滑不当和运动部件平衡不当。由于其工作原理，压电传感器需要与被测设备有物理接触。

压电传感器可以检测连续振动和突然冲击。常见的压电传感器是将一块压电陶瓷薄膜层压到聚酯基材上。在陶瓷片的一端施以预定的配重，如图 23-9 所示。传感器会直接产生正比于弯曲度的电压。如果弯曲的产生来自直接接触，则传感器的作用类似于一个开

关。压电效应产生的尖峰电压可用来触发 MOS 场效应晶体管或运算放大器。弯曲的角度越大，则产生的电压越大，用过零检测器得到的脉冲宽度也越宽，如图 23-10 所示。过零检测器在 20.1 节中有所介绍。

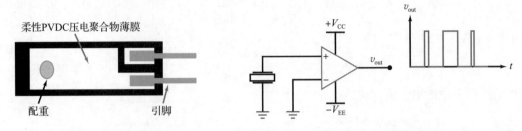

图 23-9 压电传感器 图 23-10 过零检测器

如果传感器通过其触点连接并保持水平悬放，则由于所连接的机器的运动，它将通过在自由空间中振动而表现为振动传感器。传感器的自然谐振频率取决于柔性压电材料的自由长度和加在上面的配重质量。振动的弯曲应力产生电压。在图 23-11 所示的结构中，压电传感器驱动一个高输入阻抗的高增益电压放大器。

如图 23-11 所示，$U1$ 和 $U2$ 是 LM741C 运算放大器，$U3$ 是 LM318C 运算放大器。LM741C 运算放大器的 $R_{in}=2$ MΩ，$R_{CM}=200$ MΩ，开环电压增益为 100 000。

缓冲放大器为高增益电压放大器提供高输入阻抗。由式（17-8）得到闭环输入阻抗为

$$Z_{in(CL)} = (1 + A_{VOL}B)R_{in} \parallel R_{CM}$$

对于电压跟随器，其反馈系数 B 为 1，因此上式可以化简为

$$Z_{in(CL)} = (1 + A_{VOL})R_{in} \parallel R_{CM}$$

将 A_{VOL}、R_{in} 和 R_{CM} 用 741 运算放大器的具体数值代入，$A_{VOL}=100\ 000$，$R_{in}=2$ MΩ，$R_{CM}=200$ MΩ，可得

$$Z_{in(CL)} = (1 + 100\ 000)2\text{ MΩ} \parallel 200\text{ MΩ}$$

$$Z_{in(CL)} = \frac{1}{\dfrac{1}{200\text{ GΩ}} + \dfrac{1}{200\text{ MΩ}}} = 199.8\text{ MΩ}$$

$$Z_{in(CL)} \cong R_{CM}$$

高增益电压放大器的闭环电压增益可由式（16-12）得到：

$$A_{V(CL)} = \frac{R_f}{R_1} + 1$$

$$A_{V(CL)} = \frac{100\text{ kΩ}}{100\text{ Ω}} + 1$$

$$A_{V(CL)} = 1001$$

比较器的翻转阈值电压由运算放大器的反相输入的直流电平决定。图 23-11 中由 R_2 和 R_3 分压得到直流参考电压。参考电压的表达式如式（20-2）所示：

$$v_{ref} = \frac{R_2}{R_1 + R_2} + V_{CC}$$

将图 23-11 中电阻值代入公式可得

$$v_{ref} = \frac{R_3}{R_2 + R_3} V_{CC}$$

$$v_{ref} = \frac{1\text{ kΩ}}{4\text{ kΩ} + 1\text{ kΩ}} \times 15\text{ V}$$

$$v_{ref} = 3\text{ V}$$

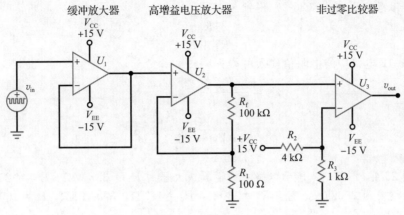

图 23-11　缓冲输入

知识拓展　实际原理图中的元件编号通常与在大学里学到的方程式中使用的编号不一致。重要的是能够根据原理图中元件的位置将所学的方程应用到实际电路中。

应用实例 23-4　图 23-12 中的运算放大器的 $R_{in} = 3\ M\Omega$，$R_{CM} = 200\ M\Omega$，开环电压增益为 175 000。请计算 $Z_{in(CL)}$、$A_{V(CL)}$ 以及 V_{ref}。

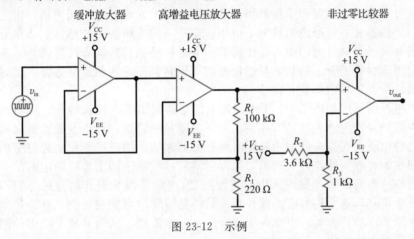

图 23-12　示例

解：
$$Z_{in(CL)} = (1 + A_{VOL}B)R_{in} \parallel R_{CM}$$
在电压跟随器中，反馈支路增益 $B = 1$，因此上式可以简化为
$$Z_{in(CL)} = (1 + A_{VOL})R_{in} \parallel R_{CM}$$
$$Z_{in(CL)} = \cfrac{1}{\cfrac{1}{525\ G\Omega} + \cfrac{1}{200\ M\Omega}} = 199.9\ M\Omega$$

$$Z_{in(CL)} \cong R_{CM}$$

放大器的闭环电压增益由式（16-12）可得
$$A_{V(CL)} = \frac{R_f}{R_1} + 1$$
$$A_{V(CL)} = \frac{100\ k\Omega}{220\ \Omega} + 1$$
$$A_{V(CL)} = 455.5$$

比较器的翻转阈值电压由运算放大器反相输入直流电平确定。R_2 和 R_3 分压得到直流

参考电压。参考电压由式（20-2）得到

$$v_{ref} = \frac{R_2}{R_1 + R_2} + V_{CC}$$

将图 23-12 电路中的电阻值代入可得

$$v_{ref} = \frac{R_3}{R_2 + R_3} V_{CC}$$

$$v_{ref} = \frac{1\ \mathrm{k\Omega}}{3.6\ \mathrm{k\Omega} + 1\ \mathrm{k\Omega}} (15\ \mathrm{V})$$

$$v_{ref} = 3.26\ \mathrm{V} \qquad \blacktriangleleft$$

自测题 23-4　图 23-12 所示电路中的运算放大器的 $R_{in} = 3.5\ \mathrm{M\Omega}$，$R_{CM} = 250\ \mathrm{M\Omega}$，开环电压增益为 200 000。电阻 $R_1 = 330\ \Omega$，$R_2 = 4.7\ \Omega$，$R_3 = 1\ \mathrm{k\Omega}$，$R_f = 100\ \mathrm{k\Omega}$，计算 $Z_{in(CL)}$、$A_{V(CL)}$ 及 v_{ref}。

23.5　有源传感器

23.5.1　光电传感器

光电传感器广泛应用于对物体的检测。光电传感器利用光来探测物体的存在。使用光检测意味着它是非接触式的，不会在检测过程中对检测物体造成污染或损坏。本节将介绍的几种方法可以实现对反射和非反射物体的检测。由于光可以在空间传播，因此该传感器可在物体与传感器有一定距离的情况下应用。这是一种非接触式传感器。非接触式传感器的优点包括对被感测材料无污染，且传感器不必对被感测材料具有抗腐蚀性。非接触式传感器广泛应用于食品工业。例如，可以检查装有烘焙食品的透明塑料容器，通过非物理接触的方式确认所有容器中都装有食品。

光电传感器的框图如图 23-13 所示。光电传感器发出特定波长的光。用对相应波长的光敏感的探测器来检测该光波是否存在。为了消除检测错误，可以使光发射器和检测器采用同一个时钟电路。在光脉冲发出的同时将探测器激活，用以区别发射光与室内本身的光线。使用现在的智能传感器，会有第二组发射器和接收器协同工作，两组的结果由可编程逻辑控制器连续监测。一旦发现其中一组发射器/接收器的数据开始与另一组不同，传感器将产生一个信号，这个信号会提醒技术人员传感器窗口可能被污染。这为技术人员提供了充足的时间来清洁传感器，以免传感器窗口被完全遮挡，从而导致系统因检测到传感器的错误数据而使生产线停止运转。

光电传感器一般分为三种类型：**漫反射式光电传感器**（有时也称为反射式）、**对射式光电传感器**和**回归反射式光电传感器**。

漫反射式光电传感器

在漫反射式中，光发射器和接收器（光电管）封装在一起，LED 发射光线照射到物体上被反射回检测器，如图 23-14 所示。这种光电传感器要求待检测物体的表面具有反射

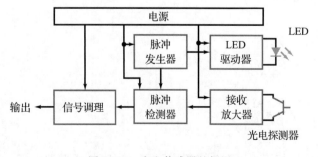

图 23-13　光电传感器的框图

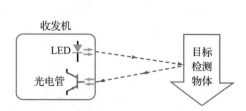

图 23-14　漫反射（反射）式光电传感器

性，这种检测方法在灌装工业中非常有效，当金属罐经过光电传感器时，金属罐的反射表面可以将光反射回接收器。

知识拓展　用于制造 LED 的半导体材料决定 LED 发出的光的波长。LED 发出的光的波长决定了它的颜色和人眼是否可见。

对射式光电传感器

在**对射式光电传感器**中，光发射器和接收器（光电管）位于不同的位置。当目标物体穿过发射器和接收器之间时，光线被遮挡或发生光量的改变，如图 23-15 所示。这种方法可以检测非反射物体以及不透明物体，因为通光量的改变或者光线完全消失都可以被检测到。当物体经过光束时，光束被中断或光强减弱，这种变化量会被接收器检测到。一个典型的例子是这类光电传感器在自动车库门开启器中的应用，发射器和接收器分别位于门的两侧，如果物体正好在门中间，则发射器与接收器之间的光束被破坏，车库门将不会关闭。

回归反射式光电传感器

在回归反射式光电传感器中，光发射器和接收器（光电管）封装在一起，光束被外加的独立反射器反射回来，当物体经过传感器和反射器之间时，光束被破坏，物体被检测到，如图 23-16 所示。回归反射式光电传感器用于非反射物体。

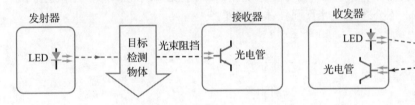

图 23-15　对射式光电传感器　　　　　图 23-16　回归反射式光电传感器

23.5.2　接近传感器

接近传感器是非接触式传感器。用来测量物体的距离或者检测物体的存在。工业界常用的三种用于检测物体位置的接近传感器分别利用超声波、电磁场或电场来实现。

超声波传感器

超声波传感器利用声波来测量距离。超声波传感器包括发射器和接收器。发射器发射一段高频声波短脉冲，然后对反射回传感器的波进行检测，如图 23-17 所示。将接收器调谐至可以接收特定的高频信号。短脉冲发出后有一段休止时间，以等待声波到达物体并返回接收器。这个过程不断循环进行。超声波传感器是一种非接触式传感器。

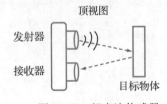

图 23-17　超声波传感器

声波往返所经过的时间可以被测量。根据声速，可以确定物体的距离。回波时间包括声波到达物体的时间和反射回接收器的时间。因此，需要将这个时间除以 2。

$$物体距离 ＝ 声速 × (回波时间 /2) \tag{23-6}$$

例如，在室温（20 ℃）下，声音以 1126 ft⊖/s 的速度传播。如果回波时间是 2 ms，则物体距离传感器 13.51 in。

具体计算过程如下：

⊖　ft 指英尺，1 ft＝0.3048 m。

物体距离 $=1126\,\text{ft/s}\times2\,\text{ms}/2=1.126\,\text{ft}$

英尺转换到英寸：$1.126\,\text{ft}=1.126\times12\,\text{in}=13.51\,\text{in}$

物体距离 $=1.126\,\text{ft}$ 或者 $13.51\,\text{in}$

超声波传感器在食品工业中广泛应用，因为可以在不污染食物的情况下进行测距。例如，超声波传感器可以检测水箱中牛奶的液面位置，如图 23-18 所示。随着牛奶液面的上升，超声波回波的时间减少。

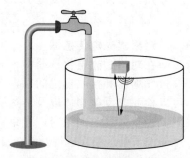

图 23-18　超声波传感器应用

知识拓展　声音在空气中的传播速度与空气的温度有关。随着温度的升高，速度也随之增加。

应用实例 23-5　一个类似图 23-18 所示的混合罐，向其中注入溶液。超声波传感器位于罐的顶部。罐的直径 10 ft，高 15 ft。罐内的混合过程需要 $1021\,\text{ft}^3$ 的溶液。求出罐内所需溶液的高度，以及超声波此时到达溶液的回波时间。假设罐和溶液都处于室温，可以把罐建模成圆柱体。

解：圆柱体的体积计算公式为 $V=\pi r^2h$。其中 r 为半径，单位是 ft；h 为高度，单位也是 ft。

当体积已知时，则上述公式可以计算圆柱体的高度：

$$V=\pi r^2h$$

$$h=\frac{V}{\pi r^2}$$

$$h=\frac{1021\,\text{ft}^3}{\pi(5\text{ft})^2}$$

$$h=12.999\,\text{ft}$$

假设超声波在室温下的空气中传播速度为 1126 ft/s，同时从发射器到液面再反射回传感器的距离为 2.001 ft（即 15 ft−12.999 ft）的 2 倍，则回波时间可以计算为：

超声波在室温下以 1126 ft/s 的速度在空气中传播。传播到溶液表面的距离为 2.001 ft（15 ft−12.999 ft），然后返回传感器，所需的总时间为

$$t_{\text{Round-trip}}=与物体的距离\,/\,超声波速度=单程传播时间\times2$$

$$t_{\text{Round-trip}}=\frac{2.001\,\text{ft}}{1126\,\dfrac{\text{ft}}{\text{s}}}=1.777\,\text{ms}\times2$$

$$t_{\text{Round-trip}}=3.554\,\text{ms}$$

◀

✎ **自测题 23-5**　现有一个类似图 23-18 所示的混合罐，向其中注入溶液。超声波传感器位于罐的顶部。罐的直径 12 ft，高 15 ft。罐内的混合过程需要 $1527\,\text{ft}^3$ 的溶液。求出罐内所需溶液的高度，以及超声波此时到达溶液的回波时间。假设罐和溶液都处于室温，可以把罐建模成圆柱体。

电容式接近传感器

电容式接近传感器利用电容的变化来检测物体。这种传感器既能探测金属物体，也能探测非金属物体。回顾一下电容概念，电容器是由电介质隔开的两块极板组成的。电容的公式为

$$C=8.85\times10^{-12}\left(K_\epsilon\times\frac{A}{d}\right) \tag{23-7}$$

式中，K_ϵ 是介电常数（相对介电常数）；A 是极板面积，单位是 m^2；d 是两极板之间的距离，单位是 m。

　　电容式接近传感器可以通过几种方式来检测物体的存在。第一种方式用于检测特定距离的金属物体。举一个在装瓶行业应用的例子。电容式接近传感器可以检测瓶子上是否有金属盖。传感器和金属瓶盖分别作为电容的两个极板，将中间的空气作为电介质。当瓶子从传感器下方通过时，形成电容，就可检测到金属瓶盖。电容式接近传感器如图 23-19 所示。

　　第二种方式是使用并排放置的两个板。板前面及两板之间的材料形成电介质并会影响总电容。图 23-20 展示了电容式接近传感器形成的电场。当有物体进入电场时，电介质发生变化，导致总电容发生变化。

图片来源：Олександр Федюк/123RF.com

图 23-19　电容式接近传感器

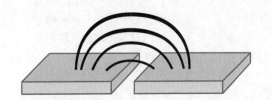

图 23-20　电容式接近传感器形成的电场

　　当电容结构形成，可以采用几种常见的电路来检测电容的变化。第一种方法是利用欧姆定律，当特定的交流信号通过电容时，产生的容抗由交流信号频率和电容值决定。

$$X_C = \frac{1}{2\pi f C} \tag{23-8}$$

式中，f 是交流信号频率，C 是电容值大小。

　　电容式接近传感器的电路模型如图 23-21 所示，其中

$$R_T = R_1 + R_2$$
$$X_C = \frac{1}{2\pi f C_1}$$
$$Z_T = \sqrt{R_T^2 + X_C^2}$$
$$i = \frac{v_{ac}}{Z_T}$$

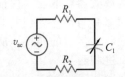

图 23-21　电容式接近传感器的
电路模型

式中，R_1 和 R_2 是引线的寄生电阻，C_1 是传感器电容，f 是交流信号源的频率。

　　如果引线比较短，则其阻抗可以忽略不计，R_T 接近于 0。如果引线阻抗可以忽略，则 Z_T 表达式可以简化为

$$Z_T = \sqrt{R_T^2 + X_C^2}$$
$$Z_T = \sqrt{0^2 + X_C^2} = \sqrt{X_C^2} = X_C$$

交流电流的表达式可以简化为式（23-9）：

$$i = \frac{v_{ac}}{Z_T} \quad Z_T = X_C \quad \therefore i = \frac{v_{ac}}{X_C}$$

$$i = \frac{v_{ac}}{X_C} \tag{23-9}$$

　　容抗与电流成反比。随着容抗的变化，电流的变化相反。可以通过电流的变化来确定物体的存在。

　　另一种常见的电路是调谐 LC 电路。利用调谐 LC 电路的电容式接近传感器的框图如图 23-22 所示。最初，电容式接近传感器的电介质是空气。当物体进入到电容式接近传感器产生的静电场时，介电常数值发生了变化，使得 LC 振荡器电路总电容变化。电容的增

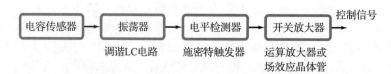

图 23-22　电容式接近传感器的框图

加导致内部调谐 LC 电路的振荡。如 20.3 节"迟滞比较器"中所介绍的，施密特触发器通常用于检测振荡幅度是否达到预设水平（翻转点）。施密特触发器输出状态的变化驱动一个开关放大器，向 PLC 或控制装置发送控制信号。当物体离开静电场时，振荡停止。施密特触发器输出状态改变，进而控制信号的状态也随之改变。

例如，将电容式接近传感器的两个极板放在罐体侧面。当向罐体注入液体时，罐中空气被液体取代，介电常数发生变化。通过监测传感器产生的电容值，便可以确定液体注入的高度，如图 23-23 所示。

图 23-23　电容式接近传感器

23.6　数据转换

模/数转换

工业 4.0 中的自动化在很大程度上依赖于自动化单元之间的数据共享。模拟电压被传感器的放大器获取后，便被转化为数字信号传输到可编程逻辑控制器（PLC），用于闭环反馈回路并与整个系统共享。电压的类型将决定所需**模/数转换（ADC）**的类型。从直流电压到数字信号的转换比从交流电压到数字信号的转换要简单。

二进制数字

回顾一下，数字信号基于二进制数系统。数字信号包括逻辑低和逻辑高两个逻辑状态。逻辑低表示 0，逻辑高表示 1。TTL 逻辑电路的逻辑低对应电压范围为 $0\sim0.8\,\text{V}$，逻辑高对应 $2.0\sim5.0\,\text{V}$。在二进制数中，每个 1 或 0 代表 1 位。4 位组合称为半字节，8 位组合称为一字节。最右边的位称为最低有效位（LSB），表示最小的数值。最左边的位称为最高有效位（MSB），代表最大的数值，如图 23-24 所示。

MSB　　　　　　　　LSB
1　1　1　1　1　1　1　1
2^7　2^6　2^5　2^4　2^3　2^2　2^1　2^0

图 23-24　二进制数的位排列

直流模/数转换 ⊖

在将模拟电压转换为数字信号的过程中，电压被分成特定数量的阶梯值。每一个阶梯代表一个特定的电压增量。这些阶梯被赋予了二进制数，从 0 到（2^n-1）⊖。阶梯的数量基于 ADC 电路的位数。例如，8 位 ADC 可提供 2^8 或 256 个阶梯，对应于二进制的 00000000 到 11111111。模拟电压幅度范围为 $0\sim1\,\text{V}$ 时，每个阶梯代表 $3.9\,\text{mV}$。位数越多，电压阶梯越小。ADC 的位数也称为分辨率。8 位 ADC 有 256 个阶梯，如图 23-25 所示。

⊖ 此处"直流模/数转换"为直译，也可以意译为对模拟信号的量化。量化不只针对直流，模拟信号（无论直流或交流）转换为数字信号都必须经过对其幅度的量化过程。因此将本小节中的"直流电压"译为"模拟电压幅度"。——译者注

⊖ 原文为 $2^{\#\,\text{of bits}}-1$。由于习惯上用 n 代表位数，所以译为 2^n-1。——译者注

$$\frac{最大模拟电压幅度}{2^n} = 电压阶梯 \tag{23-10}$$

$$\frac{1\,\mathrm{V}}{2^8} = \frac{1\,\mathrm{V}}{256} = 3.9\,\mathrm{mV}$$

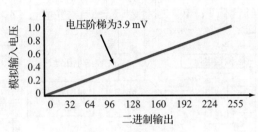

图 23-25　8位模/数转换

应用实例 23-6 一个 12 位 ADC 用来量化 0~5 V 的模拟电压。求 ADC 的分辨率及电压量化阶梯。

解： 分辨率＝位数

分辨率＝12，共 4096 个阶梯

$$\frac{最大模拟电压}{2^n} = 电压阶梯$$

$$5\,\mathrm{V}/2^{12} = 1.22\,\mathrm{mV}$$

◀

自测题 23-6 一个 10 位 ADC 用来量化 0~3 V 的模拟电压。求 ADC 的分辨率及电压量化阶梯。

交流模/数转换$^{\ominus}$

对交流信号的采样频率必须至少为原始信号频率的两倍，这也是所谓的**奈奎斯特采样频率**。奈奎斯特提出，对模拟信号的采样频率必须达到信号最高频率的两倍，才能保证不失真。

模/数转换电路的最大输入电压根据 ADC 的分辨率进行阶梯式分压，以奈奎斯特采样率测量电压，并将量化后的二进制数进行存储。通常模拟信号被采样前要经过一个**抗混叠滤波器**。典型的抗混叠滤波器是一个转折频率为奈奎斯特速率一半的低通滤波器。抗混叠滤波器的作用是将高于原始信号频率的噪声滤除。有关低通滤波器的介绍在 19.1 节。

模/数转换电路已从最初的分立电路发展到单片集成电路。根据不同的应用可以采用不同类型的模/数转换器，这些模/数转换器的优缺点如表 23-1 所示。

表 23-1　模/数转换器性能比较

类型	优点	缺点
Flash ADC	速度非常快，频带宽	分辨率低，功耗大，分辨率一般低于 8 位
ΔΣADC	分辨率高，抗混叠性能好	过采样要求更高的时钟频率
逐次逼近型 ADC	分辨率高，功耗低，面积小	采样率低

ADS114S06B 是 16 位 Δ-Σ ADC，采用可配置的数字带阻滤波器来抑制 50 Hz 或 60 Hz 噪声，这种数字带阻滤波器在有电力线噪声的工业环境中非常重要。有关带阻滤波器的介绍参见 19.1 节。ADS114S06B 的功能框图如图 23-26 所示。

$\ominus$ 此处"交流模/数转换"为直译。一般模拟信号均可视为交流信号，直流是频率为 0 的交流信号。因此也可以意译为对模拟信号的采样。——译者注

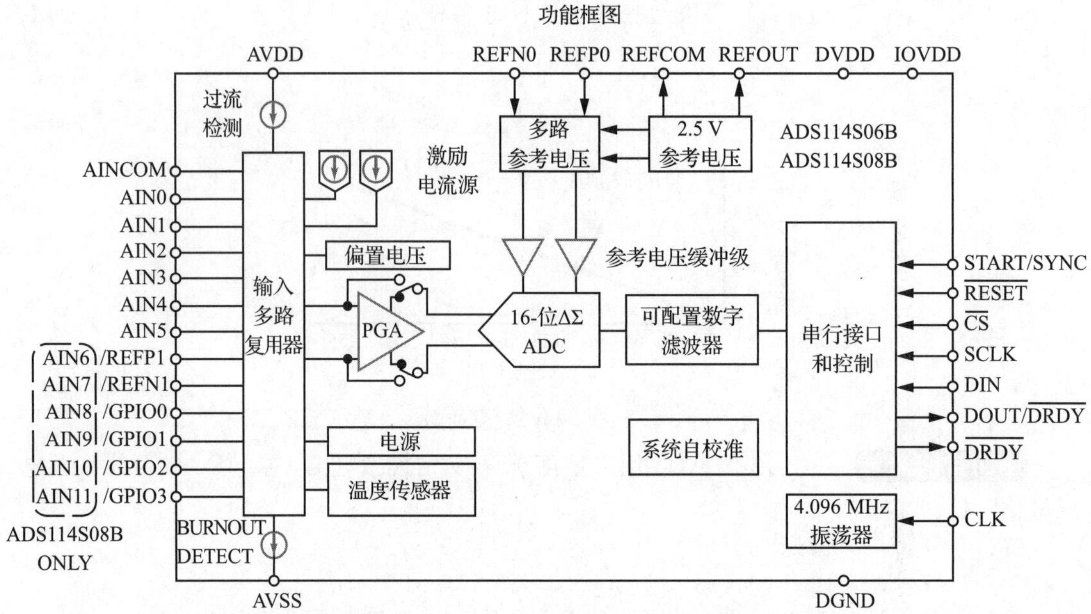

功能框图

图 23-26   ADS114S06B 功能框图（德州仪器）

可编程增益放大器（PGA）的电压增益范围为 1～128。这种低噪声、高电压增益放大器非常适合与电阻温度检测器（RTD）一起使用。ADS114S06B 包括两个匹配的可编程电流源，用于 RTD，可提供 10～2000 μA 的电流。

ADS114S06B 还集成了多路复用器，本书 11.9 节中对多路复用器有所介绍。ADS114S06B 使用多路复用器将 6 路模拟输入连接到 PGA 进行放大。信号经放大后进行模/数转换。转换后的信号通过串行外围设备接口 SPI 被串行送入可编程逻辑控制器或者微处理器。

电子领域的创新者

哈里·西奥多·奈奎斯特（Harry Theodor Nyquist，1889—1976）出生于瑞典，18 岁移居美国。他于 1914 年和 1915 年分别获得北达科他州大学电气工程学士学位和硕士学位，两年后，获得耶鲁大学物理学博士学位。奈奎斯特博士推导出了描述热噪声的数学方程。此外，奈奎斯特采样定理对通信领域做出了重大贡献。他的工作在许多电子领域发挥了重要作用。

23.7   数据交换

工业 4.0 的核心是信息的收集和共享。原材料的位置、正在组装的部件、设备运行参数以及制造环境情况等数据需要被持续采集并进行分析。这种数据采集的应用非常广泛，可以根据任务和环境的不同通过不同的方式完成。最常见的方式包括射频识别、机器间通信和工业物联网。在许多情况下，这些方法会组合使用。

23.7.1   射频识别

条形码用于追踪物品已经有很多年了。然而，在读取条形码时，条形码扫描器必须正对着条形码扫描。物品的正确方向以及扫描器的清晰视图是正确读取条形码的必要条件。射频识别是一种无线系统，通过无线电波从射频识别标签读取数字信息。RFID 标签不需要面对天线，其他物品或材料也可以置于 RFID 标签和天线之间。无线技术取代了光学扫描器，在工业环境中得到更广泛应用。RFID 系统的工作频率通常在 900～915 MHz。条形码和 RFID 标签的样例如图 23-27 所示。

无源 RFID 标签

RFID 标签分为有源和无源两类。无源 RFID 标签收集无线电波中的能量，用于为标签内的微型电路供电。这些微型电路将程序预设的数字识别信号发送出来，并由 RFID 读卡器读取。RFID 读卡器将读取的数据传递到计算机，并存储在数据库中，如图 23-28 所示。当产品在生产线自动组装时，RFID 标签就被贴在产品上。每个自动化装配单元都有一个 RFID 读卡器。这使得计算机系统可以跟踪产品在装配线上的位置。RFID 标签可以贴在贴纸上，也可以嵌入塑料外壳中。无源 RFID 标签的工作距离为 30 ft 以内。

 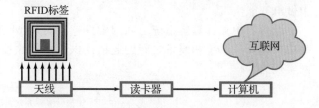

图片来源：Huseyinbas/Shutterstock；
Kritchanut/123RF.com

图 23-27 条形码和 RFID 标签

图 23-28 RFID 系统

有源 RFID 标签

有源 RFID 标签在无源 RFID 标签的基础上增加了电源和辅助电路两个部分。电源通常是电池，有时会用小型太阳能板来代替电池。辅助电路包括微控制器、存储器、传感器和输入/输出端口。

在有源 RFID 标签中增加的传感器和微控制器拓宽了标签的应用范围。它不仅可以用来跟踪产品，还可以用内置的传感器监控产品的状况。有源 RFID 标签的工作距离大于 300 ft。

有源 RFID 标签有两种形式：信标式标签和应答器式标签。RFID 信标式标签每隔几秒发送一个包含固定信息的信号。当 RFID 信标式标签在读卡器接收的范围内时，该信息被读取。由于重复发送信息，电池寿命缩短。为了减少电池的损耗，发射器的输出功率通常比应答器的输出功率小。

RFID 应答器式标签只有接收到来自读卡器的信号时才发送信号，这节省了电池寿命，在发送信号时也可以提供更大的输出功率。应答器式标签比信标式标签的工作范围更大。

有源 RFID 标签和无源 RFID 标签都有只读和读写两种形式。只读 RFID 标签只能编程一次，数据不能更改。读写 RFID 标签允许在使用中更新标签数据。

23.7.2 物联网

物联网可将原本未连接到网络的设备通过网络连接在一起。家用恒温器就是一个很好的例子。家用恒温器从静态设备发展到可编程设备，再到可联网的可编程设备。现在的恒温器已经不必现场编程或调节，而是可以通过网络远程进行编程和控制，如通过智能手机上的应用程序直接对恒温器进行调控。家庭使用的物联网设备包括照明、恒温器、门铃、墙壁插座、智能电视、智能音箱和车库开门器等，也包括更广泛的家庭以外的设备（路灯、安全摄像头和电表）。通过物联网连接的主要目的是方便日常操作，如改变房间温度、检查车库门是否打开、语音控制室内灯光等。可联网的可编程设备范围每天都在不断扩大。

23.7.3　机器间通信

可以根据从其他设备接收到的信息时可编程逻辑控制器、智能传感器、机器人、传送带和加工中心进行程序控制。这种类型的通信称为机器间（M2M）通信。在自动化流程中，大部分通信发生在机器之间，不需要人工交互。M2M网络用于实现可编程逻辑控制器、传感器、机器人、制造车间的加工中心之间的信息交换。M2M网络可以是硬件连接的网络，也可以是无线的网络。在图23-29中，中央计算机系统与可编程逻辑控制器进行通信，可编程逻辑控制器又与相关的传感器、传送带、机器人及加工中心进行通信。中央计算机系统可跟踪网络上设备的状态，并实现对这些设备数据的访问。

远程设备和自动化系统的集中过程管理系统可以提供丰富的数据，以用于在生产过程中做出智能决策。

设备与中央计算机系统之间的硬件连接是对M2M通信的限制因素。无线通信的发展为中央计算机系统和设备之间的通信提供了新的手段。当前的M2M通信是通过工业物联网实现的。

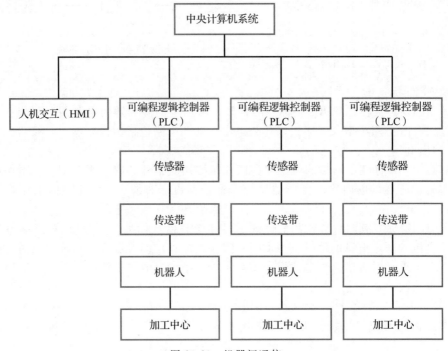

图 23-29　机器间通信

23.7.4　工业物联网

工业物联网（IIOT）中的设备是要在安全的网络下进行互连的。工业物联网可以通过使用内部云在具有不同协议的设备之间共享数据。工业物联网与物联网的区别在于工业物联网中的制造业数据的安全性要求很高。为了保持数据的高度安全性，工业物联网使用由制造工厂维护的内部云。相比之下，物联网则是采用外部云来交换和存储数据。

工业物联网为自动化系统提供的安全无线网络能够实现跨平台通信。对采集的所有数据都可以进行分析以提高生产效率，提高资源利用率，保证工人的安全高效生产以及进行数据驱动的决策。工业物联网设备将利用各种技术与其他连接设备共享数据，这些设备同样也需要较高的网络安全性。数据通常存储在内部云上，供给工厂内的多个部门使用。IIOT设备与制造工厂之间的工业网络连接必须保持安全，以防止未经授权的网络访问。

在对工业网络的访问过程中，工业制造数据也必须保持安全。如果计算机黑客进入工业网络，则可能会导致生产停止，或者他们将窃取的工业数据出售。

在工业 3.0 中，诸如机器人、传感器和控制设备最初是通过成对的连线与可编程逻辑控制器连接的。每台设备都有独自的一套线路连接到可编程逻辑控制器。经过改进，可编程逻辑控制器可连接到本地网络。机器人、传感器和控制设备都连接到同一个网络，并通过 M2M 通信与可编程逻辑控制器共享信息。

工业 4.0 实现了网络上所有设备的数据共享。可编程逻辑控制器不仅可以与网络上的设备通信，还可以与生产过程中的其他可编程逻辑控制器进行通信。自动化系统使用的智能传感器包含内部处理电路，可以通过编程来对各种情况做出响应。例如，当具有冗余传感器系统的光电传感器检测到其中一个传感器的镜头被污染，它将给可编程逻辑控制器发送警告信息。可编程逻辑控制器将在公司网络发布任务指令，派出技术人员去清洗传感器镜头。这期间智能传感器使用另一个光电传感器继续工作，以保证生产的连续性。智能传感器有助于减少机器的停机时间。

自动化系统生成的所有数据都通过内部云与公司的其他部门共享，并通过一个主管理系统对整个生产过程进行监控并与之交互。

工业物联网可以将供应链信息和工业管理系统连接起来，可以对物料和供应的交货期进行持续监控。这些物料从发货到被装载到制造工厂的自动生产线上的整个过程，都可以通过网络实时跟踪。这样能够进行准确的生产调度，而不需要在大型仓库中堆满物料。

总结

23.1 节　工业 4.0 是机器人制造单元与中央计算机系统之间的互连和通信。工业 4.0 从制造过程的各个方面采集数据，用于提高效率。工业 4.0 还提供了根据所生产对象的要求实时调整制造参数的能力。

23.2 节　智能传感器采集在物理环境中的特征信息，并产生电信号。该电信号在智能传感器内被放大，调理和滤波。微处理器利用该电信号监测传感器的健康状态。采集到的数据、传感器参数以及传感器健康状态将通过工业网络传输给控制系统。

23.3 节　传感器可分为有源和无源两类。无源传感器不需要电压源，而有源传感器需要电压源才能工作。虽然无源传感器不需要电压源实现传感功能，但其产生的电信号通常需要放大和调理。这些电路需要电压源才能工作。

23.4 节　无源传感器不需要电压源，但其电特性总是存在的。无源传感器的两个例子是电阻温度检测器和压电传感器。电阻温度检测器

内导线的电阻随温度变化。压电传感器将力转换成电信号，产生的电压与传感器的受压弯曲量成正比。

23.5 节　有源传感器需要电压源才能工作。有源传感器的例子包括光电传感器、接近传感器和超声波传感器。光电传感器利用光信号检测物体是否存在。接近传感器是非接触式传感器，用来量测物体的距离或者检测物体是否存在。超声波传感器利用声波来测量与物体间的距离。

23.6 节　从传感器的放大级获得的模拟电压经过数字化发送到可编程逻辑控制器，用于闭环反馈并与整个系统共享。模/数转换需要经过采样和量化 ⊖。

23.7 节　完成广泛的数据收集需要通过许多不同的方式，并针对特定任务和环境进行设计。最常见的方式包括射频识别，机器间通信，以及工业物联网。这些大型数据集也被称为大数据。对于大型制造工厂来说，每次操作产生数百吉字节的数据是很常见的。

⊖　原文直译为：直流和交流电压需要不同的模/数转换（ADC）方法。这里将直流和交流方法替换为量化和采样，具体原因参见 23.6 节的标注。——译者注

重要公式

1. $$V_A = V_1 \left(\frac{\text{RTD}}{R_1 + \text{RTD}} \right)$$

2. $$V_B = V_1 \left(\frac{R_3}{R_2 + R_3} \right)$$

3. $$V_{AB} = V_1 \left(\frac{\text{RTD}}{R_1 + \text{RTD}} \right) - V_1 \left(\frac{R_3}{R_2 + R_3} \right)$$

4. $$V_{AB} = V_1 \left(\frac{\text{RTD}}{R_1 + \text{RTD}} \right) - V_1 \left(\frac{1}{2} \right)$$

5. $$V_{AB} = V_1 \left(\frac{\text{RTD} + R_{\text{Cable}}}{R_1 + \text{RTD} + R_{\text{Cable}}} \right) - V_1 \left(\frac{1}{2} \right)$$

6. $$\text{物体距离} = \text{声速} \times \left(\frac{\text{回波时间}}{2} \right)$$

7. $$C = 8.85 \times 10^{-12} \left(K_\epsilon \times \frac{A}{d} \right)$$

8. $$X_C = \frac{1}{2\pi f C}$$

9. $$i = \frac{v_{\text{ac}}}{X_C}$$

10. $$\frac{\text{最大模拟电压幅度}}{2^n} = \text{电压阶梯}$$

相关实验

实验 14
光电器件
实验 18
LED 驱动器和光电传感电路

实验 52
有源二极管电路和比较器

选择题

1. 第一次工业革命的原因是什么?
   a. 集中化生产　　　b. 轧棉机
   c. 手工业制造　　　d. 家庭制造
2. 第二次工业革命的原因是什么?
   a. 电动机　　　　　b. 生产线
   c. 工人执行特定任务　d. 以上都是
3. 第三次工业革命的原因是什么?
   a. 电动机
   b. 生产线
   c. 工业自动化
   d. 机器人单元间的数据共享
4. 第四次工业革命的原因是什么?
   a. 计算机数控机床
   b. 可编程逻辑控制器
   c. 机器人单元
   d. 制造环境中智能传感器的数据共享
5. 智能传感器共享数据是
   a. 通过工业网络
   b. 仅在机器人单元内部
   c. 只与机器操作员之间
   d. 每天一次
6. 传感器的输出可以是
   a. 电阻　　　　　　b. 电压
   c. 电流　　　　　　d. 以上都是
7. 智能传感器对输入阻抗的要求是
   a. 感性　　　　　　b. 高
   c. 容性　　　　　　d. 低

8. 智能传感器和可编程逻辑控制器之间的通信是
   a. 双向的　　　　　b. 单向的
   c. 不必要　　　　　d. 以上都是
9. 传感器可以分为两类:
   a. 内部与外部　　　b. 无源与有源
   c. 防尘与防水　　　d. 接触式与非接触式
10. 不需要电压源就可以工作的传感器类型是
    a. 无源　　　　　　b. 有源
    c. 接触式　　　　　d. 防尘
11. 需要电压源才能工作的传感器类型是
    a. 无源　　　　　　b. 有源
    c. 接触式　　　　　d. 防尘
12. RTD 传感器能够检测的变化量是
    a. 位置　　　　　　b. 角度
    c. 温度　　　　　　d. 环境光照
13. 压电传感器能够检测的变化量是
    a. 运动　　　　　　b. 电阻
    c. 温度　　　　　　d. 环境光照
14. 压电传感器产生的电压正比于
    a. 环境温度　　　　b. 入射光照强度
    c. 介电常数　　　　d. 传感器形变量
15. 光电传感器检测
    a. 运动　　　　　　b. 电阻
    c. 温度　　　　　　d. 光照
16. 光电传感器发射
    a. 特定波长的光波　b. 广谱光波
    c. 声波　　　　　　d. 超声波

17. 在漫反射式中，光发射器和检测器处于
    a. 45°夹角   b. 90°夹角
    c. 不同位置   d. 同一封装

18. 在对射式中，光发射器和检测器处于
    a. 并排   b. 90°夹角
    c. 不同位置   d. 同一封装

19. 在对射式中，被检测物体必须是
    a. 能够反射光线   b. 距离很近
    c. 遮挡光线   d. 发光的

20. 在漫反射式中，被检测物体必须是
    a. 能够反射光线   b. 距离很近
    c. 遮挡光线   d. 透明的

21. 回归反射式需要使用
    a. 第二个光源   b. 反射器
    c. 折射器   d. 分离检测器

22. 在回归反射式中，光发射器和探测器处于
    a. 彼此相邻   b. 90°夹角
    c. 不同位置   d. 同一封装

23. 接近传感器是
    a. 非接触式传感器   b. 接触式传感器
    c. 振动传感器   d. 湿度传感器

24. 接近传感器利用的是
    a. 超声波   b. 电磁波
    c. 电场   d. 以上都是

25. 超声波传感器利用声波测量
    a. 距离   b. 电阻
    c. 温度   d. 光照

26. 超声波传感器包括
    a. 发射器   b. 接收器
    c. 收发器   d. 光源

27. 超声波传感器是
    a. 非接触式传感器   b. 接触式传感器
    c. 振动传感器   d. 湿度传感器

28. 电容式接近传感器检测物体的存在，利用的
    是下列哪种参量的变化？
    a. 电压   b. 电流
    c. 电容   d. 电阻

29. 模拟信号转换到数字信号的过程称为
    a. 数值转换   b. 外插
    c. 线性化   d. 模/数转换

30. 8 位的模/数转换器将模拟信号划分为
    a. 64 个阶梯   b. 128 个阶梯
    c. 256 个阶梯   d. 512 个阶梯

31. 模/数转换中划分的阶梯数量称为
    a. 奈奎斯特数   b. 分辨精度
    c. 分阶率   d. 压摆率

32. 模拟信号的采样必须满足
    a. 与原信号同样频率

    b. 是原信号频率的 2 倍
    c. 是原信号频率的一半
    d. 是原信号频率的三分之一

33. 采样频率也称为
    a. 奈奎斯特频率   b. 混叠频率
    c. 分辨率   d. 时钟频率

34. 抗混叠滤波器一般是
    a. 高通滤波器   b. 带通滤波器
    c. 带阻滤波器   d. 低通滤波器

35. 射频识别是
    a. 硬件系统   b. 无线系统
    c. 光扫描系统   d. 所有都是

36. RFID 标签可以分为两类：
    a. 模拟和数字
    b. 电容式和电感式
    c. 有源和无源
    d. 接触式和非接触式

37. 收集电磁波供能的 RFID 标签是
    a. 有源的   b. 无源的
    c. 电感式   d. 接触式

38. 利用小电池为内部供电的 RFID 标签是
    a. 有源的   b. 无源的
    c. 电感式   d. 接触式

39. 可以分为信标形式或应答器形式的 RFID 标
    签是
    a. 有源的   b. 无源的
    c. 电感式   d. 接触式

40. 信标形式的 RFID 标签
    a. 每天发送数据
    b. 每周发送数据
    c. 间隔数秒发送数据
    d. 当接收到读卡器信号时发送数据

41. 应答器形式的 RFID 标签
    a. 每天发送数据
    b. 每周发送数据
    c. 间隔数秒发送数据
    d. 当接收到读卡器信号时发送数据

42. 机器间通信
    a. 需要人工干预
    b. 在两台机器间进行
    c. 需要有线系统
    d. 需要无线系统

43. M2M 系统的数据
    a. 只能通过人机交互界面获取
    b. 只能通过 PLC 获取
    c. 通过中央控制管理系统获取
    d. 是针对 PLC 本地的

44. 工业物联网的
    a. 安全性要求与物联网相同
    b. 安全性要求高于物联网
    c. 无安全性要求
    d. 安全性要求最低

45. 工业物联网
    a. 利用内部云进行数据存储和共享
    b. 利用外部云进行数据存储和共享
    c. 利用公共云进行数据存储和共享
    d. 利用模拟云进行数据存储和共享

习题

23.1 节

23-1　什么发明被认为是第一次工业革命的开端?

23-2　第一次工业革命后产品不再采用手工业者家庭式生产,而是在哪里生产?

23-3　第二次工业革命源于哪个重要发明?

23-4　亨利·福特发明的重要制造流程是什么?

23-5　第三次工业革命见证了哪种重要制造技术的兴起?

23-6　哪些机器的发展改进了机械加工工艺?

23-7　哪种类型的计算机可实现工业自动化控制?

23-8　机器人单元在整个制造环境中共享数据的能力引发了第几次革命?

23.2 节

23-9　列举传感器可以检测的物理环境的特征。

23-10　传感器的输出可以是哪三种电参量?

23-11　运算放大器的高输入阻抗使传感器具有哪种信号源的特性?

23-12　概述智能传感器和 PLC 之间的通信方式。

23-13　列出智能传感器的四级构成。

23.3 节

23-14　列出传感器的两种类型。

23-15　无源传感器不需要什么设备就可以工作?

23-16　有源传感器需要什么设备才可以工作?

23.4 节

23-17　当温度变化时,RTD 传感器的哪些电参数会发生变化?

23-18　列出制造 RTD 的常用金属类型。

23-19　列出 RTD 传感器中常见的电阻测量电路。

23-20　如图 23-30 所示,忽略电缆阻抗,计算温度为 50 ℃时 V_{AB} 的值。其中 RTD=119.25 Ω,$V_1=10$ V,$R_1=100$ Ω,$R_2=100$ Ω,$R_3=100$ Ω,当温度在 0～100 ℃内变化时 RTD 的阻值变化为 100～138.5 Ω。电缆阻值为 25 Ω。

23-21　在习题 23-20 中加入电缆电阻,并计算 50 ℃,RTD=119.25 Ω 时的 V_{AB}。

23-22　作用在晶体上的压力或者张力会产生哪种电量的变化?

23-23　通常用于检测连续振动和突然冲击的传感器是哪种类型?

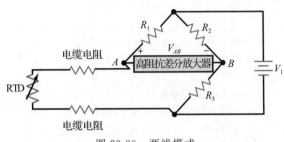

图 23-30　两线模式

23.5 节

23-24　在图 23-31 所示的光电传感器框图中标注模块的名称。

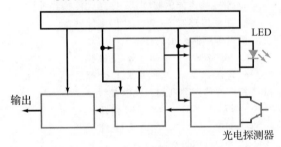

图 23-31　光电传感器框图

23-25　声波在 20 ℃下传播速度大约为 1126 ft/s。一个超声波传感器向水箱液体表面发射高频短脉冲,回波时间为 7 ms。请计算传感器到液体的距离,分别以英寸和英尺为单位来表示。

23-26　如图 23-18 所示的混合罐,向其中注入溶液。超声波传感器位于罐的顶部。罐的直径 12 ft,高 16 ft。罐内的混合过程需要 1500 ft³ 的溶液。求出槽内所需溶液的高度,以及超声波此时到达溶液的回波时间。假设储罐和溶液都处于室温。可以把罐建模成圆柱体。

23.6 节

23-27　假设直流电压在 0～3 V 之间变化,确定 8 位 ADC 的电压量化步长和量化阶梯数。

23-28　模拟信号的频率为 2 kHz,确定该信号的奈奎斯特采样率。

23-29　ADC 集成电路一般会利用数字带阻滤波器来抑制特定频率范围的信号,该频率范围是多少？为什么要抑制这些信号？

23-30　模拟信号采样前通常要经过抗混叠滤波器，这种滤波器一般是什么类型？作用是什么？

23.7 节

23-31　RFID 系统的典型频率范围是什么？

23-32　无源 RFID 标签的能源从何而来？

23-33　有源 RFID 标签的能源从何而来？

23-34　在机器间通信中，决策过程一般在哪个环节进行？

23-35　描述集中过程管理系统在机器间通信中的用途。

23-36　工业物联网环境的数据通常存储在哪里？

思考题

23-37　当需要检测传送带上的黑色塑料盒是否存在时，应该选择哪一种光电传感器系统的效果最好？请解释为什么这个系统是最好的选择？

23-38　当需要测量水箱中液面位置时，哪种类型的传感器是最佳选择？请解释为什么这是

最好的选择。

23-39　哪种传感器最适合测量水箱液面是否达到某个特定点？请解释为什么这是最好的选择。

23-40　图 23-6 所示电路中的 *A-B* 间差分放大器所在的支路连线上没有电流。请解释为什么没有电流。

故障诊断

23-41　利用图 23-32 以及其表 23-2 来确定 T1～T3 中的电路故障。这些故障可能来源于某些电阻短路或者开路、运算放大器失效、运算放大器反馈路径开路，或者没有连接

电源。输入信号为 0～10 mV 的脉冲序列，导通时间为 2 ms，关断时间为 8 ms。

23-42　找出故障 T4～T6。

23-43　找出故障 T7～T9。

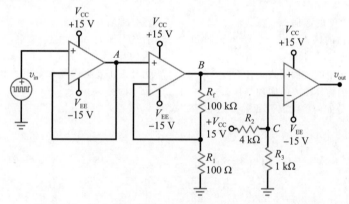

图 23-32　输入缓冲高增益电压放大器以及非过零比较器

表 23-2　故障诊断表

故障	V_A	V_B	V_C	V_{out}
正常	0～10 mV 脉冲信号 上升时间：2 ms 下降时间：8 ms	0～10 V 脉冲信号 上升时间：2 ms 下降时间：8 ms	3 V	−13.3～13.3 V 脉冲信号 上升时间：2 ms 下降时间：8 ms
T1	0～2 mV 脉冲信号 上升时间：2 ms 下降时间：8 ms	0～2 mV 脉冲信号 上升时间：2 ms 下降时间：8 ms	3 V	−13.3 V
T2	0～10 mV 脉冲信号 上升时间：2 ms 下降时间：8 ms	0～10 mV 脉冲信号 上升时间：2 ms 下降时间：8 ms	0 V	13.3 V

（续）

故障	V_A	V_B	V_C	V_{out}
T3	0~10 mV 脉冲信号 上升时间：2 ms 下降时间：8 ms	0~10 mV 脉冲信号 上升时间：2 ms 下降时间：8 ms	15 V	−13.3 V
T4	0 V	0 V	3 V	0 V
T5	0~10 mV 脉冲信号 上升时间：2 ms 下降时间：8 ms	13.3 V	3 V	13.3 V
T6	0~10 mV 脉冲信号 上升时间：2 ms 下降时间：8 ms	0 V	3 V	0 V
T7	0~10 mV 脉冲信号 上升时间：2 ms 下降时间：8 ms	0~10 mV 脉冲信号 上升时间：2 ms 下降时间：8 ms	3 V	0 V
T8	0 V	0 V	3 V	0 V
T9	13.3 V	13.3 V	3 V	13.3 V

求职面试问题

1. 工业 4.0 与工业 3.0 的区别。
2. 无源和有源传感器的区别是什么？给出无源和有源传感器的例子。
3. 光电传感器在使用中的三种模式是什么？
4. 超声波传感器检测物体距离的原理是什么？
5. 智能光电传感器是如何检测其是否需要进行清污处理的？
6. 直流电压是如何在模/数转换中转换成二进制数的？
7. 为什么工业物联网系统中的数据是存储在内部云中的？

选择题答案

1. a 2. d 3. c 4. d 5. a 6. d 7. b 8. a 9. b 10. a 11. b 12. c 13. a 14. d 15. a
16. a 17. d 18. c 19. c 20. a 21. b 22. d 23. a 24. d 25. a 26. c 27. a 28. c 29. d 30. c
31. b 32. b 33. a 34. d 35. b 36. c 37. b 38. a 39. a 40. c 41. d 42. b 43. c 44. b 45. a

自测题答案

23-1　25 ℃，$V_{AB} = 231.965$ mV；
　　　50 ℃，$V_{AB} = 442.53$ mV

23-2　电缆阻值 = 20 Ω，
　　　$V_{AB} = 647.064$ mV；
　　　电缆阻值 = 35 Ω，
　　　$V_{AB} = 913.864$ mV

23-3　$Z_{in(CL)} = 199.8$ MΩ
　　　$A_{V(CL)} = -10$
　　　$v_{in} = 454.54$ mV

$v_{out} = -4.545$ V

23-4　$Z_{in(CL)} = 249.9$ MΩ
　　　$A_{V(CL)} = 304.03$
　　　$v_{ref} = 2.632$ V

23-5　水箱液面高度 = $V/(\pi r^2) = 15.27/(\pi \times 6^2) = 13.5$ ft
　　　回波时间 = 传播距离/超声波速度 = 3 ft/(1126 ft/s) = 2.664 ms

23-6　分辨率 = 10，电压阶梯 = $3\ V/2^{10} = 2.93$ mV

词 汇 表

A

absolute value——绝对值：无符号值，有时称为幅度，如+5 和−5 的绝对值为 5。

acceptor——受主：具有三个价电子的三价原子。每个三价原子在硅晶体中产生一个空穴。

ac collector resistance——集电极交流电阻：晶体管集电极的总等效交流阻抗，通常与 R_C 和 R_L 并联。此值对于共基极或共发射极放大器的电压增益有重要作用。

ac compliance——最佳交流输出：对于大信号放大器，当其工作点 Q 处于交流负载线中点时，可以得到最大的无切顶输出电压峰峰值。

ac current gain——交流电流增益：指晶体管集电极交流电流与基极交流电流的比值。

ac cutoff——交流截止点：交流负载线的下端点。晶体管在该点进入截止区，且交流信号波形被切顶。

ac emitter feedback——发射极交流反馈：交流信号经过非旁路的发射极电阻 r_e。

ac emitter resistance——发射结交流电阻：发射结交流电压与发射极交流电流的比值。该值通常设为 r'_e，计算公式为 $r'_e = 25 \text{ mV}/I_E$。该值对于输入阻抗和双极放大器的增益有重要作用。

ac equivalent circuit——交流等效电路：令直流电源值为零，并将所有电容短路 [⊖] 后得到的电路。

ac ground——交流接地点：通过电容旁路到地的节点。将该节点用探头接至示波器时无交流电压显示，但是当用电压表测量时仍会显示出直流电压。

ac load line——交流负载线：交流信号驱动晶体管时的瞬态工作点的轨迹。当交流负载阻抗和直流负载阻抗不同时，该负载线与直流负载线是不同的。

ac resistance——交流电阻：器件在交流小信号工作状态时呈现的电阻，是电压与电流的变化量的比值。交流电阻值可随直流工作点改变。

ac saturation——交流饱和点：交流负载线的上端点。晶体管在该点进入饱和区且交流信号波形被切顶。

ac short——交流短路：如果耦合电容及旁路电容的阻抗 X_C 小于电阻 R 的 1/10，即 $X_C < 0.1R$，

则可视其为交流短路。

active current gain——有源区电流增益：晶体管工作在有源区时的电流增益。这是通常所指的电流增益，常见于数据手册中。（参见饱和电流增益）

active filter——有源滤波器：早期的滤波器是由无源器件构成的，主要元件为电感和电容，一些滤波器现在仍然以这种方式制造。然而对于较低频段的无源滤波器，其电感值变得非常大。运算放大器的使用提供了另一种构造滤波器的方法，可以避免在低频时使用大电感。使用运算放大器构成的滤波器称为有源滤波器。

active half-wave rectifier——有源半波整流器：能够对输入电压小于 0.7 V 的信号进行整流的运放电路。该电路利用了运放极高的开环增益，可作为精密整流器。

active loading——有源负载：将双极或 MOS 晶体管作为负载电阻，可以节省芯片面积或获得无源电阻难以达到的高阻抗。

active-load resistor——有源负载电阻：将场效应晶体管的栅极与漏极相连接所构成的两端器件，可等效为电阻。

active peak detector——有源峰值检测器：用来检测低电平信号的运放电路。

active positive clamper——有源正向钳位器：用来给输入信号增加一个正向直流分量的运放电路。

active positive clipper——有源正向限幅器：用来精确控制正向输出电压的可调节运放电路。

active region——有源区：有时称之为线性区。指集电极电流输出曲线近似水平的那段区域。当晶体管用来作放大器时，它工作在有源区。在有源区，发射结正向偏置，集电结反向偏置，集电极电流和发射极电流近似相等，基极电流比集电极和发射极电流小很多。

active RFID tags——有源射频识别标签：这种标签从无线电波中收集能量，并利用它来激活标签内的微电路。该电路包含微处理器、电池和发射器。

active sensor——有源传感器：一种需要外部电压源才能工作的设备或电路，它能检测到所处物理环境中的特定特性。

all-pass filter——全通滤波器：一种专门的滤波

⊖ 这里指电路中用于耦合及旁路的数值较大的电容。——译者注

器，具有使频率在零到无穷大的信号全部通过的能力。这种滤波器也称为相位滤波器，可以改变信号的相位而不改变幅度。

ambient temperature——环境温度：器件所处环境的温度。

amplifier——放大器：能够增加信号的峰峰值电压、电流或功率的电路。

amplitude——幅度：信号的大小，通常为峰值。

analog——模拟电路：电子电路中处理无限变化量的分支。通常指线性电子电路。

analog-to-digital conversion（ADC）——模数转换：将模拟信号转换成二进制数。这个数字表示模拟信号在转换时刻的幅度。

analogy——类似：不同事物之间相似的方面。比如，双极型晶体管和结型场效应晶体管之间的相似性。由于器件是类似的，描述它们特性的许多表达式是相同的，只有一些下标变化而已。

anode——正极：电子器件中接收电子流的极。

anti-aliasing filter——抗混叠滤波器：一种低通滤波器，用来去除高于被采样的原始信号频率的信号。

approximation——近似/逼近：一种常用于半导体器件计算的有效方法。确切的答案需要极为烦琐的计算，并且消耗大量的时间，其结果的精确性在真实的电子世界中几乎不能被证明。另外，近似计算可以快速得到答案的近似值，在通常情况下可以满足目前的工作要求。

Armstrong oscillator——阿姆斯特朗振荡器：采用变压器耦合反馈信号的振荡器电路。

astable——非稳态：无稳态的数字电路。该电路又称为自由振荡电路。

attenuation——衰减：信号强度的减小，通常用分贝表示。在相同输入幅度的条件下，某频率的输出信号幅值与滤波器中心频率输出信号幅值的比值称为该频点的衰减量。数学表达式为：衰减 $=v_{out}/v_{out(mid)}$，分贝衰减 $=20\log$ 衰减。

audio amplifier——音频放大器：工作在音频范围（20 Hz～20 kHz）的放大器。

automatic gain control（AGC）——自动增益控制：根据输入信号的幅度调整放大器增益的电路。

avalanche effect——雪崩效应：当 pn 结两端反向偏置电压较大时发生的现象。自由电子被加速后达到足够大的速度，与原子碰撞后使其中的价电子脱离共价键。当该情况发生时，价电子成为自由电子，然后又会使其他价电子成为自由电子[一]。

averager——平均器：一种运放电路，其输出电压值是所有输入电压的平均值。

B

back diode——反向二极管：反向特性比正向导通特性更好的二极管。一般用于弱信号的整流。

bandpass filter——带通滤波器：能使输入信号幅度在一定频率范围内的衰减最小，同时阻止所有低于截止频率 f_1 和高于截止频率 f_2 的频率分量通过，其中 $f_2 > f_1$。

bandstop filter——带阻滤波器：能够阻止一定频率范围内的信号分量通过，并使得低于截止频率 f_1 和高于截止频率 f_2 的频率分量能够有效通过。这种滤波器也称为陷波滤波器。

bandwidth——带宽：放大器的两个主要临界频率之间的差。如果放大器没有较低的临界频率，则带宽等于较高的临界频率。

barrier potential——势垒：耗尽层上的电压。该电压存在于 pn 结中，是 pn 结两侧离子形成的电位差。硅二极管的势垒近似等于 0.7 V。

base——基极：晶体管的中间部分。基极较薄且掺杂浓度较低，使从发射极发射的电子从此经过并到达集电极。

base bias——基极偏置：使晶体管工作在有源区的最差的一种偏置方式，通过固定基极电流建立偏置。

Bessel filter——贝塞尔滤波器：该滤波器提供了所需的频率响应并且在通带内有恒定的群延时。

BIFET op amp——Bi-FET 运算放大器：场效应晶体管与双极型晶体管相结合的集成运算放大器。通常在器件的前端使用场效应晶体管构成的源极跟随器，后级是由双极型晶体管构成的增益级。

bipolar junction transistor（BJT）——双极型晶体管：这种晶体管在正常工作时，自由电子和空穴都起重要作用。

biquadratic filter——双二阶滤波器：一种有源滤波器，通常称为 TT 滤波器，使用单独的电阻分别对其电压增益、中心频率及带宽进行独立调整。

Bode plot——伯德图[二]：能够表示电路在不同频率处的增益或相位性能的图形，又称为波特图。

boost regulator——升压式稳压器：输出电压比输入电压高的开关稳压电路。

bootstrapping——自举电路：具有"跟随"功能，反向输入电压随着同相输入电压初始值的变化

㊀ 自由电子的数量犹如雪崩一样倍增，导致电流急剧增加。——译者注
㊁ 又称为波特图。——译者注

迅速产生相同幅度的增加或减小。

breakdown region——击穿区：对于二极管或晶体管，击穿区是雪崩或齐纳击穿发生的区域。除齐纳二极管外，其他二极管均应避免进入击穿区，因为器件在击穿区通常会被损坏。

breakdown voltage——击穿电压：二极管在雪崩击穿或齐纳击穿效应发生之前所能承受的最大反向电压。

breakover——击穿导通：当晶体管击穿时，它两端的电压仍然很高。但对于晶闸管来说，击穿使其进入饱和区。击穿导通是晶闸管由击穿立即进入饱和的方式。

bridge rectifier——桥式整流器：最常见的整流电路。包含四个二极管，其中两个同时导通。对于给定的变压器，它以最小的纹波产生最大的直流输出电压。

buck-boost regulator——降压-升压式稳压器：输入电压为正，输出电压为负的基本开关稳压电路。

buck regulator——降压式稳压器：输出电压比输入电压低的基本开关稳压电路。

buffer——缓冲器：具有高输入阻抗和低输出阻抗的单位增益放大器（电压跟随器）。主要用于电路中两级之间的隔离。

buffer amplifier——缓冲放大器：用来隔离两级电路的放大器，一般用于其中一级电路过载的情况。缓冲放大器通常具有很高的输入阻抗和很低的输出阻抗，且电压增益为1。这些性能意味着缓冲放大器将第一级电路的输出传输到第二级电路的输入而不使信号发生改变。

bulk resistance——体电阻：半导体材料的欧姆电阻。

Butterworth filter——巴特沃思滤波器：这是一种频率响应在整个通频带内都较平坦的滤波器，即输出电压在通频带内几乎保持不变。在截止频率外，电压幅度将以 $20n$ dB/十倍频程的速率衰减，n 是滤波器的极点个数。

bypass capacitor——旁路电容：用来将节点接地的电容。

C

capacitive coupling——电容耦合：信号的交流部分通过电容从一级传输到另一级，而直流部分则被电容阻断。

capacitive proximity sensor——电容式接近传感器：这种传感器利用电容的变化来检测物体的存在。

capacitor input filter——电容输入滤波器：只用一个电容跨接在负载电阻两端。这种无源滤波器是最常见的。

capture range——捕获范围：锁相环（PLL）电路可以锁定的输入频率范围。

carrier——载波：发射机的高频输出信号，其幅度、频率或相位随调制信号变化。

cascaded stages——级联级：两级或更多级连接在一起，前一级的输出作为后一级的输入。

case temperature——管壳温度：晶体管管壳或封装的温度。触摸晶体管时所感到的热度就是管壳温度。

cathode——阴极（负极）：电子器件中提供电子流的极。

CB amplifier——共基极放大器：信号由发射极输入、集电极输出的放大器。

CC amplifier——共集电极放大器：信号由基极输入、发射极输出的放大器，也称为射极跟随器。

CE amplifier——共发射极放大器：使用最广泛的放大器结构。信号由基极输入、集电极输出。

channel——沟道：场效应晶体管源极和漏极之间的 n 型或 p 型半导体材料中形成的主要电流通路。

Chebyshev filter——切比雪夫滤波器：具有非常好的频率选择特性的滤波器。过渡带衰减速率比巴特沃思滤波器要高很多。这种滤波器的主要问题是通带存在纹波。

chip——芯片：有两种含义。第一种，集成电路制造厂家在一个半导体大圆片上制造数以百计的电路，该圆片被切割成许多独立的芯片，每个芯片包含独立的电路。此时的芯片上没有引出连线，只是单个硅片。第二种，将上述芯片进行封装并用导线引出引脚，得到的成品集成电路称为芯片，如可以将 741C 称为芯片。

chopper——斩波器：一种结型场效应晶体管电路。采用并联或串联开关，将直流输入电压转换为方波输出。

clamper——钳位器：将直流分量加至交流信号的电路，也称直流恢复电路。

Clapp oscillator——克莱普振荡器：串联调谐考毕兹电路结构，其突出特点是具有良好的频率稳定性。

class A operation——A 类工作：晶体管在交流信号整个周期内导通，而不会进入饱和或截止区。

class AB operation——AB 类工作：有偏置的功率放大器。每个晶体管在交流输入信号的一个周期内导通略大于 180°，从而消除交越失真。

class B operation——B 类工作：晶体管的偏置使之在交流输入信号的周期内导通半个周期。

class C operation——C 类工作：放大器的偏置使

晶体管在交流输入信号的一个周期内导通小于 $180°$。

class D amplifier——D 类放大器：放大器的输出晶体管工作在饱和区和截止区。输出波形在两种状态间转换，其占空比由输入信号的电压决定，本质上是脉冲宽度调制。D 类放大器的输出晶体管功耗很低，因此效率高。

clipper——削波器：电路中信号的一部分被削除。该特性在限幅器等电路中是需要的，而在线性放大器中是不希望出现的。

closed-loop quantity——闭环量：由负反馈引起的改变量，如电压增益、输入阻抗和输出阻抗。

closed-loop voltage gain——闭环电压增益：运放输出与输入之间存在反馈路径时的电压增益，表示为 $A_{v(CL)}$ 或 A_{CL}。

CMOS inverter——CMOS 反向器：由互补 MOS 晶体管构成的电路。当输入电压为低或高时，输出电压为高或低。

cold-solder joint——虚焊点：由于焊接过程中热度不够造成的不良焊接点。虚焊点表现为断续的连接或完全无连接。

collector——集电极：晶体管中体积最大的一部分。称为集电极是因为它收集了从发射极发射到基极的载流子。

collector cutoff current——集电极截止电流：基极电流为零时，共发射极连接的晶体管中存在的集电极小电流。理想情况下，该电流不应存在。形成该电流的原因是集电结中的少子和表面漏电流。

collector diode——集电极二极管（集电结）：由晶体管的基极和集电极形成的二极管。

collector-feedback bias——集电极反馈偏置：在集电极和基极之间连接电阻以达到稳定晶体管电路 Q 点的目的。

Colpitts oscillator——考毕兹振荡器：LC 振荡器中使用最广泛的一种。包含一个双极晶体管或场效应晶体管以及 LC 谐振电路。电路的特点是谐振回路中有两个电容，它们作为电容分压器产生反馈电压。

common-anode——共阳极：七段显示器电路中所有阳极连接在一起，并连接到同一个直流电源的正极。

common base(CB) ——共基极：信号从发射极输入，从集电极输出的放大器。

common-cathode——共阴极：七段显示器电路中所有的阴极接在一起，并连接到同一个直流电源的负极。

common-collector amplifier——共集放大器：集电极交流接地的放大器。信号从基极输入，从发射极输出。

common-emitter circuit——共发射极电路：发射极作为共地端的晶体管电路。

common-mode rejection ratio(CMRR) ——共模抑制比：放大器中差模增益与共模增益的比，用来衡量放大器对共模信号的抑制能力，通常用 dB 表示。

common-mode signal——共模信号：加在差分放大器或运算放大器两个输入端的相同的信号。

common-source(CS) amplifier——共源放大器：结型场效应晶体管放大器。其输入信号直接耦合至栅极，交流输入电压全部加在栅极和源极之间，产生反向放大的交流输出电压。

comparator——比较器：检测输入电压是否大于预定电压值的电路或器件，输出为低或高电压。预定电压值称为翻转点。

compensating capacitor——补偿电容：运算放大器中防止振荡的电容，也指通过负反馈路径对放大器起稳定作用的电容。如果没有该电容，放大器将会振荡。补偿电容产生一个较低的转折频率，并使电压增益在高于中频区时以 20 dB/十倍频的速率下降。在单位增益频率处，相移在 270°附近。当相移达到 360°时，电压增益小于 1，则不可能发生振荡。

compensating diodes——补偿二极管：在 B 类推挽射极跟随器中使用的二极管。由于这些二极管的电流-电压特性与晶体管发射结的特性相同，因此可以对器件随温度的变化进行补偿。

complementary Darlington——互补达林顿管：由 npn 和 pnp 管组成的达林顿方式连接的复合晶体管。

complementary MOS(CMOS) ——互补 MOS 管：将 n 沟道和 p 沟道 MOS 场效应晶体管结合起来的电路，可以减小数字电路的漏电流。

conduction angle——导通角：在交流信号输入的一个周期中，半导体晶闸管导通的角度。

conduction band——导带：电子可自由移动的半导体能带。该能带比价带高一个能级。

correction factor——修正系数：用来描述两个量之间差别的系数。该值可用于对发射极电流和集电极电流的比较，用来确定误差率。

coupling capacitor——耦合电容：用来将交流信号从一个节点传输到另一个节点的电容。

coupling circuit——耦合电路：将信号从信号发生器耦合到负载的电路。电容串联在信号发生器的戴维南等效电阻和负载电阻之间。

covalent bond——共价键：晶体中的两个硅原子

之间的共用电子对称为共价键。相邻的硅原子都吸引共用电子，就像两个队拔河一样。

critical frequency——**转折频率**：也称为截止频率、拐点频率、转角频率等。在该频率点上，RC 电路的总电阻等于总电抗。

crossover distortion——**交越失真**：由于 B 类射极跟随放大器的晶体管被偏置在截止区而产生的输出失真。该失真发生在一个晶体管截止而另一个晶体管导通期间。可通过将晶体管偏置在稍高于截止区（AB 类工作区）来减小交越失真。

crowbar——**短路器**：当可控硅整流器用于负载过压保护时，其作用就像是一个短路器。

crystal——**晶体**：硅原子结合在一起形成的几何结构。每个硅原子与四个硅原子相邻，构成特定的结构，称为晶体。

current amplifier——**电流放大器**：可以将输入电流进行放大输出的一种放大器结构。由运放构成的流控电流源电路的输入阻抗非常低，输出阻抗非常高。

current booster——**电流增强**：通过一个器件（通常是晶体管）使运放电路可允许的最大负载电流增加。

current-controlled current source(ICIS)——**流控电流源**：一种负反馈放大器，其输入电流被放大并输出。由于具有稳定的电流增益、零输入阻抗和无穷大的输出阻抗，因此特性理想。

current-controlled voltage source(ICVS)——**流控电压源**：有时也称为跨阻放大器，这种负反馈放大器由输入电流控制输出电压。

current drain——**消耗电流**：由直流电压源提供给放大器的总的直流电流 I_{dc}。该电流是偏置电流和流过晶体管集电极电流的总合。

current feedback——**电流反馈**：反馈信号和输出电流成比例的一种反馈类型。

current gain——**电流增益**：输出电流与输入电流的比值，表示为 A_i。

current limiting——**限流**：通过电路方式减小电源电压使得电流不会超过预定的限值。限流对保护二极管和晶体管是必要的，在负载短路情况下，通常比熔丝更快实现断电保护。

current mirror——**电流镜**：充当电流源的电路，电流值是流过偏置电阻和二极管电流的镜像值。

current-regulator diode——**整流二极管**：一种特殊的二极管，当输入电压变化时能保持电流恒定。

current-sensing resistor——**电流检测电阻**：与传输晶体管串联的小电阻，用于控制串联稳压器的最大输出电流。在电阻上形成的压降与负载电流成比例。当负载电流过大时，该电阻上的电压将会使得一个有源器件开启，从而达到限制输出电流的目的。

current source——**电流源**：理想情况下，可以在任意负载电阻下产生恒定电流的电源。二阶近似下，它包含一个与之并联的阻值很高的电阻。

current-source bias——**电流源偏置**：使用双极型晶体管对场效应晶体管进行偏置的方法 ⊖，相当于用恒流源来控制漏极电流。

current-to-voltage converter——**电流-电压转换器**：将输入电流值转换为相应的输出电压的电路。在运放电路中，也称为跨阻放大器或流控电压源电路。

curve tracer——**特性扫描仪**：能在阴极射线管上显示特性曲线的电子仪器。

cutoff frequency——**截止频率**：等同于转折频率。在讨论滤波器时多数人习惯使用截止频率。

cutoff point——**截止点**：近似为负载线的下端点。确切的截止点是基极电流等于零的地方。在该点处，集电极有微小泄漏，即截止点略高于直流负载线的最低点。

cutoff region——**截止区**：在共发射极连接中，基极电流等于零的区域。在此区域，发射结和集电结均不导通，只有由少子和表面漏电流构成的非常微弱的集电极电流。

D

damping factor——**阻尼系数**：滤波器减小输出谐振尖峰的能力。阻尼系数 α 与电路的 Q 值成反比。

Darlington connection——**达林顿组合**：将两个晶体管连接起来，使总电流增益等于两个晶体管电流增益的乘积。这种组合连接的晶体管具有很高的输入阻抗和很大的输出电流。

Darlington pair——**达林顿对**：连接成达林顿结构的两个晶体管。这种对管可以由分立的晶体管构成，也可以是封装在一起的达林顿对管。

Darlington transistor——**达林顿晶体管**：两个晶体管连接在一起以获得很高的 β 值。第一个晶体管的发射极驱动第二个晶体管的基极。

dc alpha(α_{dc})——**直流电流系数**：直流集电极电流与发射极电流的比。

dc amplifier——**直流放大器**：能够放大包括直流信号在内的极低频率信号的放大器。这种放大

⊖　电流源偏置一般对晶体管的类型没有明确限制。——译者注

器也称为直接耦合放大器。

dc beta(β_{dc})——直流电流系数：直流集电极电流与基极电流的比。

dc equivalent circuit——直流等效电路：将电路中所有电容开路后得到的电路。

dc return——直流回路：指直流通路。对于很多晶体管电路，只有当晶体管的三端均与地构成直流通路时才能工作。以差分放大和运放电路为例，其输入端到地必须构成直流回路。

dc-to-ac converter——直流-交流转换器：能够将直流电流，通常是电池电流，转换为交流电流的电路。这种电路也称为反向器，是不间断电源的基本组成部分。

dc-to-dc converter——直流-直流转换器：将直流电压从一个值转换到另一个值的电路。直流输入电压通常被斩波或转换为方波电压，然后根据需要升高或降低，再经过整流和滤波得到直流输出电压。

dc value——直流值：与平均值相同。对于时变信号，直流值等于波形上所有点的平均值。直流电压表读取的是时变电压的平均值。

decade——十倍：取值为 10 的因子。经常用于十倍频，十倍频意味着 10∶1 的频率改变。

decibel power gain——功率增益的分贝值：输出功率与输入功率的比值。其数学定义为 $A_{p(dB)} = 10\log\dfrac{P_{out}}{P_{in}}$。

decibel voltage gain——电压增益的分贝值：定义为普通电压增益取对数后的 20 倍。

defining formula——定义公式：用来对一个新参量进行定义或给出其数学意义的公式或等式。在第一次使用定义公式之前，该参量没有在其他公式中出现过。

delay equalizer——延迟均衡器：用来补偿另一个滤波器的延时所使用的全通有源滤波器。

depletion layer——耗尽层：p 型和 n 型半导体的结合区域。由于扩散，自由电子和空穴在 pn 结处复合，在结两边产生电荷相反的离子对。该区域的自由电子和空穴被耗尽。

depletion-mode MOSFET——耗尽型 MOS 场效应晶体管：一种场效应晶体管，其绝缘栅通过对耗尽层的作用来控制漏极电流。

derating factor——减额系数：表示当温度比数据手册中给出的参考值每高 1 ℃，额定功率应随之相应减小的值。

derived formula——导出公式：通过对一个或多个已知等式的数学重组得到的公式或等式。

diac——二端双向可控硅开关：一种硅双向器件，可用作三端双向可控硅等器件的门控开关。

diff amp——差分放大器：由两路晶体管电路构成，其交流输出对两个基极之间的交流输入信号进行放大。

differential input——差分输入：差分放大器的反相输入端与同相输入端的输入信号之差。

differential input voltage——差模输入电压：差分放大器的有用输入电压，与共模输入电压相对。

differential output——差分输出：差分放大器的输出电压，等于两个集电极电压的差。

differential voltage gain——差模电压增益：对差分放大器的有用输入信号的放大倍数，与共模输入信号相对。

differentiator——微分器：输出与输入信号随时间的变化率成比例的有源或无源电路。该电路可以实现微分运算。

diffuse method——漫反射式：光发射器和接收器在同一个封装中。发射的光被物体反射并被接收器探测到。

digital——数字：信号电平是两种不同的状态。数字状态可用于信息的存储、处理和传输。

digital-to-analog（D/A）converter——数-模转换器：用来将数字信号转换为模拟信号的电路或器件。

diode——二极管：由 pn 结构成的器件，具有正向偏置导通、反向偏置截止的特性。

direct coupling——直接耦合：两级之间不是通过耦合电容，而是用导线直接连接。在连接之前，必须确认将要连接的两点的直流电压近似相等。

discrete circuit——分立电路：电阻、晶体管等电路元件是通过焊接或其他机械方式连接在一起的。

distortion——失真：信号的波形和相位出现不希望发生的改变。当放大器出现失真时，其输出波形不是输入波形的真实再现。

dominant capacitors——主电容：对电路的低频和高频截止频率起主要作用的电容。

donor——施主：五价原子，即有五个价电子。每个五价原子在硅晶体中产生一个自由电子。

doping——掺杂：在本征半导体中掺入一种杂质元素来改变其导电特性。五价杂质或施主杂质增加自由电子的数量，三价杂质或受主杂质增加空穴的数量。

drain——漏极：场效应晶体管的一个端口，相当于双极型晶体管的集电极。

drain-feedback bias——漏极反馈偏置：场效应晶体管的一种偏置方法。在晶体管的漏极和栅极之间接一个电阻。漏极电流的增加或减小使得漏极电压减小或增大。该电压反馈到栅极从而

稳定晶体管的 Q 点。

driver stage——驱动级：为功率放大器提供适当输入信号的放大器。

dropout voltage——压差：集成稳压器实现正常稳压所需要的最小电压幅度余量。

duality principle——对偶原理：对于电路分析中的任何原理，均存在一个与之对偶（对立）的原理，将其中某个初始量用其对偶量替代。该原理可运用于戴维南定理和诺顿定理中。

dummy load——虚拟负载：在对音频功率放大器进行故障诊断时，将扬声器更换为功率负载电阻。

duty cycle——占空比：脉冲宽度与周期的比值。通常将该比值乘以 100% 得到百分比值。

E

Ebers-Moll model——EM 模型：早期的晶体管交流模型，也称为 T 模型。

edge frequency——边缘频率：低通滤波器通带的最高频率。由于它位于通带边缘，也称截止频率。截止频率处的衰减量可以指定为小于 3 dB 的值。

efficiency——效率：电路中交流负载功率与直流电源功率的比值乘以 100%。

electromagnetic interference (EMI) ——电磁干扰：高频能量辐射引起的一种干扰形式。

elliptical approximation——椭圆逼近：一种有源滤波器，其过渡带非常陡峭，通带和阻带内会产生纹波。

emitter——发射极：晶体管中发射载流子的部分。对于 npn 型晶体管，发射极向基极发射自由电子。对于 pnp 型晶体管，发射极向基极发射空穴。

emitter bias——发射极偏置：使晶体管工作在有源区的最佳偏置方式，其关键在于建立稳定的发射极电流。

emitter diode——发射极二极管（发射结）：由晶体管的发射极和基极构成的二极管。

emitter-feedback bias——发射极反馈偏置：通过增加发射极电阻稳定 Q 点的基极偏置电路。发射极电阻构成负反馈。

emitter follower——射极跟随器：与共集电极放大器相同。称为射极跟随器是因为它能更好地描述该放大器发射极交流电压对基极交流电压的跟随特性。

enhancement-mode MOSFET——增强型 MOS 场效应晶体管：一种场效应晶体管，通过绝缘栅控制反型层的导电特性。

epitaxial layer——外延层：一层薄的晶体淀积层，在该层中形成半导体和集成电路中电结构的一部分。

error voltage——误差电压：运放两个输入端之间的电压，相当于运放的差模输入电压。

experimental formula——实验公式：通过实验或观察得到的公式或方程。它反映自然界存在的某些规律。

extrinsic——非本征：指掺杂半导体。

F

feedback attenuation factor——反馈衰减系数：表征输出电压通过反馈到达输入端时的衰减量。

feedback capacitor——反馈电容：接在放大器输入端和输出端之间的电容。该电容将输出信号的一部分反馈回输入端，从而影响放大器的电压增益和频率特性。

feedback fraction B-反馈系数 B：在 VCVS 或同相放大器结构中，反馈电压与输出电压之比。该值也称为反馈衰减系数 B。

feedback resistor——反馈电阻：在电路中为负反馈信号提供通路的电阻。该电阻用于控制增益及放大器的稳定性。

FET Colpitts oscillator——场效应晶体管考毕兹振荡器：一种将反馈信号加在栅极的场效应晶体管振荡器。

field effect——场效应：对场效应晶体管中栅极和沟道之间耗尽层宽度的控制作用。耗尽层的宽度控制了漏极电流的大小。

field-effect transistor——场效应晶体管：导通特性受电场强度控制的晶体管。

filter——滤波器：对某一频段范围内的信号具有导通或阻断特性的电子网络。

firing angle——触发角：半导体晶闸管电特性的拐点，器件在该点被触发且交流输入波形开始呈现导通特性。

firm voltage divider——稳定分压器：一种分压器，其有载输出电压的变化量在空载输出电压的 10% 以内。

first-order response——一阶响应：具有以 20 dB/十倍频程下降特性的有源或无源滤波器的频率响应。

555 timer——555 定时器：一种广泛应用的电路，有两种工作模式：单稳态和非稳态。单稳态模式时，可以产生精确的延时；非稳态模式时，可以产生占空比可变的方波。

flag——标志：可用来表征事件已经发生的电压。典型情况下，低电压表示事件尚未发生；高电压表示事件已经发生。比较器的输出就是一种标志电压。

floating load——浮空负载：负载的两端都是非零电位的节点。在电路图中该负载的任一端都没有接地。

FM demodulator——FM 解调器：使用锁相环（PLL）从调频波中恢复调制信号的电路。

foldback current limiting——转折电流限制：简单的限流方法是当负载电压下降到零时允许负载电流达到最大值。转折电流限制在此基础上实现了进一步的限流。它允许电流达到最大值，当负载电阻继续减小时负载电流和负载电压都会减小。转折电流限制的主要优点是当负载短路时，晶体管的功耗更小。

formula——公式：表征物理量之间关系的规则。这种规则可以是方程、等式，或其他形式的数学描述。

forward bias——正向偏置：外加的偏置电压可以克服势垒。

four-layer diode——四层二极管：内部包含 $pnpn$ 四层互连结构的半导体元件。当达到某导通电压时，该二极管中的电流单向导通。在导通后，它将维持导通状态直至电流低于维持电流值 I_H。

free electron——自由电子：与原子核结合不紧密的电子。因为它在较大的轨道上运动，相应能级较高，所以也称为导带电子。

frequency modulation(FM) ——调频：基本的电子通信技术，输入数据信号（调制信号）使输出（载波信号）频率发生变化。

frequency response——频率响应：放大器的电压增益关于频率的特性曲线。

frequency scaling factor(FSF) ——频率缩放因子：用于成比例缩放极点频率的公式，其值等于截止频率除以 1 kHz。

frequency-shift keying——频移键控：一种用于传输二进制数据的调制技术。输入信号使输出信号在两个特定频率间变换。

full-wave rectifier——全波整流器：一种具有中心抽头二次绕组和两个二极管的整流器，相当于两个背靠背的半波整流器。每个二极管分别提供输出波形的一半，输出是全波整流电压。

fundamental frequency——基频：晶体有效振荡并产生输出的最低频率。这个频率取决于晶体的材料常数 K 和它的厚度 t，且 $f = \dfrac{K}{t}$。

G

gain-bandwidth product (GBW) ——增益带宽积：放大器增益为 0 dB(单位增益)时的频率。

gate——栅极：场效应晶体管中控制漏极电流的是栅极。栅极也是在半导体晶闸管中控制器件导通的电极。

gate-bias——栅极偏置：场效应晶体管的一种简单偏置方式，即将电压源通过源极电阻与栅极连接起来。由于场效应晶体管参数变化范围很大，因此该偏置不适用于有源区的偏置，多用于对场效应晶体管在电阻区的偏置。

gate-source cutoff voltage——栅源截止电压：使耗尽型器件漏极电流下降到近似为零时的栅源电压。

gate trigger current I_{GT}——栅极触发电流 I_{GT}：使可控硅整流器导通的最小栅电流。

geometric average——几何平均：带通滤波器的中心频率 f_0，可由几何平均式 $f_0 = \sqrt{f_1 f_2}$ 得到。

germanium——锗：最早使用的半导体材料之一。和硅一样拥有四个价电子。

go/no-go test——合格/不合格测试：一种检验或测量方法，其读数有明显区别，如高或低。

ground loop——地环路：如果在多级放大器中使用的地节点不止一个，不同地节点之间的电阻会产生反馈电压，这就是地环路，它可能使某些放大器产生不应有的振荡。

guard driving——驱动保护：通过对共模电位的自举和屏蔽，使导线的泄漏电流和导线间电容的影响最小。

H

h parameter——h 参数：早期描述晶体管行为的数学方法，现在在数据手册中仍然使用。

half-power frequencies——半功率频点：负载功率下降到最大值的一半时的频率，也指截止频率。在该频率处，电压增益为其最大值的 0.707 倍。

half-wave rectifier——半波整流器：只有一个二极管与负载电阻串联构成的整流器。输出是半波整流电压。

hard saturation——深度饱和：晶体管工作在负载线的上端点位置，基极电流为集电极电流的 1/10。这种过度饱和是为了确保晶体管在所有工作条件、温度条件及晶体管替换等情况下都处于饱和状态。

harmonic distortion——谐波失真：信号通过非线性系统或被放大后产生的失真，输出信号中含有基频信号的倍频成分。

harmonics——谐波：频率为基频正弦波频率整数倍的正弦波。

Hartley oscillator——哈特莱振荡器：该振荡器采用电感抽头的谐振回路。

headroom voltage——电压幅度余量：晶体管串联稳压器或三端集成稳压器的输入与输出电压

之差。

heat sink——散热器：贴在晶体管管壳上便于散热的金属块。

high electron mobility transistors——高电子迁移率晶体管：具有高开关速度的功率 MOS 场效应晶体管，它以二维电子气层作为导通沟道，且沟道区域没有少数载流子。

high-frequency border——高频分界点：当频率超过该频点时，电容可视为交流短路。在该频点的阻抗是总串联电阻的 1/10。

high-pass filter——高通滤波器：使低于某截止频率 f_c 的信号被阻止、高于该截止频率的信号全部通过的滤波器。

high-side load switch——高侧负载开关：电子有源开关器件，用于将输入电压和电流传输到负载而不需要限流。

holding current——保持电流：使闸流晶体管保持在闩锁导通状态的最小电流。

hole——空穴：价带轨道上的空位。例如，硅晶体中的每个原子价带轨道上通常有 8 个电子。若热能使其中一个电子脱离轨道，则形成一个空穴。

hybrid IC——混合集成电路：在一个封装中包含两个或多个单片电路的大功率集成电路，或者由薄膜与厚膜电路相结合的电路。混合集成电路常用于大功率音频放大。

hysteresis——迟滞：施密特触发器两个触发点之间的差。在其他应用中，迟滞指的是传输特性中两个触发点之间的差。

I

IC voltage regulator——集成稳压器：当输入电压和负载电流发生变化时，输出电压能保持恒定的集成电路。

ideal approximation——理想化近似：器件最简单的等效电路，只包含器件的几个基本特性而忽略许多次要因素。

ideal diode——理想二极管：二极管的一阶近似。将二极管看作一个智能开关，在正向偏置时关闭，在反向偏置时断开。

ideal transistor——理想晶体管：晶体管的一阶近似。假设晶体管只有两部分：发射结和集电结。发射结可看作理想二极管，而集电结是一个受控电流源。流过发射结的电流控制集电极电流。

Industrial Internet of Things（IIoT）——工业物联网：用于在联网设备之间共享信息的高度安全的内部云。

initial slope of sine wave——正弦波初始斜率：正弦波的起始部分为一条直线，这条直线的斜率就是正弦波的初始斜率。该斜率与正弦波的频率和峰值有关。

input bias current——输入偏置电流：差分放大器或运放的两个输入端电流的平均值。

input offset current——输入失调电流：差分放大器或运放的两个输入端电流之差。

input offset voltage——输入失调电压：如果将运放的两个输入端均接地，在输出端仍会有失调电压。输入失调电压定义为消除输出失调电压所需的输入电压。造成输入失调电压的原因是两个输入晶体管的 V_{BE} 曲线存在差异。

inrush current——浪涌电流：容性负载充电时产生大电流浪涌，可能导致元件损坏。

input transducer——输入传感器：将非电学量，如光、温度或者压力转换成电学量的器件。

instrumentation amplifier——仪表放大器：一种具有高输入阻抗和高共模抑制比的差分放大器。仪表放大器可用于测量仪器，如示波器的输入级。

insulated-gate bipolar transistor(IGBT)——绝缘栅双极型晶体管：一种混合半导体器件，其输入和输出部分具有场效应晶体管的特性。这种器件主要用于大功率开关控制电路。

insulated-gate FET(IGFET)——绝缘栅场效应晶体管：MOS 管的别称，栅极与沟道是绝缘的，栅极电流比结型场效应晶体管的小。

integrated circuit——集成电路：含有晶体管、电阻和二极管的器件。完整的集成电路由许多微小器件构成，所占体积与一个分立晶体管相当。

integrator——积分器：能够进行积分运算的电路。常见的应用之一是由方波产生斜坡信号，这是示波器时基产生的原理。

interface——接口：能够使一种器件或电路与另一种器件或电路之间形成通信或控制关系的电子元件或电路。

internal capacitance——内部电容：晶体管中的 pn 结电容。这些电容在低频时可以忽略，但在高频时会为交流信号提供旁路通道并使电压增益下降。

intrinsic——本征：指纯净的半导体。只含有硅原子的晶体是纯净的，或本征的。

inverse Chebyshev approximation——反切比雪夫逼近：具有平坦的通带响应和快速衰减特性的有源滤波器。它的缺点是阻带内有纹波。

inverting input——反相输入端：差分放大器或运放中产生反相输出信号的输入端。

inverting voltage amplifier——反相电压放大器：放大器的输出电压与输入电压反相。

J

junction——结：p 型和 n 型半导体相接触所形成的界面。在 pn 结中会产生一些特殊的现象，如耗尽层、势垒电压等。

junction temperature——结区温度：半导体 pn 结内部的温度。由于电子-空穴对的复合作用，结区温度通常高于环境温度。

junction transistor——结型晶体管：三端晶体管，其中 p 型区和 n 型区可互换。有 pnp 和 npn 两种类型。

K

knee voltage——阈值电压：二极管电流-电压曲线中正向电流陡增时对应的点或区域。该电压近似等于二极管的势垒电压。

L

lag circuit——延迟电路：旁路电路的别称。延迟指的是输出电压的相位角相对于输入电压是负的，相位角在 0°～−90°之间变化。

large signal operation——大信号工作：放大器交流输入信号的峰峰值使晶体管工作于交流负载线的大部分或全部区域。

laser diode——激光二极管：一种半导体激光器件，是由辐射激发的光放大器的简称。这种有源电子器件将输入功率转化成频带很窄且高强度的相干可见光束或红外光束。

laser trimming——激光修正：通过激光将半导体芯片上某些区域的电阻烧掉，从而得到非常精确的电阻值。

latch——闩锁：用两个正反馈连接的晶体管实现晶闸管的特性。

law——定律：对自然界中存在并可被实验验证的关系的总结归纳。

lead circuit——超前电路：耦合电路的别称。超前指的是输出电压的相位角相对于输入电压是正的，相位角在 0°～＋90°之间变化。

lead-lag circuit——超前-滞后电路：电路中包含旁路和耦合电路。输出电压的相位角相对于输入电压可正可负，相位角在 −90°（滞后）～＋90°（超前）之间变化。

leakage current——泄漏电流：常用于描述二极管的总反向电流，包括热电流和表面泄漏电流。

leakage region——泄漏区域：反偏齐纳二极管在电流为零和击穿之间的区域。

LED drive——LED 驱动：能产生足够的电流使 LED 发光的驱动电路。

lifetime——寿命：自由电子和空穴从产生到复合所经历的平均时间。

light-emitting diode——发光二极管：可发出红、绿、黄等颜色的光或者不可见光（如红外光）的二极管。

linear——线性：通常指电阻的电流-电压关系。

linear op-amp circuit——线性运放电路：线性电路中的运放在通常工作条件下不会发生饱和，即放大输出波形和输入波形具有相同的形状。

linear phase shift——线性相移：滤波器电路频响特性中相移随频率的增加而线性增加，如贝塞尔滤波器。

linear regulator——线性稳压器：串联稳压器是线性稳压器的一种。线性稳压器中的传输晶体管工作在有源区或线性区。另一种线性稳压器是并联稳压器。这种稳压器中的晶体管与负载并联，晶体管也工作在有源区，所以也属于线性稳压器。

line regulation——电源电压调整率：电源的一项参数指标，表明在给定输入电压变化时，输出电压的变化情况。

line voltage——电力线电压：电源线上的电压，有效值通常为 115 V。在某些地方可能低至 105 V 或者高达 125 V。

Lissajous pattern——利萨如图形：当两个谐波信号分别加到示波器的水平和垂直输入端时示波器所显示的图形。

load line——负载线：用于确定二极管电流和电压精确值的一种工具。

load power——负载功率：负载电阻上的交流功率。

load regulation——负载调整率：当负载电流从最小值变化到最大值时负载电压的变化。

lock range——锁定范围：使压控振荡器处于锁定状态的输入信号频率范围。锁定范围通常换算成相对于 VCO 频率的百分比。

logarithmic scale——对数坐标：以所在坐标点数值的对数作为坐标的刻度。这种坐标将较大的数值压缩，可以表示很宽的数据范围。

loop gain——环路增益：差模电压增益 A 与反馈系数 B 的乘积。这个乘积值通常很大。如果在反馈放大环路中任意选定一点，从该点开始经过环路回到原点的增益即为环路增益。环路增益通常由两部分组成，放大器增益（大于 1）和反馈电路增益（小于 1），这两者的乘积为环路增益。

low-current drop-out——低电流截止：闩锁电路由导通到截止的转换，这是闩锁电流减小到足够低，使晶体管脱离饱和的结果。

lower trip point(LTP)——低值翻转点：使输出电

压状态发生改变的两个输入电压之一。LTP = $-BV_{sat}$。

low-pass filter——低通滤波器：能使直流到截止频率 f_C 之间的信号通过的滤波器。

LSI——大规模集成电路：单片集成元件数超过 100 的集成电路。

M

machine-to-machine communication（M2M）——机器间通信：在 PLC、传感器，机器人和加工中心之间的直接通信，不需要人工交互。

majority carrier——多数载流子：载流子是自由电子或空穴。如果自由电子比空穴数量多，那么电子是多数载流子；如果空穴数量比电子多，则空穴是多数载流子。

maximum forward current——最大正向电流：正向偏置的二极管在击穿或性能退化之前所能够承受的最大电流。

measured voltage gain——测量电压增益：通过测量输入和输出电压计算出的电压增益。

metal-oxide semiconductor FET（MOSFET）——金属-氧化物-半导体场效应晶体管：一种常用于开关放大应用的晶体管。这种晶体管即使在大电流下的功耗也很低。

midband——中频区：中频区指 $10f_1 \sim 0.1f_2$ 之间的频段。在该频段内，电压增益的变化在最大增益的 0.5% 以内。

Miller's theorem——密勒定理：反馈电容可以等效为两个电容：一个跨接在输入端，另一个跨接在输出端。最重要的是输入端等效电容值等于反馈电容乘以电压增益，这里假设放大器是反向的。

minority carrier——少数载流子：占少数的载流子（参见多数载流子的定义）。

mixer——混音器：运放电路对不同的输入信号具有不同的电压增益。输出信号是输入信号的叠加。

modulating signal——调制信号：用以控制输出信号的幅度、频率、相位或其他特性的低频信号或者智能输入信号（通常是声音或数据）。

monolithic IC——单片集成电路：全部电路均集成在同一个芯片上。

monostable——单稳态：只具有一个稳定状态的数字开关电路。该电路也指单触发电路，用于定时。

monotonic——单调：指阻带内没有纹波的滤波器。

motorboating——低频寄生振荡：扬声器发出的低频的噗噗声。表明放大器产生了低频振荡，原因通常是电源的戴维南阻抗过大。

mounting capacitance——封装电容：晶体不振荡时的等效电容 C_m。晶体的物理结构是两块由介质隔开的金属板。

MPP value——MPP 值：也称输出电压摆幅，是放大器输出未发生限幅的峰峰值。在运算放大器中，MPP 的理想值就是两个电源电压之差。

MSI——中等规模集成电路：含有 $10 \sim 100$ 个集成元件的集成电路。

multiple feedback（MFB）——多路反馈：使用一条以上反馈支路的有源滤波器。反馈通路常常通过单独的电阻或电容连接到运放的反相输入端。

multiplexing——多路技术：使多路信号在一种信号媒介中传输的技术。

multistage amplifier——多级放大器：由两个或两个以上的单级放大器级联起来的放大器结构。第一级放大器的输出作为第二级放大器的输入，第二级放大器的输出则作为第三级放大器的输入。

multivibrator——多谐振荡器：电路中具有正反馈并包含两个有源器件，当一个器件工作时另一个器件关闭。多谐振荡器有三种工作类型：自由振荡多谐振荡器、触发器和单稳态电路。自由振荡多谐振荡器或非稳态多谐振荡器产生方波输出，类似于张弛振荡器。

N

n-type semiconductor——n 型半导体：自由电子多于空穴的半导体。

narrowband amplifier——窄带放大器：工作频率范围较窄的放大器，这种放大器常用于射频通信电路中。

narrowband filte——窄带滤波器：品质因数 $Q > 1$ 且通带频率范围很小的带通滤波器。

natural logarithm——自然对数：以 e 为底的对数。对电容进行充放电分析时常用到自然对数。

negative feedback——负反馈：将与输出信号成比例的信号反馈回放大器的输入端，该反馈信号的相位与输入信号的相位相反。

negative resistance——负阻：电子元件的一种伏安特性，表现为随着正向电压的增大，正向电流减小。

noninverting input——同相输入端：差分放大器或运算放大器中能产生同相输出的输入端。

nonlinear circuit——非线性电路：在放大器电路中，一部分输入信号会使得放大器进入饱和区或截止区，导致输出信号的波形与输入信号波形不同。

nonlinear device——非线性器件：器件的电流-电压特性曲线不是直线。该器件不能作为普通的电阻对待。

normalized variable——归一化变量：将一个变量除以与它具有相同单位或尺度的变量。

Norton's theorem——诺顿定理：衍生于对偶原理。该法则规定负载电压等于诺顿电流乘以与负载电阻并联的诺顿电阻。

notch filter——陷波滤波器：可以阻止某一种频率的信号通过的滤波器。

nulling circuit——调零电路：用来减小输入失调电压和输入失调电流的影响的外加运放电路。该电路用于输出误差不能忽略时的情形。

nyquist rate——奈奎斯特率：保证模拟信号能够准确表示所需的采样率。该采样频率是被采样信号最高频率的两倍。

O

octave——倍频：频率变化的比例因子为 2。将频率加倍，即倍频，表示频率的变化为 2∶1。

ohmic region——电阻区：漏电流特性曲线中从原点到夹断电压所对应部分的那段区域。

op amp——运算放大器：一种高直流增益的放大器。它可以对从 0 Hz 到 1 MHz 以上频率范围内的信号进行电压放大。

open——开路：指电路中的元件或连线断开的情况，等效于一个近似无穷大的阻抗。

open-collector comparator——集电极开路比较器：一种需要外接上拉电阻的运放比较器电路。集电极开路使得输出具有更高的开关速度，同时适用于具有不同电压电路的接口。

open device——开路器件：具有无穷大电阻的器件，通过该器件的电流为零。

open-loop bandwidth——开环带宽：运算放大器的输入与输出端之间没有反馈路径时的频率响应。由于内部补偿电容的存在使得截止频率 $f_{2(OL)}$ 通常很小。

open-loop voltage gain——开环电压增益：常用 A_{VOL} 或 A_{OL} 表示，它代表运放无反馈时的最大电压增益。

optimum Q point——最佳 Q 点：交流负载线上的工作点，在该点处正负两个半周期的最大信号摆幅相等。

optocoupler——光耦合器：连接 LED 与光电二极管的器件，其中 LED 的输入信号转换成能被光电二极管检测的可变光。它的优点是输入与输出之间具有非常高的隔离电阻。

optoelectronics——光电子学：将光学和电子学相结合的技术，包括很多基于 pn 结的器件。典型的光电器件有 LED、光电二极管和光耦合器。

order of a filter——滤波器阶数：一种描述滤波器效果的基本方法。一般来说，滤波器的阶数越高，越接近理想响应。无源滤波器的阶数取决于电感和电容的数量。有源滤波器的阶数由 RC 电路或极点的个数决定。

oscillations——振荡：放大器的致命问题。当放大器具有正反馈时，可能会进入振荡状态，产生不需要的与被放大的输入信号无关的高频信号。因此，振荡会干扰有用信号，使放大器失去作用。这也是在运放中采用补偿电容的原因，它可以防止振荡发生。

outboard transistor——片外晶体管：与稳压电路并联的晶体管，用于增加整个电路稳压时的负载电流。当负载电流达到预定的电流值时，片外晶体管开始工作，提供负载需要的额外电流。

output error voltage——输出误差电压：当输入电压为零时运放的输出电压，理想值为零。

output impedance——输出阻抗：放大器的戴维南阻抗的另一种表述。它意味着放大器经过戴维南转换，从负载看进去只是一个与戴维南等效电压源串联的电阻。该电阻就是戴维南阻抗或称为输出阻抗。

output offset voltage——输出失调电压：实际输出电压与理想输出电压的偏差。

output transducer——输出传感器：将电学参量转换为温度、声音、压力和光等非电学参量的器件。

overloading——过载：由于负载电阻太小，使放大器的电压增益显著下降。根据戴维南定理，过载发生在负载电阻与戴维南电阻相比很小的情况下。

P

parasitic body-diode——寄生体二极管：由于内部 pn 结的结构关系，在功率 MOS 管中形成的二极管。

parasitic oscillations——寄生振荡：能够引起各种异常现象的高频振荡，使得电路无规律地工作。若振荡器产生多个输出频率，造成的后果包括运放将产生不可计量的失调，电源电压中将包含不可解释的波动，视频显示中将出现雪花现象等。

passband——通带：信号能够有效通过且衰减最小的频率范围。

passive filter 无源滤波器：由电阻、电容和电感构成，不包含放大器件的滤波器。

passive RFID tags——无源 RFID 标签：这种标签从特定的无线电波中收集能量，并利用它为标签内的微型电路供电。该电路能发射预编程的数字识别信号。

passive sensor——无源传感器：该传感器是一种不需要外部电压源就能检测其所处物理环境中某些特性的设备或电路。

pass transistor——传输晶体管：在分立串联稳压器中承载主要电流的晶体管。由于与负载串联，该晶体管必须传输全部的负载电流。

peak detector——峰值检波器：与带电容输入滤波器的整流器相同。理想情况下，电容被充电至输入电压的峰值。这个峰值用于产生峰值检波器的输出电压。因此该电路称为峰值检波器。

peak inverse voltage——峰值反向电压：整流电路中加在二极管两端的最大反向电压。

peak value——峰值：时变电压的最大瞬时值。

periodic——周期的：对具有相同的基本形状不断重复的波形进行描述的形容词。

phase detector——鉴相器：锁相环（PLL）电路中产生与两个输入信号的相位差成正比的输出电压的电路。

phase-locked loop——锁相环：利用反馈和相位比较器对频率或速率进行控制的电路。

phase shift——相移：矢量电压在 A 点和 B 点的相位差。要使振荡器正常工作，放大器及反馈的环路相移在谐振频率处必须等于 $360°$，即等于 $0°$。

phase splitter——分相器：能够产生幅度相同、相位相反的两个电压的电路。这种电路适于驱动 B 类推挽放大器。例如，增益为 1 的发射极负反馈 CE 放大器就可作为分相器，因为发射极电阻和集电极电阻上的交流电压的幅度相同且相位相反。

photodiode——光电二极管：对光照敏感的反偏二极管。光照越强，少子形成的反向电流越大。

photoelectric sensor——光电传感器：一种利用光来探测物体存在的传感器。

phototransistor——光敏晶体管：集电结暴露以接受光照的晶体管。它对光照的敏感度比光电二极管更强。

Pierce crystal oscillator——皮尔斯晶体振荡器：一种常用的由场效应晶体管构成的振荡器。其优点是结构简单。

piezoelectric effect——压电效应：在晶体两端施加交流信号时产生的振动。

piezoelectric transducer——压电转换器：一种把力转换成电信号的设备。当压电材料弯曲时，能产生与偏转量成正比的电压。

pinchoff voltage——夹断电压：对于耗尽型器件，当栅电压为 0 时电阻区与恒流区的边界。

PIN diode——PIN 二极管：在 n 型和 p 型半导体材料之间夹有一层本征半导体材料的二极管。反偏时，PIN 二极管等效于一个固定电容；正偏时，则等效于一个流控电阻。

pn junction——pn 结：p 型和 n 型半导体的交界面。

pnp transistor——pnp 晶体管：一种含有夹层的半导体结构，在两个 p 型区域之间有一个 n 型区域。

pole frequency——极点频率：用于计算高阶有源滤波器的特殊频率。

poles——极点：有源滤波器中 RC 电路的个数。有源滤波器中极点的个数决定了滤波器的阶数和响应特性。

positive clamper——正钳位器：能够使信号的直流电平正向移动的电路。将输入信号整体电位向上移动，直至信号负向峰值为 0 电位，正向峰值为 $2V_p$。

positive feedback——正反馈：该反馈中，反馈回来的信号使输入信号增强。

positive limiter——正限幅器：将输入信号的正向部分削平的电路。

power amplifier——功率放大器：能输出从几百 mW 到几百 W 功率的大信号放大器。

power bandwidth——功率带宽：不会使运算放大器的输出信号产生失真的最高频率。功率带宽与输出信号的峰值成反比。

power dissipation——功耗：电阻或其他非电抗性器件中电压和电流的乘积，用于衡量器件内部产生热量的速率。

power FET——功率场效应晶体管：用于控制马达、电灯和开关电源中所需电流的增强型 MOS 管，与数字电路中使用的小功率增强型 MOS 管不同。

power gain——功率增益：输出功率与输入功率的比值。

power rating——额定功率：元器件在产品手册中给定的工作条件下所能消耗的最大功率。

power supply——电源：电子系统中的一部分，它将交流电力线电压转换为直流电压。该电路还根据系统需求提供必要的滤波和稳压措施。

power supply rejection ratio（PSRR）——电源电压抑制比：电源电压抑制比等于输入失调电压的变化量与电源电压变化量的比值。

power transistor——功率晶体管：功耗超过 0.5 W 的晶体管。它的物理尺寸比小信号晶体管大。

preamp——前置放大器：用于处理幅度较小的信号的放大器。其主要功能是提供所需的输入阻抗并产生符合后级放大器要求的输出信号。

predicted voltage gain——**电压增益估值**：在电路图中根据电路参数计算出来的电压增益。如 CE 放大器的电压增益估值等于集电极交流电阻除以发射结交流电阻。

predistortion——**预失真**：一种通过降低 Q 值来补偿运放带宽限制的设计方法。

preregulator——**前置稳压器**：用于驱动齐纳稳压器电路的前一个齐纳二极管。前置稳压器给稳压器提供适当的直流输入。

programmable logic controller——**可编程逻辑控制器**：一种用于自动控制的工业计算机。

programmable unijunction transistor (PUT)——**可编程单结晶体管**：具有与 UJT（单结晶体管）的开关特性相类似的半导体器件，只是其本征偏差比是由外部电路（编程）确定的。

proportional pinchoff voltage——**比例夹断电压**：在栅电压任意的情况下，电阻区与恒流区的边界。

prototype——**原型**：初级电路，设计者可以在此基础上加以改进。

p-type semiconductor——**p 型半导体**：空穴多于自由电子的半导体。

pullup resistor——**上拉电阻**：为了使集成电路器件能够正常工作，用户必须加在电路中的电阻。上拉电阻一端与器件相连，另一端与正电源相连。

pulse-position modulation——**脉冲位置调制**：脉冲的位置随着模拟信号的幅度变化的过程。

pulse-width modulation——**脉冲宽度调制**：为了加入信息或者控制平均直流电平而对矩形波的宽度加以控制。

push-pull connection——**推挽连接**：用于对两个晶体管的连接，使得在信号的半个周期内一个管导通而另一个管截止。这样其中一个管放大信号的前半个周期，另一个管放大信号的后半个周期。

Q

quartz-crystal oscillator——**石英晶体振荡器**：一种利用石英晶体的压电效应来确定振荡频率的非常稳定和精确的振荡器电路。

quiescent point (Q point)——**静态工作点（Q 点）**：通过集电极电流曲线和电压曲线得到的工作点。

R

r′ parameters——**r' 参数**：一种描述晶体管特性的方法，该模型使用的参数有电流放大系数 β 和发射结电阻 r'_e 等。

radio-frequency (RF) amplifier——**射频放大器**：也称前置选频器，这种放大器具有初始增益和频率选择性。

radio-frequency identification (RFID)——**无线射频识别**：带有微型电路的标签。由电磁波激活电路并发射特定信息，如唯一的 ID 码。

radio-frequency interference (RFI)——**射频干扰**：由电子器件发出的高频电磁波干扰。

rail-to-rail op amp——**轨到轨运算放大器**：输出电压摆幅能够达到正负电源电压的运算放大器。多数运放的输出摆幅要比每个电源电压小 $1\sim2$ V。

RC differentiator——**RC 微分器**：用于将输入信号进行微分运算的 RC 电路，可将矩形脉冲转换为正负尖脉冲系列。

recombination——**复合**：自由电子和空穴的结合。

rectifiers——**整流器**：只允许电流单向流动的电源电路。该电路将输入的交流波形转换为脉动直流波形。

rectifier diode——**整流二极管**：一种适用于将交流信号转换为直流信号的二极管。

reductio ad absurdum——**归谬法**：将电子器件等效为电流源或电阻的一种判断方法。可首先将器件假设为电流源并进行计算。如果结果出现矛盾，则可知最初的假设是错误的。然后将器件改为电阻模型，再完成计算。对于具有两个状态的系统，如果不能确定其处于哪个状态，采用归谬法通常是有效的。

reference voltage——**基准电压**：非常精确稳定的电压通常是由击穿电压为 $5\sim6$ V 的齐纳二极管产生的。在这个电压范围内，齐纳二极管的温度系数约为零，即齐纳电压在很宽的温度范围内稳定。

relaxation oscillator——**张弛振荡器**：一种不需要交流输入信号而能产生交流输出信号的电路。这种振荡器的频率由 RC 充放电时间常数决定。

resistance temperature detector (RTD)——**电阻式温度检测器**：一种由导线制成的温度传感器，该导线的电阻随温度线性变化。

resonant frequency——**谐振频率**：当超前-滞后电路或 LC 谐振电路的电压增益和相移满足振荡条件时所对应的频率。

retroreflective method——**回归反射式**：光发射器和接收器在同一个封装内。光束被一个独立的反射器反射，当有物体经过传感器和反射器之间时，光束被破坏。

reverse-bias——**反向偏置**：二极管上的外加电压使势垒增强，且使电流几乎为零。但当外加反向电压超过击穿电压时则属于例外的情况。当反偏电压足够大时，会引起雪崩击穿或齐纳击穿。

reverse saturation current——反向饱和电流：与二极管中少子电流相同。该电流是反向的。

RFID beacon——RFID 信标：RFID 标签每隔几秒发送一个包含特定信息的信号。当信标 RFID 标签进入读卡器范围内时，该信息被捕获。

RFID reader——RFID 读卡器：一种传输电磁信号的设备，用于激活 RFID 标签，接收其发送的信号并解码。

RFID transponder——RFID 应答器：一种 RFID 标签。当该标签接收到来自读卡器的信号时才向外发送信号。

ripple——纹波：在电容输入滤波器中，由于电容的充放电造成负载电压的波动。

ripple rejection——纹波抑制：用于稳压器。表示稳压器对输入纹波的抑制或衰减程度。数据手册中通常用分贝表示，每 20 dB 表示纹波衰减为原来的 1/10。

rise time——上升时间：波形从最大值的 10% 上升到 90% 所用的时间，简写为 T_R。上升时间可以通过公式 $f_2 = 0.35/T_R$ 与频率响应联系起来。

rms value——均方根值：用于时变信号，也称有效值和热值。它与时变信号在一个完整周期内产生相同热量或功耗的直流源的值等效。

RS flip-flop——RS 触发器：具有两个状态的电路。也称多谐振荡器。可以处于自由振荡（与振荡器类似）状态，或表现为一个或两个稳定状态。

R/2R ladder——R/2R 电阻阶梯：一种数模转换器电路。它利用两种阻值的电阻排列成阶梯状的结构，可以简化电阻值的计算，改善转换精度，并使负载效应最小。

S

safety factor——安全系数：实际工作电流、电压等值与数据手册中给出的最大额定值之间的余量。

Sallen-Key equal-component filter——萨伦-凯等值元件滤波器：一种利用两个等值的电阻和两个等值的电容构成的 VCVS 有源滤波器。电路的 Q 值由电压增益确定：$Q = 1/(3-A_v)$。

Sallen-Key low-pass filter——萨伦-凯低通滤波器：一种有源滤波器结构，其中运算放大器连接成压控电压源（VCVS）形式。这种滤波器能够近似实现基本巴特沃思、切比雪夫和贝塞尔低通滤波器。

Sallen-Key second-order notch filter——萨伦-凯二阶陷波器：一种过渡带非常陡的 VCVS 有源带阻滤波器。电路的 Q 值由电压增益确定：$Q = 0.5/(2-A_v)$。

saturation current——饱和电流：反偏二极管中由热激发产生的少子形成的电流。

saturation current gain——饱和电流增益：晶体管处于饱和区时的电流增益。该增益小于有源区的电流增益。对于轻度饱和，电流增益比有源区电流增益略小；对于深度饱和，电流增益大约为 10。

saturation point——饱和点：饱和点接近负载线的上端点。由于集电极-发射极电压不为零，所以饱和点的确切位置要略低一些。

saturation region——饱和区：集电极曲线中从原点沿曲线向右上直至有源区或水平区的起点位置。当晶体管工作在饱和区时，集电极-发射极电压通常只有几百 mV。

sawtooth generator——锯齿波发生器：能够产生缓慢线性上升、且快速下降的波形的电路。

schmitt trigger——施密特触发器：具有迟滞特性的比较器，有两个触发点，对峰峰值小于迟滞电压的噪声具有抑制作用。

Schockley diode——肖克利二极管：是四层二极管、pnpn 二极管和硅单边开关（SUS）的别称。以其发明者 Schockley 命名。

Schottky diode——肖特基二极管：一种特殊用途二极管。该二极管没有耗尽层，其反向恢复时间非常短，能够对高频信号进行整流。

second approximation——二阶近似：在理想化近似的基础上增加更多特征。对于二极管或晶体管，这种近似器件模型中包括势垒。在分析硅二极管和晶体管时，势垒取 0.7 V。

self-bias——自偏置：这种偏置用于结型场效应晶体管，因为偏置电压可以由源极电阻建立。

semiconductor——半导体：具有四个价电子且导电特性介于导体和绝缘体之间的材料的统称。

series regulator——串联式稳压器：这是线性稳压器中最常见的类型，采用一个与负载串联的晶体管构成。其稳压作用是通过对晶体管基极电压的控制，改变其电流和电压，从而使负载电压保持恒定。

series switch——串联开关：一种结型场效应晶体管模拟开关，其中结型管与负载电阻串联。

seven-segment display——七段显示：包含七个矩形 LED 的显示方式。

short——短路：最常见的电路故障之一。当电阻接近零时就会发生短路故障。因此，当电压加在短路的零电阻两端，电流将会非常大。元件内部有可能发生短路，外部电路中由于飞溅的焊锡或连线错误也可能会导致短路。

short-circuit output current——短路输出电流：当负载电阻为零时，运放能够输出的最大电流。

short-circuit protection——短路保护：多数现代电源系统具有该特性，这意味着电源系统具有某种限流措施来防止在输出短路时负载电流过大。

shorted device——短路器件：器件的电阻为零，导致器件两端的压降为零。

shunt regulator——并联式稳压器：稳压电路中稳压器件与负载并联。该器件可以是一个简单的齐纳二极管、齐纳晶体管，或者是齐纳晶体管与运放的组合结构。

shunt switch——并联开关：一种结型场效应晶体管模拟开关，其中结型管与负载电阻并联。

signal tracing——信号跟踪：用示波器对电路中的交流信号进行跟踪的故障诊断技术。

sign changer——符号转换器：一种电压增益可在 $-1 \sim 1$ 之间进行调节的运算放大器。数学表达为 $-1 < A_v < 1$。

silicon——硅：应用最为广泛的半导体材料。它有 14 个质子且轨道中有 14 个电子。一个独立的硅原子有 4 个价电子。因为 4 个相邻的硅原子可彼此共享 1 个价电子，所以晶体中的硅原子有 8 个价电子。

silicon controlled rectifier——可控硅整流器：具有阳极、阴极和栅极三个外部引脚的晶闸管。栅极可以使可控硅整流器导通，但不能关断。当可控硅整流器导通后，必须通过减小电流使之小于保持电流才能将它关断。

silicon unilateral switch (SUS)——硅单边开关：肖克利二极管的别称，该器件只允许电流单方向流动。

single ended——单端：从差分放大器的一个集电极引出电压作为输出。

sink——电流槽：类似于排水槽，电流槽指的是电流流入或流出地的节点。

slew rate——摆率：运放输出电压变化的最大速率，在高频大信号时会导致失真。

small-signal amplifier——小信号放大器：这种放大器用于接收机的前端，其输入信号非常微弱（发射极电流的峰峰值小于发射极直流电流的 10%）。

small-signal operation——小信号工作：指输入电压很小，只使电压和电流产生很小波动的工作情况。小信号晶体管工作的一个判断原则就是发射极电流的峰峰值小于发射极直流电流的 10%。

small-signal transistor——小信号晶体管：功耗不大于 0.5 W 的晶体管。

smart sensor——智能传感器：一种能检测其物理环境中的某种特性并将其转换为电量的设备。电参量被转换为信号，经过调理后转换为数字量。该设备可以监控自身预设的参数，并与其他设备共享结果数据。

soft saturation——轻度饱和：晶体管工作在负载线的上端点，基极电流的大小刚好可以使器件进入饱和区。

solder bridge——焊锡桥：可导致两条导线或电路连接在一起的多余的飞溅焊锡。

source——源极：场效应晶体管的一个端口，对应于双极晶体管的发射极。

source follower——源极跟随器：结型场效应晶体管放大器的最主要形式，比其他结型管放大器的应用更广泛。

source regulation——电源电压调整率：当输入电压或电源电压从最小值变化到指定的最大值时，被稳压的输出电压的变化量。

speed-up capacitor——加速电容：用于增加电路转换速度的电容。

squelch circuit——静噪电路：一种用于通信系统的特殊电路。当电路中没有输入信号时，输出信号自动减弱。

SSI——小规模集成电路：指集成元件不多于 10 个的集成电路。

stage——级：将包含一个或多个有源器件的电路划分为一个功能块。

state-variable filter——可变状态滤波器：一种可调谐有源滤波器，当中心频率变化时能够维持 Q 值恒定。

stepdown transformer——降压式变压器：一次绕组匝数比二次绕组匝数大的变压器，其二次电压小于一次电压。

step-recovery diode——阶跃恢复二极管：具有反向快速关断特性的二极管，pn 结附近的掺杂浓度较小。这种二极管常用于频率倍增器。

stiff current source——准理想电流源：内阻至少为负载电阻的 100 倍的电流源。

stiff voltage divider——准理想分压器：有载输出电压与无载输出电压的差小于 1% 的分压器。

stiff voltage source——准理想电压源：内阻至少为负载电阻的 1/100 的电压源。

stopband——阻带：输入信号被有效阻止或不允许输出的频率范围。

stray wiring capacitance——连线分布电容：连线与地之间的无用电容。

substrate——衬底：耗尽型 MOS 管中与栅极相对

的区域。在该区域中形成沟道，使电子从源极流到漏极。

summer——加法器：输出电压等于两个或者多个输入电压之和的运放电路。

superposition——叠加：如果电路有多个信号源，可以先确定每个源单独作用时的响应，然后将各个响应相加得到所有源同时作用时的响应。

surface-leakage current——表面漏电流：沿着二极管表面流动的反向电流，随反向电压的增加而增加。

surface-mount transistors——表面贴装晶体管：晶体管的一种封装形式，可以不用过孔而直接贴装在电路板上。利用表面贴装技术（SMT）可以制造高密度电路板。

surge current——浪涌电流：流过整流器中二极管的较大初始电流。这是上电时对没有充电的滤波器电容进行充电的结果。

swamped amplifier——发射极负反馈放大器：具有发射极反馈电阻的共射放大电路。这个反馈电阻比发射结交流电阻大得多。

swamp out——掩蔽：用电阻或其他器件来掩蔽电路中其他元件的影响。比如非旁路发射极电阻常用来掩蔽晶体管 r'_e 的影响。

switching circuit——开关电路：使晶体管工作在饱和区或截止区的电路。这两个不同的工作状态使得晶体管能够用于数字电路和具有输出功耗控制的计算机电路中。

switching regulator——开关式稳压器：线性稳压器中的晶体管工作在线性区。开关式稳压器中晶体管的工作状态则在饱和区和截止区之间转换。因此晶体管只有在状态转换瞬间工作在有源区。这意味着开关式稳压器中传输晶体管的功耗比线性稳压器中的小得多。

T

tail current——尾电流：差分放大电路中流过共享的发射极电阻 R_E 的电流。如果两个晶体管匹配良好，则每个晶体管的发射极电流为 $I_E = I_T/2$。

temperature coefficient——温度系数：物理量相对于温度改变的速率。

theorem——定理：可以通过数学推导证明的推论。

thermal energy——热能：半导体材料在有限温度下所具有的随机动能。

thermal noise——热噪声：电阻或其他元件中自由电子的随机运动产生的噪声，也称 Johnson 噪声。

thermal resistor——热电阻：一种热转换特性参数，用于确定半导体的管壳温度和散热要求。

thermal runaway——热击穿：当晶体管发热时，它的结温上升，导致集电极电流增大，这又迫使结温进一步上升，使集电极电流继续增大，直至晶体管被烧毁。

thermal shutdown——热关断：现代三端集成稳压器的性能之一。当稳压器温度超过安全工作温度时，则传输晶体管关断，且输出电压为零。当器件温度下降后，传输晶体管重新导通。如果导致温度过高的因素仍然存在，则稳压器还会再次关断；当导致温度过高的问题解决后，稳压器能够正常工作。该性能可使稳压器免于烧毁。

thermistor——热敏电阻器：随温度变化其电阻发生较大变化的器件。

Thevenin's throrem——戴维南定理：基本电路定理，描述的是当电路驱动负载时可以转换为一个信号源与电阻串联的形式。

third approximation——三阶近似：二极管或晶体管的精确近似，在需要尽可能详细的设计中使用。

threshold——阈值：比较器的翻转点或能够使输出电压改变状态的输入电压值。

threshold voltage——阈值电压：能够使增强型 MOS 场效应晶体管开启的电压。在阈值电压作用下，源极和漏极间形成反型层。

through-beam method——对射式：光发射器和检测器位于不同的位置。当目标物体在它们之间通过时，光束被中断或光量被改变，从而检测到物体。

thyristor——晶闸管：有闩锁特性的四层半导体器件。

T model——T 模型：形状像字母 T 的晶体管的交流模型。在 T 模型中，发射结等效为交流电阻，集电结等效为电流源。

topology——拓扑结构：用来描述开关式稳压器基本结构的名词。常见的开关式稳压器的拓扑结构有降压式、升压式和降压-升压式。

total voltage gain——总电压增益：由各级增益的乘积决定的放大器的总电压增益。数学表达式为 $A_v = A_{v1}A_{v2}A_{vX}$。

Transconductanc——跨导：交流输出电流与交流输入电压之比，衡量输入电压对输出电流的控制能力。

transconductance amplifier——跨导放大器：这种放大器的传输特性是输入电压控制输出电流。也称为电压-电流转换器或 VCIS 电路。

transconductance curve——跨导特性曲线：表示场效应晶体管中 I_D 与 V_{GS} 之间关系的曲线。该曲线表现了场效应晶体管的非线性特性，它具有平方律特性。

transfer characteristic——**传输特性**：电路的输入-输出响应。传输特性表现的是输入信号对输出信号的控制情况。

transfer function——**传输函数**：运放电路的输入和输出可以是电压、电流或者二者的组合。当输入输出量采用复数表示时，输出与输入之比就是频率的函数。该函数称为传输函数。

transformer coupling——**变压器耦合**：利用变压器将交流信号从一级传输到另一级，同时将直流分量隔离。变压器还具有级间阻抗匹配的能力。

transition——**过渡带**：滤波器频率响应中介于截止频率 f_c 和阻带起始频率 f_s 之间的、特性曲线呈现下降的区域。

transresistance amplifier——**跨阻放大器**：放大器的传输特性是输入电流控制输出电压，也称电流-电压转换器或 ICVS 电路。

triac——**三端双向可控硅开关**：能够在两个方向导电的晶闸管，常用于控制电流的转换，等效于两个相反极性并联的可控硅整流器。

trial and error——**试解法**：假如需要求解两个联立方程，不采用常规的数学方法，而是先假设一个变量的解，然后根据这个解计算所有的未知量。所计算出的未知量之一就是假设的那个变量。比较该变量的计算值与假设解之间的差别然后再假设一个新解，使二者之差减小。经过反复多次试解，当二者之差变得足够小时，就得到了近似解。

trigger——**触发信号**：用于使晶闸管或其他开关器件开启的尖脉冲电压或电流信号。

trigger current——**触发电流**：开启晶闸管的最小电流。

trigger voltage——**触发电压**：开启晶闸管的最小电压。

trip point——**翻转点（阈值）**：使比较器或施密特触发器的输出发生翻转的输入电压值。

troubleshooting——**故障诊断**：利用已知的电路理论知识和电子测量仪器来确定电路故障的方法。

tuned RF amplifier——**可调谐射频放大器**：一种窄带放大器，常采用高 Q 值谐振电路。

tunnel diode——**隧道二极管**：具有负阻特性的二极管。该二极管的击穿电压为 0 V，用于高频振荡器电路。

twin-T oscillator——**双 T 型振荡器**：振荡器中的正反馈通过分压器返回到同相输入端，负反馈则通过双 T 型滤波器。

two-stage feedback——**两级反馈**：一种电路结构，其中第二级输出的一部分反馈至第一级的输入，从而控制总的增益和稳定性。

two-state output——**双态输出**：这是数字电路或开关电路的输出电压。称为双态是因为输出只有高电平和低电平两种稳定状态。只有当电路在两个状态之间进行转换的瞬间，电路才处于两个状态之间，所以在转换高低电平之间的区域是不稳定的。

two-supply emitter bias(TSEB)——**双电源发射极偏置**：采用可以提供正负电源电压的电源作偏置。

U

ultra-large-scale integration(ULSI)——**甚大规模集成电路**：在单个芯片中集成的元件数超过 100 万的集成电路。

ultrasonic sensor——**超声波传感器**：这种传感器利用声波来探测物体的存在。该传感器包括发射器和接收器。

unidirectional load current——**单向负载电流**：负载上的电流只能单向流动，类似半波或全波整流器。

unijunction transistor——**单结晶体管**：简写为 UJT。这种低功耗晶闸管常用于电子计时、波形整形和控制应用中。

uninterruptible power supply(UPS)——**不间断电源（UPS）**：在停电时可以使用的供电设备。由电池和直流-交流转换器构成。

unity-gain frequency——**单位增益频率**：运放的电压增益为 1 时的频率，表示最高可用频率。这是一个重要参数，因为它的值即为增益带宽积。

universal curve——**万用曲线**：一种可以用来求解所有电路问题的图解方法。以自偏置结型场效应晶体管的万用曲线为例，万用曲线 I_D/I_{DSS} 可用来图解 R_D/R_{DS}。

unwanted bypass circuit——**多余的旁路电路**：晶体管内部电容和连线分布电容在晶体管的基极或集电极呈现的旁路电路。

up-down analysis——**参量增减分析法**：一种利用独立变量和相关变量的电路分析方法。当独立变量（如电压源）增大或减小时，对相关变量（如电阻的压降或电流）的改变情况进行预测。

upper trip point(UTP)——**高值翻转点**：使输出电压改变状态的两个输入电压之一。$UTP=BV_{sat}$

upside-down pnp bias——**倒置 pnp 偏置**：如果电路中有正电源和 pnp 晶体管，通常在电路图中将晶体管倒置过来。这种画法对于同时具有 pnp 和 npn 晶体管的电路尤其有用。

V

varactor——变容二极管：一种反向电容特性优化的二极管。反向电压越大，电容越小。

varistor——压敏电阻：类似于两个背靠背的齐纳二极管的器件。跨接在功率变压器的一次绕组上，以阻止尖峰脉冲进入设备。

very-large-scale integration (VLSI)——超大规模集成电路：在单个芯片上集成几千至几十万个元件的集成电路。

vertical MOS (VMOS)——垂直 MOS 管：具有 V 型槽状沟道的功率 MOS 管，可以控制大电流并承受高电压。

virtual ground——虚地：运放在负反馈应用时，其反向输入端呈现的一种接地状态。之所以称为虚地，是因为它并不完全具有机械接地的特性。尤其要注意的是，虚地是针对电压的，而不是针对电流的。虚地的节点相对于地的电压为 0 V，但该节点没有对地电流。

virtual short——虚短：由于理想运放具有极高的内部增益和极大的输入阻抗，因此两个输入端之间的电压差 $(v_1 - v_2)$ 为零，两个输入端的输入电流 I_{in} 为零。虚短指的是电压相当于短路，而电流相当于开路。所以在分析运放电路时可以认为其反向输入端和同向输入端之间是虚短。

vision system——视觉系统：一种使用数码相机将图像数字化的检测系统，可将数字化后的图像与已知图像进行比较。该系统用于零件识别和质量保证。

voltage amplifier——电压放大器：为达到最大电压增益而设计的放大器。

voltage-controlled current source (VCIS)——压控电流源：也称跨导放大器。这种负反馈放大器的输入电压控制输出电流。

voltage-controlled device——压控器件：输出受输入电压控制的器件，类似于结型管或 MOS 管。

voltage-controlled oscillator (VCO)——压控振荡器：一种振荡器电路。其输出频率是直流控制电压的函数，也称电压-频率转换器。

voltage-controlled voltage source (VCVS)——压控电压源：理想运放就是一种压控电压源。它具有无穷大的电压增益、单位增益频率、输入阻抗和共模抑制比，且输出阻抗为零，偏置和失调为零。

voltage-divider bias (VDB)——分压器偏置：基极偏置电路中包含分压器，该分压器相对于基极输入电阻来说是准理想的。

voltage feedback——电压反馈：反馈信号与输出电压成正比的反馈类型。

voltage follower——电压跟随器：采用同向电压反馈的运放电路。该电路具有极大的输入阻抗和极小的输出阻抗，电压增益为 1，非常适合作缓冲放大器。

voltage gain——电压增益：定义为输出电压与输入电压的比，表明信号被放大的程度。

voltage multiplier——电压倍增器：一种无变压器的直流电源电路，能够使交流电力线的电压上升。

voltage reference——基准电压源：能产生非常精确、稳定的输出电压的电路。该电路常封装为特殊功能的集成电路。

voltage regulator——稳压器：能够使负载电压在负载电流和电源电压变化时保持恒定的器件或电路。理想情况下，稳压器是输出电阻或戴维南电阻近似为零的准理想电压源。

voltage source——电压源：在理想情况下能够为任意负载电阻提供恒定的负载电压的电源。二阶近似时，电压源包括一个串联的内阻。

voltage step——阶跃电压：当突变电压作为放大器的输入时，它的输出响应取决于放大器输出电压的变化率，即摆率。

voltage-to-current converter——电压-电流转换器：该电路等效于受控电流源，由输入电压控制电流，其电流恒定且独立于负载电阻。

voltage-to-frequency converter——电压-频率转换器：由输入电压控制输出信号频率的电路，也称压控振荡器。

W

wafer——晶片：用作集成电路基底的晶体薄片。

wideband amplifier——宽带放大器：工作频率范围较宽的放大器。这种放大器一般不能采用阻性负载调谐。

wideband filter——宽带滤波器：Q 值小于 1 且通带较宽的带通滤波器。

wide bandgap semiconductors——宽禁带半导体：电子从价带跃迁到导带需要较大能量的半导体材料。

Wien-bridge oscillation——文氏电桥振荡器：包含一个放大器和文氏电桥的 RC 振荡器，是最常见的低频振荡器，非常适于产生 5 Hz～1 MHz 的频率。

windows comparator——窗口比较器：用于对处于两个预定的电压之间的输入电压进行检测的电路。

Z

zener diode——齐纳二极管：工作于反向击穿状

态的二极管，具有非常稳定的压降。

zener effect——**齐纳效应**：有时称作场致激发。当反偏二极管中电场强度足够高时，使价电子被激发，即发生齐纳效应。

zener follower——**齐纳跟随器**：包含齐纳稳压器和射极跟随器的电路。晶体管使得齐纳管的电流比普通齐纳稳压器小得多。该电路也具有低输出阻抗的特性。

zener regulator——**齐纳稳压器**：由电源或串联电阻的直流输入电压及齐纳二极管组成的电路，电路的输出电压小于电源电压。

zener resistance——**齐纳电阻**：齐纳二极管的体电阻。该电阻比齐纳二极管串联的限流电阻小得多。

zener voltage——**齐纳电压**：齐纳二极管的击穿电压。近似等于齐纳稳压器的输出电压。

zero-crossing detector——**过零检测器**：一种比较器电路，能够将输入电压与 0 V 基准电压进行比较。

答案（奇数编号的习题）

第 14 章

14-1　196，316

14-3　19.9，9.98，4，2

14-5　−3.98，−6.99，−10，13

14-7　−3.98，−13.98，−23.98

14-9　46 dB，40 dB

14-11　31.6，398

14-13　50.1

14-15　41 dB，23 dB，18 dB

14-17　100 mW

14-19　14 dBm，19.7 dBm，36.9 dBm

14-21　2

14-23　参见图 1

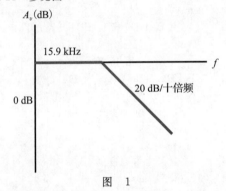

图　1

14-25　参见图 2

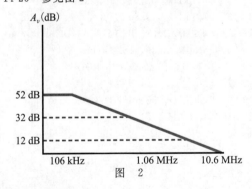

图　2

14-27　参见图 3

14-29　参见图 4

14-31　1.4MHz

14-33　222 Hz

14-35　284 Hz

14-37　5 pF，25 pF，15 pF

14-39　栅极：30.3 MHz；漏极：8.61 MHz

14-41　40 dB

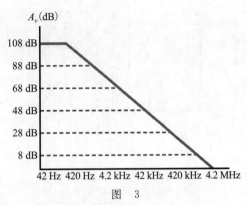

图　3

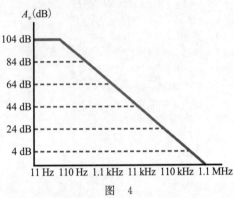

图　4

14-43　0.44 μS

第 15 章

15-1　55.6 μA，27.8 μA，10 V

15-3　60 μA，30 μA，6 V(右)，12 V(左)

15-5　518 mV，125 kΩ

15-7　−207 mV，125 kΩ

15-9　4 V，1.75 V

15-11　286 mV，2.5 mV

15-13　45.4 dB

15-15　237 mV

15-17　输出将为高；两个基极均需要对地的电流
　　　 通路

15-19　C

15-21　0 V

15-23　2M

15-25　10.7 Ω，187

第 16 章

16-1　170 μV

16-3　19 900，2000，200

16-5　1.59 MHz

16-7　10，2 MHz，250 mV（峰峰值），49 mV（峰峰值），参见图 5。

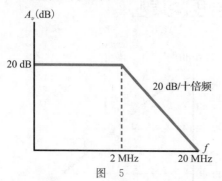

图　5

16-9　40 mV

16-11　22 mV

16-13　50 mV（峰峰值），1 MHz

16-15　1～51，392 kHz～20 MHz

16-17　188 mV/μs，376 mV/μs

16-19　38 dB，21 V，1000

16-21　214，82，177

16-23　41，1

16-25　1，1 MHz，1500 kHz

16-27　达到正向或负向饱和

16-29　2.55 V（峰峰值）

第 17 章

17-1　0.038，26.32，0.10%，26.29

17-3　0.065，15.47

17-5　470 MΩ

17-7　0.0038%

17-9　-0.660 V（峰值）

17-11　185 mArms，34.2 mW

17-13　106 mArms，11.2 mW

17-15　834 mA（峰峰值），174 mW

17-17　2 kHz

17-19　15 MHz

17-21　100 kHz，796 mV（峰值）

17-23　1 V

17-25　510 mV，30 mV，15 mV

17-27　110 mV，14 mV，11 mV

17-29　200 mV

17-31　2 kΩ

17-33　0.1～1 V

17-35　T1：C、D 间开路；T2：R_2 短路；T3：R_4 短路

17-37　T7：A、B 间开路；T8：R_3 短路；T9：R_4 开路

第 18 章

18-1　2，10

18-3　-18，712 Hz，38.2 kHz

18-5　42，71.4 kHz，79.6 Hz

18-7　510 mV

18-9　4.4 mV，72.4 mV

18-11　0，-10

18-13　15，-15

18-15　-20，±0.004

18-17　不平衡

18-19　-200 mV，10 000

18-21　1 V

18-23　19.3 mV

18-25　-3.125 V

18-27　-3.98 V

18-29　24.5，2.5 A

18-31　0.5 mA，28 kΩ

18-33　0.3 mV，40 kΩ

18-35　0.02，10

18-37　-0.018，-0.99

18-39　l_1，f_1：4.68 Hz；f_2：4.82 Hz；f_3：32.2 Hz

18-41　102，98

18-43　1 mA

18-45　T4：K-B 开路；T5：C-D 开路；T6：J-A 开路

第 19 章

19-1　7.36 kHz，1.86 kHz、0.25、宽带

19-3　a. 窄带；b. 窄带；c. 窄带；宽带

19-5　200 dB/十倍频，60 dB/倍频

19-7　503 Hz，9.5

19-9　39.3 Hz

19-11　-21.4，10.3 kHz

19-13　3，36.2 kHz

19-15　15 kHz，0.707，15 kHz

19-17　21.9 kHz，0.707，21.9 kHz

19-19　19.5 kHz，12.89 kHz，21.74 kHz，0.8

19-21　19.6 Hz，1.23，18.5 Hz，18.5 Hz，14.8 Hz

19-23　-1.04，8.39，16.2 kHz

19-25　1.5，1，15.8 Hz，15.8 Hz

19-27　127°

19-29　24.1 kHz，50，482 Hz（最大和最小）

19-31　48.75 kHz，51.25 kHz

19-33　60 dB，120 dB，200 dB

19-35　148 pF，9.47 nF

第 20 章

20-1　100 μV

20-3　±7.5 V

20-5　0，0.7～-9 V

20-7　-4 V，31.8 Hz

20-9　40.6%

20-11　1.5 V

20-13　0.292 V，-0.292 V，0.584 V

20-15　当输入电压在 3.5～4.75 V 之间时，输出电压为低。

20-17　5 mA

20-19　1 V，0.1 V，10 mV，1.0 mV

20-21　0.782 V（峰峰值）（三角波）

20-23　0.5，0

20-25　923 Hz

20-27　196 Hz

20-29　135 mV（峰峰值）

20-31　106 mV

20-33　−106 mV

20-35　峰值为 0～100 mV

20-37　20 000

20-39　使 3.3 kΩ 电阻可变

20-41　1.1 Hz，0.001 V

20-43　0.529 V

20-45　采用 0.05 μF、0.5 μF 和 5 μF 的不同电容，加一个反相器。

20-47　将 R_1 增加至 3.3 kΩ

20-49　采用迟滞比较器，采用相对独立的电阻构成的分压器作为输入。

20-51　228 780 英里

20-53　T3：张弛振荡器电路；T4：峰值检测器电路；T5：正钳位器电路

20-55　T8：峰值检测器电路；T9：积分器电路；T10：比较器电路

第 21 章

21-1　9 V(rms)

23-3　a. 33.2 Hz，398 Hz；b. 332 Hz，3.98 kHz；c. 3.32 kHz，39.8 kHz；d. 33.2 kHz，398 kHz

21-5　3.98 MHz

21-7　398 Hz

21-9　1.67 MHz，0.10，10

21-11　1.18 MHz

21-13　7.34 MHz

21-15　0.030，33

21-17　频率将增加 1%。

21-19　517 μs

21-21　46.8 kHz

21-23　101 μs，5.61 μs，3.71 μs，8.66 μs，0.0371，0.0866

21-25　10.6 V/ms，6.67 V，0.629 ms

21-27　三角波，10 kHz，5 V（峰值）

21-29　a. 减小；b. 增加；c. 不变；d. 不变；e. 不变

21-31　波形的模糊不清可能是振荡。要消除振荡，需要确保连线短，且彼此不要靠得太近。在反馈路径中采用铁氧连线也可以消除振荡。

21-33　4.46 μH

21-35　选择 R_1 的值，如 $R_1=10$ kΩ，$R_2=5$ kΩ，$C=72$ nF。

第 22 章

22-1　3.45%

22-3　2.5%

22-5　18.75 V，284 mA，187.5 mA，96.5 mA

22-7　18.46 V，798 mA，369 mA，429 mA

22-9　84.5%

22-11　30.9 mA

22-13　50 Ω，233 mA

22-15　421 μV

22-17　83.3%，60%

22-19　3.84 A

22-21　6 V

22-23　14.1 V

22-25　3.22 kΩ

22-27　11.9 V

22-29　0.1 Ω

22-31　2.4 Ω

22-33　22.6 kHz

22-35　T1：三角波-脉冲波转换器

22-37　T3：Q_1

22-39　T5：张弛振荡器

22-41　T7：三角波-脉冲波转换器

22-43　T9：三角波-脉冲波转换器

第 23 章

23-1　Thomas Newcomen 在 1712 年发明的蒸汽机

23-3　电

23-5　工业自动化

23-7　可编程逻辑控制器

23-9　温度、压力、相对位置、运动和环境光线

23-11　准电压源

23-13　换能器（传感器）、模拟前端、微处理器、数据交换

23-15　电源

23-17　电阻

23-19　惠斯通电桥

23-21　905.8 mV

23-23　压点传感器

23-25　3.941 ft，或 47.29 in

23-27　11.7 mV

23-29　50 Hz 或 60 Hz，因为是输电线噪声。

23-31　RFID 系统的典型频率范围是 900～915 MHz。

23-33　有源 RFID 标签通常使用电池。

23-35　远程设备和自动化系统的集中过程管理系统可以提供丰富的数据，有利于人们在制造过程中做出智能决策。

23-37　略。

23-39　略。

23-41　略。

23-43　略。